AF322312

James GEIKIE

PROFESSEUR DE GÉOLOGIE ET DE MINÉRALOGIE A L'UNIVERSITÉ D'ÉDIMBOURG

TRAITÉ PRATIQUE

de

GÉOLOGIE

Traduit et adapté de l'Ouvrage anglais

" Structural and Field Geology "

PAR

M. Paul LEMOINE

Docteur ès sciences
Chef des Travaux de géologie coloniale au Muséum

PRÉFACE DE M. MICHEL-LÉVY
Membre de l'Institut
Directeur du Service de la Carte géologique de France

Ouvrage enrichi de 187 figures et de 64 planches dont 2 en couleurs

PARIS

LIBRAIRIE SCIENTIFIQUE A. HERMANN & FILS

LIBRAIRES DE S. M. LE ROI DE SUÈDE

6, rue de la Sorbonne, 6

1910

TRAITÉ PRATIQUE
de
GÉOLOGIE

TRAITÉ PRATIQUE

de

GÉOLOGIE

JAMES **GEIKIE**

PROFESSEUR DE GÉOLOGIE ET DE MINÉRALOGIE A L'UNIVERSITÉ D'EDIMBOURG

TRAITÉ PRATIQUE

de

GÉOLOGIE

Traduit et adapté de l'Ouvrage anglais

" Structural and Field Geology "

PAR

M. PAUL LEMOINE

Docteur ès sciences
Chef des Travaux de géologie coloniale au Muséum

PRÉFACE DE M. MICHEL-LÉVY
Membre de l'Institut
Directeur du Service de la Carte géologique de France

Ouvrage enrichi de 187 figures et de 64 planches dont 2 en couleurs

PARIS

LIBRAIRIE SCIENTIFIQUE A. HERMANN & FILS
LIBRAIRES DE S. M. LE ROI DE SUÈDE
6, rue de la Sorbonne, 6

1910

PRÉFACE DE L'ADAPTATION FRANÇAISE

Ce volume est, à proprement parler, un livre de vulgarisation ; mais l'auteur s'est quelquefois laissé entraîner au delà du but classique qu'il s'était proposé et ses développements, souvent originaux, sont lus avec un puissant intérêt non seulement par les élèves, mais par les maîtres eux-mêmes. Il y a tel chapitre sur la « *structure* (en grand) *des roches éruptives* » dans lequel les croquis et les admirables photographies qui accompagnent le texte, valent des leçons sur le terrain.

C'est en effet la caractéristique de ce livre, et une des causes de son grand succès, que le nombre et le choix exceptionnel des photographies qui en font la parure. En moins de trois ans, il a eu deux éditions, en Angleterre, et la notoriété scientifique du professeur d'Edimbourg ne suffit pas à expliquer cet engouement du grand public ; il y faut joindre la clarté du style et des idées et les qualités d'exposition qui rendent attrayantes des études plutôt rébarbatives dans le cabinet et surtout passionnantes sur le terrain ou par les perspectives de géogénèse qu'elles ouvrent à l'esprit.

M. Paul Lemoine a su conserver les qualités dans sa traduction ou plutôt dans son adaptation du texte anglais. Il y a encore ajouté des croquis schématiques, tout en respectant les vues personnelles de l'auteur. Il faut lui savoir gré de l'intelligent effort accompli et du résultat utile et attrayant qu'il soumet aux lecteurs français.

Paris, 12 juin 1909.

MICHEL-LÉVY,

De l'Institut de France.

PRÉFACE DE LA PREMIÈRE ÉDITION

Ce livre s'adresse tout d'abord aux personnes qui débutent en géologie ; mais j'espère qu'il pourra servir aussi à tous ceux qui se destinent à des professions où quelques connaissances de géologie peuvent être utiles.

Les notions de géologie que l'on doit posséder varient naturellement suivant les professions.

Les ingénieurs des mines, par exemple, doivent acquérir, des connaissances détaillées que les ingénieurs civils, les architectes, les agriculteurs, les fonctionnaires des travaux publics, etc. peuvent laisser de côté. Cependant si l'on veut que la géologie puisse être de quelque secours, il faut l'étudier d'une façon systématique. Sans une connaissance générale de cette science, il est impossible d'en approfondir une partie déterminée.

Cependant, dans les pages qui suivent, les sujets sont traités surtout au point de vue scientifique ; les amateurs de science appliquée auraient peut-être quelques difficultés à distinguer parmi les sujets d'intérêt général, ceux qui les intéressent particulièrement et traitent de leurs propres recherches. Aussi ai-je employé deux sortes de caractères, les plus petits étant réservés aux détails et aux discussions qui intéressent surtout les amateurs de science pure. Dans les passages en gros caractères, le lecteur appréciera lui-même ce qui peut lui convenir (1). Ainsi, sauf pour les personnes qui s'occupent de

(1) Dans l'édition française, il n'a été gardé qu'une seule sorte de caractère. Le numérotage des planches a été également modifié.

mines, les chapitres traitant de la formation des minerais n'ont pas besoin d'être étudiés avec soin ; de même, ni les ingénieurs civils, ni les fonctionnaires des travaux publics, ni les agriculteurs ne seront appelés à faire la carte géologique d'une région. Mais tout professionnel aura intérêt à essayer de comprendre les méthodes, employées pour l'observation sur le terrain ; car leur connaissance lui rendra des services considérables.

En particulier il sera utile aux ingénieurs des mines et aux ingénieurs civils de connaître les méthodes employées pour construire une carte géologique ; mais il suffira aux agriculteurs et aux ingénieurs des travaux publics de savoir lire et interpréter cette carte.

Je puis ajouter qu'à l'Université d'Edimbourg nous n'avons eu aucune difficulté à enseigner la géologie à des classes mixtes d'étudiants de science pure et appliquée. Ce manuel a pour but de combler une lacune reconnue dans nos cours d'été de géologie, institués depuis 3o ans déjà à la demande des étudiants désireux d'acquérir une notion de la géologie pratique, spécialement de la géologie sur le terrain, plus approfondie que celle qu'on peut exposer dans un cours général du semestre d'hiver.

Les planches qui illustrent ce volume proviennent de sources diverses. Un certain nombre sont la reproduction de photographies inédites prises par M. R. Lunn, du Geological Survey. La permission de les utiliser a été obtenue du Board of Education grâce à l'intermédiaire de M. Teall, directeur du Geological Survey et du docteur Horne, directeur adjoint.

Je suis persuadé plus que tout autre que ces illustrations donnent à l'ouvrage une valeur qu'il n'aurait pas sans cela.

Je suis redevable à mon collègue et vieil ami le docteur Peach de la coupe en couleurs qui accompagne l'une de ces planches. Les planches X et XXIV ont été reproduites des mémoires du Geological Survey grâce à l'aimable autorisation du contrôleur des publications officielles.

Mon ami et ancien assistant le docteur Flett, actuellement

membre du Geological Survey, a bien voulu me fournir une photographie reproduite planche XXXI, ainsi que d'autres que je n'ai pu utiliser faute de place.

Je lui ai de plus beaucoup d'obligation pour avoir lu un certain nombre de mes épreuves et m'avoir fourni nombre d'idées utiles.

A un autre ami et ancien élève, le docteur Laurie, je dois également les photographies reproduites planches XXV et LIV qui furent prises lors d'une de mes excursions du semestre d'été.

M. Francis J. Lewis de l'Université de Liverpool, dont les recherches sur la structure et l'histoire des tourbières de Grande-Bretagne promettent d'être d'un grand intérêt et d'une grande importance pour les botanistes et les géologues, a mis à ma disposition quelques photographies caractéristiques de tourbières, parmi lesquelles j'ai choisi les illustrations de la planche LIV. A moins d'indication contraire les autres planches sont la reproduction des spécimens de mon propre musée, prises sous la direction du docteur J. D. Falconer, mon ancien assistant, actuellement directeur du Mineral Survey, du Northern Nigeria.

Je dois ajouter que plusieurs des illustrations dans le texte ont été prises par moi et par mon fils, M. W. Cranston Geikie.

Edimburg, 15 avril 1905.

PRÉFACE A LA DEUXIÈME ÉDITION

Cette édition diffère peu de la précédente, cependant l'auteur a saisi cette occasion pour remplir quelques lacunes et faire un certain nombre de suppressions et de corrections, ce qui rendra, il l'espère, le livre plus propre à satisfaire ceux pour qui il a été fait.

Edimburg, 24 février 1908.

NOTE DU TRADUCTEUR

L'édition française n'est pas une traduction littérale, mais une adaptation ; je n'ai pas cru devoir m'astreindre, en effet, à conserver la forme même du texte anglais ; de plus, j'ai fait d'assez nombreuses suppressions ; j'ai éliminé les paragraphes trop spécialement consacrés à la géologie de l'Ecosse : beaucoup de passages en petit caractère m'ont paru faire double emploi avec d'autres imprimés en gros caractères ; je n'ai d'ailleurs conservé qu'une seule sorte de caractères.

J'ai été conduit aussi à remanier un peu l'ordre des chapitres, transportant certains passages d'un chapitre à un autre où il m'ont paru mieux à leur place.

D'autre part, j'ai fait un certain nombre d'additions, les plus importantes sont entre crochets.

J'ai multiplié les figures schématiques que l'auteur anglais avait déjà mis en abondance. J'ai pensé, en effet, que pour la clarté du texte, rien ne vaut un schéma avec une légende abondante, pas même une photographie.

Mais si la forme de l'ouvrage s'est trouvée assez profondément modifiée, je me suis fait un devoir de conserver au fond même toute son originalité et de respecter la manière de voir de l'auteur, alors même qu'elle se différenciait de celle que nous pouvions avoir en France.

J'espère seulement avoir rendu son livre plus accessible aux lecteurs français dont l'état d'esprit est un peu différent de celui des lecteurs anglais.

Fig. 1. — Coupe d'une agate provenant d'une cavité amygdaloïde (p. 14)
(à peu près grandeur naturelle).

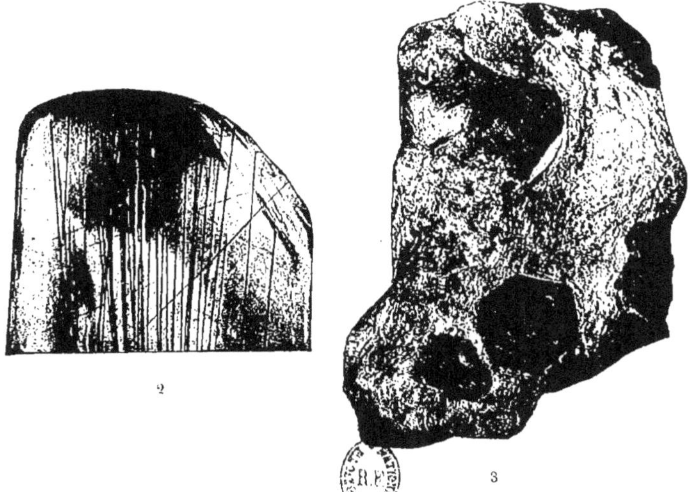

Fig. 2. — Cristal de roche contenant de petites aiguilles de rutile (p. 19).

Fig. 3. — Grenats (p. 46) dans un micaschiste.

Vis-à-vis la page 1.

CHAPITRE PREMIER

PRÉLIMINAIRES SUR LES PROCÉDÉS D'ÉTUDES DES ROCHES

La base préalable de toute géologie est la connaissance des principales roches et celle des éléments qui les composent. Leur étude approfondie constitue la pétrographie ; mais, sans se spécialiser dans cette science, il est nécessaire d'avoir quelques données d'ensemble sur ces questions.

Dans cet ouvrage on a insisté surtout sur les caractères macroscopiques des minéraux et des roches. Cependant, on y trouvera les caractères microscopiques essentiels de la plupart d'entre eux. En effet, il n'est pas difficile de reconnaître, assez rapidement et tout au moins d'une façon empirique, les principaux minéraux des roches, et, pour étudier les roches au microscope, en lumière polarisée, il n'est pas nécessaire d'avoir une connaissance approfondie de la minéralogie et de l'optique physique.

On peut étudier les roches de quatre façons différentes :

I. A l'œil nu ou à la loupe : étude macroscopique.

II. En plaques minces, sous le microscope : étude microscopique.

III. Au moyen de l'analyse chimique : étude chimique.

IV. Au moyen de déterminations physiques : étude physique.

Comme cet ouvrage n'est pas un traité de pétrographie, on
ne fera qu'indiquer rapidement les divers procédés.

I. — ETUDE MACROSCOPIQUE

L'étude macroscopique est l'étude faite avec l'œil ou avec
le secours de la loupe, des minéraux constitutifs de la roche.
C'est le procédé le plus ancien, et à une personne exercée, il
peut donner d'excellents résultats, tout au moins pour la distribution des roches en grands groupes.

II. — ETUDE MICROSCOPIQUE

[On commence par tailler les roches en plaques minces ; on
les étudie ensuite en lumière polarisée parallèle.

Taille des plaques minces. — La taille des roches en plaques minces est généralement faite par des ouvriers spécialistes (prix de la plaque mince, 1 fr. 25 à 1 fr. 5o, sauf dans le
cas de difficultés spéciales).

On détache d'abord de la roche un éclat assez petit et aussi
plat que possible. On tient ce morceau à la main et on l'use
sur un disque de fonte recouvert d'émeri et d'eau, animé d'un
mouvement de rotation rapide, produit, soit à la main, soit au
moyen d'une pédale ou d'un moteur. On obtient ainsi une face
plane que l'on polit enfin sur un disque de verre recouvert
d'émeri très fin. On colle ensuite cette face plane sur un porte-
objet en verre au moyen de baume de Canada. Ceci fait, on
use l'autre face de la préparation sur le disque de fonte, puis
sur les disques de verre jusqu'à ce qu'il ne reste plus qu'une
pellicule extrêmement mince, dont l'épaisseur doit être environ de o mm.,o2. On reconnaît que cette épaisseur est atteinte
lorsque, sous le microscope polarisant, les quartz qui se trouvent dans la préparation, ou qui y ont été joints, montrent une
couleur gris-bleuâtre, et non plus jaune ou rouge. La prépara-

tion est alors recouverte de baume de Canada, puis d'une lamelle couvre-objet.

Des difficultés spéciales se présentent pour les roches pulvérulentes ou très tendres. Il faut alors les durcir au moyen de procédés, variables suivant les cas, et tenus plus ou moins secrets par les spécialistes.

On porte sous le microscope la plaque ainsi préparée.

On l'étudie d'abord en lumière naturelle, l'analyseur levé, puis en lumière polarisée parallèle, l'analyseur baissé, enfin en lumière polarisée convergente.

a) **Etude en lumière naturelle**. — On lève l'analyseur.

On reconnaît immédiatement un certain nombre de caractères des minéraux, leur couleur, leur relief, leur pléochroïsme, les clivages, etc.

Couleur. — On classe immédiatement les minéraux en trois groupes : minéraux opaques, minéraux transparents et incolores, minéraux colorés.

Les minéraux opaques sont faciles à reconnaître les uns des autres.

Les minéraux incolores et colorés doivent être étudiés en lumière polarisée ; mais il faut d'abord déterminer en lumière naturelle un certain nombre de leurs propriétés.

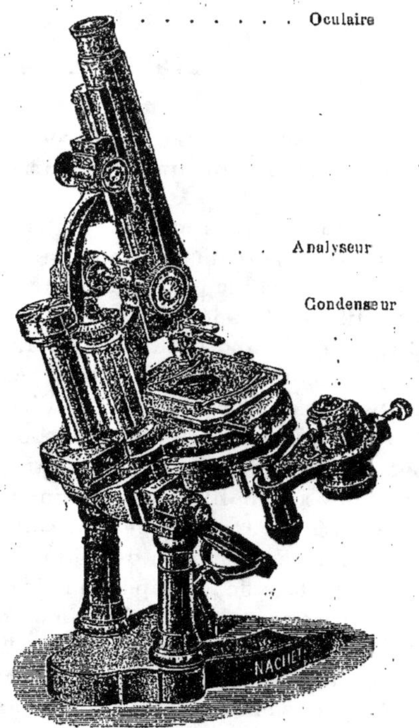

Fig. 1. — Microscope polarisant.

Relief. — Dans la majeure partie des cas, on n'a sur le relief (valeur de l'indice de réfraction) que des données approchées ; on les obtient sans aucune mesure par la simple comparaison des minéraux entre eux.

Cependant, dans certains cas, on peut atteindre des résultats plus précis par le procédé de M. Becke.

Pléochroïsme. — En faisant tourner la platine du microscope, on constate que certains minéraux changent de teinte ; ils sont dits *pléochroïques*. On note les différentes teintes observées pour les différentes positions de la platine.

Angles des faces ; direction de clivage, etc. — Toutes ces données sont utiles à noter. L'angle que font les faces entre elles est facile à déterminer ; on amène l'angle du cristal à la croisée des fils du réticule ; on fait coïncider la trace de l'une des faces avec l'un des fils du réticule et on note la position du zéro sur la platine divisée ; puis on fait tourner la platine jusqu'à ce que l'autre face vienne à coïncider avec le même fil du réticule ; on lit la nouvelle position du zéro et la différence des lectures donne la valeur de l'angle des faces.

L'angle des directions de clivage entre elles ou l'angle qu'elles font avec les faces se détermine de la même façon.

b) **Etude en lumière polarisée parallèle.** — Il est nécessaire de passer constamment de la lumière naturelle à la lumière polarisée parallèle ; ce passage est d'ailleurs très facile, puisqu'il suffit pour cela de baisser l'analyseur.

D'ailleurs, pour ne pas se tromper entre les différents minéraux d'une même plaque, il convient d'amener celui que l'on étudie au centre de la préparation à la croisée des fils du réticule.

Parmi les données que l'on peut déterminer en lumière polarisée naturelle, se trouve, en premier lieu, la biréfringence. Les autres sont plus délicates à déterminer et moins importantes.

Biréfringence. — Pour déterminer la *biréfringence* dans une plaque mince, d'épaisseur normale (environ o mm. o2), on se sert du tableau des teintes de biréfringence (fig. 2).

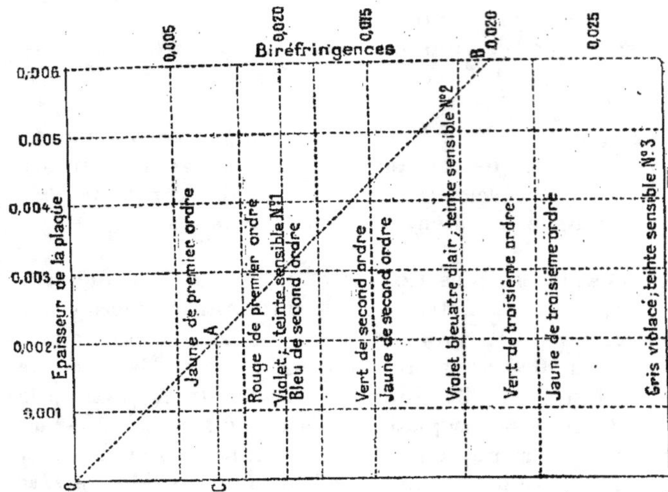

Fig. 2. — Tableau des teintes de biréfringence.

On note simplement la ou les couleurs C, les plus fréquentes qu'affecte le minéral considéré. L'intersection de la bande colorée C et de la ligne, o m. o2 par exemple, représentant l'épaisseur de la plaque, est un point tel que A.

La ligne OA mène au point B où se trouve inscrite la biréfringence.

Angle d'extinction. — C'est l'angle que fait la direction d'extinction d'un cristal avec les lignes cristallographiques. Pour le mesurer, on place la ligne cristallographique, parallèlement au fil du réticule et on note sur le cercle divisé la position du zéro. Puis on fait tourner le microscope jusqu'à ce que l'extinction se produise; on note alors la nouvelle position du zéro. On a ainsi, par différence des deux lectures, la valeur de l'angle d'extinction.

c) **Etude en lumière polarisée convergente.** — Pour étudier les roches en lumière polarisée convergente, il y a plusieurs procédés. Le plus commode dans la pratique consiste, l'analyseur étant baissé comme dans le cas de la lumière polarisée naturelle, à monter le condenseur jusqu'au contact de la plaque et à enlever l'oculaire. Il faut opérer avec un très fort grossissement.

L'examen en lumière polarisée convergente est surtout intéressant dans le cas de sections perpendiculaires aux axes optiques. Ces sections sont facilement reconnaissables à ce fait qu'en lumière polarisée parallèle elles restent constamment éteintes ; aussi peut-on les confondre avec un trou dans la préparation ou avec un minéral opaque. Pour s'assurer de leur réalité, il suffit de lever l'analyseur et de les regarder en lumière naturelle où elles apparaissent pareilles aux sections d'orientation quelconque des minéraux de même nature.

En lumière polarisée convergente, ces sections perpendiculaires à l'axe donnent des apparences de croix noire et d'hyperboles noires.

Cristaux uniaxes. — Des sections, perpendiculaires à l'axe, donnent en lumière convergente une croix noire dont les bras restent parallèles aux fils du réticule pendant toute la durée de rotation de la platine du microscope.

Quand on a affaire à des sections qui ne sont pas rigoureusement perpendiculaires à l'axe, on voit des barres noires rectilignes qui se déplacent parallèlement aux fils du réticule pendant la rotation de la platine.

Cristaux biaxes. — Une section, perpendiculaire à un axe optique (constamment éteinte en lumière parallèle) laisse voir, en lumière convergente, une hyperbole équilatère.

Une section perpendiculaire à l'une des bissextrices laisse voir une croix noire qui, lorsqu'on tourne la platine du microscope, se disloque en deux branches d'hyperbole.

Ces apparences sont souvent utiles pour distinguer des cristaux uniaxes et biaxes.

III. — ETUDE CHIMIQUE

L'étude chimique peut être quantitative ou qualitative.

L'étude qualitative peut se faire sous le microscope ; c'est alors une analyse microchimique qui donne des indications souvent très précieuses pour vérifier et compléter les déterminations optiques des minéraux.

L'analyse quantitative ou analyse totale a été longtemps en faveur ; elle a été ensuite abandonnée ; elle est revenue en vogue dans ces derniers temps et fixe de plus en plus l'attention des pétrographes. Elle permet de reconnaître les caractères communs de roches, d'ailleurs très différentes par leurs modes de gisement, leur structure, leurs caractères minéralogiques.

Les pétrographes américains ont récemment beaucoup perfectionné ces procédés d'analyse ; ils restent cependant longs et coûteux. Toute une classification nouvelle a été ainsi basée sur l'analyse chimique des roches].

IV. — ETUDE PHYSIQUE

Il est souvent utile de déterminer un certain nombre des caractères physiques des roches ou de leurs éléments.

Densité. — Elle se détermine généralement par une balance à densité, telle que celle de Walther.

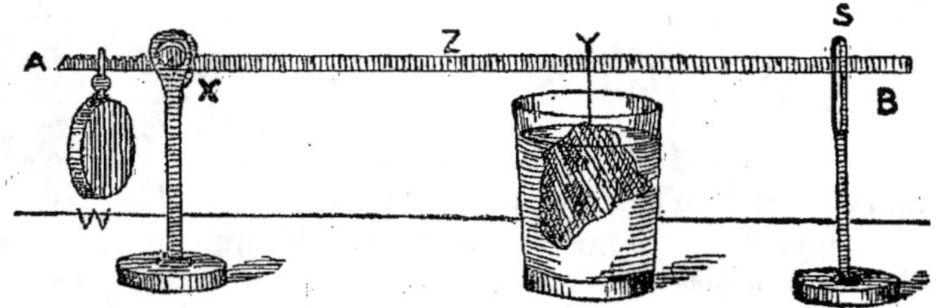

Fig. 3. — Balance de Walther

La balance de Walther est souvent utilisée par les géologues et les résultats qu'on obtient avec elle suffisent largement pour les besoins de la pratique.

Le fragment de roche est suspendu par un fil mince et pesé dans l'air. Le point de suspension est alors Z. Ce fragment est ensuite immergé dans l'eau, en ayant soin de supprimer toute bulle d'air sur le bord du fragment, le point de suspension est alors Y.

Le poids spécifique est représenté par le rapport $\dfrac{XY}{ZY}$

Par exemple, si $Z = 10$ cm. $Y = 15^n$, on a $d = \dfrac{XY}{ZY} = \dfrac{15}{15 - 10} = 3$.

On peut recommencer l'opération en changeant le point de suspension du contrepoids W et avoir ainsi un contrôle du chiffre obtenu.

On peut également déterminer la densité au moyen des liqueurs denses (voir plus loin).

Dureté. — La dureté d'un corps se détermine en essayant de le rayer avec d'autres corps de dureté connue. Ceux qui sont plus durs que lui le rayent ; ceux qui sont moins durs se laissent rayer par lui.

On désigne brièvement la dureté d'un corps en se servant de l'échelle de dureté (échelle de Mohr).

Échelle de dureté	Autres corps
1. Talc.	
2. Gypse.	
3. Calcite.	Ongle 3
4. Spath fluor.	
5. Apatite	Verre 5
6. Orthose	Acier 6
7. Quartz.	
8. Topaze.	
9. Corindon.	
10. Diamant.	

Séparation des corps. — Cette séparation peut s'opérer d'après les poids spécifiques, à l'aide de liqueurs denses. On connaît certaines solutions d'une densité telle que la plupart des éléments des roches y flottent. On peut ainsi séparer les éléments les plus lourds qui tombent au fond et les éléments les plus fins qui flottent.

On peut également séparer les corps par *lévigation,* par *tamisage,* etc.

On utilise aussi la propriété qu'ont certains corps d'être attirés par l'aimant, on arrive ainsi à retirer le minerai magnétique d'une poudre de roche. Avec des électro-aimants de force variable, on peut même retirer successivement les divers éléments, plus ou moins ferrugineux d'une roche.

CHAPITRE II

MINÉRAUX DES ROCHES

Oxydes. — Quartz. Calcédoine. Opale. Oligiste. Ilménite. Magnétite. Limonite. Rutile. Zircon. Groupe des Spinelles. Spinelle proprement dit. Corindon. Pyrolusite. Psidomélane. Wades.

Silicates. — Groupe des feldspaths. Orthose. Sanidine. Microcline. Feldspaths plagioclases. Albite. Oligoclase. Andésine. Labrador. Bytownite. Anorthite. — Groupe des feldspathoides. Leucite. Néphéline. Sodalite. Haüyne. Noséane.

Groupe des amphiboles. Trémolite. Actinote. Hornblende. — Groupe des pyroxènes. Pyroxènes monocliniques. Augite. Diallage. Omphacite. Pyroxènes orthorombiques. Enstatite. Bronzite. Hypersthène. Caractères différentiels de la hornblende et de l'augite. — Groupe des micas. Biotite. Muscovite.

Groupe de l'olivine. — Groupe des chlorites. — Groupe du talc et de la serpentine. Talc. Magnésite. Serpentine. — Groupe de l'épidote. Pistasite. Zoïsite. Clinozoïsite. — Glauconie. — Groupe des grenats. — Cordiérite. — Tourmaline. — Groupe du sphène. — Groupe de l'andalousite. Sillimanite. Kianite. Staurotide. — Groupe des zéolithes. — Groupe de la kaolinite.

Sels haloïdes. — Fluorine. Sel gemme.

Sulfures. — Pyrite. Pyrite magnétique. Marcassite.

Carbonates. — Calcite. Aragonite. Dolomie. Sidérose. Sphérosidérose.

Sulfates. — Anhydrite. Gypse. Barytine.

Phosphates. — Apatite.

Corps simples. — Graphite.

Les minéraux essentiels constituant les roches sont peu nombreux, et il n'y en a guère qu'une vingtaine qui soient importants à connaître.

On les décrira ici rapidement :

OXYDES

QUARTZ

Formule : SiO_2
Densité : 2,6 à 2,7
Dureté : 7 (type de l'échelle de dureté)

Le quartz est de la silice chimiquement pure. Il est le plus
dur des éléments communs dans les roches ; seuls, le spinelle,
le corindon et quelques autres minéraux
peu importants ont une dureté supérieure.

Le quartz cristallise dans le système rhomboédrique ; il se présente généralement en
prismes droits à base hexagonale, surmontés de deux pyramides (fig. 4) ; on trouve
souvent aussi du quartz bipyramidé, c'est-
à-dire des cristaux dont la partie prismatique est nulle ou très réduite.

Sa cassure est conchoïdale ; quand il est
pur, il est transparent ; il est infusible et
insoluble dans les acides.

Il ne possède aucun clivage; mais il est
souvent traversé par de nombreuses craquelures irrégulières.

Fig. 4. — Cristal
de quartz. Prisme
droit à base hexa-
gonale, terminé par
deux pyramides.

Caractères microscopiques. — En lames minces, le quartz
se présente comme un minéral incolore, très limpide, ayant
un faible relief ($n = 1,55$) et une biréfringence très faible
($n = 0,009$), donnant une teinte de polarisation grise dans les
plaques minces d'épaisseur ordinaire.

Des inclusions sont fréquentes dans le quartz : ce sont souvent de petits cristaux de verre, ou des inclusions liquides,
renfermant, soit une solution saline (avec cristaux de chlorure
de sodium), soit de l'acide carbonique liquide ; il reste généralement au milieu du liquide une petite bulle qu'on peut faire
disparaître en chauffant ; quand cette bulle ou *libelle mobile*
est assez petite, elle est animée de mouvements browniens,

Conditions de gisement. — 1) Le quartz est fréquemment un minéral constitutif des roches éruptives : granite, porphyre quartzifère, rhyolithe, etc. Dans les roches, même lorsqu'il ne se présente pas sous forme cristalline, le quartz se reconnaît facilement à ses autres caractères physiques, principalement à sa dureté, à sa cassure inégale et conchoïdale, à sa surface vitreuse et à l'absence complète de décomposition.

Dans le granite, il constitue une sorte de ciment transparent remplissant les vides entre les autres minéraux qu'il semble ainsi réunir.

Dans d'autres roches éruptives, comme dans le porphyre quartzifère, l'obsidienne, etc., il a souvent un aspect corrodé ; on l'y trouve accidentellement, en cristaux, soit bien constitués, disséminés dans une masse à grain fin (pl. II, fig. 4), soit irréguliers, ayant souvent en section la forme de losanges aux angles arrondis.

Les cristaux de quartz les mieux développés se rencontrent dans des cavités irrégulières ou *druses*, fréquentes dans le granite, dont les parois sont tapissées par de beaux cristaux de minéraux, et en particulier par des prismes hexagonaux et des pyramides de quartz (pl. XII, fig. 2).

Enfin, dans les roches finement cristallines, la présence du quartz ne peut être décelée que par l'examen microscopique.

2) Le quartz est un élément très important de certaines roches schisteuses, comme les gneiss, les micaschistes, etc., il est alors le résultat du métamorphisme.

3) Il est souvent déposé par des solutions aqueuses, et résulte de la décomposition chimique des silicates, ou de la remise en mouvement de la silice des roches voisines. Il remplace alors ou agglomère les éléments originaux de la roche : des roches plus ou moins inconsistantes ont été ainsi traversées par des solutions siliceuses, et transformées en masses dures ; le sable meuble peut être solidifié en grès, et à leur tour les grès peuvent être fortement durcis et transformés en quartzites.

Un autre résultat de la circulation de ces solutions aqueuses, riches en silice, a été de remplir les fissures et cavités de diverses natures dans toutes sortes de roches. Le quartz y apparaît souvent sous forme de veines et de veinules ramifiées, et c'est ainsi qu'il est un des minéraux les plus communément associés aux minerais dans les veines métallifères.

4) A cause de sa densité le quartz résiste bien à la décomposition ; aussi joue-t-il un grand rôle dans la formation de la plupart des roches sédimentaires ; celles-ci dérivent en effet, le plus souvent, de la décomposition des roches préexistantes. Il est surtout abondant dans les conglomérats, les grauwackes et les grès.

Variétés. — Les principales variétés du quartz, en grands cristaux, sont les suivantes :

cristal de roche, limpide comme de l'eau ;

aiturine, cristal de roche avec nombreuses paillettes de micas et autres minéraux ;

améthyste, cristal de roche violet ;

quartz enfumé, dont la couleur varie du brun-foncé au noir (*morion*) et du brun-pâle au jaune (*fausse topaze* ou *citrine*) ;

quartz laiteux, blanc comme du lait et presque opaque, ayant quelquefois un aspect gras ;

quartz commun, non transparent, blanc, accidentellement coloré, présentant quelquefois des formes cristallines, mais le plus souvent massif.

CALCÉDOINE

La calcédoine est la plus importante des variétés cryptocristallines du quartz ; elle est fibreuse, formée d'éléments rayonnants qui constituent des sphérolithes.

Elle est translucide et a souvent un aspect chatoyant. Sa couleur varie : le plus souvent elle est blanche ou grise, mais il en existe des variétés brunes, noires, jaunes, grisâtres ou bleues.

C'est un minéral secondaire qui se trouve dans la plupart des roches siliceuses ; elle remplit fréquemment les fissures et les cavités des roches ignées, et est commune dans les veines métallifères.

Caractères microscopiques. — En lames minces et en lumière polarisée, la disposition concrétionnée ou radiaire de la calcédoine détermine sous les nicols croisés l'apparition d'une croix noire.

Variétés. — La calcédoine comporte de nombreuses variétés :

cornaline, rouge clair, mais quelquefois jaune ;

chrysoprase, vert d'herbe ;

plasma, vert poireau foncé.

Lorsque la variété plasma est mélangée de cornaline, elle est connue sous le nom d'*héliotrope* ou *jaspe sanguin*.

L'*agate* (pl. I, fig. 1) est une variété de calcédoine formée de zones concentriques ou de taches de couleurs variées, dues à des impuretés. On distingue l'*agate zonaire*, l'*agate tachetée*, l'*agate mousseuse* qui contient des impuretés visibles.

L'*onyx* est une agate dans laquelle les zones colorées sont régulièrement distribuées. On l'utilise souvent pour la fabrication des camées ; la figure est gravée dans la bande claire, et la bande foncée sert de fond.

Le *sardonyx* est un onyx formé de bandes alternatives de calcédoine cornaline et de calcédoine opalescente.

Le *jaspe* est une calcédoine impure, de couleur variée, le plus souvent rouge ; la coloration est due à un oxyde de fer.

Le *silex* est voisin de la calcédoine ; il est formé de silice cryptocristalline rendue opaque par de nombreuses impuretés ; il a une cassure conchoïdale très nette.

La *corne* (ou hornstein) diffère peu du silex ; sa cassure est écailleuse plutôt que conchoïdale ; le silex et les cornes se trouvent surtout dans les roches calcaires et métamorphiques, ils y forment des nodules qui constituent des lits et des concrétions irrégulières.

Décomposition du quartz et de la calcédoine. — Les diverses variétés du quartz sont, en pratique, insensibles à l'action chimique des eaux. Les formes cryptocristallines et amorphes sont cependant moins résistantes et se recouvrent souvent d'une croûte blanche.

OPALE

Formule : $SiO_2 + Aq$.
Densité : 1,9 à 2,3
Dureté : 5,5 à 6,5

L'opale est constituée par de la silice avec une proportion d'eau variable, généralement 3 à 10 o/o. Sa densité et sa dureté sont légèrement inférieures à celles du quartz.

C'est un minéral amorphe, à aspect vitreux ou résineux. Sa couleur varie ; elle peut être blanche, rouge, jaune, brune, verte ou bleue, quelquefois avec des tons variés.

Caractères microscopiques. — C'est un minéral incolore en lames minces, amorphe, et par suite constamment opaque en lumière polarisée ; il montre cependant de légères teintes de biréfringence ; il a quelquefois une structure sphérolitique, ce qui détermine en lumière convergente le phénomène de la croix noire.

Variétés. — On distingue plusieurs variétés d'opale :

La *geysérite*, déposée par les eaux thermales, est souvent légère et terreuse.

La *hyalite*, généralement limpide comme de l'eau, incolore, mais quelquefois blanche ou translucide, se trouve dans les diaclases, les fissures et les cavités de quelques basaltes.

L'*opale noble* est une pierre précieuse, utilisée en joaillerie à cause de ses beaux reflets irisés ; on la trouve dans les cavités irrégulières des trachytes.

L'*opale commune*, translucide et incolore, se trouve dans les veines, fissures et cavités des roches ignées.

La *semi-opale* est moins translucide que l'opale commune.

Le *jaspe-opale* est rouge ou brun.

La *ménilite* est une opale concrétionnée brune ou gris-opaque, qui se trouve accidentellement dans les roches argileuses.

Conditions de gisement. — L'opale se présente généralement en rognons et dans des cavités des roches. Elle est toujours d'origine secondaire, c'est-à-dire formée après la roche où elle se trouve.

OLIGISTE, HEMATITE OU FER SPECULAIRE

Formule : Fe_2O_3
Densité : 5,19 à 5,28
Dureté : 5,5 à 6,5.

Ce minéral se présente en cristaux d'un bleu gris de fer ; les formes fibreuses sont généralement d'un brun-rouge ; il donne une poudre rouge quand il est rayé par une lame d'acier. Cette rayure rouge et l'absence de magnétisme permet de différencier l'oligiste de la magnétite.

Caractères microscopiques. — En lames minces, l'oligiste est un minéral opaque ; mais il a quelquefois une couleur orangée sur ses bords, ce qui tient à ce qu'il est normalement orangé en plaques très minces. En lumière réfléchie, il est gris et a un éclat métallique.

Conditions de gisement. — L'oligiste se présente, soit en cristaux, soit en masses ; la variété cristalline se trouve en veines et est accompagnée de magnétite.

Il est un des minéraux constitutifs accessoires du granite, des syénites, des gneiss, des micaschistes. Il existe en inclusions microscopiques, dans de nombreux minéraux, sous la forme de petites pellicules ou écailles ; il modifie alors la couleur du minéral dans lequel il est inclus (minéral périmorphe) et lui communique un aspect métallique ou irisé. Il est souvent développé dans des calcaires au contact des roches éruptives. Il est également le produit de la sublimation dans les régions volcaniques.

Les variétés plus compactes ou cryptocristallines d'oligiste se trouvent généralement en veines, en lits irréguliers et en masses. On les trouve également en nodules et en masses noduleuses à couches concentriques et à structure fibreuse radiée.

L'oligiste est fréquemment, dans les roches ignées décom-

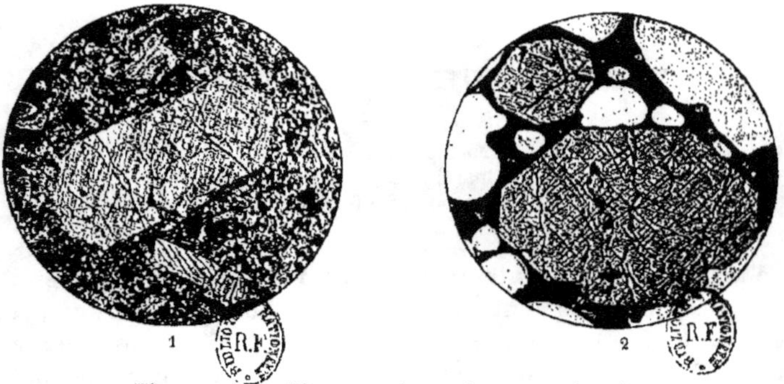

Fig. 1. — Plaque mince dans un basalte.

Le grand cristal au centre est du pyroxène augite (p. 35), ayant conservé sa forme (cristal idiomorphe ; p. 64), et montrant ses deux faces terminales presque perpendiculaires entre elles (87°).

Fig. 2. — Plaque mince dans un basalte scoriacé.

Phénocristaux de pyroxène augite (p. 35) en section transversale. Les lignes de clivage et les faces parallèles sont presque perpendiculaires entre elles (87°).

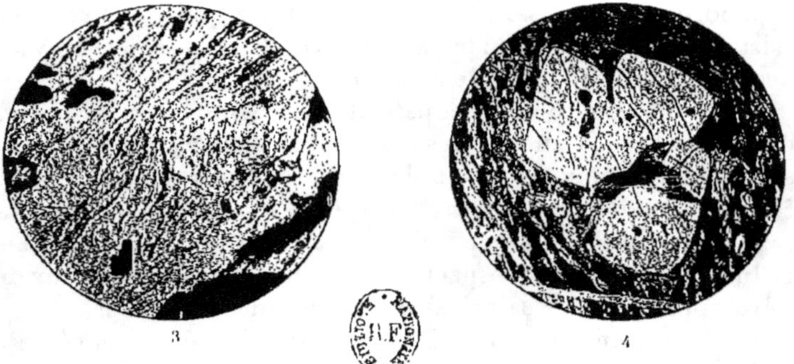

Fig. 3. — Plaque mince dans un pechstein. — Structure fluidale.

Fig. 4. — Plaque mince dans un pechstein (p. 77).

Cristaux de quartz, corrodés, avec inclusions vitreuses (p. 13).

Vis-à-vis la page 16.

posées, le produit d'altération de minéraux ferro-magnésiens ;
il tapisse aussi les diaclases de ces roches. On pense d'ailleurs
que le minéral ferrugineux que l'on voit sur ces diaclases
n'est pas véritablement de l'oligiste, mais de l'*hydro-hématite*
ou *turgite*, qui contient 5 o/o d'eau ; à d'autres égards celle-ci
est d'ailleurs semblable à l'oligiste et l'on ne peut l'en différencier que par l'analyse chimique.

ILMÉNITE

Formule : $(Fe, Ti)O_2$
Densité : 4,56 à 5,21
Dureté : 5 à 6.

L'ilménite est un minéral de couleur noire, avec un aspect
métallique ou submétallique ; il cristallise dans le système
rhomboédrique ; sa rayure est noire ou rouge-brun ; il est, en
pratique, infusible, si ce n'est au chalumeau, et inattaquable
par les acides.

Caractères microscopiques. — Dans les roches, l'ilménite
apparaît au microscope, soit sous la forme de cristaux rhomboédriques, soit en grains irréguliers ; il est souvent difficile,
ou même impossible de les distinguer des agrégats similaires
de magnétite.

Ce minéral est souvent altéré, soit sur ses bords, soit complètement ; il forme alors une substance opaque, d'un blanc
grisâtre terne, appelée *leucoxène* que l'on considère, en général, actuellement comme identique au sphène (voir titanite,
p. 48).

Conditions de gisement. — Il se présente en masses dans
certaines roches ignées, en particulier dans les gabbros ;
il existe, comme élément accessoire, dans beaucoup de roches
éruptives, granites, syénites, gabbros, basaltes, et comme élément constitutif dans certains schistes cristallins.

MAGNÉTITE

Formule : Fe_3O_4
Densité : 4,9 à 5,2
Dureté : 5,5 à 6,5

La magnétite cristallise généralement sous la forme d'octaèdres ou de dodécaèdres ; son magnétisme énergique, sa rayure noire, la présence fréquente d'octaèdres, différencient la magnétite des autres minéraux communs. Elle est gris de fer ou noire comme l'ilménite ; elle est à peu près aussi infusible, mais elle est soluble dans l'acide chlorhydrique. Tandis que l'ilménite donne par décomposition une roche grise, le leucoxène, la magnétite donne un produit brun, la *limonite*.

Conditions de gisement. — La magnétite se rencontre fréquemment dans les roches ; elle s'y trouve en cristaux de toute taille.

Dans les chloritoschistes et autres roches schisteuses, elle forme des lits massifs à structure granulaire, dans lesquels la chromite, l'ilménite, la pyrite, la chalcopyrite sont souvent abondamment disséminées.

Quoique commune dans les roches ignées acides, elle est beaucoup plus fréquente dans les roches ignées basiques, mais elle s'y trouve généralement à l'état microscopique. Dans les gabbros elle forme parfois des agrégats massifs.

On la rencontre aussi, comme minéral secondaire, dans beaucoup de roches éruptives ; c'est alors un produit d'altération des minéraux ferro-magnésiens, comme l'olivine, l'augite, la hornblende et la biotite.

La magnétite ne se décompose pas, aussi se trouve-t-elle souvent dans les sables alluviaux.

LIMONITE

Formule : $2Fe_2O_3 + 3H_2O$
Densité : 3,4 à 3,95
Dureté : 5 environ.

La limonite forme des amas fibreux, en forme de nodules ou de stalactites, ou encore de grandes masses irrégulières. Elle est brune ou jaune-brun ; sa rayure est jaune-brun.

Comme élément constitutif des roches, elle résulte de l'altération des minéraux contenant du fer. La limonite est amorphe ; mais elle remplit souvent les cavités tapissées auparavant par d'autres minéraux, et elle prend alors leur forme cristalline (pseudomorphose).

RUTILE

Formule : TiO_2
Densité : 4,2 à 4,3
Dureté : 6 à 6,5

Le rutile se trouve généralement dans les roches à l'état de petits grains brun-foncé ou rougeâtres, en prismes pointus, avec macles en genou (fig. 5), ou en cristaux jumelés réunis par leurs centres, et du système quadratique.

Il est infusible, sauf au chalumeau, et insoluble dans les acides. Il se forme dans de nombreuses roches schisteuses (gneiss, micaschiste, phyllite, éclogite, etc.). Des cristaux en forme d'aiguille sont également communs dans les argiles et les grauwackes, et forment fréquem-

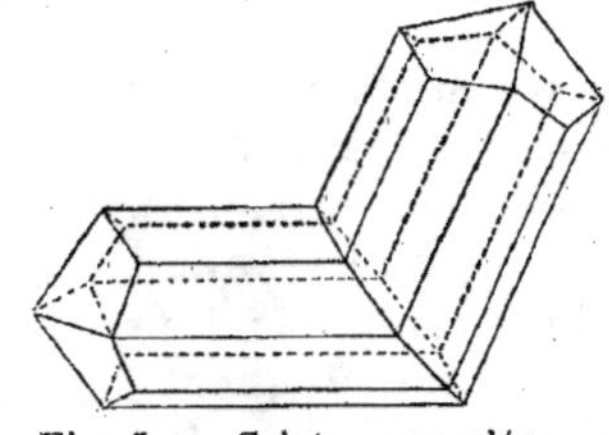

Fig. 5. — Cristaux maclés de rutile. — Macle en genou.

ment des inclusions dans certains minéraux comme le cristal de roche (pl. I, fig. 2) et le mica.

Le rutile n'est pas attaqué par les différents agents de décomposition ; aussi survit-il souvent à la destruction de la roche, et se trouve-t-il en grains dans les sables et les graviers.

ZIRCON

Formule : SiO_4Zr
Densité : 4,5 à 4,7
Dureté : 7,5.

Le zircon cristallise dans le système hexagonal, sous forme de petits cristaux bruns, inclus dans d'autres minéraux. Il est plus lourd et plus dur que le rutile ; il est insoluble ; il est difficilement et incomplètement soluble à chaud dans l'acide sulfurique.

Caractères microscopiques. — En plaques minces, il est brun-pâle, presque incolore.

Il est fréquemment entouré d'auréoles pléochroïques, surtout quand il se présente dans des roches métamorphiques.

Variétés. — Certaines variétés fines et de couleur claire, appelées *hyacinthes*, ont une certaine valeur comme pierres précieuses.

Conditions de gisement. — Le zircon est un élément que l'on peut rarement distinguer à l'œil nu. Il existe dans la plupart des roches, mais en quantité toujours faible ; il se trouve dans les roches éruptives de toutes sortes, mais plus rarement dans les roches basiques. Il existe également dans les schistes cristallins, surtout dans les gneiss.

On en trouve de grands cristaux dans certaines variétés de syénite.

De même que la magnétite et le rutile, le zircon ne s'altère pas en pratique ; aussi est-il abondant dans les sables quartzeux résultant de la décomposition des roches où il existait.

GROUPE DES SPINELLES

Formule : (Mg, Zn, Fe...) (Al,Fe...)$_2$O$_3$

Les minéraux, qui constituent le groupe des spinelles, cristallisent en cristaux symétriques. Ils sont tous très durs, sauf la chromite ; ils ne sont pas attaqués par les acides.

Spinelle proprement dit.

Formule : MgAl$_2$O$_4$
Densité : 3,5 à 4,1
Dureté : 8 (Type de l'échelle de dureté)

Il est infusible, et en pratique inattaquable par les acides ; son clivage est très imparfait ; sa couleur varie : on en connaît des variétés rouges, jaunes, bleues, vertes et noires.

Il se trouve dans certains schistes, et dans des calcaires et dolomies métamorphisés. Les belles variétés transparentes et colorées sont souvent recherchées comme pierres précieuses. D'après la couleur, on distingue les variétés suivantes :

Rouge foncé : rubis spinelle ;
Rose : rubis balais ;
Jaune d'or : rubicelle ;
Violet : almandin.

Le *pléonaste* [(Fe,Mg) Al$_2$O$_3$] est un spinelle ferro-magnésien gris-noir ou noir. On le trouve en particulier dans les blocs de calcaires rejetés par la Somma (Vésuve). Il se rencontre accidentellement dans le marbre, et en enclaves dans les basaltes, andésites, etc.

La *picotite* est un spinelle chromifère d'un brun sombre ou noir que l'on trouve souvent dans les roches éruptives riches en olivine (péridotites).

La *chromite* [Fe Cr$_2$O$_4$] est un spinelloïde brun sombre ou noir ; son poids spécifique est de 4,5 à 4,8, supérieur à celui du spinelle ; sa dureté (5,5) est beaucoup moins grande.

C'est le seul minéral dont on puisse obtenir des sels de chrome pour la production du jaune de chrome et du vert de chrome. Il a une valeur commerciale ; on le trouve en abondance dans les roches à olivine et dans la serpentine.

CORINDON

Formule : Al$_2$O$_3$
Densité : 3,9 à 4
Dureté : 9

Il cristallise en prismes hexagonaux et en pyramides, mais il est souvent massif ; c'est un minéral très dur et très lourd.

Il se rencontre quelquefois dans certains granites, syénites, schistes, calcaires métamorphiques et basaltes. Les belles variétés de couleur claire (*rubis* et *saphirs*) ont une grande valeur comme pierres précieuses.

Comme élément constitutif des roches, le corindon n'a qu'une faible importance. Souvent d'ailleurs il se trouve en masses considérables. L'*émeri* est un mélange intime de corindon, de magnétite et d'hématite. Il se trouve en veines et en lits dans les schistes cristallins.

PYROLUSITE, PSIDOMELANE, WADES

Ces oxydes de manganèse n'ont aucune importance comme éléments des roches ; mais ils forment souvent, en particulier le psidomélane, de minces pellicules recouvrant la surface des craquelures, des fissures, ou lits de différentes sortes de roches. Ces pellicules affectent souvent la forme de plantes ; on les appelle alors des *dendrites* (pl. III).

Les variétés terreuses de ces oxydes forment quelquefois des masses stratifiées.

GROUPE DES FELDSPATHS

Densité : 2,54 à 2,76
Dureté : 6 à 7

Le mot *feldspath* est un terme général qui désigne un certain nombre de minéraux voisins dont le rôle est très considérable dans la constitution des roches.

Ce sont les éléments les plus importants de la plupart des roches éruptives ; on les trouve également en plus ou moins grande abondance dans la plupart des roches métamorphiques, et même dans quelques roches sédimentaires.

L'étude détaillée des feldspaths est extrêmement délicate ; elle est cependant nécessaire, car elle constitue la base de la pétrographie actuelle.

Les feldspaths sont des silicates doubles d'alumine et d'un métal alcalin ou alcalino-terreux.

Le tableau suivant donne les formules de quelques-uns des feldspaths :

Orthose : K_2O, Al_2O_3, $6SiO_2$
Microcline : $(K, Na)_2O$, Al_2O_3, $6SiO_2$
Anorthose : $(Na, K)_2O$, Al_2O_3, $6SiO_2$

Plagioclases :

Albite : Ab $= Na_2O$, Al_2O_3, $6SiO_2$
Oligoclase . $10Ab + 3An$
Andésine : $2Ab + 1An$
Labrador : $2Ab + 3An$
Anorthite : An $= [CaO, Al_2O_3, 2SiO_2]$

Les feldspaths plagioclases peuvent être considérés comme des mélanges isomorphes d'albite et d'anorthite (Tschermak) avec tendances à se rapprocher de types indiqués.

La couleur des feldspaths est variable ; elle est le plus souvent grise, blanche ou rougeâtre, quelquefois jaune, verte ou bleue ; mais ces teintes diverses sont dues à l'altération du minéral ; les feldspaths sont blancs quand ils sont frais.

Comme éléments constitutifs des roches, ils affectent souvent la forme de cristaux tabulaires, de longues baguettes, ou de corps rectangulaires. Ils sont caractérisés par l'existence de deux plans de clivage perpendiculaires ou presque perpendiculaires entre eux. La surface de ces plans de clivage a généralement un éclat vitreux ou perlitique.

Les feldspaths se ressemblent tellement qu'il est impossible de les distinguer sans une grande habitude et souvent sans des recherches délicates. C'est surtout le cas lorsque les cristaux sont petits. Généralement d'ailleurs la série à laquelle les feldspaths appartiennent ne peut être déterminée que par l'examen en lames minces au microscope.

Caractères microscopiques. — Les feldspaths sont incolores en lames minces ; leur biréfringence, variant de 0,008 (orthose), à 0,012 (anorthite), donne des tons bleuâtres en lumière polarisée parallèle.

Ils présentent des clivages qui sont, comme on l'a dit, sensiblement à angle droit (90° chez l'orthose ; 93°35′ chez l'albite ; 93°10′ chez l'anorthite).

Les macles des feldspaths sont très caractéristiques. La macle de Carlsbad souvent visible sur les individus isolés (fig. 6) se reconnaît bien en plaques minces, à ce que l'on voit, dans un même cristal, deux plages inégalement teintées, séparées par une ligne droite (pl. IV, fig. 4).

D'autres macles, par exemple celles de l'albite (pl. IV, fig. 1), de la péricline (pl. IV, fig. 2), du microcline, donnent naissance à une série de bandes plus ou moins étroites, marchant par paires au point de vue de l'extinction. Ces bandes ou lamelles sont dites *lamelles hémitropes*. L'étude de leur extinction joue un grand rôle dans la détermination des feldspaths, autres que l'orthose.

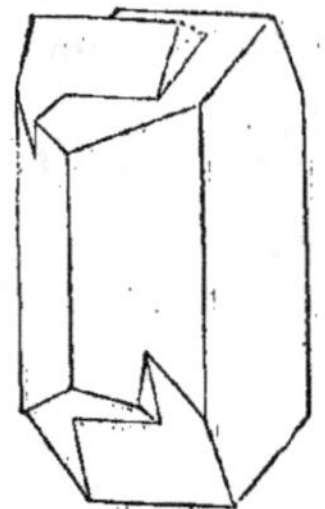

Fig. 6. — Cristal de feldspath orthose, montrant la macle de Carlsbad.

Dans le microcline, il coexiste deux séries de macles, donnant des lamelles hémitropes, s'entre-croisant. Cette coexistence détermine un quadrillage très caractéristique du minéral.

Ces propriétés jointes à celles de l'angle des plans de clivage, permettent de distinguer très facilement certains feldspaths :

Clivages à angle droit :

Pas de lamelles hémitropes . . .   *Orthose.*
Lamelles hémitropes, formant un quadrillage . . . .   *Microcline.*

Clivages à angles variables :

Lamelles hémitropes. . . . . .   *Plagioclases.*

La structure maclée peut quelquefois être vue à l'œil nu ou à la loupe ; sur des échantillons assez grands et assez frais, la structure des feldspaths se révèle par l'apparition de lignes finement parallèles, suivant lesquelles les cristaux sont striés en zones ; d'ailleurs ces lignes marquent la séparation des plans de clivage.

ORTHOSE

Formule : $K_2O, Al_2O_3, 6SiO_2$
Densité : 2,54 à 2,58

L'orthose, feldspath potassique monoclinique, contenant une forte proportion de silice, est généralement blanc, gris ou rougeâtre. Il n'est pas attaqué par les acides ordinaires ; mais il est décomposé par l'acide fluorhydrique. En esquilles minces il fond avant la température du chalumeau.

Conditions de gisement. — Dans les roches il se présente fréquemment en cristaux imparfaits ou en agrégats cristallins irréguliers. Dans certaines roches ignées, et en particulier dans le porphyre quartzifère, il se présente en cristaux visibles, souvent bien formés, disséminés dans la pâte à grains fin. De petits cristaux d'orthose se trouvent souvent dans les druses et les veines du granite et çà et là dans les fissures des schistes cristallins.

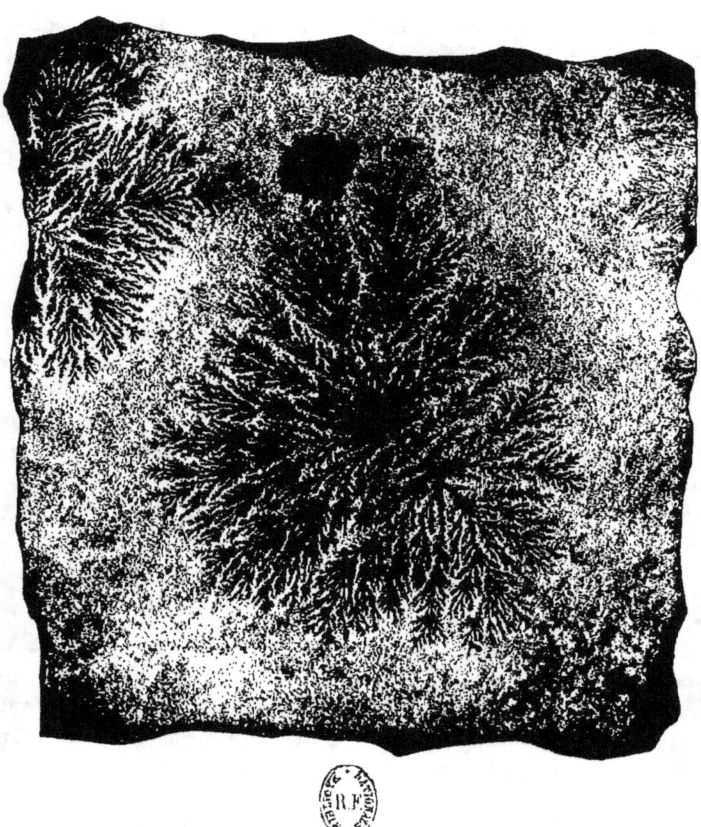

Dendrites de manganèse (p. 22 et 173).

Ces dendrites sont de minces pellicules d'oxydes de manganèse qui affectent souvent la forme de plantes et qui se forment à la surface de différentes roches.

Vis-à-vis la page 24.

Ce minéral est un élément essentiel de la plupart des roches éruptives, granite, porphyre quartzifère, syénite, rhyolithe, phonolithe, trachyte, etc. Il est facile à distinguer du quartz par sa dureté, son clivage, ses macles et son aspect trouble due à une altération graduelle en kaolin.

Variétés. — *Sanidine.* — C'est une variété d'orthose vitreuse, claire, souvent craquelée et criblée d'inclusions. Elle caractérise les roches volcaniques récentes, rhyolithes, trachytes, phonolithes ; elle affecte souvent la forme de cristaux tabulaires (Pl. IV, fig. 3, et 4).

Adulaire. — C'est une autre variété d'orthose, claire et transparente. Elle se trouve dans les druses irrégulières de certains gneiss et dans les fissures des schistes.

MICROCLINE

Formule : $(K,Na)_2O, Al_2O_3, 6SiO_2$

Le microcline a la même composition chimique que l'orthose dont on le distingue difficilement sans examen microscopique.

Caractères microscopiques. — Au microscope, le microcline montre généralement une structure polysynthétique, due à la présence de petites lamelles maclées en faisceau ; elles sont disposées de telle sorte que lorsque les sections sont faites dans une certaine direction, elles présentent un aspect quadrillé en lumière polarisée (Pl. V, fig. 1 et 2).

Conditions de gisement. — C'est un élément fréquent du granite ; il se présente souvent avec des formes bien développées dans les druses et dans les veines grossièrement cristallisées du granite. Il se trouve aussi dans certaines syénites et dans d'autres roches éruptives d'origine profonde et accidentellement dans les gneiss. Il accompagne souvent l'orthose ; mais il n'a jamais été rencontré dans les roches contenant de la sanidine.

ANORTHOSE

Formule : $(NaK)_2O,\ Al_2O_3,\ 6SiO_2$

A l'état de phéno-cristaux, l'anorthose se présente en rhomboèdres, en particulier dans le porphyre à rhomboèdres du sud de la Norvège.

Tous ces feldspaths potassiques sont facilement décomposés et transformés, soit en kaolin, soit en d'autres minéraux comme la muscovite.

FELDSPATHS PLAGIOCLASES

Les feldspaths plagioclases constituent une série de minéraux dont l'albite, silicate alumino-sodique, et l'anorthite, silicate alumino-calcique, sont les deux extrêmes. Les formes intermédiaires sont considérées comme des mélanges isomorphes en proportions variées de ces deux silicates, comme le montre le tableau de la page 22.

Caractères chimiques. — La teneur en silice varie depuis 43,16 o/o dans l'anorthite jusqu'à 68,68 o/o dans l'albite. Ils fondent difficilement avant la température du chalumeau.

L'anorthite est décomposée par l'acide chlorhydrique avec dépôt de silice gélatineuse, tandis que l'albite résiste aux acides ordinaires. Les variétés intermédiaires sont d'autant plus attaquables que leur composition se rapproche plus de celle de l'anorthite. Tous sont d'ailleurs plus ou moins altérables ; ils se transforment alors en kaolin, en séricite, en épidote.

Conditions de gisement. — Les feldspaths plagioclases se présentent généralement dans les roches, soit en cristaux allongés, tabulaires, souvent groupés en faisceaux ou en agrégats variés, soit en granules cristallins. Ils forment quelquefois des masses cristallines.

Des cristaux bien développés se trouvent dans les druses des roches éruptives, dans les fissures des schistes cristallins et dans les blocs rejetés par les volcans. Ce sont des éléments très importants des roches éruptives et des schistes cristallins aussi bien à l'état microscopique que macroscopique.

Saussurite. — C'est le nom donné aux produits d'altération des feldspaths plagioclases, qui se rencontrent souvent dans le gabbro. La saussurite se présente en grains fins ou en masses compactes ; elle est grise, gris-cendre ou blanc-verdâtre ; son aspect est tantôt luisant, tantôt terne ; elle est translucide en plaques minces.

Nous ajouterons quelques mots sur les quelques espèces de feldspaths plagioclases.

ALBITE

Formule : Na_2O, Al_2O_3, $6SiO_2$
Densité : 2,61 à 2,64

Ce feldspath sodique est généralement blanc ; il ressemble par suite à l'orthose ; mais il peut être distingué par son poids spécifique plus considérable, par les caractères de ses macles (présence de lamelles hémitropes) et par l'angle de ses clivages. L'albite se trouve fréquemment en lamelles intercalées dans l'orthose et dans le microcline (*micropertite*); elle peut être également décrite comme un élément important des roches et se trouve fréquemment dans certains schistes cristallins. On la rencontre çà et là comme minéral de contact dans les roches argileuses et calcaires au voisinage de roches éruptives intrusives.

OLIGOCLASE

C'est un élément commun dans beaucoup de roches éruptivss, spécialement dans celles où abondent le quartz ou l'orthose comme par exemple dans la syénite et le granite. Il se trouve de même dans certaines diorites et dans certains porphyres. On le rencontre fréquemment aussi dans des trachytes ou des andésites et dans les gneiss.

ANDÉSINE

Elle est fréquente dans certaines roches éruptives comme la syénite, la tonalite, l'andésite, la dolérite et le basalte.

LABRADOR

C'est un élément commun dans les roches éruptives basiques (gabbros, norites, basaltes, diorites). Il se trouve en larges masses dans certaines roches éruptives d'origine profonde.

En lumière polarisée, il montre fréquemment une très fine gamme de couleur due à l'interposition le long des plans de clivage, de petites écailles ou d'inclusions.

BYTOWNITE

Elle se trouve assez fréquemment dans les andésites, basaltes et autres roches éruptives basiques.

ANORTHITE

Formule : $CaO, Al_2O_3, 2SiO_2$

Ce feldspath calcique se trouve fréquemment comme élément constituant dans certaines roches ignées basiques comme les diorites, gabbros, péridotites, basaltes et moins fréquemment dans certaines andésites. Il est également un élément accidentel des roches métamorphiques. De fins cristaux vitreux de ce feldspath s'observent dans les druses des blocs de calcaire, rejetés par le Vésuve.

GROUPE DES FELDSPATHOÏDES

Les feldspathoïdes, leucite, néphéline, sodalite, haüyne et noséane, ont une composition chimique analogue à celle des feldspaths, et jouent souvent le même rôle dans la formation des roches. Ils sont cependant beaucoup moins importants parce que les roches qu'ils caractérisent ont une distribution moins étendue ; comme âge, ces roches appartiennent surtout à l'époque tertiaire.

LEUCITE

Formule : $K_2O, Al_2O_3, 4SiO_2$
Densité :   2,45 à 2,50
Dureté :   5, 5 à 6.

Lorsqu'elle est pure, la leucite est transparente et incolore ;
mais très souvent la présence d'impuretés lui donne un aspect
gris-cendré ou gris-jaunâtre. Elle n'est alors translucide qu'en
plaques minces. Elle est infusible avant la température du
chalumeau. Lorsqu'elle est réduite en poudre, elle se dissout
dans l'acide chlorhydrique avec mise en liberté de silice pul-
vérulente.

La leucite se présente généralement en trapézoèdres, appartenant au système cubique.

Caractères microscopiques. — La leucite, cristallisant dans
le système cubique, devrait se montrer constamment éteinte en
lumière polarisée ; cependant par suite d'anomalies optiques,
elle présente une double réfraction faible et anormale, donnant des couleurs d'un gris-sombre.

Les cristaux montrent des lamelles maclées alternativement
sombres et claires. Cette structure d'ailleurs ne se voit pas dans
les cristaux les plus petits qui sont généralement isotropes.

Les plus grands cristaux ont des contours hexagonaux ou
octogonaux ; les plus petits sont souvent arrondis.

La leucite montre généralement des inclusions nombreuses
et symétriques de parties vitreuses et de gaz, de petits microlithes, de grains, etc., de cristaux comme le feldspath, l'augite, la magnétite.

Conditions de gisement. — C'est un élément constitutif
macroscopique et microscopique de certaines laves basiques
du Vésuve. Des roches à leucite analogues se rencontrent en
Italie et dans d'autres régions.

Produits d'altération. — Ce minéral s'altère dans la nature ;
il se transforme en zéolithes et en kaolin et devient blanc et
opaque. Cette facilité d'altération est sans doute la raison

pour laquelle on trouve rarement la leucite dans les roches ignées les plus anciennes.

NEPHÉLINE

Formule : $(Na,K)_2O$, Al_2O_3, $2SiO_2$
Densité :   2,58 à 2,64
Dureté :   5, 5 à 6.

La néphéline est essentiellement un silicate de sodium et d'aluminium, mais elle contient un peu de potassium.

Sa dureté est analogue à celle de la leucite. Elle fond avec quelque difficulté avant la température du chalumeau et donne un produit gélatineux sous l'action des acides.

Elle se trouve dans les roches sous la forme de gros prismes surbaissés, appartenant au système hexagonal. Elle a un aspect vitreux et est, soit opaque, soit limpide comme de l'eau.

Caractères microscopiques. — Elle est incolore ou bleuâtre en lames minces et se présente sous la forme de sections rectangulaires ou hexagonales.

Conditions de gisement. — C'est un élément essentiel de la phonolithe et des basaltes néphéliniques. Elle se trouve fréquemment dans les roches à leucite.

Produits d'altération. — Comme la leucite, la néphéline est instable et s'altère facilement en donnant une zéolithe fibreuse ou de la muscovite.

Une variété gris sombre de néphéline à aspect verdâtre connue sous le nom d'*éléolithe* est un élément important de certaines syénites.

SODALITE

Densité : 2, 2 à 2,4
Dureté : 5,5

C'est un silicate de soude et d'alumine contenant du chlore. Il cristallise en cristaux symétriques qui sont des dodécaèdres. Il fond en un verre incolore et donne un précipité gélatineux avec les acides.

A l'état microscopique, c'est un élément constitutif de certains trachytes et de phonolithes. Accidentellement il se trouve en cristaux bien définis dans les cavités et les fissures de certaines roches. Ses produits d'altération sont généralement des zéolithes fibreuses.

Une variété compacte, bleue, à l'aspect vitreux, se trouve fréquemment dans les syénites éléolitiques.

HAUYNE ET NOSÉANE

Densité: 2,28 à 2,5
Dureté: 5,5

Ce sont des mélanges isomorphes de silicates de soude et d'alumine et de silicates de calcium et d'alumine, quelquefois avec des sulfates. Ils sont fusibles avant la température du chalumeau. Ils donnent un précipité gélatineux avec l'acide chlorhydrique.

Les grands individus ont souvent des contours cristallins. Ils cristallisent dans le système cubique en octaèdres ou en dodécaèdres rhomboïdaux. En lames minces les cristaux se présentent en hexagones ou en rectangles plus ou moins parfaits. Fréquemment les cristaux ont un aspect corrodé.

Ces minéraux sont difficiles à distinguer l'un de l'autre ; mais l'haüyne est généralement bleu ou bleu-verdâtre, tandis que la noséane est habituellement grise ; elle peut cependant être verdâtre, brune, rouge ou jaune.

L'examen microscopique les montre souvent lardé d'inclusions. Ce sont des éléments constituants macroscopiques et microscopiques de certaines roches ignées riches en alcalis comme la phonolithe.

Ils sont fréquemment associés à la leucite et à la néphéline. Ils peuvent s'altérer en donnant des zéolithes fibreuses.

SILICATES FERRO-MAGNÉSIENS

On désigne sous ce nom l'ensemble des micas, des amphiboles et des pyroxènes.

Caractères microscopiques. — Les micas, ont, en lames, minces, une certaine ressemblance extérieure; mais il est toujours facile de les distinguer en mesurant leur angle d'extinction.

$$
\begin{array}{lll}
\text{Angle d'extinction : } 0^0 & \ldots & \text{Micas} \\
\quad\quad\quad \text{»} \quad\quad 0^0 \text{ à } 22^0 & \ldots & \text{Amphiboles} \\
\quad\quad\quad \text{»} \quad\quad 38^0 \text{ à } 45^0 & \ldots & \text{Pyroxènes}
\end{array}
$$

I. — GROUPE DES AMPHIBOLES

Formule : $MO, R_2O_3, 4SiO_2$
$M = Mg, Ca, Fe, Mn, Na_2$
$R = Fe, Al$
Densité : 2,9 à 3,5
Dureté : 5 à 6.

Propriétés chimiques et physiques. — Les amphiboles sont des silicates ferro-magnésiens; quelques-unes sont riches en soude. Elles cristallisent sous la forme de prismes, appartenant aux systèmes monocliniques et tricliniques.

Leurs clivages, très réguliers et très marqués, sont caractéristiques. Ils forment entre eux un angle de $124^0 11'$.

Les amphiboles ont une tendance à se présenter en fibres radiées; elles sont généralement fusibles surtout quand elles sont riches en fer.

Les amphiboles orthorhombiques sont surtout importantes comme éléments des roches. Les amphiboles non alumineuses sont généralement de couleur plus claire que celles riches en fer.

Principales amphiboles. — Les amphiboles non alumineuses les plus communes sont la *trémolite* et l'*actinote*.

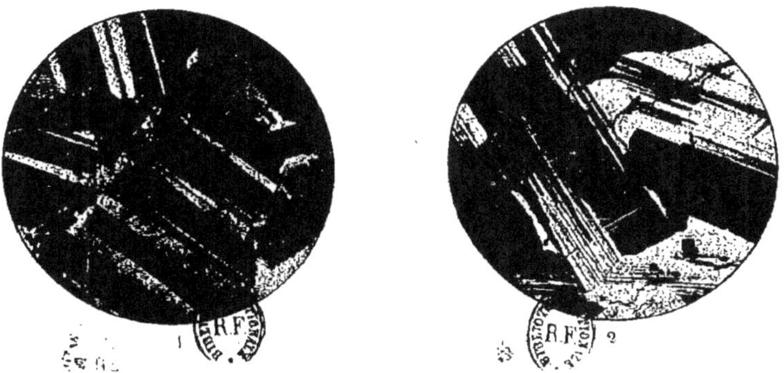

Fig. 1. — Plaque mince dans un gabbro, vue en lumière polarisée parallèle.
Feldspath plagioclase avec macle de l'albite.

Fig. 2. — Plaque mince dans une diorite, vue en lumière polarisée
parallèle.
Feldspath plagioclase montrant la macle de l'albite et celle de la péricline.

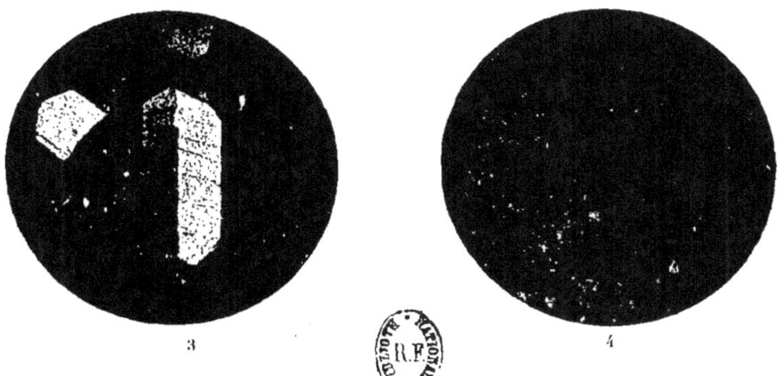

Fig. 3. — Plaque mince dans une rhyolithe, vue en lumière polarisée
parallèle.
Cristaux maclés de sanidine, variété de feldspath orthose (p. 23), dans une pâte
à structure pseudo-sphérulitique.

Fig. 4. — Plaque mince dans un trachyte, vue en lumière polarisée
parallèle.
Cristaux de sanidine, variété de feldspath orthose, montrant la macle de Carlsbad
et la structure fluidale.

Vis-à-vis la page 32.

PLANCHE V

Fig. 1 et Fig. 2. — Plaque mince dans un granite, en lumière polarisée
parallèle.

Cristaux de *microcline* (p. 25), montrant deux séries de lamelles limitrophes qui
donnent un aspect quadrillé.
La Fig. 2 montre de plus des inclusions de quartz et d'orthose altérés.

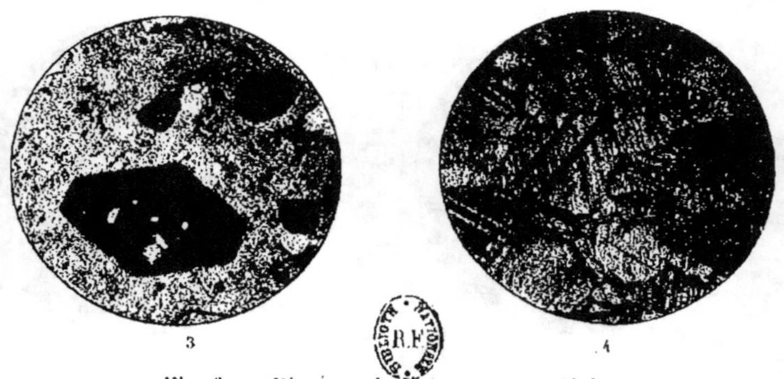

Fig. 3. — Plaque mince dans une andésite.

Au centre, cristal d'amphibole *hornblende* (p. 33), ayant conservé ses formes propres (cristal idiomorphe, p. 64). Les clivages et les faces qui leur sont parallèles
font un angle de 124° (ou de 56°, l'angle complémentaire), très différent de
l'angle de 90° que forment les clivages analogues du pyroxène augite (pl. II,
fig. 1 et 2).

Fig. 4. — Plaque mince dans un marbre, en lumière polarisée parallèle.

Cristaux de calcite (p. 53) avec leurs clivages et leurs macles caractéristiques.

Vis-à-vis la page 33.

TRÉMOLITE

Elle est blanche, grise ou vert-pâle. Elle se présente souvent sous la forme de longs cristaux lamelleux, striés longitudinalement, minces, fibreux, convergeant vers un centre. Leur aspect est soyeux ou perlé.

Ce minéral est fréquent dans certains schistes, dans les calcaires cristallins (marbres), et les dolomies au contact des roches ignées ; çà et là il se trouve mélangé au produit d'altération des roches à olivine et des serpentines.

ACTINOTE

L'actinote diffère de la trémolite parce qu'elle contient une grande quantité de fer, aussi sa couleur est-elle d'un vert plus ou moins sombre. Elle se trouve généralement en longs cristaux, minces, columnaires, et en agrégats radiaires.

Elle est fréquente dans les schistes cristallins et y est associée avec du talc, de la chlorite et de l'épidote. Dans les roches éruptives, et en particulier dans le gabbro à saussurite, elle se trouve souvent mélangée à des produits d'altération.

La trémolite et l'actinote ont des variétés si fibreuses qu'elles peuvent facilement être séparées en fibres minces, douces, cotonneuses ou soyeuses. Elles sont alors connues sous le nom d'*amiante* ou d'*asbeste*. Ces fibres s'assemblent souvent pour former des substances feutrées, appelées *cuirs* ou *lièges de montagne*. Beaucoup des asbestes du commerce ne sont d'ailleurs pas des amphiboles, mais des serpentines fibreuses (*chrysolithes*).

HORNBLENDE

La hornblende est la plus importante des amphiboles monocliniques. Ce minéral a la même composition que l'actinote ; mais il contient une notable proportion d'alumine.

On peut y reconnaître deux variétés : la *hornblende commune*, et la *hornblende basaltique*.

Hornblende commune. — Elle a une couleur qui varie du

vert-poireau-sombre au noir. Elle se trouve généralement en longs cristaux prismatiques ; mais elle a très souvent la forme d'agrégats fibreux, radiés, lamelleux. Elle est opaque en lumière réfléchie, et généralement verte en lumière transmise. C'est un minéral essentiel de beaucoup de roches ignées, syénites, granites à hornblende, etc. ; il se trouve fréquemment dans les schistes cristallins : schistes et gneiss à amphibole. C'est un élément accessoire des gabbros.

Ses produits d'altération sont généralement la chlorite ou l'épidote ; mais il subit souvent une altération encore plus profonde sous l'action des agents atmosphériques et forme alors une argile ferrugineuse.

Hornblende basaltique. — La couleur est noire, brun-rouge très sombre en plaques minces. Les cristaux sont généralement des prismes courts, gros et bien formés (pl. V, fig. 3). Ce minéral constitue des éléments microscopiques et macroscopiques de certains trachytes, andésites et basaltes. Les grands cristaux montrent souvent dans ces conditions des bords corrodés plus sombres, résultant d'une résorption magmatique.

Il faut encore mentionner parmi les amphiboles monocliniques la *smaragdite*. C'est une amphibole lamelleuse, fibreuse, gris d'herbe, voisine de l'actinote par sa composition, mais contenant une forte teneur en alumine. Elle se trouve en lits parallèles dans les éclogites, associée à un pyroxène vert analogue, l'omphacite.

II. — GROUPE DES PYROXÈNES

Formule : $MSiO_2 + nR_2O_3$
où $M = Mg$. Ca, Fe, Mn, Na_2, Li_2
$R = Fe$, Al
Densité } les mêmes que dans les amphiboles
Dureté }

Les pyroxènes cristallisent comme les amphiboles dans les systèmes monocliniques et orthorhombiques ; ils s'en distinguent par l'angle de leur clivage qui est de 87°, alors qu'il est de 124° dans les amphiboles. De plus les clivages, quoique très nets, sont plus grossiers et moins continus que ceux des amphiboles.

Les pyroxènes qui contiennent le plus de fer, sont en général plus fusibles que les autres.

PYROXÈNES MONOCLINIQUES

Les formes monocliniques peuvent, comme les formes correspondantes des amphiboles, être divisées en types alumineux et non alumineux. Les pyroxènes non alumineux sont généralement de couleur claire, blancs, ou plus souvent vert-pâle. Ils se trouvent généralement dans les schistes cristallins, les calcaires cristallins, les marbres ; mais ils ne jouent pas dans ces roches un rôle aussi important que les amphiboles pâles correspondantes. Leur produit d'altération est généralement du talc ou de la serpentine.

AUGITE

C'est le plus important des pyroxènes alumineux (pl. II, fig. 1 et 2). Elle cristallise en formes prismatiques souvent maclées. Dans les roches, les cristaux ont souvent leurs angles arrondis. L'augite est brun-sombre ou noire ; mais elle est généralement incolore en plaques minces ou montre des teintes variables, brunes, jaunes ou même vertes.

Elle est souvent décomposée en agrégats de chlorite criblés de petits granules d'épidote, de calcite et de quartz. Si l'altération est plus profonde, le minéral se transforme en un mélange de quartz, de limonite et de carbonates. Il est quelquefois remplacé par de la biotite, de l'épidote, de la calcite, etc.

C'est un élément essentiel de certaines roches basiques, comme le basalte, la dolérite, et un élément accessoire de beaucoup d'autres roches éruptives.

Caractères différentiels de la hornblende et de l'augite. — La hornblende commune se trouve surtout dans les roches très siliceuses et est souvent associée avec le quartz et les feldspaths très siliceux (albite, orthose, oligoclase).

La hornblende basaltique se trouve comme élément accessoire des roches éruptives basiques (basaltes, andésites, trachytes).

L'augite est un élément essentiel des basaltes et dolérites, et un élément accessoire des trachytes et des andésites. L'augite pâle se trouve rarement dans le granite.

En résumé la hornblende commune se trouve surtout dans les roches acides et les schistes cristallins, tandis que la hornblende basaltique et l'augite se trouvent surtout dans les roches riches en silice.

En lames minces, il n'est généralement pas difficile de distinguer la hornblende de l'augite. Les faces du prisme font dans la hornblende un angle de 124°30 et dans l'augite de 87°6, soit approximativement un angle droit. Les plans de clivage étant parallèles aux faces, ceux de l'augite seront coupés à 90° tandis que l'angle entre les deux directions de clivage de la hornblende sera de 124°30 (pl. II et V). Le clivage de la hornblende est généralement plus marqué que celui de l'augite ; enfin la hornblende est très nettement pléochroïque, tandis que le changement de couleur de l'augite est faible et très souvent nul.

DIALLAGE

C'est une espèce grise, brune ou verdâtre voisine de l'augite ; elle a rarement une forme cristalline et sa structure est lamelleuse ou foliacée. De nombreuses inclusions planes se trouvent le long de plans de clivage, de sorte que le minéral a un aspect submétallique et une surface craquelée. C'est un élément essentiel des gabbros et un élément accessoire des roches à serpentine et à olivine. On ne le rencontre jamais dans les roches exclusivement ignées.

OMPHACITE

C'est un pyroxène gris clair qui se trouve en granules ou en lamelles, et qui est associé à de la smaragdite et à des grenats rouges dans une roche connue sous le nom d'*éclogite*.

PYROXÈNES ORTHORHOMBIQUES

Densité : 3 à 3,5
Dureté : 4 à 6.

Ils jouent un rôle plus important dans les roches que les amphiboles orthorhombiques. On connaît trois types principaux : l'*enstatite*, la *bronzite*, l'*hypersthène*.

ENSTATITE

C'est un silicate de magnésie avec une faible teneur de fer. Elle est généralement blanc-grisâtre, quelquefois plus sombre. Elle se rencontre fréquemment dans les gabbros et les roches riches en olivine, généralement sous la forme d'agrégats, granules et masses irrégulières. Les cristaux les mieux formés se trouvent dans certaines andésites et porphyres quartzifères.

BRONZITE ET HYPERSTHÈNE

Ils ont la même composition chimique que l'enstatite avec une teneur en fer plus élevée.

Par suite de la présence de nombreuses inclusions, la bronzite a un aspect métallique et une surface craquelée. L'hypersthène est encore plus riche en inclusions et a des reflets rougeâtres cuivreux, dus à l'interposition de nombreuses petites lamelles d'un brun-sombre. La bronzite est généralement brun-sombre ou brun-rougeâtre, quelquefois jaunâtre ou brunâtre, tandis que l'hypersthène est beaucoup plus sombre. En lumière polarisée, la couleur varie du vert très sombre ou du brun-sombre au noir-verdâtre ou noir.

Ces minéraux se trouvent à peu près dans les mêmes conditions que l'enstatite. Ils se trouvent souvent dans les gabbros, péridotites et serpentines, généralement sans formes cristallines ; au contraire des cristaux bien formés se rencontrent dans les andésites et les trachytes.

On ne peut distinguer ces espèces qu'en lumière polarisée. Elles sont toutes pléochroïques et changent nettement de couleur lorsqu'on tourne le polariseur. Le pléochroïsme semble croître avec la teneur en fer ; ce changement de couleur étant plus net dans l'hypersthène que dans l'enstatite et la bronzite.

Produits de décomposition. — La plupart des pyroxènes, le diallage et l'augite en particulier, se décomposent facilement (ouralitisation) et se transforment en amphibole (hornblende ou quelquefois actinote). Dans cette transformation, les clivages à 127° succèdent aux clivages à 87°. Les pyroxènes orthorhombiques contenant peu de fer s'altèrent et donnent naissance à des produits jaunes, verdâtres, fibreux, serpentineux appelés *bastites*.

III. — GROUPE DES MICAS

Densité : 2,7 à 3
Dureté : 2,5 à 4.

Les micas sont des silicates complexes, ferro-magnésiens (micas noirs) ou alumino-potassiques (micas blancs).

Ils se présentent généralement en lamelles minces dans les roches ; leur éclat est perlitique ou submétallique ; ces lamelles ont généralement une forme irrégulière, mais souvent hexagonale. Les micas d'ailleurs sont en réalité monocliniques avec une symétrie pseudo-hexagonale. Le clivage est parfait, ce qui leur permet de se réduire en lamelles extrêmement fines, transparentes et élastiques. Ils sont tous assez tendres.

Caractères microscopiques. — Au point de vue purement optique, l'une des caractéristiques des micas est leur *extinction à $0°$* des lignes de clivage, ce qui les distingue des amphiboles ($\alpha = 0°$ à $22°$) et des pyroxènes ($\alpha = 38°$ à $45°$) qui s'éteignent sous des angles variables.

Ils présentent leur maximum de pléochroïsme quand leur allongement est parallèle à la petite section du polarisateur ; ce fait les distingue des tourmalines qui présentent leur maximum de pléochroïsme dans une position à $90°$, quand leur allongement est perpendiculaire à la grande section du polariseur.

Ce sont des minéraux pléochroïques, très biréfringents (jaune et rouge de premier ordre), à relief ordinaire.

Les micas noirs (groupe de la biotite) sont teintés en lames minces; ils sont verts, jaunes ou bruns. Les micas blancs (groupe de la muscovite) sont incolores en lames minces.

Conditions de gisement. — Les micas sont des éléments constituants de la plupart des schistes et des granites et ils se trouvent dans un grand nombre de roches éruptives de tout âge. Des paillettes de micas tendres, non élastiques, se trouvent souvent dans des roches d'origine secondaire, en particulier dans des grès fissiles.

BIOTITE

Elle est généralement brun-sombre ou noire ; mais on en connaît des variétés vertes et rouges. Elle est décomposée par l'acide sulfurique concentré et dans la nature elle se décompose facilement en chlorite par suite du départ de l'oxyde de fer. La biotite devient pâle, par suite de l'absence du fer ; elle a alors une couleur jaune d'or ou gris d'argent et ressemble beaucoup à la muscovite.

Caractères microscopiques. — En plaques minces, si la plaque mince est parallèle au plan de clivage, la biotite est brun-sombre, vert-sombre ou noire et ne change que peu ou pas de couleur lorsqu'on tourne le polariseur. Mais si la plaque mince est oblique par rapport au plan de clivage, on voit une série de lames parallèles traversant le mica (pl. IX, fig. 1) et, si l'on tourne la platine du microscope, le changement de couleur est très prononcé.

Les couleurs de polarisation sont très brillantes dans les sections montrant le clivage et suffisamment minces. Les inclusions sont souvent très nombreuses ; ce sont surtout des inclusions d'apatite et de magnétite, moins fréquemment de zircon et de rutile.

Conditions de gisement. — La biotite est un élément essentiel des granites, des rhyolites et de la plupart des syénites, diorites, trachytes, etc. Dans les roches ignées, les paillettes montrent souvent des bords plus sombres qui, comme pour les hornblendes basaltiques, paraissent dues à l'action corrosive des magmas ignés. Elle est moins résistante que la muscovite et se trouve rarement dans les roches sédimentaires.

MUSCOVITE

La muscovite est un mica potassique ; elle est quelquefois incolore, mais en général pâle ou blanc d'argent. Parfois, elle peut être légèrement brunâtre ou verte. Elle fond en esquilles minces et forme un verre gris ou blanc, émaillé. Elle n'est pas attaquée par les acides.

Conditions de gisement. — La muscovite, dans les roches, ne s'altère pas aussi rapidement que la biotite. Elle se trouve principalement dans les schistes cristallins (gneiss, micaschistes, phyllites). Elle affecte souvent la forme de paillettes et de flocons de petite taille ; mais, quelquefois, elle se rencontre en gros prismes, amincis à une extrémité, par exemple dans les calcaires métamorphiques, dans les veines de pegmatite associées à des masses granitiques.

En dehors de ces roches, des syénites et de certains porphyres quartzifères, il est rare qu'elle soit un élément originel des roches ignées.

La muscovite, se décomposant difficilement, se trouve fréquemment en paillettes non élastiques, usées, dans certaines roches sédimentaires.

D'autre part, elle se trouve quelquefois dans certaines roches éruptives, comme minéral d'origine secondaire, produit d'altération de silicates riches en alumine ; dans ce cas, elle remplace souvent l'andalousite, le feldspath, la néphéline.

Caractères microscopiques. — En plaques minces et en lumière naturelle, la muscovite est incolore, légèrement jaunâtre ou vert-clair. Elle ne présente pas, à vrai dire, de phénomènes de pléochroïsme, mais seulement de légères variations dans l'intensité de sa couleur.

STRUCTURE MICROSCOPIQUE DES MINÉRAUX ET DES ROCHES

Fig. 1. — Plaque mince dans un basalte.

On voit, au centre, un cristal idiomorphe d'olivine, en section longitudinale, avec ses craquelures tranversales et son clivage imparfait (p. 42).

Fig. 2. — Plaque mince dans un basalte.

On voit, au centre, un cristal d'olivine dans lequel la serpentinisation commence le long des craquelures et des bords (p. 42).

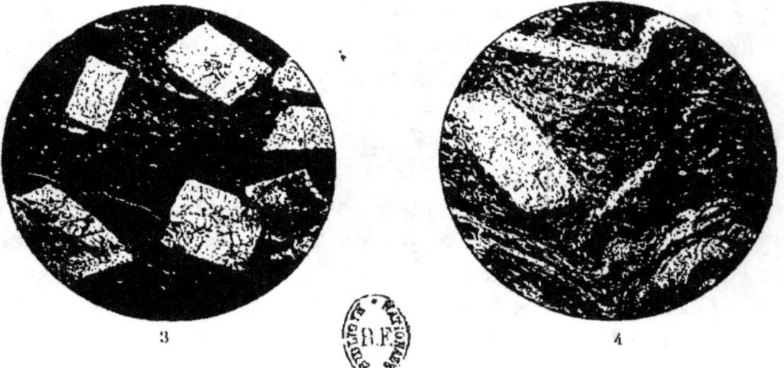

Fig. 3. — Plaque mince dans un schiste.

Cristaux de *chiastolithe*, variété *d'andalousite*, avec inclusions.

Fig. 4. — Plaque mince dans un schiste.

Cristal de chiastolithe développé au milieu des feuillets contournés du schiste.

Vis-à-vis la page 40.

En lumière polarisée, les couleurs de polarisation sont très brillantes, plus brillantes que celles de la muscovite.

Les inclusions y sont peu nombreuses.

Produits d'altération. — Les micas, et en particulier la biotite, résistent difficilement aux agents naturels et se décomposent en subissant des altérations variées.

1º Transformation en *vermiculite*. Le minéral perd son élasticité, verdit, ternit, prend un aspect graisseux. Ce minéral se gonfle énormément par la chaleur ; c'est à cette propriété qu'il doit son nom. On le trouve dans les pegmatites, dans les granites du Morvan. On a donné des noms nombreux aux différents stades de la transformation de ce minéral.

2º Transformation en *chlorite*. Cette transformation est, au point de vue chimique, caractérisée par l'élimination des alcalis. L'altération se produit irrégulièrement, surtout le long des clivages.

3º Transformation en produits divers : *calcite, épidote, rutile, anatase, brookite*, etc. Le rutile existe quelquefois normalement dans les micas, mais surtout dans les micas des roches métamorphiques.

GROUPE DE L'OLIVINE

Densité : 3 à 4
Dureté : 6,5 à 7.

Les minéraux de ce groupe sont des silicates non alumineux. Le seul qui ait une importance comme élément des roches est l'olivine (péridot).

Caractères physiques et chimiques. — L'olivine cristallise dans le système orthorhombique et a un clivage imparfait. C'est un silicate de magnésie et de fer ; la proportion de fer varie ; les spécimens qui en contiennent peu sont infusibles ; ceux qui en contiennent beaucoup sont plus ou moins rapidement fusibles. Ce minéral se dissout lentement dans l'acide chlorhydrique à froid avec dépôt de silice gélatineuse. Il est généralement vert-jaunâtre ou vert-olivâtre ; il a un aspect vitreux ; sa cassure est conchoïdale.

Caractères microscopiques. — Dans les plaques minces, l'olivine est généralement incolore ; mais elle peut présenter des teintes vert-jaunâtre ou brun-jaunâtre. Dans les roches éruptives basiques, elle se trouve quelquefois en beaux cristaux, en losanges ou en rectangles allongés (pl. VI, fig. 1 et 2) ; mais les contours sont fréquemment arrondis comme par une corrosion magmatique. Il ont un relief considérable : les contours du minéral et les craquelures qui les traversent sont très accusés ; il n'est pas pléochroïque ; il a des couleurs de polarisation assez vives.

Conditions de gisement. — Il forme quelquefois à lui seul, ou, à peu près, des roches entières (dunites, péridotites). Il se trouve aussi dans beaucoup d'autres roches ignées, en particulier dans les roches basiques et neutres, comme certains gabbros, basaltes et roches à feldspathoïdes.

On le reconnaît facilement dans ces roches, à l'œil nu ; il y est en granules ou en grains, de teinte généralement verdâtre, d'aspect vitreux et de cassure conchoïdale.

Il forme quelquefois dans les basaltes de larges accumulations granuleuses, d'aspect noduleux, qui peuvent avoir 15 à 20 centimètres de large, mais qui, en général, sont plus petits.

Produits d'altération. — Dans la nature, l'olivine s'altère rapidement et se transforme en serpentine ; aussi est-il probable que beaucoup de serpentines doivent leur origine à l'altération de roches à olivine.

Variétés. — *Forstérite*. C'est une variété peu colorée qui se trouve comme *minéral de contact* dans les calcaires métamorphisés.

Chrysolite ou *péridot*. — Les variétés d'olivine transparente, de couleur jaune ou verte, sont employées en bijouterie et connues sous ces noms.

GROUPE DES CHLORITES

Densité : 2,6 à 2,8
Dureté : 2 à 3.

Propriétés physiques et chimiques. — Ce sont des silicates hydratés de magnésie et d'alumine, généralement ferrugineux.

Ils appartiennent au système monoclinique et ont la forme de lamelles, pseudo-hexagonales, non élastiques, de paillettes irrégulières, de fibres, d'agrégats terreux, etc.

Les chlorites ont une couleur verte plus ou moins accentuée ; mais on connaît des chlorites blanches (chlorite de Mauléon, leuchtenbergite).

Elles ont une certaine analogie avec les micas, à cause de leur clivage et de la forme aplatie de leurs cristaux.

Caractères microscopiques. — Elles sont pléochroïques en vert, vert-jaunâtre. Leur biréfringence est variable.

I. Chlorites à faible biréfringence, 0,001 à 0,005 (teintes bleuâtres) : pennine, ripidolite.

II. Chlorites à biréfringence 0,005 à 0,010 : clinochlore.

III. Chlorites à biréfringence voisine de 0,014 : delessite.

Conditions de gisement. — Les chlorites sont des minéraux exclusivement secondaires, ayant épigénétisé d'autres minéraux.

Elles constituent surtout les schistes chloriteux ; mais elles se trouvent souvent dans les roches éruptives, comme produit secondaire résultant de l'altération de minéraux, comme la hornblende, l'augite, la biotite.

GLAUCONIE

C'est un silicate hydraté d'alumine, de potasse et de fer, qui se présente sous la forme de granules, petits, arrondis, verts, dans certains grès, crétacés ou tertiaires. On la rencontre également dans les cavités amygdaloïdes des roches ignées.

GROUPE DU TALC ET DE LA SERPENTINE
TALC

Densité : 2,7 à 2,8
Dureté : 1 (type de l'échelle de dureté)

Le talc, silicate hydraté de magnésie, est un minéral blanc ou vert-pâle qui se clive facilement en lamelles non élastiques. Il est si tendre qu'il peut s'écraser entre les ongles.

Il a un aspect perlé et il est gras au toucher. Il fond en esquilles minces ou en émail blanc ; mais il n'est pas décomposé par les acides. Il n'a jamais de formes cristallines, il est rare dans les roches ignées et se présente, comme produit secondaire, sous la forme de feuilles, d'esquilles, etc., remplaçant les silicates magnésiens, non alumineux.

Il se rencontre surtout dans les schistes cristallins ; il est le principal élément des talcschistes.

MAGNÉSITE (1)

On l'appelle aussi *sépiolite* ou *écume de mer*. C'est un minéral très voisin du talc, ayant à peu près la même composition chimique que lui.

Il est amorphe, se présente en nodules et en masses de formes irrégulières, compactes, finement poreuses. Quand il est sec, il flotte dans l'eau dont il s'imbibe complètement.

Comme le talc, c'est surtout un produit d'altération des silicates magnésiens. Il n'a aucune importance comme élément des roches.

SERPENTINE

Densité : 2,5 à 2,7
Dureté : 3 à 4.

C'est un silicate hydraté de magnésie ; mais elle contient souvent du fer. Elle fond difficilement en lamelles minces et est décomposée par l'acide chlorhydrique.

(1) Le mot de *magnésite* est aussi employé par quelques minéralogistes pour désigner la *giobertite* (carbonate de magnésium).

Comme le talc, elle ne se présente jamais sous une forme cristalline, mais en masse et en agrégats, compacts ou granuleux, avec une structure lamelleuse ou fibreuse.

La couleur est foncée, vert, rouge ou jaune.

C'est toujours un minéral secondaire, produit de l'altération des minéraux ferro-magnésiens, comme l'olivine, les pyroxènes, les amphiboles. C'est l'élément essentiel des roches à serpentine.

Variétés. — Les plus belles variétés fibreuses sont la *chrysotile* (pl. VII). Beaucoup d'asbestes du commerce sont des chrysotiles.

La *serpentine noble* est une variété pure de couleur uniforme, verte ou jaune, qui se polit facilement et est employée comme pierre d'ornement.

GROUPE DES ÉPIDOTES

Les principaux minéraux de ce groupe sont la *pistazite*, ou épidote ferrugineux, la *zoïsite,* ou épidote calcique.

PISTAZITE

Densité : 3,2 à 3,5
Dureté : 6 à 7.

La pistazite est un silicate de calcium, d'alumine et de fer qui cristallise dans le système monoclinique et se trouve en masses finement granuleuses d'une couleur vert-de-pistache. Il fond avec difficulté avant la température du chalumeau et est partiellement décomposé par l'acide chlorhydrique.

C'est souvent un élément des schistes (gneiss à épidote, amphibolite à épidote) et des calcaires métamorphisés. C'est un produit d'altération assez commun dans les roches éruptives, où il remplace d'autres minéraux comme la hornblende, la biotite, les feldspaths ; il est souvent associé à la chlorite.

ZOISITE

Ce minéral orthorhombique est un silicate de calcium et

d'aluminium, assez fréquent dans les schistes et les gabbros, comme produit d'altération des feldspaths.

Clinozoïsite. — C'est une épidote monoclinique, peu ferrugineuse, de composition analogue à celle de la zoïsite.

GROUPE DES GRENATS

Densité : 6,5 à 7,5
Dureté : 3,4 à 3,3

Les grenats sont des silicates d'alumine, de fer, de calcium, de magnésium, de chrome, de manganèse, ne contenant généralement en abondance que deux ou trois de ces corps. Suivant la prédominance de l'un de ces éléments, on a des grenats calciques, magnésiens, ferriques, manganésifères, alumineux, etc. Ils cristallisent en dodécaèdres (pl. 1, fig. 3).

L'aspect est gras ou résineux, le grenat ferro-alumineux, commun dans les roches, est généralement rouge-hyacinthe ou brun rougeâtre ; il fond avant la température du chalumeau et n'est pas facilement décomposable par les acides.

Caractères microscopiques. — En plaques minces, les cristaux ont des sections rondes ou polygonales. Il n'a pas de clivages, mais des craquelures irrégulières qui sont souvent remplies par des produits de décomposition. Les inclusions y sont souvent abondantes. En général, les grenats restent foncés sous les nicols croisés.

Conditions de gisement. — Il est abondant dans beaucoup de schistes et est un élément constituant des éclogites et des roches à grenats ; il se trouve quelquefois accessoirement dans les granites et porphyres quartzifères.

Le grenat alumino-calcique se trouve souvent dans les calcaires métamorphiques comme minéral de contact.

Variétés. — Les variétés claires, de belle couleur, ont de la valeur comme pierres précieuses :

L'almandin (grenat ferro-alumineux) se trouve dans les

schistes et le granite ; *le pyrope* (magnéso-alumineux) dans les péridotites et serpentines.

La *mélanite* est un grenat ferro-calcique, noir, qui se rencontre dans les trachytes, les phonolithes et autres roches volcaniques.

Produits d'altération. — Dans la nature, il s'altère en donnant surtout de la chlorite, parfois de la serpentine ou de l'épidote, etc.

CORDIÉRITE

Densité : 2,59 à 2,66
Dureté : 7 à 7,5

La *cordiérite* (*dichroïte, iolithe*) est un silicate alumino-magnésien, contenant un peu de fer ; elle cristallise dans le système orthorhombique ; en général, elle est légèrement bleutée. Son aspect est vitreux ; elle est à peine attaquée par les acides, et fond avec difficulté avant la température du chalumeau.

Conditions de gisement. — Elle se trouve dans beaucoup de schistes, de gneiss et de roches éruptives : granite, porphyre quartzifère, rhyolithe, andésite. C'est aussi le produit du métamorphisme de contact dans les cornes, où elle se présente en agrégats noduleux.

TOURMALINE

Densité : 2,94 à 3,24
Dureté : 7 à 7,5

La tourmaline est un borosilicate d'alumine contenant du magnésium, du fer, des alcalis et des bases. Sa composition chimique est variable et compliquée.

Elle cristallise dans le système rhomboédrique ; elle est hémiédrique. Elle n'est pas attaquée par les acides ; mais elle est fusible, sa fusibilité variant avec sa composition chimique.

La seule forme importante comme élément des roches est une variété noire, qui se présente souvent en prismes allongés, triangulaires, striés longitudinalement, ou en grains et prismes microscopiques, ou encore en cristaux aciculaires à disposition radiée. Accidentellement elle se trouve en agrégats massifs. Sa couleur varie du vert-foncé au noir.

Le clivage est peu distinct; ce caractère, sa grande dureté, la forme de ses prismes, distinguent la tourmaline de la hornblende à laquelle elle ressemble par sa couleur et son pléochroïsme.

C'est souvent un élément constituant des schistes et assez fréquemment des roches ignées acides, comme le granite. On la trouve souvent comme élément de contact dans la zone de roches métamorphiques qui entoure le granite.

Ce minéral ne s'altère pas facilement.

Les tourmalines, transparentes, à belle couleur, sont recherchées pour la bijouterie.

GROUPE DU SPHÈNE

Densité : 3,4 à 3,6
Dureté : 5 à 5,5

Le *sphène* ou *titanite* est en réalité le seul membre de ce groupe ; il n'y a guère en dehors de lui que des variétés.

C'est un silicate et titanate de calcium, cristallisant dans le système monoclinique, en losanges souvent maclés (pl. IX, fig. 4). Il est décomposé par les acides sulfuriques et fluorhydriques. Il fond avec difficulté.

Sa couleur varie du jaunâtre au brun. Il se trouve fréquemment comme minéral accessoire des roches éruptives : granite à amphibole, syénite, diorite, etc.

Des cristaux bien formés s'observent dans les cavités ou *druses* du granite, dans les gneiss ou les calcaires métamorphiques. Il se rencontre, comme élément accessoire, des roches éruptives à l'état microscopique.

Il se rencontre aussi dans certains schistes et calcaires cristallins.

Le sphène est un minéral, à peu près stable, ne s'altérant pas facilement.

Le *leucoxène* est une forme de sphène, d'un blanc-sombre ou gris, qui provient de l'altération de l'ilménite.

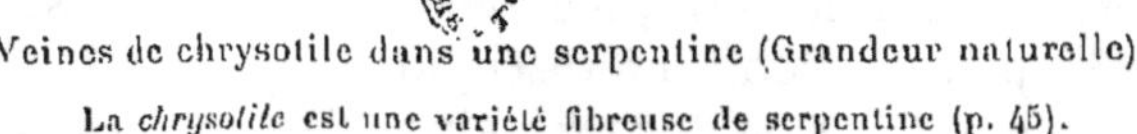

Veines de chrysotile dans une serpentine (Grandeur naturelle).

La *chrysotile* est une variété fibreuse de serpentine (p. 45).

Vis-à-vis la page 48.

GROUPE DE L'ANDALOUSITE

Formule : Al_2O_3, SiO_2
Densité : 2,94 à 3,2
Dureté : 7,0 à 7,5.

C'est un silicate d'aluminium cristallisant dans le système orthorhombique. Il se trouve surtout dans les schistes cristallins et dans les roches affectées par l'action de masses intrusives. Les membres de ce groupe les plus fréquents dans les roches sont : l'*andalousite* et sa variété la *chiastolite*, la *sillimanite*, la *kianite* et la *staurotide*. Les trois premiers sont des silicates d'alumine, tandis que les derniers contiennent de plus du fer et du magnésium.

ANDALOUSITE

Elle se trouve assez souvent en prismes orthorhombiques dans les micaschistes et les gneiss. Elle est fréquemment développée dans les roches modifiées par le voisinage du granite. Elle contient un plus ou moins grand nombre d'inclusions ; quand celles-ci sont régulièrement disposées elles donnent un aspect quadrillé en forme de croix ; on a alors la variété connue sous le nom de *chiastolite* (pl. VI, fig. 3 et 4). Cette variété se trouve fréquemment dans les roches argileuses, métamorphisées par le granite.

SILLIMANITE

Formule : Al_2O_3, SiO_2.

La sillimanite a la forme de prismes orthorhombiques en forme d'aiguilles et de baguettes. Elle se trouve quelquefois dans les mêmes conditions que la chiastolite ; mais elle est surtout abondante dans les schistes cristallins. Les agrégats finement fibreux qui se trouvent à l'état de masses lenticulaires portent le nom de *fibrolite*.

KIANITE

La kianite est un minéral blanc ou bleu-pâle cristallisant en

4

prismes tricliniques, larges et aplatis. Elle se trouve dans certaines roches cristallines, mais jamais dans les roches éruptives. Un caractère remarquable de la kianite est sa différence de dureté suivant la direction ; elle est de 5 le long des faces larges latérales, de 7 dans une direction perpendiculaire. La kianite est souvent associée au grenat et à la staurotide.

STAUROTIDE

C'est un minéral d'un rouge brun foncé qui a la forme de cristaux orthorhombiques courts et épais ou longs et larges. Des macles en croix sont très communes dans la staurotide. Elle ne se trouve pas dans les roches éruptives ; elle s'altère facilement.

GROUPE DES ZÉOLITHES

Les zéolithes sont des silicates hydratés d'alumine et d'alcalis, contenant souvent du calcium.

Ils sont, en général, incolores et transparents ou translucides ; l'eau qu'ils contiennent s'en va facilement avant la température du chalumeau ; la plupart d'entre eux sont aisément décomposés par les acides.

Ce sont essentiellement des minéraux de décomposition ; ils existent fréquemment dans des roches ignées comme produits de l'altération de certains éléments de la roche, en particulier des feldspaths et des feldspathoïdes, et on les rencontre en général dans les fissures et cavités de ces roches. Parmi les principales espèces, on peut citer : l'*analcime*, la *stilbite*, la *natrolite* et la *chabasite*.

GROUPE DE LA KAOLINITE

Densité : 2,5
Dureté : 1.

Ce groupe comprend différents produits de décomposition ; le plus important est un silicate d'alumine hydraté, la *kaolinite*. Pure, la kaolinite est généralement blanche, terreuse ou farineuse ; elle contient souvent des impuretés, en particulier des oxydes de fer qui lui donnent une couleur jaune, rouge ou brune ; elle peut aussi être gris-bleu ou verte. Mélangée à l'eau, elle est très plastique. Elle se présente accidentellement au microscope en plages translucides ou transparentes, asymétriques, pseudo-hexagonales. Elle ne fond pas avant la température du chalumeau, et est insoluble dans les acides. C'est un produit d'altération assez fréquent de certains éléments des roches comme l'orthose, l'albite et les feldspaths calcosodiques.

La *lithomarge* est un kaolin impur et compact, souvent coloré en rouge par la présence d'un peu d'hydrate de fer.

SELS HALOÏDES

FLUORINE

Formule : $CaFl_2$
Densité : 3,2
Dureté : 4 (type de l'échelle).

La fluorine ou spath-fluor peut à peine être considérée comme un élément des roches.

Elle cristallise généralement en cubes, se pénétrant souvent les uns les autres. La couleur est variable, violette, verte, bleue ou jaune, et quelquefois rose. Elle est décomposée par l'acide sulfurique ; mais elle est à peine attaquée par les autres acides ; elle fond avec difficulté avant la température du chalumeau.

Elle se trouve en grains arrondis dans les roches granitiques, syénitiques et gneissiques, et y est sans doute d'origine secondaire, mais elle y est rare. Par contre, elle se rencontre fréquemment comme gangue des veines métallifères, en particulier de celles qui contiennent de l'étain ou de la galène. Enfin il en existe de minces veines dans les schistes cristallins, en particulier au voisinage du granite.

SEL GEMME

Le sel gemme est du chlorure de sodium cristallisé en cubes

constituant des roches massives ; il y est disposé en lits alternant avec des lits d'anhydrite et de gypse. On le trouve comme produit de sublimation au voisinage des volcans avec des chlorures de magnésium et de calcium et des sulfates de calcium.

SULFURES

PYRITE

Formule : FeS_2
Densité : 4,9 à 5,2
Dureté : 6 à 6,5.

La pyrite, bisulfure de fer, cristallise en général en cubes et en octaèdres. Sa couleur est jaune cuivreuse ; sa rayure est noire ; elle brûle avant la température du chalumeau avec une flamme bleue ; elle est dissoute dans l'acide azotique.

Les minéraux, avec lesquels on peut confondre la pyrite, sont la chalcopyrite, minerai de cuivre, la pyrrhotine, et peut-être l'or. La pyrite est plus pâle et beaucoup plus dure que la chalcopyrite dont la dureté n'est que 3,5 à 4 ; la rayure de la pyrite est noire tandis que celle de la chalcopyrite est vert-noirâtre. L'or est malléable tandis que les autres minéraux ne le sont pas. Enfin la pyrrhotine s'en distingue également par sa rayure et sa dureté moindre.

La pyrite se trouve souvent en cristaux isolés et en agrégats dans les argiles ; c'est un minéral accessoire des schistes, grès, charbons et roches argileuses. Çà et là on la trouve comme minéral accessoire dans les roches éruptives. On la rencontre également fréquemment dans les veines métallifères.

PYRITE MAGNÉTIQUE

On l'appelle aussi *pyrrhotine*. C'est un sulfure de fer de composition variable ; elle a une couleur caractéristique d'un brun-tomback et est légèrement magnétique. Elle n'est pas aussi dure que la pyrite ; sa rayure est gris-noirâtre.

La pyrrhotine n'est pas aussi commune dans les roches que la pyrite. Elle se trouve accidentellement dans les roches basiques, gabbros, basaltes, et dans les schistes à amphibole. Comme la pyrite, elle se trouve souvent dans les veines métallifères où les deux minéraux sont fréquemment associés en formant ce que l'on appelle des veines stratifiées.

MARCASSITE

La marcassite est un minéral orthorhombique de même composition et de même dureté que la pyrite ; sa densité est légèrement inférieure. Il est moins stable. Sa couleur est jaune-bronze passant souvent au vert ou au gris.

La marcassite se trouve souvent à l'état compact ou crypto-cristallin dans certaines roches sédimentaires ; elle est fréquente en concrétions ou nodules radiés dans les roches argileuses ou calcaires. Elle est presque aussi largement distribuée que la pyrite.

CARBONATES

CALCITE

Formule : CO_3Ca
Densité : 2,6 à 2,8
Dureté : 3 (type de l'échelle).

La calcite ou spath calcaire cristallise dans le système hexagonal ; elle présente une grande variété de formes cristalines. Le clivage est rhomboédrique, il est très visible dans les spaths d'Islande, dont on se sert comme polariseur dans les instruments d'optique ; les véritables rhomboèdres sont d'ailleurs rares, les scalénoèdres sont plus fréquents.

La calcite est caractérisée par sa faible dureté et se raye facilement au couteau ; elle fait effervescence avec l'acide chlorhydrique.

La calcite est l'élément constituant des calcaires, des marbres, etc. (pl. V, fig. 4). Elle constitue fréquemment le ciment des roches sédimentaires. C'est un produit secondaire abondant dans les petites fissures de différents minéraux et roches ; il se trouve souvent dans la gangue des veines métallifères. C'est le plus important des agents de pétrification, et avec le quartz le plus abondant des minéraux.

ARAGONITE

Formule : CO_3Ca
Densité: 2,9 à 3
Dureté: 3,5 à 4.

L'aragonite a la même composition que la calcite, mais elle cristallise dans le système orthorhombique ; elle est plus soluble qu'elle.

Elle est aussi moins fréquente ; elle se trouve quelquefois en lits associés au gypse et aux minerais de fer, ou dans les cavités des roches éruptives. Elle est souvent déposée par les sources minérales.

DOLOMIE

Formule : CO_3Ca, CO_3Mg
Densité : 2,85 à 2,95
Dureté : 3,5 à 4,5

La dolomie, carbonate de calcium et de magnésium, cristallise dans le système hexagonal avec des faces souvent courbes. Elle est faiblement attaquée par l'acide chlorhydrique dilué froid, et est dissoute par cet acide chaud. La couleur est variable, les variétés blanches et jaunes sont les plus communes.

La dolomie typique se distingue de la calcite par sa dureté et sa densité supérieures et sa dissolution moins rapide dans les acides froids.

Les calcaires dolomitiques sont composés en grande partie par ce minéral.

SIDÉROSE

Formule : CO_3Fe
Densité : 3,7 à 3,9
Dureté : 3,5 à 4,5.

La sidérose est un carbonate de fer ; on la trouve fréquemment en rhomboèdres avec des faces courbes. Elle est incolore ou jaune pâle lorsqu'elle est fraîche ; mais elle se ternit rapidement et devient brune ou rougeâtre. Elle est infusible avant la température du chalumeau et fait effervescence avec les acides faibles. Elle se trouve en veines avec divers minéraux.

SPHÉROSIDÉROSE

C'est le nom donné aux sidéroses compactes à structure radiaire et fibreuse ; elle se trouve en nodules dans les veines et cavités des schistes cristallins.

On trouve souvent des variétés impures de sidérose, mélangées à de l'argile, qui sont en nodules et en bancs (Les Anglais les désignent sous le nom de *Clay iron stone*).

D'autres variétés contiennent une notable proportion de matières charbonneuses, ce sont d'ailleurs plutôt des roches que des minéraux (elles portent en Angleterre le nom de *Blackbon ironstone*).

SULFATES

ANHYDRITE

Formule : SO_4Ca
Densité : 2,9 à 3
Dureté : 3 à 3,5

Elle cristallise dans le système orthorhombique et se présente généralement en masses et agrégats granuleux. Elle est souvent associée au sel gemme et au gypse. L'anhydrite est difficilement soluble dans l'acide chlorhydrique et fond avant la température du chalumeau en un émail blanc, colorant la flamme en jaune-rougeâtre.

GYPSE

Formule : $SO_4Ca, 2 H_2O$
Densité : 2,2 à 2,4
Dureté : 1,5 à 2.

Il cristallise dans le système monoclinique.
Sa couleur est variable ; mais il est généralement transparent

ou blanc ; il devient opaque ou blanc avant la température du chalumeau, s'exfolie, et se transforme en une poudre blanche ; il est soluble dans l'acide chlorhydrique.

On rencontre souvent dans les argiles des cristaux, des lentilles et des veines irrégulières de gypse. Souvent aussi le gypse forme des masses compactes, constituant des lits épais dans des masses argileuses. Il est souvent associé au sel gemme et à l'anhydrite. Quelquefois il forme le ciment de certains grès.

La *sélénite* est du gypse cristallisé montrant un clivage parfait ; les lamelles sont flexibles mais non élastiques.

Ses formes cryptocristallines finement grenues sont appelées *alabaster* ou *abbâtre*.

BARYTINE

Formule : SO_4Ba
Densité : 4,3 à 4,6
Dureté : 3 à 3,5

La barytine ou spath pesant (sulfate de baryte) cristallise dans le système orthorhombique.

Les variétés fibreuses sont fréquentes. Ce n'est pas à proprement parler un élément des roches, mais il se trouve fréquemment et comme minéral secondaire dans des veines et des cavités. Il est souvent associé aux minéraux, spécialement aux sulfures dans les veines métallifères.

Sa dureté est légèrement supérieure à celle de la calcite ; son poids spécifique considérable et sa résistance aux acides permettent de la distinguer facilement.

La baryte crépite et fond avec une certaine difficulté avant la température du chalumeau ; elle colore la flamme en vert.

PHOSPHATES

APATITE

Formule : $(PO_4)_2 Ca_2 + Ca (Fl Cl)_2$
Densité 3,17 à 3,23
Dureté : 5.

Les apatites sont des phosphates de chaux dans lesquels

STRUCTURE MICROSCOPIQUE DES MINÉRAUX ET DES ROCHES

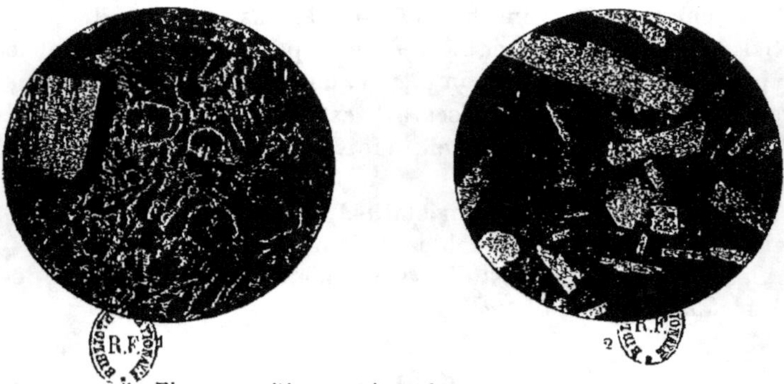

Fig. 1. — Plaque mince dans un pechstein.
Cristallites et microlithes dans un fonds vitreux.

Fig. 2. — Plaque mince dans une andésite.
Cristaux de feldspath en forme de baguette dans un fonds vitreux.

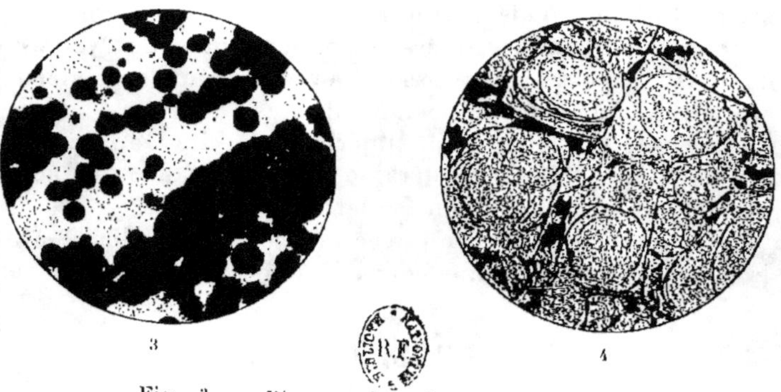

Fig. 3. — Plaque mince dans une obsidienne.
Structure sphérulithique (p. 61).

Fig. 4. — Plaque mince dans un pechstein.
Structure perlitique (p. 62).

Vis-à-vis la page 56.

ou blanc ; il devient opaque ou blanc avant la température du chalumeau, s'exfolie, et se transforme en une poudre blanche ; il est soluble dans l'acide chlorhydrique.

On rencontre souvent dans les argiles des cristaux, des lentilles et des veines irrégulières de gypse. Souvent aussi le gypse forme des masses compactes, constituant des lits épais dans des masses argileuses. Il est souvent associé au sel gemme et à l'anhydrite. Quelquefois il forme le ciment de certains grès.

La *sélénite* est du gypse cristallisé montrant un clivage parfait ; les lamelles sont flexibles mais non élastiques.

Ses formes cryptocristallines finement grenues sont appelées *alabaster* ou *abbâtre*.

BARYTINE

Formule : SO_4Ba
Densité : 4,3 à 4,6
Dureté : 3 à 3,5

La barytine ou spath pesant (sulfate de baryte) cristallise dans le système orthorhombique.

Les variétés fibreuses sont fréquentes. Ce n'est pas à proprement parler un élément des roches, mais il se trouve fréquemment et comme minéral secondaire dans des veines et des cavités. Il est souvent associé aux minéraux, spécialement aux sulfures dans les veines métallifères.

Sa dureté est légèrement supérieure à celle de la calcite ; son poids spécifique considérable et sa résistance aux acides permettent de la distinguer facilement.

La baryte crépite et fond avec une certaine difficulté avant la température du chalumeau ; elle colore la flamme en vert.

PHOSPHATES

APATITE

Formule : $(PO_4)_2 Ca_2 + Ca (Fl Cl)_2$
Densité 3,17 à 3,23
Dureté : 5.

Les apatites sont des phosphates de chaux dans lesquels

PLANCHE VIII

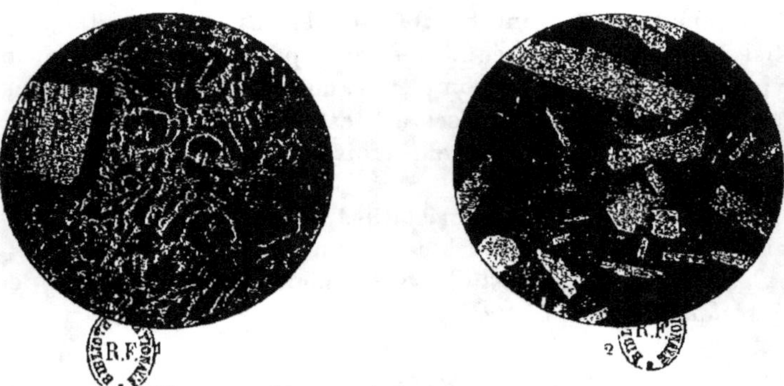

Fig. 1. — Plaque mince dans un pechstein.
Cristallites et microlithes dans un fonds vitreux.

Fig. 2. — Plaque mince dans une andésite.
Cristaux de feldspath en forme de baguette dans un fonds vitreux.

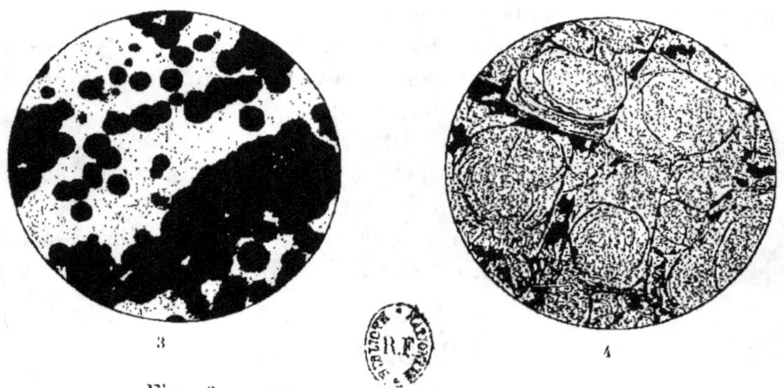

Fig. 3. — Plaque mince dans une obsidienne.
Structure sphérulithique (p. 61).

Fig. 4. — Plaque mince dans un pechstein.
Structure perlitique (p. 62).

Vis-à-vis la page 56.

on peut, au point de vue chimique, distinguer des variétés
chlorées et des variétés fluorées. Ce minéral cristallise dans
le système hexagonal ; il constitue généralement des prismes
à six faces, terminés par des pyramides. Les sections sont des
hexagones ou des baguettes allongées. Elle est soluble dans
l'acide chlorhydrique et fond avec difficulté avant la température du chalumeau.

C'est un minéral secondaire, abondant dans beaucoup de
roches éruptives et de schistes cristallins, où elle se trouve sous
la forme de longs prismes hexagonaux. L'apatite se rencontre
fréquemment aussi à l'état d'inclusions dans les minéraux des
roches éruptives (Pl. IX, fig. 1). C'est, avec la magnétite, le
minéral accessoire le plus répandu. De petits cristaux se présentent dans les druses de certains granites et de certains
gneiss. Elle se trouve souvent dans les talcschistes, les chloritoschistes et les calcaires métamorphiques, soit en lits irréguliers associés à de la magnétite, soit en cristaux de toute
taille disséminés dans les roches ; elle constitue souvent des
veines épaisses dans les gabbros.

Les variétés terreuses et concrétionnées de phosphate de
chaux sont les *phosphorites* ; beaucoup sont d'origine organique.

CORPS SIMPLES

GRAPHITE

Densité : 2
Dureté : 1

Le carbone sous la forme de graphite est le seul élément
qui joue un rôle important dans la formation des roches. Il
n'est généralement pas cristallisé ; cependant il se trouve quelquefois en paillettes à six pans.

Il est noir avec un aspect souvent métallique ; il est gras au
toucher ; il n'est pas attaqué par les acides.

Il se trouve plus ou moins abondamment dans certains
schistes, schistes et gneiss graphitiques. Quelquefois il
forme des lits lenticulaires au milieu des schistes ou des veines
traversant ces roches. On l'a trouvé aussi dans les granites et les

basaltes. Le charbon est souvent transformé en graphite au contact des roches éruptives à New-Cumnock et près de Shotts en Ecosse.

Beaucoup de minéraux des roches doivent leur couleur noire ou sombre à la présence de matières organiques ; lorsque ces matières sont complètement amorphes, elles disparaissent lorsqu'on chauffe ; mais le graphite pur ne brûle que très difficilement avant la température du chalumeau. Les matières charbonneuses amorphes qui colorent le marbre noir sont susceptibles de s'oxyder par l'action de l'air et de se changer en acide carbonique, de telle sorte que la roche s'effrite et blanchit.

CHAPITRE III

ROCHES IGNÉES

Roches ignées. — Caractères des roches vitreuses, des roches semicristallines, des roches holocristallines. Forme des minéraux des roches ignées. Inclusions dans les minéraux. Minéraux primaires. Minéraux secondaires. Pseudomorphoses. Structure des roches. Classification des roches ignées.

Roches quartzifères. — GRANITE. Variétés. Géodes et druses. Sécrétions. — MICROGRANITES. — PORPHYRES QUARTZIFÈRES. — RHYOLITHES. — TYPES VITREUX. Pechstein. Obsidienne. Relation des roches quartzifères entre elles.

Roches à feldspaths alcalin sans quartz. — SYÉNITES. — TRACHYTES. — PHONOLITHES. Relations des roches à feldspath alcalin entre elles.

Roches à feldspaths calco-sodique. — DIORITE. Variétés. — GABBROS. — DOLÉRITE. — ANDÉSITE. Variétés. — BASALTES. Variétés. Relation des roches à feldspath calco-sodique entre elles.

Roches à feldspathoïdes. Roches sans feldspaths ni feldspathoïdes. — LIMBURGITE. — AUGITITES. — PÉRIDOTITES. Variétés.

Roches fragmentaires d'origine ignée. — Roches pyroclastiques : lapillis, scories, cendres, bombes volcaniques.

Une roche est un agrégat de minéraux et de substances, avec ou sans formes cristallines, semblables ou dissemblables. Les roches peuvent être dures et consolidées, ou tendres et incohérentes.

Comme exemples de roches, on peut citer le granite, le basalte, le calcaire, l'argile, le sable, la houille.

Classification des roches d'après leur mode de formation. — Les roches se différencient par leur structure, leurs caractères minéralogiques et chimiques, leur origine.

Au point de vue de l'origine, les unes sont produites directement par l'activité interne du globe (roches volcaniques et roches intrusives) ; d'autres sont composées de matériaux dérivant de la décomposition des roches préexistantes (roches sédimentaires) ; d'autres, enfin, ont subi des changements plus ou moins notables depuis leur formation, de telle sorte que l'on ne peut plus reconnaître leur caractère originel. On peut donc distinguer trois types de roches :

A. — Roches ignées (roches volcaniques et roches intrusives).

B. — Roches sédimentaires.

C. — Roches métamorphiques.

ROCHES IGNÉES

Ce groupe comprend les roches volcaniques *effusives*, c'est-à-dire épanchées à l'air (laves comme le basalte) et les roches *intrusives*, c'est-à-dire formées en profondeur (comme le granite).

Ces roches peuvent être entièrement cristallines ou contenir des matières amorphes en proportion variable, ou être composées de minéraux fragmentaires.

Elles sont d'ailleurs toutes formées par la consolidation d'une matière originelle fondue, qu'on appelle *magma*. Le caractère de ces roches est déterminé par les conditions dans lesquelles ce magma s'est refroidi.

La composition chimique de ce magma est complexe ; elle est probablement variable suivant les points ; mais, d'une façon générale, on peut dire qu'elle consiste essentiellement dans un mélange de divers silicates et oxydes avec de l'eau de constitution et des gaz variés.

Ce magma, originellement fondu, s'est refroidi lentement ; aussitôt que sa température commença à baisser, ses divers éléments se séparèrent successivement.

Si le refroidissement a été suffisamment lent, les différents éléments ont tous eu le temps de cristalliser complètement.

Si, au contraire, il a été relativement rapide, la cristallisation n'a pu se faire qu'incomplètement ; dans ce cas, la roche est constituée par un mélange de matières cristallines et de matières vitreuses ou amorphes.

Enfin, si le refroidissement a été plus rapide encore, aucun cristal n'a pu se former et toute la roche est constituée par une masse vitreuse dont la composition chimique est essentiellement la même que celle de l'ensemble des minéraux de la roche cristalline correspondante.

On a ainsi affaire, suivant la vitesse de consolidation, à des roches vitreuses, comme les obsidiennes, à des roches semi-cristallines, comme les porphyres, à des roches holocristallines, comme le granite. D'ailleurs, il est rare que toute trace de cristallisation manque dans les roches vitreuses ; aussi désigne-t-on souvent toutes les roches ignées sous le nom de roches cristallines (1).

Caractères des roches vitreuses. — A l'œil nu, beaucoup de roches vitreuses paraissent homogènes et semblent ne contenir aucune trace d'éléments cristallins. Mais, en lames minces, elles montrent généralement, en plus ou moins grande abondance, de petits corps ; les uns semblent pouvoir être considérés comme des embryons de cristaux (pl. VIII, fig. 1) ; ils forment soit des boules, soit des espèces de colliers, soit des bâtonnets.

Ces corps, qui ne réagissent pas en lumière polarisée et qui paraissent dépourvus de texture cristalline, sont appelés *cristallites*.

D'autres sont de petits corps allongés, microscopiques, mais ayant une structure cristalline, et souvent déterminables comme espèce minérale. Ce sont les *microlithes*.

Enfin des cristaux bien développés, relativement grands, sont disséminés à travers la masse vitreuse (pl. II, fig. 2). Ce sont les *phéno-cristaux*.

D'autres structures sont assez fréquentes dans les roches vitreuses. De petits globules, appelés *sphérolithes* (pl. VIII, fig. 3 et pl. IV, fig. 3), variant depuis la grosseur d'un grain jusqu'à celle d'un pois, s'y rencontrent souvent. Au microscope,

(1) Les roches vitreuses sont absolument caractéristiques de la série éruptive ; elles ne se rencontrent que très exceptionnellement dans les roches métamorphiques.

ils montrent une structure fibreuse radiaire, ils déterminent généralement en lumière polarisée convergente l'apparition d'une croix noire.

Des corps sphériques analogues, souvent aussi gros que des noisettes, se développent dans des verres artificiels et leur structure interne fibreuse est très apparente à l'œil nu.

Souvent aussi les roches vitreuses contiennent de petits globules émaillés qui, au microscope, montrent une structure concentrique imparfaitement développée.

Certaines roches vitreuses paraissent entièrement constituées par ces globules émaillés ; on les appelle *perlites* et la structure de ces roches est dite *perlitique* (pl. VIII, fig. 4). Ces perlites se sont produites au moment du refroidissement du verre, qui, par suite du retrait, s'est divisé en parties sphériques ou polyédriques.

On rencontre souvent aussi dans les roches vitreuses d'autres structures qui ne leur sont point spéciales.

Les microlithes, cristaux, sphérulithes présentent parfois un certain alignement ; le verre a souvent alors une apparence rubanée avec des bandes alternativement sombres et claires (pl. II, fig. 3 ; pl. IV, fig. 4). Cette structure est la *structure fluidale* ; elle résulte des mouvements qu'a subis la roche, en s'écoulant, à l'époque où elle était fraîche.

Toutes les masses fluides contiennent de l'eau et différentes vapeurs et gaz qui s'échappent en nuages épais de la lave au moment de l'éruption. Lorsque la lave est très liquide, la vapeur s'échappe facilement ; mais, lorsque la masse en se refroidissant devient plus visqueuse, les vapeurs s'échappent moins facilement et, en s'épanchant, elles repoussent la roche encore plastique, forment des cavités sphériques ; la partie supérieure de la lave devient ainsi plus ou moins vésiculeuse.

Au fur et à mesure que la lave se meut, ces cavités sphériques s'allongent dans la direction du mouvement. Leur grandeur varie depuis celle d'un pore jusqu'à près de 30 centimètres de diamètre. Dans les roches vitreuses qui ont coulé à l'état nettement liquide, les vésicules sont généralement de faibles dimensions ; elles sont alors si abondantes et si petites qu'elles occupent presque autant de volume que la partie solide de la roche ; la roche a dans ce cas une apparence spongieuse ; on l'appelle *ponce*.

Caractères des roches semicristallines. — Les roches semicristallines sont surtout composées d'éléments cristallins ; mais elles contiennent encore une proportion plus ou moins grande de matière amorphe.

Une roche semicristalline se compose typiquement des éléments suivants :

1) Une *pâte* fondamentale formée d'un agrégat de microlithes et de petits cristaux ou de grains cristallins, avec une certaine quantité de verre souvent dévitrifié ;

2) Des *phéno-cristaux*, c'est-à-dire de grands cristaux disséminés à travers toute la masse.

La plupart des roches semicristallines se sont consolidées à la surface ou près de la surface. Elles montrent deux temps de consolidation :

1) Tandis qu'elles étaient à l'état pâteux et à une certaine profondeur, le refroidissement a commencé et certains minéraux ont cristallisé. Ces cristaux ayant toute facilité pour se développer ont souvent atteint une taille assez considérable, et une forme cristalline plus ou moins parfaite ; ce sont les phéno-cristaux ; ils montrent souvent des parties corrodées comme s'ils avaient été partiellement dissous. On a supposé que cette dissolution était due à l'action d'une partie encore fluide du magma, devenue plus acide après la séparation des phéno-cristaux ; il est probable d'ailleurs que cette résorption a pu être aidée par les changements de température et de pression qui se sont produits lorsque la roche s'est rapprochée de la surface. Les phéno-cristaux ne sont pas seulement corrodés, mais souvent aussi brisés par les mouvements du magma.

2) Lorsque la roche arrive à la surface, elle s'écoule et se refroidit trop rapidement pour permettre la formation de grands cristaux, ayant des formes propres. Les différents minéraux s'entrecroisent les uns avec les autres et forment un agrégat dans lequel la matière vitreuse se trouve en plus ou moins grande abondance. Cet ensemble constitue ce que l'on appelle la *pâte*.

Lorsque les phéno-cristaux sont très visibles, on a la *struc-*

ture porphyrique (pl. XIII, fig. 1, pl. XIV). La pâte des roches semicristallines est donc constituée en majeure partie par des éléments cristallins ; dans certaines roches le verre prédomine, tandis que dans d'autres la proportion est à peu près égale. La partie non différenciée de la pâte a souvent un caractère microfelsitique ou cryptocristallin ; elle semble compacte et homogène à l'œil nu, de couleur variable, mais généralement claire. Au microscope elle apparaît comme une masse mal définie presque sans structure ; c'est une matière vitreuse souvent dévitrifiée, montrant en abondance des cristallites et des microlithes et ayant parfois une structure perlitique et microlithique. L'ensemble montre parfois soit un aspect fluidal soit un aspect vésiculaire.

Caractères des roches holocristallines. — Les roches holocristallines ne contiennent pas de matières vitreuses et n'ont pas, à proprement parler, de pâte vitreuse.

Elles sont constituées par une masse finement cristalline dans laquelle sont disséminés les phéno-cristaux. Elles semblent s'être consolidées en deux phases : au premier temps de consolidation, les phéno-cristaux ont cristallisé ; au second temps la pâte s'est prise à son tour. Les deux temps de consolidation ont été intratelluriques, car les roches holocristallines sont généralement d'origine profonde ; tous les intermédiaires existent d'ailleurs entre les formes à grain fin et les formes grossièrement cristallines.

Forme des minéraux des roches ignées. — Lorsque les cristaux des roches ignées ont toutes leurs faces bien développées, qu'ils ont leurs formes propres, on dit qu'ils sont *automorphes* ou *idiomorphes* (pl. II, fig. 1). Il n'y a guère que les phéno-cristaux et les minéraux accessoires de petite taille qui rentrent dans cette catégorie.

Dans le cas contraire, les minéraux sont dits *xénomorphes* ou *allotriomorphes* ; c'est le cas des minéraux qui ont cristallisé après l'apparition des phéno-cristaux et des petits éléments accessoires ; très souvent, par suite de leur entrecroisement, ces minéraux n'ont pu acquérir leurs formes cristallines caractéristiques.

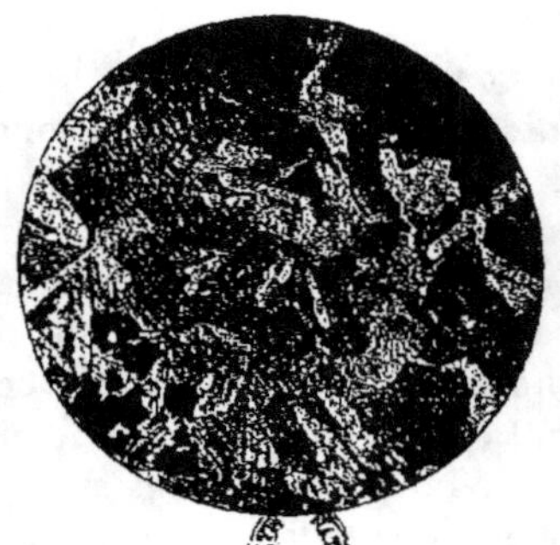

Fig. 1. — Granite.

Au centre, cristal d'amphibole hornblende, n'ayant pas conservé ses formes propres (cristal allotriomorphe, p. 64). Les lignes de clivage sont à 124° les unes des autres. En bas, cristal de *biotite*, ne montrant aucun clivage. Dans le haut de la préparation, *feldspaths* décomposés englobant (en haut, à gauche) deux petits prismes d'*apatite* (p. 57).

Fig. 2. — Diabase.

On voit la structure ophitique dans laquelle des cristaux allongés de feldspath sont inclus au milieu de grandes plaques d'augite, à clivages parallèles.

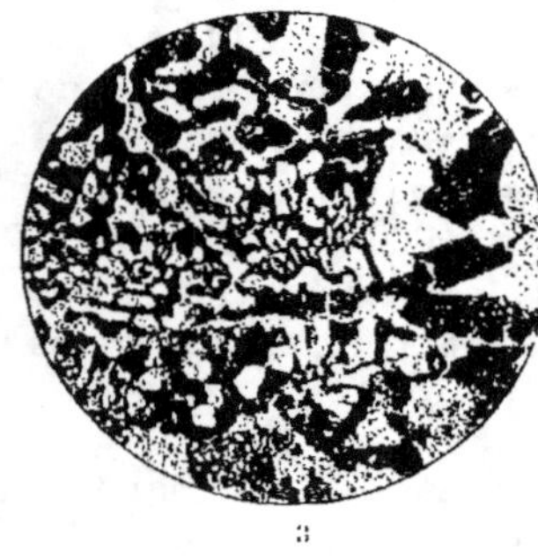

Fig. 3. — Pegmatite graphique.

On voit au microscope la structure micropegmatique (p. 70). Les cristaux de quartz sont orientés à peu près de la même façon au milieu des plages de feldspaths et forment souvent de véritables hiéroglyphes.

Fig. 4. — Granite à mica noir (p. 70).

Le cristal en forme de losange, dans le haut, est du *sphène* (p. 48). On aperçoit assez indistinctement des grains de quartz blancs et des feldspaths décomposés. — Les cristaux, de forme rectangulaire, sont de la *biotite* (p. 39) ; on y voit une série de lames parallèles qui changent de couleur quand on fait tourner la platine du microscope.

Vis-à-vis la page 64.

PLANCHE X

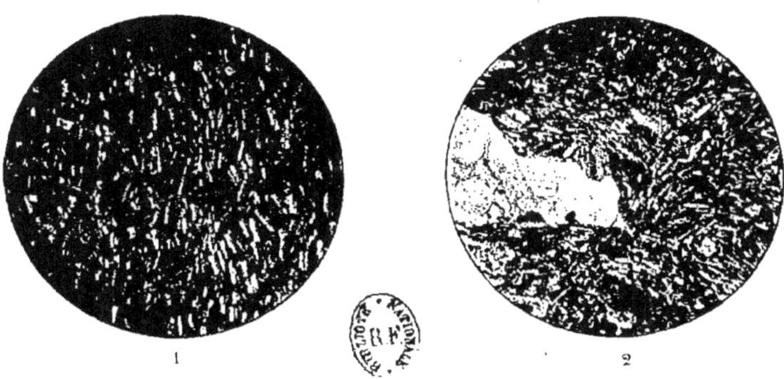

Fig. 1. — Plaque mince dans une bostonite, en lumière polarisée parallèle.

Structure trachytique, montrant la disposition fluidale des petits cristaux de feldspaths.

Fig. 2. — Plaque mince dans un trachyte, en lumière polarisée parallèle.

Structure trachytique : les microlithes de felspath forment une sorte de remous autour du cristal plus grand de sanidine.

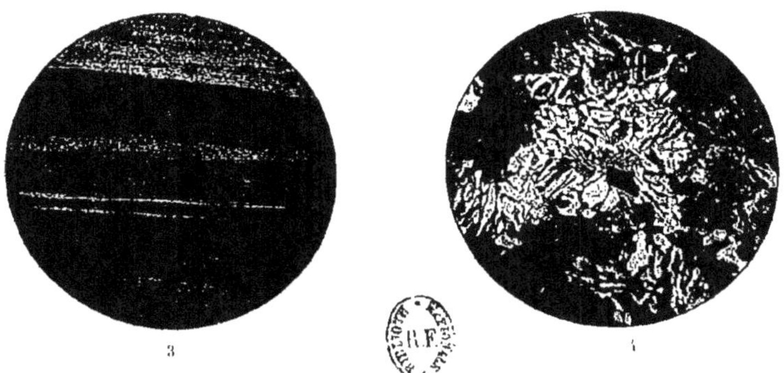

Fig. 3. — Obsidienne zonaire.

Fig. 4. — Plaque mince dans un granite en lumière polarisée parallèle.

Structure grenue : des petits cristaux de feldspath et de quartz s'enchevêtrent.

Vis-à-vis la page 65.

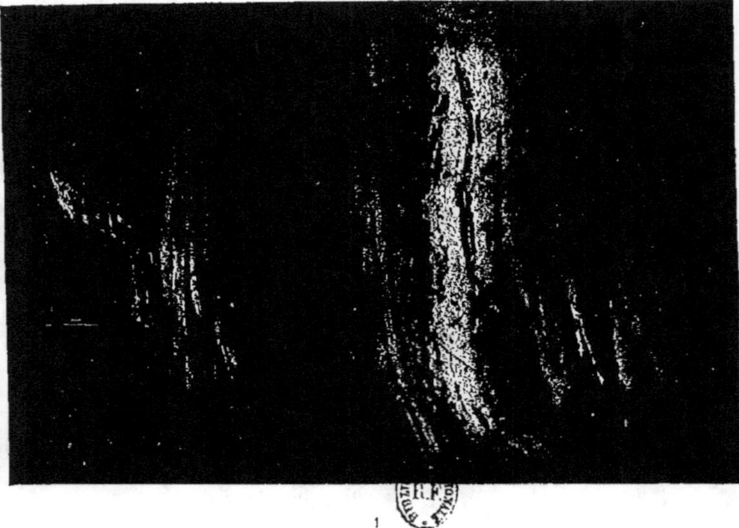

Fig. 1. — Obsidienne zonaire (p. 78).
Grandeur naturelle.

Fig. 2. — Obsidienne sphérulithique (p. 78).
À peu près grandeur naturelle.

Vis-à-vis la page 65.

Inclusions dans les minéraux. — On voit souvent, en plaques minces, de petits cristaux ou granules cristallins inclus dans les minéraux des roches ignées et des cavités contenant des gaz ou des liquides ou même des matières vitreuses (pl. I, fig. 2 ; pl. VI, fig. 3 ; pl. VIII, fig. 4), ces inclusions sont dites *endomorphes* et le minéral qui les contient est dit *périmorphe*. Tous ces corps étrangers ont été inclus lorsque le cristal périmorphe s'est séparé du magma originel.

Minéraux primaires. — On appelle ainsi les minéraux qui ont cristallisé directement aux dépens du magma ; au contraire, les minéraux secondaires sont ceux qui se sont formés plus tard que la roche où ils se trouvent.

On peut distinguer deux sortes de minéraux primaires :

les minéraux essentiels ;

les minéraux accessoires.

Les *minéraux essentiels* sont ceux dont la présence donne à la roche son caractère spécial ; les *minéraux accessoires* sont ceux qui s'y trouvent d'une manière accidentelle et n'affectent pas le caractère général de la roche.

Les granites par exemple sont composés de trois minéraux essentiels : le feldspath, le quartz et le mica.

Si l'on supprime l'un de ces minéraux, la roche cesse d'être un granite. Au contraire, l'abondance plus ou moins grande des minéraux accessoires n'empêche pas la roche d'être un granite, tout au plus donne-t-elle naissance à une variété. Si par exemple un granite contient de gros cristaux d'hornblende et de tourmaline, on l'appellera granite à hornblende et à tourmaline.

Les *minéraux essentiels* des roches ignées, qui s'y rencontrent le plus abondamment, sont le quartz, le feldspath, les pyroxènes, les amphiboles, les micas (muscovite et biotite), l'olivine, la néphéline, la leucite ; on peut citer aussi, comme moins importants, la sodalite, l'haüyne et la noséane, les grenats, la tourmaline, le sphène.

A côté d'eux, se trouvent des *minéraux accessoires*, l'apatite, la magnétite, l'ilménite, l'hématite, la pyrite, le zircon, le rutile et aussi le spinelle, la chromite, la picotite, la pyrrhotite.

Minéraux secondaires. — Toutes les roches sont susceptibles de s'altérer sous l'action des eaux qui circulent à travers leur masse. Les eaux passent le long des fissures et des autres surfaces de division et pénètrent dans la roche elle-même par les petites craquelures et les pores interstitiels qui existent toujours, même dans les roches les plus compactes et les plus homogènes.

Parmi les minéraux d'origine secondaire on peut citer : l'opale et la calcédoine, la calcite et l'aragonite, les zéolithes, les oxydes de fer, les chlorites, le talc, la muscovite, la serpentine, l'épidote (pistasite), le leucoxène, le kaolin, etc.

Pseudomorphoses. — On dit qu'il y a *pseudomorphose* lorsqu'un corps cristallin ou amorphe prend la forme cristalline d'un autre minéral.

Le fait se produit de la manière suivante : le minéral d'une roche est dissous et il laisse dans la roche une cavité ayant exactement ses formes ; ultérieurement une matière minérale s'infiltre dans la cavité et en épouse fidèlement tous les contours, prenant ainsi la forme cristalline du minéral. On a alors une *substitution par pseudomorphose*.

Ainsi les feldspaths peuvent disparaître et être remplacés par une substance homogène blanche ou grise, qui est un silicate d'alumine, hydraté, connu sous le nom de kaolinite. Dans ce cas, la principale modification consiste dans le départ de la base soluble, soude, potasse, chaux, le silicate d'alumine restant à l'état d'hydrate. Elle se produit sous l'action d'eaux qui contiennent en solution de l'acide carbonique et d'autres acides provenant soit de l'atmosphère, soit du sol, et qui entraînent les alcalis à l'état de bicarbonate soluble. Ces eaux peuvent ainsi attaquer les différents minéraux des roches, et les modifier plus ou moins profondément, et plus ou moins rapidement.

Quelques roches cristallines ignées ont été si profondément altérées par l'action chimique des eaux qu'une masse dure, résistante, à cassure fraîche, peut être transformée en une substance molle, terreuse, semblable à de l'argile, cédant facilement à la pression.

Il y a peu de roches ignées qui ne montrent aucune trace

d'altération lorsqu'elles ont été exposées longtemps à l'action des eaux ; elles peuvent paraître fraîches à l'œil nu ; mais en plaques minces, l'un ou l'autre de leurs minéraux constituants se montre toujours plus ou moins altéré. Ainsi, dans le granite, le feldspath inaltéré est, au microscope, clair et transparent. Lorsque l'altération commence, le minéral prend un aspect nuageux ; cet aspect augmente d'intensité au fur et à mesure que l'altération est plus profonde.

Structure des roches ignées. — Ainsi qu'il a été dit, une roche éruptive provient de la consolidation d'une matière fondue qu'on appelle magma. [Un magma, de composition chimique déterminée, peut donner naissance à différentes roches suivant les conditions physiques du refroidissement ; ces roches seront variables en composition minéralogique et en structure.

C'est la structure qui donne les meilleures indications sur les conditions physiques de la consolidation des roches. Les principales sortes de structure sont les suivantes :

I. — *La structure* GRENUE *est une structure holocristalline, sans discontinuité apparente dans la cristallisation.*

Elle caractérise des roches d'origine interne ou des roches filoniennes ; elle ne se trouve jamais dans les roches d'épanchement. Le magma s'est consolidé lentement, d'une façon continue, sans changement dans les conditions physiques.

II. — D'autres fois, un certain changement s'est produit dans les conditions physiques ; on a la structure microgrenue.

La structure MICROGRENUE *est une structure holocristalline avec discontinuité dans la cristallisation.*

De grands cristaux se trouvent au milieu d'une pâte de structure grenue.

III. — Dans les roches d'épanchement, le refroidissement a été plus ou moins long ; la cristallisation a commencé en profondeur par les grands cristaux ou phénocristaux, puis est venue une brusque interruption qui sépare le premier temps de cristallisation du second.

La cristallisation peut être plus ou moins complète ; il peut même ne rester que du verre.

Cette structure est la structure microlithique.

La structure MICROLITHIQHE *est une structure à discontinuité bien tranchée de cristallisation, le dernier stade contenant généralement des cristaux automorphes et pouvant admettre un résidu vitreux.*

La *structure vitreuse* est un cas particulier de la structure microlithique.

IV. — La structure ophitique constitue le passage de la structure grenue à la structure microlithique.

La structure OPHITIQUE *est une structure holocristalline caractérisée par l'existence de plagioclases allongés ou aplatis que moulent de grands cristaux de pyroxènes ou d'amphiboles.*

Cette structure se rencontre dans tous les types de roches, dans les petits massifs d'origine interne, sur le bord des grands massifs et au centre de certaines coulées.

Classification des roches ignées. — On n'est pas encore arrivé à une classification des roches qui soit satisfaisante et adoptée par tous les pétrographes.

On a essayé de baser cette classification sur plusieurs sortes de caractères, comme la structure, la composition minéralogique, l'âge de la roche, la nature chimique, le mode de gisement.

I. — On peut s'appuyer sur la *structure* de la roche; mais les expériences de MM. Fouqué et Michel-Lévy ont montré qu'une même roche peut prendre des structures différentes suivant les conditions de refroidissement.

II. — La *composition minéralogique* est également susceptible de varier suivant le mode de formation, et un même magma peut donner naissance à des roches très différentes au point de vue minéralogique.

III. — L'*âge* de la roche a servi autrefois aux géologues à distinguer deux séries de roches éruptives; mais on arrive ainsi à séparer des roches identiques, différant seulement par leur degré d'altération.

IV. — La *composition chimique* de la roche actuellement très en vogue surtout en Amérique est également un criterium défectueux à certains points de vue ; en effet, l'analyse chimique tient compte des produits secondaires introduits ultérieurement, soit sous l'action du métamorphisme, soit par suite de l'altération de la roche.

V. — Le *mode de gisement* est un procédé de classification sur lequel Rosenbusch s'est beaucoup appuyé : il a distingué les *roches de profondeur* comme le granite, qui n'ont pas vu le jour et qui ont produit des phénomènes de contact intenses, les *roches d'épanchement* (coulées, tufs, etc.) et les *roches filoniennes*. La limite précise de ces différents groupes est souvent très difficile à établir.

Nous adopterons ici la classification française basée tout d'abord sur la nature des éléments blancs (feldspaths, feldspathoïdes), c'est-à-dire en somme sur la teneur en silice, puis ensuite sur celles des éléments ferro-magnésiens (micas, amphiboles, pyroxènes), c'est-à-dire sur les minéraux les plus apparents de la roche. — Dans chacune des séries ainsi distinguées, la structure permettra de séparer les roches d'après leur mode de consolidation et leur mode de gisement.]

ROCHES QUARTZIFÈRES

Ce groupe contient les *granites*, les *microgranites* (anciens porphyres) et les *rhyolithes*. Le pourcentage en silice est voisin de 8o.

Les types holocristallins, à structure grenue comme le granite, sont d'origine profonde. Cependant, plusieurs de ces roches se trouvent en dykes, en filons ou en veines.

Les types microgrenus et vitreux sont d'origine hypabyssale, consolidés à une faible profondeur, ou se sont même épanchés à la surface comme des laves.

GRANITE

Le granite est un agrégat holocristallin de quartz, de feldspaths alcalin, orthose et microcline, accompagnés généralement d'un peu de plagioclases et d'un minéral ferromagnésien, mica ou hornblende.

La structure est, par définition, toujours grenue, c'est-à-dire que tous les minéraux constituants ont approximativement la même taille. Mais la texture peut varier ; il y a des granites à grain très fin et des granites à structure grossièrement cristalline.

La couleur dépend surtout de celle des feldspaths et par suite elle varie avec le degré d'altération de ceux-ci ; elle est généralement gris-pâle ou sombre, quelquefois rougeâtre ou verte.

Dans les granites à gros grain ou même à grain moyen, on peut distinguer à l'œil nu les différents minéraux.

Variétés. — On distingue plusieurs variétés de granite, d'après la nature de leur élément ferromagnésien :

Granite à mica noir ou *granitite*, contenant du quartz, du feldspath, de la biotite (pl. IX, fig. 4).

Granite à amphibole, contenant du quartz, du feldspath, de l'amphibole hornblende, et généralement aussi un peu de biotite.

Granite à pyroxène.

Granite à mica blanc ou *granulite* des auteurs français (1), contenant du quartz, du feldspath, de la muscovite. Une autre caractéristique de la granulite est la forme de ses quartz, qui sont automorphes, bipyramidés, alors que ceux des granites ordinaires constituent de grandes plages déchiquetées sans formes définies.

La *pegmatite* est une roche à grands éléments où le quartz et le feldspath ont cristallisé ensemble (pl. IX, fig. 4). On y trouve de grands cristaux de quartz orientés de la même façon au milieu des plages de feldspath et formant souvent de véritables hiéroglyphes ; aussi désigne-t-on souvent ces roches sous le nom de *pegmatite graphique*. Cette structure se voit généralement à l'œil nu ; mais quelquefois elle apparaît seulement en plaques minces, au microscope ; on dit alors que l'on a affaire à une *micropegmatite* (pl. IX, fig. 3). Dans les pegmatites, le mica se trouve généralement en massifs et en larges lamelles (*mica palmé*).

L'*aplite* est un granite à grain très fin où le quartz prédo-

---

(1) Le granite à mica blanc est le granite normal des auteurs allemands ; les auteurs français le désignent sous le nom de *granulite*. Les auteurs anglais emploient encore le mot granulite dans un autre sens.

mine souvent et où le mica est plus ou moins rare. L'aplite se trouve en veines.

De même le *greisen*, qui est une variété pauvre en feldspath, se trouve en veines dans le granite normal.

Le *granite porphyroïde* est un granite présentant de grands *phénocristaux* (1) de feldspaths, disséminés dans une masse granitoïde à grain relativement fin.

Le *granite porphyre* ou *microgranite* consiste dans une pâte microgranitique ou micropegmatique (granophyrique) avec des phénocristaux de feldspath, de quartz, de pyroxène et accidentellement d'amphibole. Il forme souvent une partie des grands massifs de granite ordinaire ; dans d'autres cas, il constitue des dykes et des veines dans le granite.

Le *gneiss granitique* est un granite dans lequel les minéraux sont disposés d'une façon grossièrement parallèle et où la roche a, par suite, une structure grossièrement zonaire.

Géodes et druses. — Ce sont des cavités irrégulières qui se trouvent çà et là dans le granite. Elles sont généralement tapissées de beaux cristaux des minéraux de la roche, aussi bien des minéraux essentiels que des minéraux accessoires (pl. XII, fig. 2); ce sont généralement des cristaux de feldspaths, de quartz, de mica, de sphène, d'apatite, de zircon, de topaze, de béryl, etc. (voir aussi p. 176).

Sécrétions. — Il y a deux sortes de sécrétions : basiques et acides. Les sécrétions basiques sont des masses sombres de formes très irrégulières et de grandeur variable, riches en minéraux ferromagnésiens (biotite, hornblende), en sphène et en minerais de fer. Elles ressemblent souvent à des fragments brisés d'une autre roche, ultérieurement incluse dans le granite. Il arrive aussi que ce soient des fragments de minéraux basiques qui aient cristallisé en dehors du magma antérieurement au processus de la consolidation, et qui aient

(1) L'origine de ces phénocristaux n'est pas encore bien élucidée. L'explication donnée pour les phénocristaux dans les laves ne peut guère s'appliquer aux phénocristaux des roches plutoniques, refroidies à de grandes profondeurs, sous la pression des masses pesantes qui se trouvaient au-dessus d'elles.

	Roches avec Quartz	ROCHES SANS QUARTZ (1)				
		Roches à feldspaths alcalins seuls ou avec feldspathoïde		Roches à feldspaths calcosodiques	Roches à feldspathoïdes	Roches sans feldspaths, ni feldspathoïdes
TYPES GRENUS	Granites	Syénites	Syénites néphéliniques	Diorites (avec amphibole ou mica) Gabbros (avec pyroxène)		Augitites Péridotites
TYPES MICROGRENUS	Microgranites					
TYPES OPHITIQUES				Dolérites		Picrites
TYPES MICROLITHIQUES	Rhyolithes et Porphyres	Trachytes	Phonolithes	Andésites Basaltes (avec olivine)	Néphélinites, Leucitites, Basaltes à néphéline et à leucite	Limburgites
TYPES VITREUX	Pechstein Obsidienne					

(1) Ce tableau est loin d'être complet ; il n'y a été porté que les principales roches mentionnées dans le chapitre.

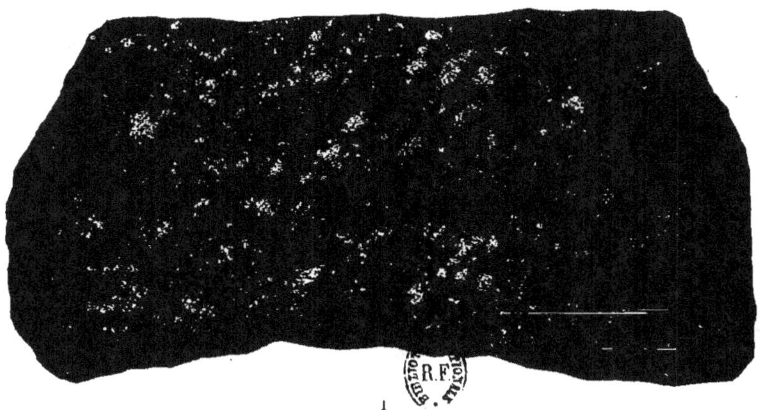

Fig. 1. — Pegmatite graphique (p. 70).
A peu près grandeur naturelle.

Fig. 2. — Druse ou géode dans un granite (p. 12 et p. 71).
A peu près grandeur naturelle.

Vis-à-vis la page 72.

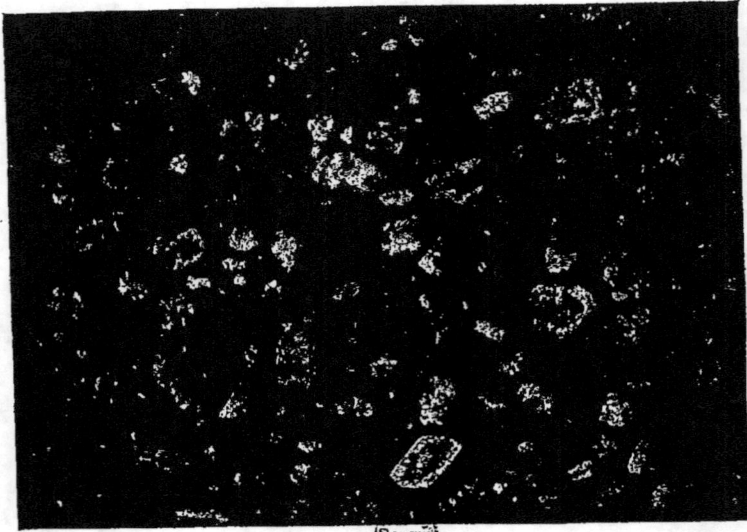

Fig. 1. — Structure porphyrique. Microgranite (p. 70, p. 73).

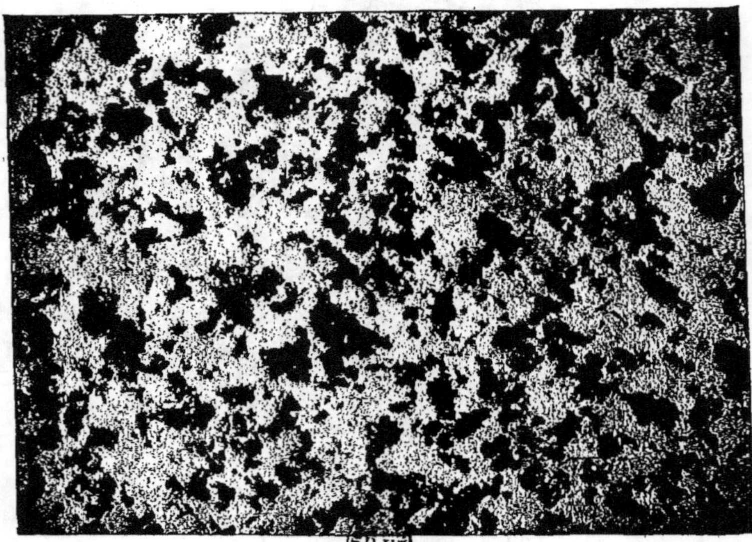

Fig. 2. — Structure granitoïde. Tonalite (p. 84).

Vis-à-vis la page 72.

été brisés dans les mouvements ultérieurs pendant le refroidissement lent et la consolidation de la masse plutonique.

Les sécrétions acides sont de couleur claire. Elles forment des veines à grain grossier ou fin, pauvres en minéraux ferromagnésiens. Les veines se présentent parfois comme si elles occupaient des fissures qui se seraient formées au moment où la masse plutonique n'était que partiellement solidifiée.

Conditions de gisement. — Les granites sont parmi les roches éruptives les plus largement distribuées.

Ce sont essentiellement des roches de profondeur, consolidées lentement. Les granites constituent de vastes massifs, qui ne sont devenus visibles que grâce à l'érosion. Dans le voisinage de la surface, les granites émettent fréquemment des apophyses (dykes, filons, etc.), constituées par des roches comme la granulite, l'aplite, la pegmatite, le quartz, etc.

Dans beaucoup de cas, le granite paraît s'être formé à une faible profondeur par simple digestion des sédiments avoisinants. L'étude optique des feldspaths orthoses, contenus dans le granite, permet d'affirmer que la température de formation n'a pas dépassé 600 à 700° ; dans quelques cas même, cette température n'a pas dû atteindre 400°.

MICROGRANITES

Tandis que dans les granites la cristallisation a été continue, dans les microgranites elle a été nettement discontinue et s'est effectuée en deux temps. Le premier temps correspond, comme il a été dit, à la formation de cristaux intratelluriques : biotite, amphibole, pyroxène, plagioclases et orthose, quartz, etc. ; ces cristaux ont des formes nettes ; les feldspaths sont souvent allongés et présentent la macle de Carlsbad et d'autres ; le quartz est bipyramidé, mais sans faces bien nettes, celles-ci ayant été sans doute corrodées. Ces cristaux du premier temps sont noyés dans une pâte plus récente qui peut être holocristalline (microgranites proprement dits), semicristalline (porphyres quartzifères et rhyolithes), vitreux (pechstein et perlite). On connaît d'ailleurs tous les passages entre ces différentes sortes de roches ; elles se trouvent souvent dans une même coulée.

Dans les *microgranites* eux-mêmes, on distingue, d'après la structure de la pâte, plusieurs types : les *microgranites (sensu stricto)* à quartz xénomorphe, formant des plages irrégulières, les *microgranulites* à quartz bipyramidé, les *micropegmatites* caractérisées par du quartz régulièrement orienté au milieu des cristaux de feldspath.

Conditions de gisement. — Les microgranites ont peu d'importance ; ce sont généralement les roches de bordure des massifs granitiques.

Les microgranulites ont souvent, au contraire, une individualité bien marquée ; elles forment des masses importantes et peuvent être accompagnées de tufs de projection ; elles sont bien développées dans le Morvan.

Dans d'autres cas, également très nombreux, les microgranulites forment des filons très nets et se poursuivant sur une grande longueur.

Certaines variétés accompagnent les gisements d'antimoine et ceux d'étain, en particulier dans le Massif Central de la France.

PORPHYRES QUARTZIFÈRES (1)

On voit d'abord au milieu de la pâte de nombreux phénocristaux de quartz et de feldspaths, associés à des minéraux ferromagnésiens, biotite et hornblende. Les feldspaths sont généralement de l'orthose, mais des plagioclases peuvent leur être associés (pl. XIV, fig. 1). Le quartz se rencontre assez souvent sous la forme de cristaux bipyramidés, corrodés et contenant souvent des inclusions de la pâte.

Les minéraux accessoires sont nombreux : ce sont de l'apatite, du zircon, du sphène, de la magnétite, etc.

(1) On distinguait autrefois les *porphyres quartzifères* à quartz visible et les *porphyres pétrosiliceux* à pâte compacte.

La désignation de pétrosiliceux vient de l'ancien mot de *pétrosilex* qui désignait toute pâte où l'on ne peut rien distinguer à l'œil nu et où, chimiquement, l'orthose est sursaturée de silice.

A l'œil nu, la pâte apparaît, soit finement cristalline, soit dense et uniformément compacte. Au microscope, elle apparaît comme vitreuse, mais contenant encore quelques éléments cristallins, du quartz et des feldspaths, parmi lesquels prédomine l'orthose.

Le quartz n'est pas en cristaux définis ; il est probable qu'il résulte de la recristallisation de silice non cristallisée ; il est en sphérolithes, en globules, assez réguliers en lumière naturelle, et présentant une structure radiée en lumière polarisée.

La couleur de la roche dépend beaucoup de celle de l'orthose et, par suite du degré d'altération ; elle est fréquemment blanche ou rouge.

Comme le porphyre quartzifère est généralement une roche géologiquement très ancienne, on y trouve souvent des minéraux secondaires : kaolinite, chlorite, épidote, muscovite.

Le *granophyre* est un porphyre quartzifère dont la pâte consiste dans des intercalations micropegmatiques de quartz et de feldspath (pl. XIII, fig. 1).

On trouve souvent, autour des porphyres pétrosiliceux, des auréoles de tufs et de sédiments d'origine mixte, passant insensiblement aux roches sédimentaires ; c'est ainsi que dans les Vosges, on trouve une roche, voisine de l'argile, de couleur verte, contenant encore quelques cristaux de quartz. C'est l'*argilolithe*, véritable cendre volcanique remaniée par les eaux.

Rhyolithes. — On lui donne aussi le nom de *liparite*, de *trachyte quartzifère*.

Cette roche est généralement de couleur claire, grise, jaune, verdâtre ou rougeâtre.

Les rhyolithes (1) sont des roches semicristallines et la pâte varie considérablement de caractère dans une même roche ; souvent elle est partiellement vitreuse ; d'autres fois elle est cryptocristalline ou microcristalline. On y trouve

(1) Le mot de *rhyolithe* a été employé tout d'abord pour désigner les roches tertiaires, équivalant des porphyres quartzifères et pétrosiliceux primaires. Actuellement on emploie souvent ce mot d'une façon générale pour désigner toutes les roches à deux temps de consolidation.

disséminés des phénocristaux de sanidine, de plagioclases, de quartz, de biotite et quelquefois d'hornblende ou d'augite.

Au microscope, cette pâte qui, à l'œil nu, semble absolument compacte, se montre composée d'un agrégat intime de microlithes entrecroisés de sanidine ; cet agrégat a souvent une structure fluidale et au milieu des microlithes se trouvent fréquemment de petits granules cristallins de plagioclases, de quartz, de zircon, de magnétite, d'apatite.

Dans d'autres cas, cette pâte compacte est composée en grande partie de verre ou de matière cryptocristalline et montre une structure perlitique, granulitique ou fluidale. Souvent les phénocristaux sont si grands et si abondants que, à l'œil nu, on ne voit que peu ou pas de pâte, et que la roche a un aspect granitoïde.

Lorsque les phénocristaux sont rares ou absents, la roche a un aspect émaillé ou cireux.

Toutes les variétés de structure peuvent se rencontrer dans une seule et même coulée : bandes lenticulaires, feuillets et lits à grain grossier et fin, à couleur alternativement claire et sombre. Très souvent la roche a une structure finement poreuse et cellulaire et montre des cavités irrégulières qui sont incrustées ou remplies par du quartz, de l'opale, du jaspe, de la calcédoine, etc. Il est probable que ces minéraux siliceux ont été déposés par les eaux avant le complet refroidissement de la roche.

Les *felsites* sont des roches finement grenues ou compactes dans lesquelles sont disséminés des phénocristaux d'orthose, de plagioclases, de quartz et de minéraux ferromagnésiens.

C'est simplement un stade d'altération d'une rhyolithe ou d'un porphyre quartzifère.

Au microscope, on voit une structure, soit microcristalline, soit cryptocristalline. On trouve souvent des structures sphérulithiques et perlitiques.

Dans certains cas, il y a exagération dans le développement des sphérolithes qui deviennent visibles à l'œil nu et atteignent quelquefois jusqu'à 25 centimètres de diamètre (*Pyromérides*).

Conditions de gisement. — Les rhyolithes se présentent en filons ou en coulées ; dans ce cas, elles peuvent être accompagnées de produits de projection. On les connaît en France, à la Banne d'Ordenche (Mont-Dore), où elles sont intercalées en coulées, au milieu de cinérites rhyolithiques. Elles sont bien représentées à Antrim, en Irlande, et en plusieurs points de la Grande-Bretagne. Elles sont également bien développées en Algérie (îles Habibas), au Yellowstone-Park (Etats-Unis), dans les Andes, etc.

Les types altérés sont communs dans les roches paléozoïques, soit à l'état de laves, soit en groupes intrusifs.

TYPES VITREUX

Les types vitreux (voir la description de la structure vitreuse, p. 68) de la série acide quartzifère sont le *pechstein* et l'*obsidienne*. On peut à peine d'ailleurs les considérer comme des roches ayant leur individualité ; elles se trouvent simplement à la partie supérieure des roches semicristallines acides.

PECHSTEIN

Le pechstein ou *rétinite* est généralement brun ou vert-sombre ; mais on connaît des variétés vert-pâle, rouges, jaunes. et même blanches. L'aspect de la roche est résineux, analogue à celui de la poix (d'où le nom de pechstein). La cassure est conchoïdale ; mais elle présente souvent des éclats irréguliers.

On y observe souvent de petits crystallites ou microlithes ; dans d'autres cas, la roche est criblée d'inclusions et les microlithes constituent le squelette des cristaux, comme dans le pechstein d'Arran, qui est fin comme une plume et d'aspect dentritique (pl. VIII, fig. 1 et 4).

D'abondants phénocristaux sont disséminés à travers la pâte du pechstein ; ils sont constitués par du quartz (pl. II, fig. 3 et 4), des feldspaths acides, de l'augite verte, de la

biotite, de la hornblende, et quelquefois des pyroxènes orthorhombiques.

Lorsque ces phénocristaux sont très grands et nombreux,
la roche s'appelle un *pechstein porphyritique*.

Conditions de gisement.— Le pechstein a une grande distribution géographique. On en connaît en Allemagne, dans le
Tyrol, dans le nord de l'Italie, en Ecosse, etc. Il se trouve
généralement sous la forme de dykes ou de couches intrusives.

OBSIDIENNE

L'obsidienne (pl. XI) est un verre naturel, généralement
noir ou gris-sombre, quelquefois rouge ou brun. Son aspect
est vitreux et sa cassure conchoïdale, plus tranchante que
celle des pechsteins. Les phénocristaux y sont rares et il n'y
a presque jamais de quartz.

On distingue le pechstein de l'obsidienne : 1° en remar-
quant que le pechstein contient quelques cristaux microscopiques de quartz ; 2° d'après la couleur verdâtre ou brunâtre,
l'aspect résineux du pechstein. Cet aspect résineux est d'ailleurs commun à toutes les roches hydratées. L'obsidienne a
un aspect plus vitreux.

Il arrive parfois que la partie vitreuse soit criblée de crystallites, de sphérulithes, de microlithes ; elle prend alors un
aspect pierreux et l'on dit qu'elle est dévitrifiée. D'autres fois,
elle en est complètement dépourvue et a tout à fait l'aspect
d'un verre.

La *perlite* est une variété d'obsidienne ou de pechstein dans
laquelle de nombreuses fissures perlitiques (voir p. 62) ont
découpé des séries de petites boules, formées d'écailles concentriques.

La *ponce* est un verre acide, très écumeux, fibreux, cellulaire, d'aspect spongieux. Elle ne forme pas de masses
rocheuses individualisées, mais plutôt des croûtes, des scories, etc., à la surface des laves acides.

Conditions de gisement. — L'obsidienne est générale-

ment associée aux rhyolithes effusives, auxquelles elle passe
fréquemment. On la trouve en Hongrie, aux îles Lipari, aux
Canaries, en Islande, dans l'ouest des Etats-Unis, au Mexique, à l'Equateur, en Nouvelle-Zélande, etc.

Relations des roches quartzifères entre elles. — Toutes ces
roches sont des roches acides ayant une composition chimique analogue. Leur aspect pétrographique variable est dû
aux conditions diverses dans lesquelles elles se sont consolidées. Le refroidissement rapide de la matière pâteuse donne
une roche vitreuse tandis qu'un refroidissement lent donne
naissance à une roche semicristalline et même holocristalline.
D'ailleurs les géologues considèrent le granite comme l'équivalent en profondeur des roches acides, c'est-à-dire des rhyolithes et des obsidiennes ; entre ces granites d'origine profonde
et les rhyolithes volcaniques, il existe d'ailleurs des roches de
caractère intermédiaire : ce sont les porphyres quartzifères.

Ainsi le même magma fondu, s'il s'épanche à la surface,
donne une obsidenne ou une rhyolithe ; s'il s'épanche à une
profondeur considérable, il forme des granites ; s'il est injecté
en dykes et filons-couches à une faible profondeur, il donne
suivant la vitesse de refroidissement soit des microgranites
et des porphyres quartzifères, soit des pechsteins.

ROCHES A FELDSPATH ALCALIN SANS QUARTZ

Dans ces roches, syénites, trachytes, phonolithes, la teneur
en silice est voisine de 70 o/o.

SYÉNITES

La syénite est un agrégat holocristallin granitoïde de
feldspath orthose et d'un minéral ferromagnésien, mica,
pyroxène, hornblende.

Elle se distingue du granite par l'absence de quartz ; cependant il arrive parfois qu'au microscope on aperçoive un peu
de quartz disséminé au milieu des autres éléments.

Comme éléments accessoires, on peut citer les feldspaths

plagioclases, qui manquent rarement, l'apatite, le zircon, le sphène, l'ilménite, la magnétite.

La couleur est généralement rouge, quelquefois grise.

La *syénite normale* consiste essentiellement dans de l'orthose et de la hornblende.

Le *syénite à augite* ou à *pyroxène* contient de l'orthose et des plagioclases, de l'augite et quelquefois du diallage, de l'hypersthène, de la biotite et un peu de quartz.

Quand le minéral ferromagnésien prédominant est le mica on a une *syénite micacée*.

La *syénite éléolithique* est composée de felspath alcalin, d'éléolithe et d'un ou plusieurs minéraux ferromagnésiens, pyroxène, amphibole, micas. Les variétés de cette roche sont caractérisées par les éléments accessoires, plagioclases, sphène, apatite, zircon, fluorine, sodalite, etc.

Les syénites ne sont pas aussi abondantes que les granites ; le type se trouve près de Dresde ; plusieurs variétés se trouvent dans le sud de la Norvège et ont reçu des noms spéciaux : *laurwikite, nordmarkite*, etc.

L'*orthophyre* est une roche grise, brune ou rougeâtre ; sa pâte est constituée essentiellement par de l'orthose micro-cristalline, au milieu de laquelle sont disséminés des phéno-cristaux d'orthose. On y trouve quelquefois des plagioclases et des aiguilles d'hornblende, des paillettes de biotite, des granules d'augite. Il y a quelquefois un peu de quartz. Lorsque les minéraux ferromagnésiens, en particulier les micas, sont abondants, la roche passe à la *minette* ou *syénite micacée* ; fraîche, cette roche est gris-sombre ou noire ; mais quand elle se décompose, elle est souvent brune ; sa texture est finement grenue ou compacte. Au microscope, elle se montre holocristalline.

On range, parmi les syénites, la *bostonite*, jaune-clair ou grise, finement grenue ou compacte, composée surtout de petits cristaux allongés de feldspath (pl. IX, fig. 3). On y trouve aussi çà et là des minéraux sombres ferromagnésiens. Cette roche se trouve en dykes et est associée à des granites alcalins, à des syénites alcalines, à des syénites éléolithiques.

L'orthophyre n'est pas aussi abondante dans les roches que le

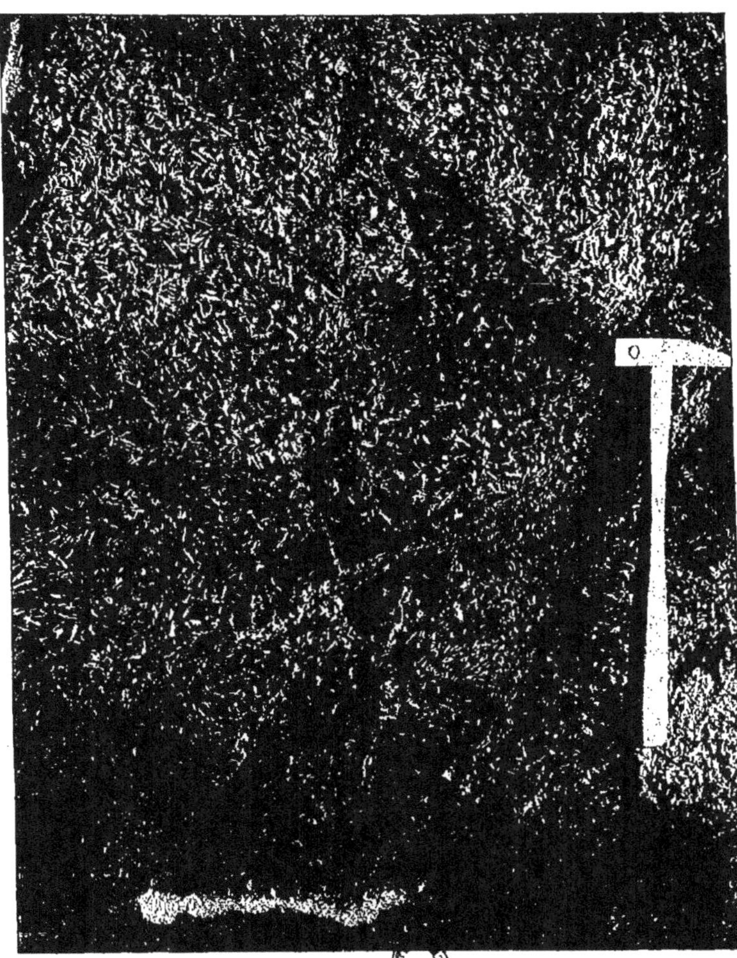

Structure porphyrique dans une diabase (p. 85).

Ayrshire, Ecosse.
Photo. du Geol. Survey.

Vis-à-vis la page 80.

Fig. 1. — Diorite orbiculaire (p. 85).
A peu près grandeur naturelle.

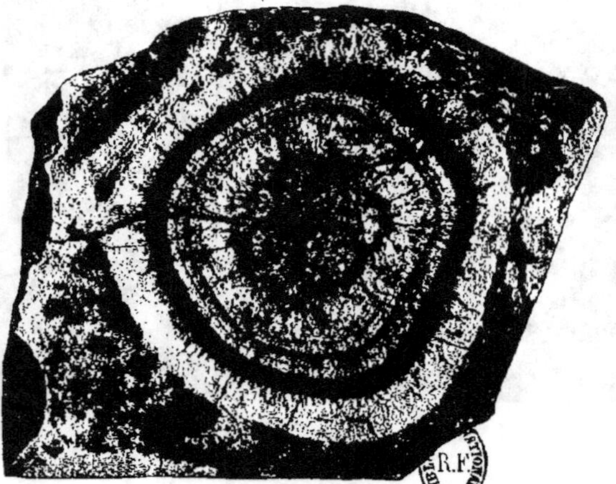

Fig. 2. — Diorite orbiculaire.
Grandeur naturelle.

Vis-à-vis la page 80.

porphyre quartzifère. Il se trouve, dans le sud de l'Ecosse, associé aux roches volcaniques de l'âge du vieux grès rouge.

TRACHYTE

Le trachyte est une roche effusive ayant la même composition que les syénites et contenant de nombreux microlithes d'orthose ; sa pâte offre des variations très grandes suivant la nature de l'élément ferromagnésien.

Sa couleur est gris-clair ou sombre ; mais elle peut être jaunâtre, brunâtre ou même rougeâtre.

Sa texture est généralement grossière mais quelquefois compacte ; elle est souvent rugueuse et poreuse.

Des phénocristaux de sanidine, disséminés dans la pâte, sont souvent visibles et aussi des plagioclases, de la hornblende, de la biotite et du pyroxène.

Au microscope la pâte est constituée essentiellement par des microlithes allongés de sanidine, montrant souvent une structure fluidale et englobant quelques granules de minéraux ferromagnésiens, généralement de l'augite (pl. X, fig. 2). Du verre interstitiel et des matières microfelsitiques peuvent s'y trouver. Les minéraux accessoires sont nombreux : apatite, magnétite, zircon, sphène ; on trouve quelquefois de la sodalite et de l'olivine.

Les variétés vitreuses de trachyte sont l'*obsidienne trachytique* et le *pechstein trachytique*. Ils ressemblent tellement aux rhyolithes vitreuses qu'il est impossible de les distinguer sans analyse chimique. Ils contiennent beaucoup moins de silice, environ 62 o/o.

[Comme variétés, on peut citer les *sanidophyres* à grands cristaux d'orthose, les *domites* (du Puy-de-Dôme) de couleur plus claire, de consistance souvent peu cohérente, légère, caverneuse, contenant quelquefois du mica noir en assez grande abondance].

Conditions de gisement. — Le trachyte est l'une des roches les plus communes dans le tertiaire ; on le trouve dans presque toutes les régions du globe ; on en connaît d'ailleurs aussi dans le vieux grès rouge et dans le carbonifère d'Ecosse.

[Les trachytes tertiaires sont localisés en France dans le

Plateau central où ils forment : la chaîne des Puys, le Mont-Dore, le Cézallier, le Cantal, les monts d'Aubrac ; puis plus à l'est : le Vélay, le Mézenc, les Coirons jusqu'à Montélimar ; ils constituent au delà une grande traînée qui va jusqu'à Agde ; il y en a aussi des pointements en Provence et dans le massif des Maures.]

PHONOLITHE

La phonolithe est une roche microlithique composée essentiellement de feldspaths alcalins, parmi lesquels prédomine la forme sanidine de l'orthose, et de feldspathoïdes comme la néphéline.

Elle ne diffère, en somme, des trachytes, que par l'addition de la néphéline dans sa pâte. De même que les trachytes sont les types microlithiques correspondant aux syénites, de même les phonolithes correspondent aux syénites néphéliniques.

La néphéline peut d'ailleurs être remplacée par la leucite ; on a alors une *leucophonolithe*.

Sa couleur est grise ou verdâtre, blanche, jaune ou quelquefois brune.

Les phonolithes sont souvent caractérisées par l'aplatissement extrême de leurs microlithes de feldspaths ; cet aplatissement détermine dans la roche des plans de division qui amènent la formation de véritables dalles (tuiles), d'où le nom de l'un de ses gisements (La Roche Tuilière). Ce même caractère fait que la roche est très sonore et rend sous le marteau un son argentin ; d'où le nom de la roche. Ce clivage facile lui donne un peu l'aspect d'une roche sédimentaire.

Sa texture est généralement compacte et la roche a un aspect gras ; elle est quelquefois finement grenue et a alors un aspect terne.

Les phénocristaux, les plus importants sont ceux de sanidine et de néphéline (ou de leucite) ; on peut aussi quelquefois distinguer à l'œil nu du pyroxène et de l'amphibole.

Au microscope la pâte est surtout constituée par des microlithes et de petits cristaux de feldspaths (sanidine) et de néphéline (ou de leucite), qui, comme il a déjà été dit, sont souvent disposés parallèlement. Les parties vitreuses intersti- tielles sont peu abondantes.

Conditions de gisement. — A l'époque primaire, la phono- lithe ne se présente pas en coulées indépendantes ; mais on la trouve comme forme de contact de la syénite néphélinique.

A l'époque tertiaire, en France, elle constitue des coulées indépendantes, mais très localisées, dans le Cantal, le Mézenc, le Gerbier des Joncs, le Mont-Dore (Roche Tuilière, Roche Sanadoire). A Bort elle forme les fameuses orgues de ce nom.

La *phonolithe leucitique* ou *leucophonolithe* est une phono- lithe dans laquelle la leucite remplace la néphéline.

Lorsque la sanidine disparaît et que la leucite subsiste seule comme élément blanc, la roche devient un *leucitophyre*.

Enfin, si l'haüyne vient à se substituer à la néphéline, on a une *phonolithe à haüyne*.

Relations des roches à feldspaths alcalins entre elles. — Les syénites jouent à peu près le même rôle que le granite. Ce sont des roches plutoniques d'origine plus ou moins profonde.

L'orthophyre et la minette sont également intrusives et se trouvent surtout en dykes et filons-couches.

Les trachytes peuvent être considérés comme les termes effusifs des syénites ordinaires ; les phonolithes sont à ce point de vue l'équivalent effusif des syénites éléolithiques.

ROCHES A FELDSPATHS CALCOSODIQUES

Ce groupe comprend des roches neutres : diorites et andé- sites et des roches basiques : gabbros, dolérites et basaltes. Elles peuvent être holocristallines, semicristallines ou vitreuses.

DIORITE

La diorite est un agrégat holocristallin de feldspaths pla- gioclases et d'un minéral ferromagnésien, qui peut être de l'amphibole (généralement de la hornblende) ou de la biotite.

Quand le minéral ferromagnésien prédominant est un pyroxène, la roche est un gabbro.

La roche peut être, soit d'aspect granitoïde, à gros éléments, soit d'aspect compact à éléments fins.

Les variétés granitoïdes sont généralement grises ou blanches ; les variétés compactes sont d'un gris-sombre ou verdâtre. .

Les minéraux accessoires sont les pyroxènes, l'apatite, la magnétite, le sphène et le zircon.

Variétés. — La *diorite quartzifère* contient un peu de quartz, des plagioclases, de la hornblende, de la biotite, etc. Dans la plupart des cas, on distinguera la diorite quartzifère du granite parce que le quartz y est peu abondant et que les feldspaths y sont des plagioclases au lieu d'être de l'orthose ou de l'albite.Cependant il existe des termes de passage.

La *tonalite* (pl. XIII, fig. 2) est une diorite quartzifère micacée, contenant un peu d'orthose et se rapprochant par suite du granite. On la connaît surtout dans le massif de l'Adamello, au Tyrol.

La *diorite micacée* ou *kersantite* contient des feldspaths plagioclases et du mica. Souvent la biotite y est très abondante et les feldspaths sont à peine visibles. La kersantite est très abondante en Bretagne.

La *diorite augitique* est constituée par des plagioclases et du pyroxène augite.

La diorite peut être à très gros éléments et avoir une apparence porphyritique.

La *diorite orbiculaire* ou *corsite* est une roche dont les éléments ont cristallisé ensemble sous la forme de gros orbicules, plus ou moins sphériques, ayant une structure radiaire concentrique (pl. XV).

Conditions de gisement. — Les diorites sont souvent des roches intrusives formant des faisceaux de filons parallèles et des filons-couches. La diorite se présente aussi comme un accident du granite à amphibole et elle se trouve sur le bord de massifs de ces roches ; elle serait alors le résultat du métamorphisme de sédiments calcaires par le granite (voir p. 257)..

GABBRO

Le gabbro est une roche granitoïde holocristalline, constituée par des feldspaths plagioclases, calcosodiques, et par des pyroxènes.

La présence du pyroxène différencie le gabbro des diorites, au moins dans la nomenclature française ; car tous ces termes ont souvent été employés dans des sens différents et quelquefois l'un pour l'autre.

La texture peut être fine ou grossière.

Parmi les éléments accessoires, on peut citer l'apatite, l'ilménite, la magnétite, le grenat, le rutile, les spinelles.

Les gabbros ont un aspect moucheté, les feldspaths étant généralement blancs, bleuâtres, et les minéraux ferromagnésiens étant d'un vert-sombre.

Ils sont généralement plus ou moins altérés ; les feldspaths sont transformés en saussurite, les pyroxènes en smaragdite et actinolite, les pyroxènes (diallage et hypersthène) ont un aspect perlé ou submétallique caractéristique (schillérisation) dû au développement de fines pellicules brunes le long des craquelures du clivage.

Conditions de gisement. — Les gabbros sont des roches uniquement intrusives ; ils forment des masses, des dykes, des filons souvent très épais.

Variétés. — On peut y distinguer plusieurs variétés, d'après la nature de leur minéral ferromagnésien.

gabbro normal, avec plagioclases et diallage ;

norite, avec plagioclases et hypersthène ;

gabbro à olivine, norite à olivine, contenant de l'olivine en plus de leurs éléments essentiels ;

gabbro à hornblende, avec plagioclases, pyroxènes (diallage ou hypersthène), hornblende ;

norite micacée, avec plagioclases, hypersthène, biotite ;
troctolithes, avec plagioclases et olivine.

La plus curieuse des variétés de gabbros est la *variolite*.
C'est une roche présentant des globules de teinte blanche
ou claire de la grosseur d'un pois. Ces globules se détachent
sur un fond noir ou vert-foncé. L'aspect, au premier abord,
est semblable à celui de la corsite ; ces globules résultent en
effet de la concentration de microlithes de feldspaths, disposés
radialement ; entre eux se trouvent une multitude de petits
grains de pyroxènes. La variolite est surtout abondante dans
le bassin de la Durance.

[L'*euphotide* est une roche verdâtre, résultat d'une altération qui se produit au dépens des éléments ferromagnésiens
et les transforme en chlorite ; celle-ci se développe sur l'emplacement du diallage et des clivages de feldspath ; il s'y
forme aussi de la serpentine].

DOLÉRITE OU DIABASE

[D'après la décision du Congrès géologique international
de 1900, ce mot est destiné à remplacer celui de diabase qui
est employé actuellement avec des significations trop différentes ; mais le mot dolérite a été employé également dans des
sens au moins aussi divers. On emploie le mot de *diabase* pour
désigner des roches holocristallines, composées essentiellement de feldspaths plagioclases et de pyroxène augite].

Il y a des passages très fréquents des types holocristallins,
finement ou grossièrement grenus, aux types ophitiques, aux
types microlithiques et même aux types partiellement vitreux.

La dolérite est une roche foncée ; les variétés grossières
sont mouchetées, généralement d'un vert-sombre ou noir, mais
quelquefois blanches ou rose-pâle ; les variétés moyennes sont
presque noires quand elles sont fraîches.

Les feldspaths plagioclases se présentent, soit sous la forme
de cristaux bien formés, soit sous celle de microlithes ; ils
s'enchevêtrent avec les minéraux ferromagnésiens (pl. IX,
fig. 2) ; c'est la structure ophitique, décrite précédemment
(p. 68). Le quartz peut exister accidentellement comme élément
originel ; il a généralement une forme cristalline propre ;

mais il est souvent aussi enchevêtré avec le feldspath donnant ainsi naissance à la structure micropegmatique. Les éléments accessoires les plus communs sont la magnétite, l'ilménite, l'apatite, etc.

Les dolérites sont des roches très basiques ; aussi la magnétite et le fer titané (ilménite) y sont-ils très abondants.

Variétés. — La présence de l'olivine, de l'hypersthène, de la biotite, de la hornblende, donne naissance à des variétés : dolérite à olivine, dolérite à hypersthène, dolérite à mica, dolérite à amphibole.

[Dans les Pyrénées, l'Algérie, l'Espagne, la Sardaigne, les Apennins, on trouve souvent les *ophites*, roches plus ou moins décomposées à structure ophitique ; les felspaths sont noyés dans un magma vert, formé d'augite et de diallage, transformés en amphibole et en diorite. Il semble que ce soient, au moins assez souvent, des diabases ophitiques].

Produits de décomposition. — L'augite des dolérites se transforme souvent en amphibole ; c'est le phénomène de l'*ouralitisation* ; les dolérites peuvent passer aux diorites ; on les appelle des *épidiorites* pour les distinguer des diorites vraies.

Les minéraux ferromagnésiens peuvent subir une décomposition plus avancée et la roche devient généralement d'un vert-sombre ; on réserve quelquefois le nom de *diabase* à ce stade d'altération. Les plagioclases y sont altérés et transformés en un agrégat de granules d'épidote, de calcite, de kaolin ; les minéraux ferromagnésiens sont remplacés par de la chlorite, de la serpentine, etc. ; l'ilménite s'est changée en leucoxène (titanite).

Conditions de gisement. — Les diabases ont des gisements très variés ; ils peuvent même être constitués par des roches effusives.

On les trouve quelquefois en massifs, plus souvent en filons nombreux, minces, étendus, groupés en faisceaux ayant jusqu'à 5o kilomètres de longueur dans la Montagne-Noire, en Bretagne, et en filons-couches.

On trouve aussi de véritables coulées interstratifiées ; leur épanchement ne semble pas s'être fait à l'air libre ; il paraît avoir été généralement sous-marin.

Ces diabases sont souvent accompagnées de produits de projection formant des tufs. Ces tufs sont constitués par des blocs plus ou moins gros de diabase, englobés dans un ciment. Ce ciment, au voisinage de la cheminée d'éruption, est de nature éruptive ; à une certaine distance, il ressemble aux sédiments voisins, il y a donc passage insensible des sédiments ordinaires à des tufs nettement et complètement éruptifs. On trouve aussi des brèches, des conglomérats, et même des poudingues formés sur le littoral voisin avec les galets de cette éruption.

Les types grenus s'observent dans les filons, dans les cheminées d'ascension, dans les parties tout à fait centrales des coulées partout où le refroidissement a été lent.

Les types ophitiques se trouvent dans les coulées, les types microlithiques (porphyrites augitiques) à la périphérie des coulées.

ANDÉSITE

Les andésites sont des roches semicristallines, généralement d'un gris-sombre ou brunes ; elles sont essentiellement constituées par des plagioclases avec des éléments ferromagnésiens, augite, biotite, hornblende ou hypersthène. Souvent deux de ces éléments peuvent être présents. Suivant la nature du minéral ferro-magnésien prédominant, la roche est nommée andésite à biotite, à hornblende, à augite, ou à hypersthène.

Beaucoup d'andésites sont plus ou moins nettement porphyritiques. Les phéno-cristaux sont généralement des plagioclases ou un minéral ferromagnésien (pl. V, fig. 3).

Au microscope, la pâte consiste en microlithes allongés et en cristaux de plagioclases, généralement disposés d'une façon fluidale, avec de petits granules de minéraux ferromagnésiens, de magnétite, etc., avec ou sans verre résiduel. Dans les andésites à augite et à hypersthène, la pâte est souvent vitreuse.

Parmi les minéraux accessoires des andésites, on peut citer :

Tufs volcaniques (p. 95), avec veines de calcite.
Comté de Fife, Ecosse.
Photo. du Geol. Survey.

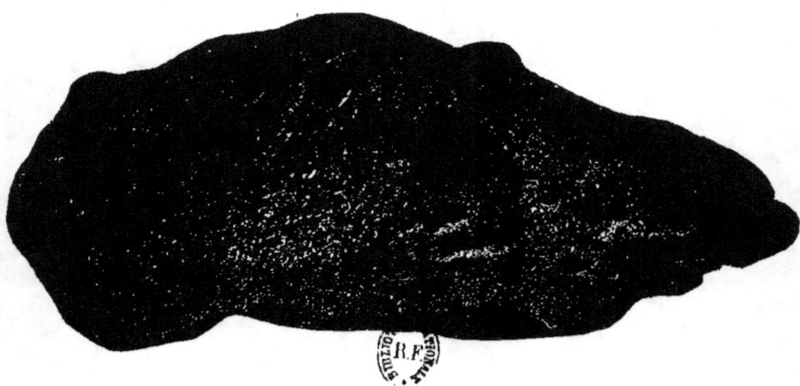

Fig. 1. — Scorie (p. 94). Grande Canarie.
A peu près grandeur naturelle.

Fig. 2. — Scorie. Ténériffe.
A peu près grandeur naturelle

Vis-à-vis la page 88.

Coupe d'une bombe volcanique (p. 94)

A peu près grandeur naturelle.

Vis-à-vis la page 88.

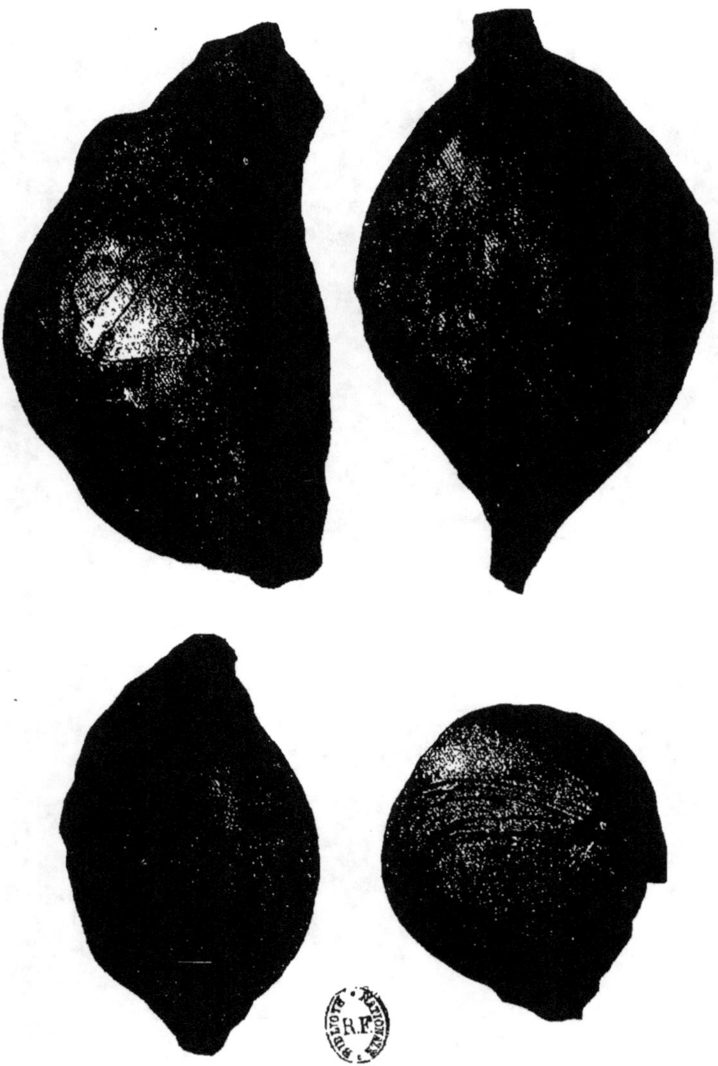

Bombes volcaniques.
Buttes de cendres de l'Idaho
(*Bull. U. S. Geol. Survey*, n° 199).

Vis-à-vis la page 88

l'apatite, la magnétite, la sanidine, le grenat, le sphène, l'olivine, le zircon, etc.

[On peut placer à côté des andésites les *labradorites* qui ont le même aspect et qui n'en diffèrent que par la nature plus basique de leur feldspath].

Variétés d'andésite. — *L'obsidienne andésitique* ou *pechstein andésitique* est une roche dans laquelle toute la masse est vitreuse.

La *dacite* est une andésite quartzifère.

Les andésites sont bien représentées dans le tertiaire et dans les volcans récents de l'Europe et de l'Amérique.

Des andésites plus ou moins altérées sont communes dans les terrains primaires des Iles-Britanniques ; dans ces roches (anciennes *porphyrites*) le feldspath est souvent kaolinisé ; l'augite et la hornblende peuvent être totalement ou partiellement transformées en chlorite ; l'hypersthène est changé en bastite (minéral fibreux, ayant à peu près la même composition que la serpentine) et la magnétite en hématite.

[A l'époque primaire, dans les Vosges, les andésites sont représentées par les *porphyres verts*].

BASALTES

Les basaltes sont caractérisés par la présence de l'olivine au premier temps de la consolidation. Ils consistent dans un agrégat de petits cristaux et de granules cristallins de feldspaths plagioclases, de pyroxène et d'olivine (pl. II, fig. 1 et 2; pl. VI, fig. 1 et 2). Ce sont donc, en réalité, au point de vue pétrographique, des labradorites à olivine et des andésites à olivine.

Ce sont des roches lourdes, noires ou gris-sombre, très compactes. Il est impossible de différencier les éléments constituants à l'œil nu ; mais l'aspect très spécial de la roche permet de la reconnaître facilement.

Caractères microscopiques. — L'étude microscopique montre que la roche consiste dans un agrégat de petits cristaux et

de granules cristallins de plagioclases, d'augite et généralement d'olivine. La magnétite et l'ilménite existent presque
constamment. Il y a fréquemment du verre interstitiel plus ou
moins abondant.

Comme minéraux accessoires, on peut noter la biotite, la
hornblende, l'hypersthène, donnant naissance à des variétés :
basaltes à mica, à hornblende, à hypersthène.

Variétés. — Quelques basaltes sont nettement porphyriques
et les phénocristaux sont surtout de l'olivine, mais aussi des
plagioclases et de l'augite.

La présence de petits cristaux de feldspaths, de 3 à 5 milli-
mètres, se détachant en blanc sur le fond noir de la roche détermine à une variété d'aspect très spécial (*basalte demi-deuil*).

Les basaltes, pauvres en feldspaths, sont les *basaltes limbur-
gitiques* ; ils sont noirs, très compacts et constituent des
termes de passage vers les limburgites qui sont des roches
sans feldspaths, composées uniquement d'olivine et d'augite.

La *tachylite* est un basalte vitreux, souvent homogène, compact, uni, souvent aussi poreux et vésiculeux. Elle forme parfois une croûte vésiculeuse à la surface de laves basaltiques,
dont la partie inférieure est vitreuse, ou de certains dykes de
basalte. Ce bord refroidi varie, comme épaisseur, de quelques
centimètres jusqu'à près d'un mètre.

Comme toutes les roches, le basalte, roche effusive, est souvent vésiculeux et rugueux ; les cavités amygdaloïdes sont
tapissées et remplies de minéraux, telles que les zéolithes, la
calcédoine, la calcite.

Certaines variétés, très spongieuses, peuvent être étirées et
former des filaments fins comme des cheveux ; on y trouve
des bulles de gaz, allongées et cylindriques.

L'olivine se trouve dans les basaltes en formes assez
variées ; quelquefois elle se présente en cristaux plus ou moins
cassés, d'autres fois en grains irréguliers sans forme cristalline. Ces grains d'olivine peuvent former le centre de bombes ;
dans ces bombes le noyau est d'ailleurs quelquefois constitué,
au lieu d'olivine, par des gneiss, des micaschistes, des calcaires. L'olivine en grains irréguliers a donc été formée en
profondeur et arrachée aux parois de la cheminée. Ces noyaux

ont d'ailleurs subi un métamorphisme intense ; ils sont souvent riches en pyroxènes, spinelles, etc.

Conditions de gisement. — Le basalte est essentiellement une roche effusive ; il s'est épanché en coulées. On y trouve souvent associés des cendres, scories, tufs, brèches, cinérites, etc.

Relations des roches à feldspath calcosodique entre elles. — Les diorites semblent être des équivalents profonds des andésites effusives à hornblende, à mica et à quartz (dacites) ; cependant ces andésites peuvent se présenter d'une manière intrusive.

D'autre part, les andésites à augite et les basaltes effusifs, étant plus basiques, sont alliés aux dolérites intrusives et aux gabbros. Il faut rappeler d'ailleurs que le basalte peut être intrusif, de même que l'andésite augitique.

ROCHES A FELDSPATHOIDES

Il n'y a guère à mentionner dans ce groupe que les *basaltes à néphéline et à leucite*, roches effusives d'âge géologique généralement récent. Elles sont relativement rares.

Le *basalte à néphéline* est noir, composé essentiellement de néphéline, d'augite et d'olivine ; les minéraux associés sont la magnétite, l'apatite, la biotite et l'haüyne ; il y a accidentellement un peu de pâte vitreuse.

Quelques variétés ont un grain aussi fin et aussi compact que les basaltes typiques ; il est difficile de les en distinguer à première vue.

D'autres ont un aspect doléritique.

Les phénocristaux d'olivine et d'augite sont souvent plus ou moins visibles.

Le *basalte à leucite*, dont la couleur est gris-sombre ou noire, est composé de leucite, d'augite et d'olivine comme éléments essentiels ; les éléments accessoires sont la néphéline, la biotite, l'haüyne, la hornblende, l'apatite, la magnétite.

La roche est à grain fin et montre souvent des phénocristaux d'augite, d'olivine etc. La pâte vitreuse est rare ou absente.

Il y a dans ce groupe plusieurs autres sortes de roches, la *néphélinite* (augite et néphéline), la *leucitite* (augite et leucite).

ROCHES SANS FELDSPATHS NI FELDSPATHOIDES

Ce sont des roches sombres, lourdes, très basiques ; elles contiennent plus de 43 o/o de silice ; leur poids spécifique est relativement considérable et varie entre 2,7 et 3,5.

LIMBURGITE

C'est une roche brun-rougeâtre, gris-sombre, ou noire, composée essentiellement d'augite et d'olivine, noyées dans une pâte vitreuse. Elle est compacte ou finement grenue, ayant un peu l'aspect de la poix.

Les phénocristaux d'augite et d'olivine sont généralement visibles à l'œil nu.

Au microscope, les microlithes d'augite, d'olivine, de magnétite, sont bien développés ; tantôt ils sont si nombreux que le verre est peu abondant ; tantôt, au contraire, la pâte vitreuse prédomine. Les éléments accessoires sont, outre la magnétite, l'ilménite, la biotite, la hornblende, l'haüyne, etc.

C'est, en réalité, un basalte sans feldspath ; au Mont-Dore (massif central de la France), elle se présente comme un accident dû à un refroidissement brusque.

Conditions de gisement. — Les limburgites sont des roches volcaniques appartenant surtout à la dernière période du Tertiaire ; elles se présentent comme les basaltes ordinaires, soit à l'état intrusif, soit à l'état effusif.

La limburgite tire son nom du pays de Limbourg, près du Kaiserstul (grand-duché de Bade, Allemagne) ; elle se trouve en plusieurs autres points de l'Allemagne, ainsi que dans le sud de la Suède, l'Espagne, les îles Canaries, le centre de l'Ecosse, etc.

AUGITITES

Les augitites sont des roches noires composées essentielle-ment d'augite et de magnétite, disséminées dans une pâte vitreuse brune ; elles ressemblent comme aspect à la limbur-gite, mais elles s'en distinguent par l'absence d'olivine.

On trouve des augitites en Bohême, dans le centre de la France, les îles Canaries, les îles du Cap-Vert, l'Islande. On leur donne quelquefois aussi le nom de *pyroxénites*.

PÉRIDOTITES

Les péridotites sont les plus basiques des roches ignées ; elles sont composées surtout d'olivine ; aussi les appelle-t-on souvent *roches à olivine*.

A cet élément sont associés en faible proportion d'autres minéraux, tels que la picotite, la chromite, l'augite, le dial-lage, la hornblende, la biotite, l'enstatite, l'apatite, la magné-tite, l'ilménite, le grenat, etc.

Variétés. — La présence des minéraux accessoires a per-mis de distinguer plusieurs espèces de péridotites :

      avec fer chromé. . . . . . *Dunite* ;
      avec augite . . . . *Picrite* ;
      avec bronzite et diallage . . *Lherzolite*.

La *dunite* (des Monts-Dun, Nouvelle-Zélande) est composée presque uniquement d'olivine avec un peu de fer chromé.

Les *picrites* sont des péridotites à augite ; elles sont noires ou noir-verdâtre et ont généralement une structure ophitique.

On y trouve, en outre, de la hornblende, de la biotite, de l'enstatite, de la magnétite, de l'ilménite, de l'apatite, etc., et on distingue alors des picrites à hornblende, à mica, à enstatite.

La présence d'un peu de plagioclases détermine des types de passage aux diabases et aux basaltes.

Les picrites sont connues en beaucoup de régions, par exemple dans l'Erzgebirge (Allemagne), dans la Cornouailles (Grande-Bretagne), dans les Pyrénées (France).

La *lherzolite* est caractérisée par la présence de l'olivine, associée à des pyroxènes du groupe de la bronzite et du diallage. Elle contient comme éléments accessoires des spinelles, de la magnétite, un peu d'apatite ; c'est une roche intrusive, en massifs ou en très gros filons ; sa structure est grenue.

Conditions de gisement. — Les péridotites sont généralement intrusives et intimement liées aux dolérites et aux gabbros, auxquels elles passent graduellement par l'augmentation de leur teneur en feldspaths.

Elles se trouvent souvent en bordure de bosses de granite.

Produits de décomposition. — Les roches à olivine sont souvent très serpentinisées par suite de la décomposition plus ou moins profonde de l'olivine ; aussi les masses de serpentine sont-elles généralement des roches très altérées (voir page 42).

ROCHES FRAGMENTAIRES D'ORIGINE IGNÉE

(ROCHES PYROCLASTIQUES)

Les volcans ne rejettent pas seulement des produits visqueux qui se solidifient à l'arrivée à l'air et constituent des coulées ; ils projettent de plus toutes sortes de matériaux.

Les *blocs* et les *lapillis* sont les fragments de roche de grandeur variable, angulaires ou subangulaires ; les *cendres* et les *sables* sont les matériaux plus fins ; les *scories* sont des morceaux non agrégés de lave cendreuse ; les *bombes* sont des fragments elliptiques en forme de poire, souvent vésiculeux ou creux (pl. XVII ; pl. XVIII ; pl. XIX) ; ils proviennent de la surface d'une masse de roches fondues et ont été rejetés par le cratère d'un volcan ; leur forme est due à un mouvement rotatoire ; elles montrent fréquemment, quand on les casse, un noyau dur formé de lave consolidée antérieurement à l'explosion ou constitué par une roche étrangère.

Tous ces produits de projection peuvent former des lits plus ou moins régulièrement stratifiés, entre lesquels s'inter-

calent par endroits des roches cristallines, ignées, d'épanchement.

Ces accumulations peuvent être consolidées ultérieurement.

On trouve aussi des *agglomérats volcaniques* ; ce sont des mélanges grossiers de blocs volcaniques et de lapillis de toute taille, cimentés plus ou moins complètement par une pâte constituée elle-même par des débris rocheux plus ou moins abondants. Ces roches occupent souvent la cheminée d'ascension d'anciens volcans dont la portion supérieure a été arasée. De même les *breccias* volcaniques sont composées de fragments angulaires de débris volcaniques.

Enfin, les *tufs volcaniques* sont les agrégats des produits fins du volcan (pl. XVI; pl. XX, fig. 1). Ils sont souvent disposés en lits étalés par l'action des eaux. Ils présentent beaucoup de variétés dans leur structure et leur texture. Certains tufs consistent en lapillis, en sables, en cendres, en produits farineux. Quelques-uns consistent dans des matériaux très fins, analogues à de la cendre, formant une roche lourde finement grenue ou compacte dont la couleur varie depuis le blanc jusqu'au gris et a des teintes bleues, rouges ou jaunes. Les tufs, étant composés fréquemment de fragments de lave, diffèrent naturellement suivant la nature des roches dont ils dérivent ; on a ainsi des tufs basaltiques, andésitiques, rhyolithiques. Ils peuvent d'ailleurs contenir en proportion variable des débris de roches sédimentaires.

Les tufs trachytiques sont souvent employés pour faire du ciment hydraulique (*pouzzolane, strass*, etc.).

CHAPITRE IV

CLASSIFICATION DES ROCHES SÉDIMENTAIRES

I. **Roches d'origine mécanique.**
1) Roches subaériennes et éoliennes. — Sol et sous-sol. Éboulis. Produits de ruissellement. Terre à briques. Latérite. Terra-rossa. Sables et poussières éoliens. Poussière. Lœss.
2) Roches sédimentaires. — Conglomérats. Sables et grès. Argiles.
3) Roches glaciaires — Éboulis. Argiles à blocaux.
II. **Roches d'origine chimique.** — Stalactites et stalagmites. Tufs. Travertin. Calcaire oolithique et pisolithique. Dolomie. Sel gemme. Gypse. Travertin siliceux. Silex. Lydienne. Minerais de fer : limonite ; hématite ; argile ferrugineuse ; minerai de fer magnétique.
III. **Roches d'origine organique.** — Minerai de fer des marais. Calcaires. Craie. Calcaire oolithique. Calcaire lacustre. Calcaire marin. Marbre. Calcaire lithographique. Calcaire à chaux et à ciment. Meulière. Roches charbonneuses. Variétés de charbon de terre. Anthracite. Schistes bitumineux. Asphaltes. Pétroles. Phosphates. Guano. Coprolithes. Origine des phosphates.

Ces roches peuvent être d'origines diverses ; elles montrent par suite une grande variété dans leur composition et leur structure ; dans quelques-unes la silice, le calcaire, l'argile, le fer ou les carbonates prédominent ; d'autres sont des mélanges de plusieurs de ces minéraux ; quelques-unes n'en contiennent qu'un seul.

Au point de vue de la structure, elles varient depuis des roches très compactes, homogènes, jusqu'à des conglomérats grossiers. La majorité est clastique, c'est-à-dire composée de matériaux fragmentaires ; très peu sont cristallines ou subcristallines.

Toutes les roches sédimentaires sont d'origine épigénique, c'est-à-dire qu'elles ont été formées à la surface ou près de la surface, par l'action de divers agents superficiels : pluie, eau,

Fig. 1. — Tuf volcanique.

(Double de la grandeur naturelle) ; voir p. 95 et p. 138.

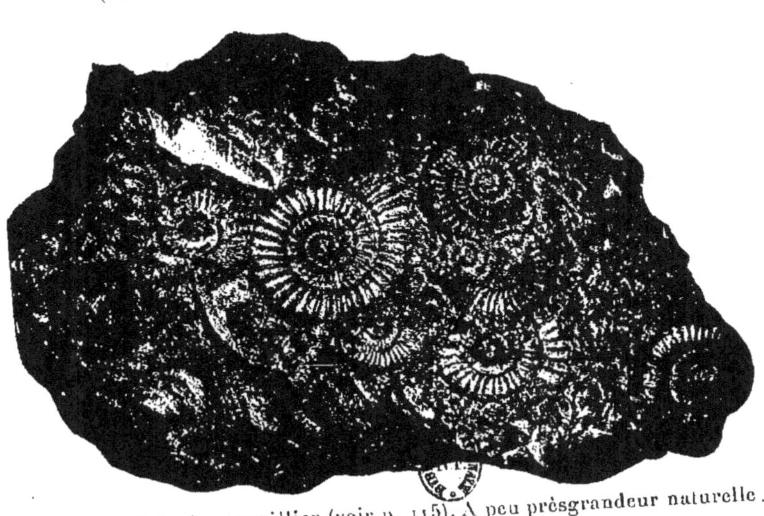

Fig 2. — Calcaire coquillier (voir p. 115). A peu près grandeur naturelle.

Ce calcaire est constitué par de nombreux débris de coquilles d'Ammonites (p. 115).

Vis-à-vis la page 96.

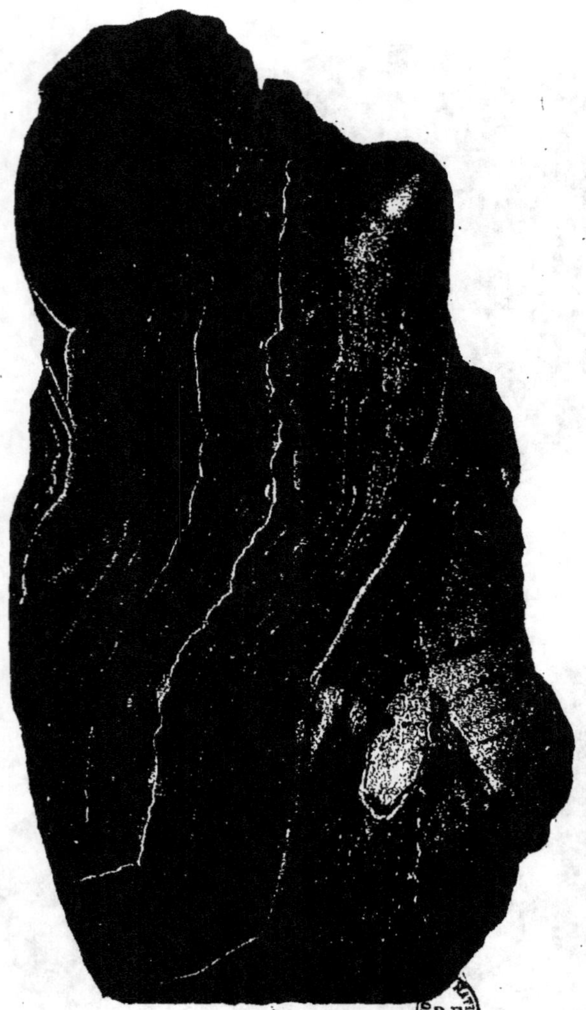

Coupe dans une stalagmite.
(Provenance : Gibraltar) ; à peu près grandeur naturelle.

Les stalagmites (p. 108) ont généralement une structure lamellaire, constituée par des couches successives de carbonate de chaux. Par suite du changement moléculaire du carbonate de calcium, les stalactites et stalagmites tendent à acquérir une structure cristalline.

Vis-à-vis la page 96.

gelée, vent, etc. ; cependant quelques-unes doivent leur origine à un processus mécanique, chimique ou organique.

D'une façon générale, ces roches sont caractérisées par leur disposition plus ou moins nette en lits successifs, c'est pourquoi on les appelle souvent *roches stratifiées*.

Elle sont composées de matériaux dérivés, provenant du broyage et de la désintégration des minéraux et des roches préexistantes, sous l'influence des agents atmosphériques ; elles peuvent aussi être formées par l'accumulation de débris de plantes ou de minéraux.

Aucun des systèmes de classification proposé pour les roches n'est satisfaisant ; on peut adopter la classification basée sur l'origine géologique des différentes roches ; il a l'avantage d'attirer l'attention sur l'action des différents agents épigéniques qui modifient constamment la croûte du globe.

On peut ainsi distinguer trois sortes de roches :

I. Roches d'origine mécanique.

II. Roches d'origine chimique.

III. Roches d'origine organique.

. ROCHES D'ORIGINE MÉCANIQUE

La grande majorité de ces roches consiste en matériaux fragmentaires ; elles sont dues, soit à l'action des agents atmosphériques et à celle du vent, soit à l'action de l'eau courante, soit à l'action de la glace.

On peut ainsi distinguer trois types de roches d'origine mécanique :

1° Roches subaériennes et éoliennes ;

2° Roches sédimentaires ;

3° Roches glaciaires.

1) ROCHES SUBAÉRIENNES ET EOLIENNES

L'action des agents atmosphériques n'est pas exclusivement mécanique ; la désintégration subaérienne des roches se fait sous l'influence de différents facteurs et on peut rarement distinguer l'action propre de chacun d'entre eux.

7

Dans les régions froides, les roches se décomposent surtout par l'action du froid. Dans la plupart des pays tempérés, l'action chimique de la pluie est l'agent de désintégration le plus effectif, ou bien l'action de démolition est produite à la fois par la pluie et la gelée. Dans les pays désertiques et secs, les roches se désagrègent sous l'influence de la chaleur solaire ; elles se dilatent quand elles sont chauffées toute la journée, et se contractent la nuit ; aussi les roches perdent-elles de leur cohésion et se désagrègent-elles rapidement. Ces différentes actions peuvent être simultanées de sorte qu'on les désigne le plus souvent sous le nom d'actions subaériennes.

Sol et sous-sol. — Le sous-sol est un agrégat inconsolidé, hétérogène, de matériaux désagrégés empruntés aux roches sous-jacentes ; la composition du sol est la même en y ajoutant des matières organiques (voir pour plus de détails le chapitre XIX).

Éboulis. — C'est le terme général par lequel on désigne les fragments angulaires qui doivent leur origine à l'action du froid dans les pays septentrionaux et tempérés, à celle de l'insolation dans les pays chauds.

On peut citer comme exemple les talus de débris pierreux qui se trouvent à la base des précipices et des falaises ainsi que les débris de roches anguleuses rougeâtres qui couronnent les sommets de certaines régions montagneuses, en particulier de l'Ecosse. Des amas de fragments anguleux de cette nature sont souvent cimentés et constituent alors une sorte de *breccia*.

Produits de ruissellement. Terre à briques. — Dans les régions tempérées, les matériaux à grain fin, provenant de la désintégration des roches par l'action des agents atmosphériques, sont peu à peu emportés par le ruissellement superficiel et tendent à s'accumuler sur les pentes douces et dans les creux. Ce lavage par la pluie détermine la séparation de matériaux assez fins et assez plastiques pour être utilisés à la confection des briques et qui constituent la *terre à briques*.

Les produits de ruissellement peuvent aussi consister en matériaux très grossiers. Dans les pays où la pluie ne tombe que pendant un court espace de temps, les pluies torrentielles étalent des débris de roches sur les pentes les plus raides, et emportent les matériaux dans les régions basses qui s'étendent au delà des montagnes. Les matériaux ainsi accumulés sont plus ou moins anguleux parce qu'ils n'ont généralement pas été entraînés à de grandes distances.

L'action des agents atmosphériques peut encore donner naissance à différentes sortes de roches dont il sera question à propos de la nature et de l'origine des sols et sous-sols (voir chap. XIX).

Latérite. — La latérite est le produit de la décomposition des roches, comme les gneiss, les micaschistes, les diorites, les basaltes, etc., dans les pays tropicaux humides. Elle est caractérisée essentiellement par sa teneur en alumine libre et en sesquioxyde de fer.

Elle est souvent concrétionnée et peut devenir dure quand elle est sèche.

On y trouve souvent associés des éléments argileux, ferrugineux, rouges, qui sont répandus dans toute la masse ou qui y forment des agrégats irréguliers.

Terra-rossa. — C'est une terre ferrugineuse rouge ou brune, contenant du calcaire en plus ou moins grande abondance ; c'est simplement le résidu insoluble de la dissolution des roches calcaires par l'action atmosphérique. Elle est particulièrement développée dans les régions calcaires du sud de l'Europe.

La terre rouge, si fréquente dans les cavités des calcaires, a la même origine.

Sables et poussières éoliens. — Les sables éoliens s'accumulent sous toutes les conditions de climat ; les dunes sont généralement bien développées sur certaines côtes marines, sur le rivage de certains lacs, sur les bords des vallées larges et plates de plusieurs grandes rivières. Dans ces régions, le vent agit principalement comme agent de transport des matériaux provenant de la désintégration des roches, le sable ayant été préalablement préparé par l'action des agents atmosphériques comme les courants, les marées, les vagues, les rivières, etc.

Cependant, dans certaines régions désertiques, les dunes doivent leur origine à l'action combinée de la déflation (action du vent) et de l'insolation. Sous l'influence des alternatives d'expansion et de contraction, les surfaces des roches sont brisées et réduites en morceaux. Les sables et débris ainsi formés sont transportés au loin par le vent.

Les matériaux désagrégés sont projetés par le vent contre des roches préexistantes et ils agissent comme une sorte de rabot de sable qui arase les roches, les mine et y dessine des figures de corrosion analogues à des gâteaux de miel.

Ces grains de sable voyageurs s'élèvent rarement à plus de quelques mètres au-dessus de la surface ; aussi sont-ce continuellement les mêmes qui agissent ; il s'ensuit qu'ils s'usent rapidement les uns contre les autres, et tendent à devenir de plus en plus arrondis. Ce caractère sert souvent à distinguer le sable désertique du sable alluvial ; dans ce dernier, les petits grains sont plutôt anguleux ou subanguleux ; en effet, comme ils sont surtout transportés en suspension dans l'eau, ils échappent à la trituration constante à laquelle sont soumis les grains de sables dunaires. Aussi le sable dunaire est-il, en général, principalement formé de quartz, le plus dur des minéraux des roches ; cependant, sur certaines côtes, ces dunes peuvent contenir d'autres éléments, comme des débris de coquilles réduites en poudre. Les grains de sable des dunes côtières sont d'ailleurs souvent plus grossiers et moins arrondis que ceux du sable des dunes désertiques.

Poussière. — La poussière est principalement un produit de région sèche ou de désert. En effet, quand le pays est nu ou à peine couvert de végétation, la poussière formée peut être balayée et transportée par le vent. Contrairement au sable du désert qui s'élève à peine à quelques mètres au-dessus de la terre, la poussière poudreuse est souvent balayée à une grande hauteur et peut être transportée à des centaines ou des milliers de kilomètres de son point d'origine.

Lœss. — Le lœss est une terre grasse à grain fin, homogène, calcaire, sableuse, qui recouvre de larges espaces dans l'Europe moyenne, et en Chine. C'est probablement un produit poussiéreux ou une formation de steppes.

2) ROCHES SÉDIMENTAIRES

Ces roches doivent leur origine à l'action mécanique des eaux et, par suite, sont généralement disposés en lits. Leur structure est très variable, depuis celle d'agrégats grossiers, de galets, jusqu'à des sédiments impalpables. Ces roches se distinguent moins facilement les unes des autres que les roches ignées. Les différentes variétés de roches sédimentaires passent souvent les unes aux autres (*changements de facies*) ; ainsi des grès grossiers peuvent se transformer graduellement en de fines agglomérations argileuses. Les accumulations à gros grain sont des dépôts d'eau peu profonde, déposés à l'embouchure des rivières et le long des rivages, au niveau du balancement des marées. Les matériaux à grain moyen se sont formés dans des eaux un peu plus profondes, ou en des endroits où l'eau était moins agitée. Les sédiments à grain fin se sont déposés dans les eaux calmes, et généralement à une certaine distance du continent. Etant donnée leur origine, ces roches sédimentaires contiennent des restes d'animaux et de plantes (fossiles).

Conglomérats. — Les *conglomérats* sont des agrégats, lités ou non, de pierres roulées par l'eau. Ils peuvent être d'origine marine ou fluviatile ; ce sont en réalité des graviers plus ou moins consolidés.

Le ciment qui entoure les blocs est généralement graveleux et sableux ; il peut être plus ou moins abondant. Sa nature est d'ailleurs variable ; il peut être siliceux, calcaire, argileux ou ferrugineux.

Les éléments de ces conglomérats sont généralement du quartz et d'autres roches dures.

Les éléments des *poudingues* sont arrondis par le frottement, tandis que ceux des *brèches* sont restés anguleux.

Sables et grès. — Ce sont, en somme, des variétés d'une même roche, différant surtout par leur degré de consolidation. Les *sables* sont meubles ; les *grès* sont cimentés et généralement consistants.

L'élément le plus important des sables et grès est donc généralement le quartz ; mais il peut y en avoir d'autres, en particulier du calcaire, de l'argile, des micas, des feldspaths plus ou moins altérés, différents minéraux provenant de la désintégration de roches ignées ou schisteuses, par exemple du zircon, du grenat, de la tourmaline, etc. Les éléments fins de ces grès d'origine sédimentaire, à l'inverse des sables désertiques, sont angulaires ou subangulaires ; mais les blocs gros et petits qu'ils contiennent sont généralement usés et arrondis par l'eau. Les grès peuvent être blancs, gris, jaunes, bruns, rouges, verdâtres ou noirs. La matière colorante est due, en général, au ciment.

Les grès blancs ou gris-pâle ont généralement un ciment calcaire ou siliceux ; les grès jaunâtres ou brunâtres, un ciment contenant des hydrates de fer ; les grès rouges, un ciment contenant de l'hématite (oxyde ferrique). La couleur verdâtre indique la présence dans le ciment de quelques silicates hydratés, impurs, de fer ou d'une autre base.

Il y a une variété infinie de grès et de sables, suivant la nature de la roche, celle du ciment, le degré de consolidation. Une même couche de sables ou de grès varie même fréquemment de caractère suivant les localités. Les noms donnés aux diverses variétés de grès sont donc surtout des noms locaux qui souvent n'ont pas d'équivalent dans d'autres langues et dans d'autres pays.

Les *grès et sables calcaires* doivent presque toujours leur origine à la présence de coquilles calcaires plus ou moins triturées ; ils sont souvent abondants sur les bords des rivages anciens et dans le voisinage des récifs coralliens.

Les *faluns* sont des sables mélangés d'une forte proportion de coquilles, quelquefois bien conservées, ou de fragments de coquilles. Ils sont généralement très calcaires.

La *molasse* est un grès calcaire, grossier, blanc, verdâtre ou rouge, généralement tendre ; elle est surtout développée en Suisse et y est utilisée pour les constructions.

Des grès fins, homogènes, susceptibles d'être utilisés comme pierre de taille portent en Angleterre le nom de *freestone* ou de *liverrock*.

Le quartz est fréquemment accompagné de mica et détermine l'existence de la variété : *grès micacé*. La présence de ces paillettes alignées de mica détermine souvent l'existence de plans de schistosité ; on a alors des *grès schisteux* ; quand ils sont plus siliceux, on a affaire à des *psammites*.

Des grès bien lités, finement grenus, plus ou moins argileux, quelquefois micacés, se séparant en dalles suivant des plans de fissilité, ont reçu en Angleterre la dénomination de *flagstone*.

La présence de feldspath donne des *grès feldspathiques* ; ceux-ci constituent un terme de transition aux *arkoses*, grès composés de feldspaths, de quartz et de mica et résultant directement de la désintégration des granites et des gneiss.

Les arkoses passent insensiblement aux *arènes granitiques* dont elles dérivent et dont il est souvent impossible de les distinguer.

L'existence de la *glauconie* détermine une couleur verte dans les grès ; on a alors des *grès glauconieux*, des *grès verts* ou *greensand*.

L'*alios*, commun dans les Landes (France) est un grès brun-noirâtre à ciment ferrugineux.

Enfin quand les éléments du sable ou du grès deviennent plus grossiers, on obtient des *graviers* (en anglais *grit*), tantôt meubles, tantôt consolidés.

La *grauwacke* est une roche plus ou moins durcie composée de grains arrondis, subangulaires, souvent même angulaires, de quartz, de feldspaths, de cornes, d'argiles et d'autres minéraux ou roches ; de plus, la grauwacke contient en plus ou moins grande abondance, des éléments de diverses sortes de roches. Les grauwackes sont généralement de couleur grise.

[Les *quartzites* sont des « roches composées de grains de quartz moulés les uns sur les autres. Quelle que soit l'origine des quartzites, les éléments constituants sont toujours dépourvus de traces d'usure ; leur forme est toujours irrégulière » (Cayeux).

La plupart des quartzites proviennent de la transformation des grès sous l'action d'eaux siliceuses. Il s'est produit un nourrissage des grains clastiques qui a abouti au rapprochechement et à la juxtaposition des éléments.]

Argiles. — Ce sont des agrégats de matières minérales très fines qui deviennent plastiques quand elles sont mouillées. Les variétés fines paraissent tout à fait homogènes à l'œil ; elles ont, quand on les manie, un toucher onctueux et semblent constituées par une substance impalpable. Du reste, à l'exception du kaolin, les argiles sont en réalité des agrégats hétérogènes de minéraux variés.

On peut distinguer deux variétés principales d'argiles : l'*argile alluviale* et l'*argile fluvio-glaciaire*.

Dans l'*argile alluviale*, les éléments finement grenus sont le résultat de la décomposition chimique des minéraux et des roches et en particulier des feldspaths. Elles consistent surtout en silicates hydratés d'alumine ; on y trouve également, disséminés, de petits grains de quartz et des paillettes de mica, pâles, sans couleur, généralement décomposés. Elles contiennent souvent aussi des carbonates de calcium (et dans ce cas l'argile passe à la *marne*) de potassium, de magnésium, etc., du sesquioxyde de fer anhydre ou hydraté qui colore l'argile en rouge ou en jaune, du sulfate de fer qui la colore en bleu.

Les argiles *fluvio-glaciaires* doivent, au contraire, leur origine au broyage et à la pulvérisation des roches par les glaciers ; elles consistent surtout en une fine farine de roche, déposée dans l'eau sans avoir subi d'importantes altérations chimiques. Au microscope, on y voit, non seulement d'abondants grains de quartz, mais encore des paillettes de micas inaltérés, et des parcelles de nombreux minéraux comme des feldspaths et d'autres silicates plus ou moins frais et inaltérés chimiquement. Presque toutes les roches formées de silicates et le quartz lui-même, s'ils sont réduits en une poudre impalpable, deviennent plastiques quand ils sont mouillés et ont l'odeur terreuse de l'argile. La proportion de silicate d'alumine y est beaucoup moindre que dans les argiles d'origine alluviale.

Il y a de nombreuses variétés d'argiles. Le *kaolin* est le produit de décomposition de roches très feldspathiques (granite, gneiss, etc.) Les variétés les plus pures se trouvent *in situ* ; elles occupent l'emplacement de la roche altérée et, dans certains cas, elles paraissent devoir leur origine à l'action de solutions chaudes et de vapeurs venant de l'intérieur. Lorsque le kaolin a été enlevé de sa place originelle et transporté, il est moins pur, et il est souvent dans ce cas mélangé avec d'autres éléments.

Le kaolin est une poudre blanc d'argent, formé de petites paillettes hexagonales du minéral *kaolinite*, qui est un silicate hydraté d'alumine, à constitution chimique définie ($2SiO_2$, Al_2O_3, $2H_2O$). Lorsqu'il est mouillé, cet agrégat de paillettes devient plastique.

Le kaolin se présente généralement comme une argile blanche, quelquefois jaunâtre ou grisâtre, friable, faisant difficilement pâte avec l'eau.

Le kaolin, ou *porcelaine de Chine*, du commerce, contient généralement beaucoup d'impuretés et c'est plutôt une roche qu'un minéral.

La *terre de pipe* est une belle argile blanche, qui se rétrécit trop à la chaleur pour être utilisée dans la fabrication des poteries. Elle contient plus de silice que le kaolin.

L'*argile plastique* est douce, presque onctueuse au toucher, elle se laisse polir avec le doigt et donne avec l'eau une pâte tenace, très liante ; elle est très réfractaire. On s'en sert pour faire des pots, des briques réfractaires, des creusets, etc. Les argiles plastiques les plus connues en France, sont celles de Montereau (Seine-et-Marne), de Forges-les-Eaux et de Gournay (Seine-Inférieure).

L'*argile figuline*, ou *terre glaise*, est une variété d'argile plastique, moins compacte, plus friable, se délayant plus facilement dans l'eau ; elle contient généralement un peu de calcaire.

La *terre à briques* est un mélange intime d'argile et de

sable avec un peu d'oxyde de fer ; elle s'emploie pour la fabrication des briques ordinaires.

L'*argile smectique* ou *terre à foulon* est plus ferme ; elle se polit avec l'ongle ; délayée dans l'eau et battue, elle mousse comme le savon ; elle est compacte avec une cassure conchoïdale ; la propriété qu'elle possède d'absorber les huiles la faisait employer dans le foulage des draps pour enlever les matières grasses dont ils sont imprégnés. Elle est vert-sale, brune ou jaune.

L'*argile ocreuse* contient une assez forte proportion de sesquioxyde de fer, soit anhydre, soit hydraté, dont la présence détermine une coloration, rouge ou jaune. A l'état normal ou à l'état calciné, elle constitue les *ocres jaunes*, les *ocres rouges*, les *terres de Sienne*, les *sanguines*.

Les *argiles feuilletées* (en anglais *shales*) se débitent en lames très minces, correspondant aux plans de stratification. Leur composition varie beaucoup ; quelques unes contiennent beaucoup de sable ; d'autres sont chargées de carbonate de calcium ; il y en a souvent qui sont saturées de matières bitumineuses. Ces argiles feuilletées constituent un terme de passage vers les schistes.

Les *argiles alumineuses* sont chargées d'une grande quantité de pyrite ou de marcassite disséminée dans leur masse ; la décomposition de ces sulfures de fer donne naissance à de l'alun (sulfate d'alumine) et aux vitriols (sulfates de cuivre et de fer hydratés).

Le *limon* ou *lœhm* est un mélange de sable et d'argile, contenant un peu de carbonate de calcium. L'ensemble est généralement perméable. Ils sont souvent d'origine alluviale et par suite développés dans le fond des vallées. D'autres sont le produit du remaniement de sables, d'argile et d'autres éléments meubles par les eaux de ruissellement ; ils se trouvent alors sur les plateaux ou sur les pentes.

3) ROCHES GLACIAIRES

Ces roches sont le résultat de l'action mécanique de la glace.

Éboulis. — On les a déjà mentionnés à propos des formations subaériennes ; ils peuvent être également considérés comme des roches glaciaires puisqu'ils sont dus à l'action de la gelée.

Argile à blocaux. — L'argile à blocaux, appelée *Boulder-Clay* ou *Till* en Angleterre, est un mélange plus ou moins tenace d'argile graveleuse, de pierres et de blocs anguleux ou subanguleux. Ses caractères varient beaucoup ; elle est plus ou moins arénacée ou argileuse ; dépouillée de ses gros éléments, elle est employée comme terre à briques.

L'analyse mécanique permet de constater que les matériaux plastiques des argiles à blocaux sont des agrégats hétérogènes de matières minérales finement triturées. Une petite partie seulement est du silicate hydraté d'alumine, c'est-à-dire de l'argile véritable. L'argile à blocaux est donc constituée presque entièrement par de la matière minérale finement triturée, et par conséquent, par des roches non altérées.

Elle résulte de l'action glaciaire et non pas de la décomposition chimique des éléments des roches, comme l'argile alluviale.

Les argiles à blocaux du nord de l'Europe et de l'Amérique sont les moraines de fond, abandonnées par les glaciers qui ont recouvert le pays à l'époque pléistocène.

On peut encore rattacher à l'action glaciaire les débris de roches et les blocs qui forment souvent de véritables *remparts morainiques* au débouché de certaines vallées montagneuses. Ils ont été transportés par les glaciers, dont ils formaient les moraines superficielles ; les accumulations les plus visibles sont des moraines terminales, déposées pendant de longues périodes d'arrêt, au cours du retrait final des glaciers anciens.

Des matériaux analogues ont été parfois dispersés sur les flancs et le fond des vallées montagneuses.

II. — ROCHES D'ORIGINE CHIMIQUE

Ce sont, en général des précipités chimiques de solutions aqueuses. Elles sont surtout siliceuses, calcaires, ferrugineuses et salines. Quelques-unes ont été déposées à la surface et sont le résultat de l'évaporation ; d'autres sont des précipités de solutions salines saturées et se sont ainsi accumulées sur le fond des lacs salés et des mers ; un certain nombre sont le résultat de la concentration de matières disséminées primitivement dans les roches. Elles sont répandues à travers les roches où on les trouve en nodules ou en bancs.

Stalactites et Stalagmites. — Ils ont été déposés par des eaux contenant du carbonate de calcium ; ils se forment fréquemment dans les cavernes calcaires ; les stalactites descendent du plafond, et les stalagmites s'accroissent à partir du plancher de la caverne. Les eaux chargées de carbonate de calcium et filtrant à travers le calcaire, sortent goutte à goutte du plafond de la caverne ; elles s'évaporent et abandonnent par suite une partie de leur carbonate de calcium qui adhère à la surface de la roche.

Comme les gouttes se forment à peu près constamment au même endroit il s'y développe une incrustation calcaire en forme de pendentif qui s'allonge peu à peu vers le sol (*stalactite*).

Quand la goutte d'eau tombe à terre, elle est de nouveau exposée à l'évaporation et abandonne le reste du carbonate de calcium qu'elle tenait en solution. Il s'élève alors en ce point, à partir du sol, une nouvelle incrustation, toute semblable à la précédente (*stalagmite*).

La couleur de ces dépôts est très variable ; elle peut être d'un blanc crémeux, jaunâtre, brunâtre ou rougeâtre.

Les *stalactites* ont généralement une structure concrétionnée lamelleuse et, dans la première période de leur accroissement, ils sont poreux ; puis leurs pores se remplissent peu à peu de carbonate de calcium et leur structure devient plus compacte et plus résistante.

Les *stalagmites* sont rarement aussi poreux ; ils ont une structure nettement lamellaire (Pl. XXI) ; par suite du changement moléculaire du carbonate de calcium, les stalactites et les stalagmites tendent à acquérir une structure cristalline.

Tufs. — Les tufs (1) sont formés de dépôt de carbonate de calcium très poreux et friable. Leur couleur est variable, blanc-crémeux, jaune, assez souvent rouge ou brune, quelquefois verdâtre ou bleuâtre. La roche est souvent molle ou marquée de bandes concentriques de différentes couleurs. On y trouve parfois les traces des plantes sur lesquelles ils se sont déposés.

Travertin. — C'est le nom donné aux variétés compactes employées pour les pierres de construction. Ils ont fréquemment une structure cristalline ou subcristalline.

Calcaires oolithiques et calcaires pisolithiques. — Ce sont des calcaires consistant principalement en de petits sphérules de carbonate de calcium composés de couches concentriques déposées successivement à partir d'un noyau constitué par une petite particule de sable ou de calcaire. Lorsque les sphérules sont petits, et ressemblent à des œufs de poissons, la roche est appelée *oolithe*. Lorsqu'ils sont plus gros et ont la taille de pois, la roche est appelée *pisolithe*. Dans certains cas, les pisolithes ne sont que les squelettes d'algues calcaires. Les oolithes et les pisolithes sont souvent ferrugineux.

Dolomie. — La dolomie ou calcaire magnésien est un agrégat cristallin et granuleux du minéral dolomie (voir chapitre II, page 54). Les carbonates ferreux et les variétés impures sont assez communs ; dans ce cas la roche est généralement jaunâtre ; quand les impuretés sont moins abondantes, elle est grise ou blanche.

La dolomie peut avoir des structures très variables ; elle est tantôt cristalline, grenue, assez analogue au marbre, tantôt oolithique, tantôt caverneuse et criblée de cavités. La *cargneule* ou *carniole*, abondante dans le Trias, est aussi une roche dolomitique dont les nombreuses cavités sont dues à la dissolution du calcaire, la dolomie ayant seule subsisté. Elle a fréquemment une structure concrétionnée, en masses bothryoï-

---

(1) Le même mot sert pour désigner des tufs calcaires et des tufs volcaniques (p. 95).

dales ou irrégulières, et paraît formée de corps sphériques dont la taille peut varier depuis celle de petites billes, jusqu'à celle de gros boulets de canon. Des lignes de stratification traversent ces curieuses concrétions ; et des cavités de forme irrégulière y sont souvent tapissées de cristaux de dolomie.

Certaines dolomies, qui sont associées avec des couches de sel gemme et de gypse, sont d'origine chimique ; elles ont été précipitées sur le fond des lacs et des lagunes avec les autres corps contenus dans des eaux très salées.

Plusieurs, d'autre part, paraissent avoir été originairement des calcaires qui, soit au moment de leur formation, soit ultérieurement, auraient été convertis par divers procédés chimiques, en calcaires magnésiens. La transformation en dolomie doit avoir été souvent contemporaine du dépôt ; le chlorure de magnésium de l'eau de mer agit sur le carbonate de calcium et le transforme partiellement en carbonate de magnésium ; le calcium, ainsi devenu libre et soluble à l'état de chlorures ou de carbonates, est ensuite entraîné par dissolution. Cette transformation a pu se faire également, dans beaucoup de cas, postérieurement au dépôt.

Il y a peu de calcaires qui ne contiennent aucune trace de magnésie, de sorte qu'il n'est pas possible de tracer une limite bien nette entre les calcaires vrais et les calcaires magnésiens ; on n'applique généralement le terme de calcaires magnésiens qu'aux roches contenant 20 o/o de magnésie.

Sel gemme. — Le sel gemme est du chlorure de sodium ; il est cristallin, fibreux, souvent granulaire ; il se trouve soit en couches minces, soit en lits massifs, et atteint souvent une épaisseur d'une centaine de mètres. Lorsqu'il est pur, il est limpide et incolore ; mais il contient souvent des impuretés et devient alors rouge, jaune ou gris ; il est plus rarement bleu ou vert ; il est souvent mélangé de sable ou de matières argileuses. Dans beaucoup de cas il passe à des argiles salifères. Il est généralement associé au gypse, à l'anhydrite, à la dolomie, ou interstratifié avec de l'argile, de la marne, des sables rouges ou bigarrés ; il s'est déposé dans des lacs salins, ou dans des bras de mer plus ou moins séparés de l'océan.

Gypse. — C'est un sulfate hydraté de calcium ; il se trouve en lits et en masses lenticulaires, souvent associés au sel gemme, à l'anhydrite (sulfate de calcium), à la dolomie, à l'argile rouge, aux grès, etc. Sa structure peut être compacte ou granuleuse, fibreuse ou écailleuse. Lorsqu'il est relativement pur, il est blanc ou presque incolore, mais il est souvent coloré en jaune ou en rouge par des oxydes de fer, en gris ou en brun par de l'argile ou d'autres impuretés.

[Dans les environs de Paris, à la partie supérieure de l'Eocène, le gypse forme des masses importantes, activement exploitées. On en compte au moins quatre, séparées par des bancs d'argile ; l'épaisseur des masses gypseuses est d'au moins 25 mètres. Le gypse est un dépôt essentiellement lagunaire ; on y a trouvé des débris d'ossements d'animaux ; il s'est déposé dans les conditions analogues à celles du sel gemme, dans une lagune où la concentration était poussée un peu moins loin.]

En Allemagne il est surtout abondant dans le Permien et le Trias.

Le gypse compact se distingue facilement du calcaire parce qu'il se raye à l'ongle.

Les variétés extrêmement fines sont appelées *alabaster* ou *albâtre*.

Travertin siliceux. — C'est un agrégat amorphe de silice contenant une quantité variable d'eau. Il peut être lâche, inconsolidé, poreux ou dense et compact. Il affecte souvent la forme de stalactites et de stalagmites. Il est blanc quand il est pur ; mais, comme il contient presque toujours des impuretés, il est souvent jaune ou rouge.

Il est le produit d'évaporation des sources thermales ; mais son dépôt peut être dû à l'action d'algues microscopiques qui vivent dans des mares chaudes des régions geysériennes.

Silex. — C'est une roche grise ou noire, composée de quartz amorphe ou calcédonieux ; la couleur foncée est due à la présence de matières charbonneuses ; sa cassure est conchoïdale et translucide sur les bords ; il se présente le plus souvent en nodules et en bancs ; il remplit quelquefois des diaclases verticales dans la craie. Les silex proviennent du dépôt de silice en dissolution dans les eaux souterraines ; le point de départ du dépôt est un organisme siliceux, par exemple, un spicule d'éponge ou un grain de sable ; l'accumulation de silice autour de ce corps constitue un silex. La silice de ces eaux en circulation provient de nombreux organismes siliceux, diatomées ou éponges, qui étaient disséminées à travers la craie.

On trouve fréquemment dans les calcaires paléozoïques une sorte de calcaire impur (*chert* en anglais) ; son origine est probablement à la fois organique et chimique ; dans quelques cas cependant, il peut représenter des dépôts de sources thermales.

Les *chailles* sont des silex, généralement de couleur blonde, contenant souvent une forte proportion de calcaire, qui se trouvent dans le Jurassique. Ils résistent bien à l'altération, de sorte qu'ils constituent quelquefois presque à eux seuls les produits d'altération des roches jurassiques.

Lydienne. — C'est un mélange de silice et d'argile, contenant généralement des matières charbonneuses et ferrugineuses ; il est noir, pourpre, rouge ou bleu-foncé, très dur et compact, souvent très craquelé ; les petites fissures en sont généralement remplies par du quartz blanc ; ils se présentent en lits fins et en couches dans les sédiments anciens du Paléozoïque. Au moins dans quelques cas, ils contiennent des restes de Radiolaires, de sorte que ces roches représentent des roches à Radiolaires des anciennes mers. Elle sert de pierre de touche pour les alliages d'or et d'argent.

MINERAIS DE FER

Ils peuvent être d'origine marine ou organique. Ils se trouvent en couches interstratifiées dans d'autres roches sédimentaires ou en nodules dans des dépôts argileux. Ils occupent souvent des fissures et des cavités irrégulières.

Limonite. — La limonite à peu près pure est compacte et

fibreuse ; elle se trouve en veines ou dans des cavités. Quand elle est stratifiée, elle est généralement poreuse et terreuse, remplie d'impuretés. Elle se dépose à l'époque actuelle dans les marécages (minerai de fer des marais) et est souvent un dépôt lacustre en lits formés de petits corps sphériques (minerai oolithique ou pisolithique).

Hématite. — L'hématite déjà décrite comme minerai, se présente en lits, veines, cavités, surtout dans les calcaires ; elle les remplace très souvent (voir chapitre XIV, p. 305. C'est une roche qui contient beaucoup d'impuretés, comme de l'argile, du quartz, de l'oxyde de manganèse ; elle passe à de l'argile ferrugineuse, etc.

Le *fer spathique* est un agrégat compact et granuleux qui se trouve en veines et en lits, surtout dans les anciens systèmes géologiques.

Argile ferrugineuse. — C'est une variété de minerai de fer spathique qui contient beaucoup d'argile. Elle est brune, gris-sombre ou noire et se trouve en lits minces ou en boules et en nodules. C'est une roche très commune dans les couches argileuses du Carbonifère. Dans beaucoup de cas, elle semble avoir été déposée au fond d'anciens lacs, lagunes, estuaires ; dans d'autres cas, elle est de nature concrétionnée, la matière ferrugineuse se trouvait originairement disséminée dans toute l'étendue d'un lit argileux et s'est agrégée autour de fossiles ou de corps étrangers pour former des nodules de diverses grandeurs. Ces nodules sont quelquefois des *septaria* (pl. XXXIII, fig. 1).

Minerai de fer magnétique. — Il se trouve souvent en lits au milieu de strates fossilifères ; dans ce cas il résulte de l'altération de minerai de fer limonitique. Les sables ferrugineux magnétiques se trouvent souvent dans certaines régions de roches éruptives et ils résultent de la désintégration de celles-ci (voir le chapitre XIV, Formations métallifères).

III. — **ROCHES D'ORIGINE ORGANIQUE**

Les roches les plus importantes de ce groupe sont composées de débris organiques, plantes ou animaux. D'autres sont dues, au moins en partie, à l'action des organismes vivants. Parmi ces dernières se trouve le silex (voir p. 14 et 111) et certaines variétés de tufs calcaires et de minerais de fer dont il a déjà été question.

Les mousses et les algues jouent aussi un rôle considérable dans la formation des *tufs calcaires*; sous leur action, le bicarbonate de calcium se décompose et une croûte calcaire, de carbonate de calcium, se dépose sur ces végétaux. Des masses épaisses de tufs sont ainsi le résultat à la fois d'une action chimique et d'une action organique.

De même les *travertins siliceux* sont souvent dus, en grande partie, à l'action de petits organismes.

D'autres roches sont dues à l'action des acides humiques qui proviennent de la décomposition des matières organiques ; ces acides attaquent les minéraux ferrugineux des roches et donnent ainsi naissance à des solutions ferrugineuses ; celles-ci s'oxydent dès qu'elles sont exposées à l'air et l'hydrate de fer (*minerai de fer des marais*) se précipite sous l'action d'algues microscopiques, de diatomées, qui peuvent séparer le fer dissous dans l'eau, et le déposer à l'état d'hydrate autour d'elles. Il est possible que les acides organiques provenant de la décomposition des éponges et autres animaux aient joué également un rôle dans la formation des silex qui pourraient ainsi être placés parmi les roches organiques aussi bien que parmi les roches d'origine chimique.

CALCAIRES

Il y a une très grande variété de calcaires. Ils sont composés essentiellement de carbonate de calcium, mais la plupart contiennent un peu de carbonate de magnésium ; quelques-uns sont très purs, d'autres sont remplis d'impuretés. Ils varient comme structure depuis des roches très finement grenues et compactes jusqu'à des agrégats grossiers de coquilles et de coraux. Les teïntes les plus fréquentes sont le gris et le gris-bleuâtre ; mais ils peuvent être verts, rouges, jaunes, gris, noirs ou blanc-pur.

Variétés. — Craie. — L'une des variétés les plus connues de calcaire est la craie, roche finement grenue, terreuse, généralement douce au toucher, salissant les doigts. Elle est composée surtout de débris de Foraminifères et d'autres fossiles plus ou moins réduits en poudre fine. Ceux-ci paraissent avoir été plus abondants autrefois et ils ont été partiellement dissous.

Calcaires oolithiques. — Ils sont caractérisés par la structure oolithique, décrite précédemment (p. 109) à propos des roches d'origine chimique. Ils contiennent généralement de nombreux fossiles, d'origine organique. Les oolithes montrent, en plaques minces, une structure à la fois concentrique et radiaire.

Des oolithes analogues se forment de nos jours dans certaines eaux minérales, comme celles de Carlsbad, ainsi que dans les eaux peu profondes du grand lac Salé de l'Utah et dans les récifs coralliens des îles Bahamas.

Calcaires lacustres. — Ils sont généralement blancs ou gris, finement grenus, quelquefois terreux, quelquefois au contraire compacts.

Calcaires marins. — Les calcaires, composés de débris visibles de crinoïdes, coraux et coquilles, sont les plus importants éléments des roches (calcaire à crinoïdes, calcaire corallien, calcaire coquillier, voir pl. XX, fig. 2).

Quelquefois la structure organique de ces roches a été plus ou moins effacée par des changements moléculaires subséquents, à la suite desquels la masse est devenue cristalline. Des calcaires coquilliers ont souvent reçu des noms particuliers d'après l'abondance de fossiles caractéristiques : calcaires à Nummulites, à Hippurites, à Ammonites (pl. XX, fig. 2), à Gryphées. Le calcaire commun est généralement gris ou bleu et finement grenu ou compact ; dans beaucoup de cas, la structure organique ne se voit qu'en plaques minces ; cependant on voit souvent des traces de fossiles sur les surfaces altérées.

Il y a de nombreuses variétés de calcaires caractérisées par leur grain, leur dureté, leurs diverses propriétés physiques, la présence d'impuretés et de divers produits étrangers.

Marbre. — C'est du calcaire très pur, cristallin ; le marbre saccharoïde est formé de petits cristaux blancs, brillants ; son grain est très fin et très homogène, il est susceptible de recevoir un beau poli. Les marbres peuvent être colorés par diverses substances, oxydes métalliques ou matières organiques carburées. Pour qu'un marbre soit propre à la statuaire, il faut que les cristaux soient assez petits pour que les facettes ne se distinguent pas les unes des autres et ne donnent pas au marbre un éclat spécial.

Calcaires lithographiques. — Ce sont des calcaires compacts présentant des qualités toutes spéciales. Ils doivent posséder un commencement de cristallinité qui ne doit pas pourtant être trop sensible. Le poli doit être tel que la pierre garde un peu de porosité. Il faut une homogénéité parfaite de composition. Le gisement le plus important est celui de Solenhofen (Bavière).

Calcaires à chaux et à ciment. — La cuisson du calcaire donne des chaux ; celles-ci sont de nature différente suivant la proportion d'argile contenue dans le calcaire :

moins de 5 o/o d'argile.   .   chaux grasse.
   5 à 12 o/o d'argile.   .   chaux maigre.
  12 à 20 o/o d'argile.   .   chaux hydraulique, durcissant sous l'eau.
  20 à 25 o/o d'argile.   .   chaux-limite ou ciment de portland.
  25 à 30 o/o d'argile.   .   ciment romain.
plus de 40 o/o d'argile.   .   pouzzolanes artificielles.

Les conditions nécessaires à la fabrication de la chaux et même de la chaux hydraulique sont assez faciles à réaliser.

Il n'en est pas de même pour la fabrication des ciments qui est fort délicate.

Les calcaires à ciment sont généralement de couleur terne, gris-bleutés ; ils se trouvent en bancs peu épais, alternant souvent avec des bancs d'argile. En France, ils sont surtout exploités à Vassy (Yonne) et à Grenoble (Isère).

Les *calcaires gréseux* ou sableux contiennent souvent une notable proportion de grains de quartz ; cependant ils sont souvent assez riches en carbonate de calcium pour pouvoir être utilisés comme pierre à chaux.

Les *calcaires charbonneux* contiennent beaucoup de matières charbonneuses ; ils ont une odeur fétide lorsqu'on les brise ou qu'on les frappe avec le marteau.

Meulière. — C'est un calcaire siliceux dont le carbonate de chaux a été dissous et entraîné, de telle sorte qu'il ne reste que le squelette de la roche. C'est donc un produit de décalcification de calcaires siliceux ; elles sont très abondantes dans les environs de Paris où il en existe deux niveaux d'âge différent (meulière de Beauce, meulière de Brie). On peut souvent suivre le passage latéral de ces meulières à des calcaires inaltérés.

La meulière est généralement emballée dans une sorte d'argile rouge.

Roches charbonneuses. — Ce sont des accumulations de débris végétaux (houille, tourbe) et le produit de leur distillation naturelle. Ceux-ci sont jaunes, bruns, noirs, entremêlés et plus ou moins comprimés et décomposés.

On trouve, dans le charbon, de nombreuses impuretés, des mélanges pierreux, de l'ocre, de la limonite, de la pyrite, des débris de diatomées. La composition de ces roches, après combustion, est très variable.

La *tourbe* est une matière charbonneuse brune ou noire, moussue ou compacte qui résulte de la transformation sur place, sous l'eau et à l'abri de l'air, des végétaux vivant dans l'eau ou dans des régions humides. La transformation est d'ailleurs restée généralement incomplète et certains éléments sont restés inaltérés. La teneur en carbone de la tourbe varie de 45 à 60 o/o.

Le *lignite* est une masse terreuse ligneuse ou fibreuse, quelquefois compacte, brune ou noire, avec des bandes brunes, très inflammable. Il diffère également du charbon ordinaire par sa plus grande proportion en bitume, ou en éléments qui, en se combinant avec le carbone, donnent du bitume. La proportion de carbone est d'environ 55 à 73 o/o.

La *houille* ou *charbon de terre* est noir, compact, charbonneux ; sa cassure fraîche a généralement un aspect résineux ; sa rayure est noire ; il est généralement friable et moins inflammable que le lignite ; il contient de 75 à 85 o/o de carbone.

Le pourcentage d'oxygène, d'hydrogène et d'azote (éléments qui avec le carbone donnent le bitume) est moins grand que dans le lignite, mais plus considérable que dans l'*anthracite*.

Variétés de charbon de terre. — Ces variétés sont probablement dues à la nature des plantes ou débris de plantes qui les composent.

La teneur en matières volatiles permet de distinguer les charbons suivants :

40 o/o de matières volatiles.		*charbons à gaz ou flenus.*
17 à 30 o/o	— —	*charbons gras.*
10 à 17 o/o	— —	*charbons demi-gras.*
8 à 20 o/o	— —	*charbons maigres.*

Les *bog-heads* et les *cannel-coals* sont des charbons très compacts, élastiques, à cassure conchoïde, brillante, ne salissant pas les doigts. Ils brûlent avec une flamme claire comme celle d'une bougie en craquelant et crépitant. Ils contiennent beaucoup plus de matières volatiles que la houille ; ils sont utilisés surtout pour la fabrication du gaz d'éclairage (ils donnent de 300 à 400 mètres cubes de gaz à la tonne).

Anthracite. — L'anthracite (pierre ou charbon aveugle) consiste presqu'entièrement en carbone. Il est noir avec un éclat vitreux ou submétallique et a une rayure noire. Il brûle difficilement presque sans fumée, ni odeur. Ceux de l'époque carbonifère ont été souvent transformés en *graphite* (carbone presque pur) par l'action de roches ignées intrusives. Dans ce cas, il a subi une sorte de distillation ; tous ses éléments gazeux ont été éliminés. Le graphite se trouve aussi en couches lenticulaires dans les schistes cristallins ; mais son mode d'origine dans ces conditions est incertain.

Schistes bitumineux. — Ils sont brun-sombre ou noirs ; ils brûlent rapidement, mais souvent ils ne peuvent pas être utilisés comme combustibles parce qu'ils contiennent trop de matières argileuses.

Asphalte. — C'est un mélange d'hydrocarbures variés ; il est probablement, en général, le produit de la distillation de charbon ou d'autres matières organiques sous l'influence de masses intrusives ignées.

Il est solide ou très visqueux aux températures ordinaires, noir ou brun-noir, avec un éclat de poix, une odeur bitumineuse. Il se présente en lits interstratifiés dans les roches sédimentaires, imprègne des roches comme les calcaires et les grès, occupe leurs fissures et leurs cavités.

On le trouve, assez fréquemment, en veines traversant les roches d'âge et d'espèces variés ; en certaines régions, il sort du sol et forme ce qu'on appelle des *sources de goudron*.

Pétroles. — Ce terme ne désigne pas une substance de composition définie ; mais des hydrocarbures complexes très différents les uns des autres, n'ayant guère qu'un caractère commun, celui d'être liquide ou tout au moins très visqueux aux températures ordinaires.

On peut les ramener à trois catégories principales :

1° Les *pétroles américains*, constitués par des carbures forméniques, de formule générale $C_n H_{2n+2}$;

2° Les *pétroles du Caucase*, et en particulier de Bakou, qui sont des carbures saturés de formule $C_n H_{2n}$;

3° Les *pétroles de Galicie*, formés par des mélanges des pétroles des deux séries précédentes, auxquelles viennent s'adjoindre des carbures aromatiques, dérivés de la benzine et de formule générale $C_n H_{2n-6}$.

L'origine des pétroles est encore mal élucidée. Certains d'entre eux paraissent avoir une origine chimique due à l'action de certains gaz carburés sur des métaux réduits ; mais d'autres ont certainement une origine organique et doivent leur production à la transformation d'organismes dont les restes parfois bien conservés, pullulent dans les formations où ils se trouvent.

PHOSPHATES

Guano. — C'est une accumulation terreuse, blanche, grise ou brun-jaunâtre avec une odeur particulière. Il consiste surtout en excréments d'oiseaux mélangés avec des carcasses et des débris de leurs repas, et assez souvent avec leurs propres restes et ceux de phoques. Ils contiennent 4o à 5o o/o de matières organiques et de sels ammoniacaux et 19 à 20 o/o environ de phosphate de chaux. D'immenses dépôts ont été trouvés dans de petits îlots sur la côte ouest de l'Amérique du Sud (Pérou et Chili) ; ils seraient actuellement presque épuisés.

Les *guanos lessivés*, exposés longtemps à l'action de l'eau, ont perdu par dissolution leurs éléments azotés, de sorte que les éléments phosphatés relativement insolubles se concentrent ; une partie de l'acide phosphorique est entraîné à l'état de phosphate d'ammoniaque dans les roches sous-jacentes qui deviennent phosphatées. Les calcaires sont ainsi transformés en phosphates tribasiques de chaux.

Le *guano en roche* est un dépôt dont tous les éléments azotés solubles ont été dissous et où le phosphate de calcium reste seul. Cette substance est connue dans le commerce sous le nom de guano en roche ou *phosphate minéral.*

Coprolithes. — Ce sont des excréments d'oiseaux, de reptiles, de mammifères, plus ou moins fossilisés. Ils se trouvent dans des roches d'âge varié. Les coprolithes du commerce sont généralement des nodules de phosphate concrétionné et non pas des excréments fossiles ; par suite ils portent ce nom à tort.

Origine des phosphates. — L'origine de ces nodules, très abondants dans certains terrains sédimentaires, est encore mal élucidée. Ils contiennent fréquemment des fossiles et se trouvent souvent à la base de certaines séries géologiques ; des fragments de roches calcaires, comme la craie, ont été roulés et arrondis, puis cimentés et imprégnés par des phosphates de chaux. Ces nodules peuvent être comparés aux concrétions analogues que l'on rencontre autour du banc d'Agulhas au sud du cap de Bonne-Espérance, entre 200 et 1.000 mètres de profondeur.

On a pensé que le phosphate pouvait provenir de l'apatite des roches cristallines, que les cours d'eau entraînent dans la mer ; mais l'eau de mer ne contient que très peu de phosphate et celui-ci ne peut se précipiter que d'une façon exceptionnelle.

Il est plus probable qu'il faut chercher l'origine de ces phosphates dans les ossements de vertébrés et surtout dans les tissus des vertébrés et des invertébrés qui en contiennent des quantités très notables ; le phosphate de calcium que ces tissus contiennent se transforme en phosphate d'ammonium au moment de la décomposition des matières animales et celui-ci se dépose autour des coquillages ou des grains préexistants de phosphate de calcium.

De plus ces concrétions phosphatées ont pu, ultérieurement à leur dépôt, s'enrichir en phosphate par l'action des eaux de circulation.

La principale source du phosphate de calcium, actuellement exploitée, se trouve à la base des terrains tertiaires de Tunisie, et en particulier près de Gafsa.

CHAPITRE V

ROCHES MÉTAMORPHIQUES ET CATACLASTIQUES

I. **Roches métamorphiques.**
ROCHES QUARTZEUSES. Quartzites. — SCHISTES. Schistes ardoisiers. Schistes
aluniféres. Novaculite. Phtanites. Phyllades. Cornéennes. — MICA-
SCHISTES. Micaschistes à amphibole. — GNEISS. Gneiss gris. Gneiss rouge.
Gneiss granitoïde. Gneiss œilleté. Gneiss à amphibole. Gneiss à
pyroxène. Protogine. Gneiss chloriteux. Gneiss graphitique. — AUTRES
ROCHES MÉTAMORPHIQUES. Chloritoschistes. Schistes à séricite. Talcschis-
tes. Leptynite. Éclogite. Cipolins. Marbre. Serpentine.
II. **Roches cataclastiques**; leurs caractères généraux. Mylonites. Brèches
et conglomérats de friction.

I. — ROCHES MÉTAMORPHIQUES

Les roches métamorphiques sont toutes plus ou moins cristallines, ce en quoi elles se rapprochent des roches ignées.

Mais elles s'en distinguent parce qu'elles présentent toujours
d'une façon plus ou moins nette, la *structure feuilletée*; on
appelle d'une façon générale *schistes* les roches qui présentent
cette structure ; elle consiste dans ce fait que les minéraux
constituants, appartenant à une ou plusieurs espèces, sont disposés en lits plus ou moins parallèles. Les lits ou feuillets
ont généralement une forme lenticulaire ; dans quelques cas
ils sont remarquablement égaux et parallèles et donnent à la
roche un aspect finement laminé (Pl. XXIII, fig. 2). Dans d'autres cas les couches individuelles s'amincissent et s'épaississent rapidement (Pl. XXIV), alternent irrégulièrement,
s'ondulent, et se plissent. Les différentes couches ne sont
pas en général nettement séparées les unes des autres. Les
minéraux de l'une sont souvent plus ou moins intimement
enchevêtrés et soudés avec ceux de la couche adjacente
(Pl. XXII, fig. 1 et 2).

Par tous ces caractères, la structure feuilletée d'une roche schisteuse, diffère beaucoup de la stratification d'une roche sédimentaire. Il faut la distinguer aussi de la structure fluidale si fréquente dans les roches cristallines ignées.

Il arrive souvent d'ailleurs que la schistosité et la stratification ne coïncident pas ; la plupart du temps la schistosité, due aux pressions résultant de l'action de plissement, est plus marquée que la stratification ; celle-ci se reconnaît alors difficilement, par exemple aux variations de structure et de composition minéralogique, à l'alignement de certains minéraux et quelquefois des bancs fossilifères.

C'est qu'en effet la plupart des schistes ont été originairement des sédiments et leur constitution actuelle est le résultat d'une modification ultérieure (voir chap. XIII). On observe souvent le passage graduel des roches sédimentaires aux roches cristallines et feuilletées.

De plus, on trouve assez fréquemment intercalés dans les roches métamorphiques des conglomérats et autres roches cataclastiques dont la présence prouve leur origine primitivement sédimentaire.

Enfin, la présence accidentelle de fossiles ne permet aucun doute sur la réalité de cette hypothèse.

Dans d'autres cas cependant on peut prouver que certaines roches feuilletées n'ont pas une origine sédimentaire. On rencontre, parfois en effet, des roches ignées cristallines, granites, gabbros, passant insensiblement à des roches feuilletées très nettes (1).

En résumé, toutes ces roches, qu'elles aient été originairement des roches ignées ou des roches sédimentaires, possèdent ce caractère commun d'avoir été transformées, *métamorphisées*, par des procédés, d'ailleurs multiples, qui seront décrits plus loin (chap. XIII).

ROCHES QUARTZEUSES

Quartzite. — Ainsi qu'il a été dit précédemment, cette

---

(1) Il faut noter d'ailleurs qu'une masse de granite montre quelquefois sur son bord une sorte de foliation (*Structure fluidale*) qui est originelle et n'est pas le résultat du métamorphisme.

roche provient de la transformation des grès ; elle est composée de grains de quartz, cimentés par de la silice qui a cristallisé autour d'eux.

C'est également une roche finement granulaire et compacte ; la cassure est écailleuse, mais dans certaines variétés compactes, elle tend à être conchoïdale. Cette roche est blanche grise, jaunâtre ou rougeâtre et même bleuâtre ou verdâtre.

Les quartzites ont quelquefois conservé des traces de fausse stratification et de lamination diagonale.

Elles se présentent souvent en lits minces ou en bancs massifs, intercalés au milieu des schistes cristallins.

Les quartzites ne sont d'ailleurs pas spéciales aux régions où se trouvent des roches métamorphiques ; les récents travaux de M. Cayeux ont montré que beaucoup de grès durs, nettement sédimentaires, ne se distinguaient en rien, au point de vue de leur structure, des quartzites.

Les *schistes quartziteux* sont des quartzites à structure feuilletée, les plans de stratification étant marqués par des paillettes de mica blanc, alignées.

Des *conglomérats* métamorphisés s'observent assez souvent (voir p. 257) ; les éléments sont généralement froissés et brisés le long des lignes de schistosité (pl. XXII, fig. 3). La gangue est cristalline et schisteuse.

SCHISTES

On trouve toutes les transitions entre les *argiles*, les *argiles schisteuses* et les *schistes* proprement dits.

Les schistes sont des roches ayant une réelle cohésion ; ils sont généralement nettement stratifiés, leur cassure est terreuse ; ils ont toujours subi un commencement de cristallisation, et en lame mince, tout au moins, on aperçoit des paillettes de mica, de cristaux de rutile ou de tourmaline, et fréquemment de la pyrite qui forme souvent dans les schistes la matière des fossiles.

On y distingue de multiples variétés, passant d'ailleurs les unes aux autres et difficiles à distinguer.

Schistes ardoisiers. — Les schistes ardoisiers, qui fournissent les *ardoises*, sont des roches schisteuses, de nature argileuse, finement granuleuses ou compactes. Ils se divisent en plaquettes fines et régulières dont la division se fait toujours suivant la schistosité.

L'ardoise proprement dite est d'un gris-bleuâtre ou noire ; les schistes ardoisiers peuvent être bleus, verts, gris, bruns ou rouges.

Les minéraux accessoires sont le quartz, le feldspath, le mica, la chlorite, les matières charbonneuses, le rutile, l'oxyde de fer, la pyrite. Quelques-uns sont des éléments originels de l'argile primitive ; d'autres se sont développés ultérieurement dans la roche.

Les cristaux de rutile et les paillettes de mica, en particulier, se sont formés le long des plans de clivage. Dans quelques ardoises, on trouve disséminés, irrégulièrement, des cristaux de chiastolite et d'andalousite qui sont nettement d'origine secondaire.

Il y a plusieurs variétés d'ardoise. Les unes servent à couvrir les toits ; elles ont un clivage net, sans rugosités. D'autres servent à écrire ; elles sont douces et de composition pure.

L'ardoise tachetée et les *schistes tachetés* (pl. XXIII ; fig. 1) contiennent des taches ou concrétions qui, dans quelques cas, paraissent être les premiers stades du développement de certains minéraux, comme l'andalousite et la cordiérite.

Schistes alunifères ou *ampélites*. — Ces schistes contiennent souvent de la marcassite et de la pyrite dont la décomposition à l'air donne de l'alun et fait éclater le schiste. Ces roches ont été jadis utilisées pour l'amendement des vignes à cause de l'alun (sulfate de fer) qu'elles contiennent ; de là vient leur nom d'ampélites.

Novaculite. — C'est une variété très dure de schiste ardoisier, à cause de la grande quantité de quartz qu'elle contient ; elle n'a que des clivages indistincts et est utilisée comme *pierre à rasoir*.

Phtanites. — Les phtanites ou *lydiennes* sont des schistes noirs, très chargés de silice.

Phyllades ou Phyllites. — Ce sont des roches plus cristallines que les schistes ardoisiers ; leurs plans de schistosité sont chargés de mica blanc qui leur donne un aspect soyeux. Leur couleur est très variable.

Cornéennes. — Les cornéennes ou *cornes* sont des roches compactes, d'aspect corné, grisâtres ; elles se trouvent au voisinage immédiat du granite et sont le produit de la transformation de schistes calcaires. Elles varient de composition et de structure et portent des noms différents suivant que tel ou tel élément prédomine : cornes à andalousite, à grenat, à tourmaline, à silicates calcaires.

Beaucoup de ces roches sont très compactes et à grain si fin qu'elles ont un aspect caillouteux ou de cornes. D'autres sont plus ou moins cristallines ou plus ou moins schisteuses.

Toutes ces roches peuvent être considérées comme des termes de transition entre les schistes proprement dits et les micaschistes.

MICASCHISTES

Les micaschistes sont des agrégats de quartz et de mica ; ils diffèrent donc des gneiss par l'absence de felspath.

L'alignement rubané est plus marqué que dans les gneiss. Dans les types nets on trouve des lits alternatifs de mica et de quartz.

Leur structure varie depuis des formes à grain fin à des formes grossièrement cristallines. L'un ou l'autre des deux minéraux constituants peut prédominer ; ils peuvent aussi être en proportion presque égale.

Le quartz se trouve tantôt en grains, tantôt en bancs lenticulaires qui s'épaississent et s'amincissent plus ou moins régulièrement, tantôt en nodules irréguliers autour desquels s'alignent les feuillets de mica.

Le mica noir se trouve souvent en lits formant des plans de séparation de la roche. Le micaschiste se clive alors facilement et sur les plans de séparation miroitent des paillettes de mica.

Quand ils ont été métamorphisés par la granulite, les micaschistes contiennent des micas blanc.

Les micaschistes contiennent souvent des minéraux accessoires : grenats, fer spéculaire, magnétite, rutile, tourmaline.

Micaschiste à amphibole. — Les types basiques de micaschistes contiennent des amphiboles au lieu de mica. Ils diffèrent des gneiss à amphibole par l'absence de feldspath. Ils sont formés de lits alternatifs de quartz et d'amphibole.

Quand le quartz est peu abondant, on les appelle *schistes à amphibole*.

Ils peuvent d'autre part passer à des *amphibololites*, roches massives, schisteuses, formées presque uniquement d'amphiboles (hornblende, actinote).

On y trouve d'ailleurs un certain nombre de minéraux accessoires : mica, grenat, rutile, épidote, sphène, magnétite, etc.

On connaît de même des *micaschistes à pyroxène* et des *pyroxénolites* formés presque uniquement de cristaux alignés de pyroxène.

GNEISS

Les gneiss sont des agrégats de quartz, de feldspath et de mica. Leur composition est donc essentiellement la même que celle du granite ; mais les éléments y sont alignés suivant certaines directions plus ou moins nettes, soit qu'ils forment de véritables lits, soit que certains cristaux seuls soient alignés. Dans certains cas, la roche est à grain fin et les feuillets sont minces et réguliers (pl. XXIII, fig. 2) ; dans d'autres cas, les feuillets sont épais, irréguliers ; la nature gneissique de la roche n'apparaît pas sur les échantillons ; elle ne se voit guère que sur le terrain.

De plus, tandis que dans le granite le mica noir était, en général, de formation plus ancienne que le quartz et le feldspath, ici il leur est nettement postérieur ; il moule en partie le quartz et le feldspath ; de même dans les schistes métamorphisés par le granite, il englobe des grains de quartz d'origine détritique, grossis et nourris sur place.

Les proportions des minéraux constituants varient considérablement ; l'un ou l'autre peut même prédominer.

Les minéraux accessoires sont communs ; ce sont, par exemple, le grenat, l'apatite, des minéraux ferrugineux, du rutile, de la tourmaline.

On distingue de nombreuses variétés de gneiss.

Gneiss gris. — C'est le gneiss commun à biotite, disposé en lits parallèles ; on l'appelle souvent *gneiss fondamental*, parce qu'il est abondant dans les roches rapportées à l'Archéen et considérées autrefois comme constituant la croûte fondamentale du globe.

Gneiss rouge. — C'est un gneiss à deux micas (mica blanc et mica rouge) qui paraît souvent en relation avec les granulites (au sens français de ce mot), par exemple, dans le Morvan.

Gneiss granitoïde. — Les feuillets sont indistincts ; le mica ne forme plus de lits ; il est simplement en paillettes parallèles. Ce gneiss ressemble beaucoup au granite ; il est généralement cristallisé en éléments plus grands.

Gneiss œilleté ou **gneiss glanduleux.** — Ces gneiss présentent souvent de véritables nodules (*yeux* ou *phacoides*), constitués par du quartz et de l'orthose, que contournent les autres éléments (pl. XXIV).

Gneiss à amphibole. — Il contient souvent aussi du mica noir ; c'est une roche où des lits noirs de hornblende séparent des lits blancs formés de quartz et de feldspaths où les plagioclases l'emportent sur l'orthose.

Gneiss à pyroxène. — Ils contiennent généralement un pyroxène vert-pâle et peu ou pas de micas ; ils se présentent accidentellement et sont plus rares et plus localisés.

Protogine. — La protogine, roche très développée dans le massif du mont Blanc et dans celui du mont Pelvoux, est caractérisée surtout par l'altération de ses micas qui sont transformés en chlorite, en séricite, etc. ; les feldspaths y sont froissés et écrasés ; toute la masse a subi, par suite d'actions mécaniques, un broyage énergique ; il en résulte une structure cataclastique très nette.

Gneiss chloriteux. — La chlorite y remplace le mica.

Gneiss graphitiques. — Ils contiennent d'abondantes paillettes de graphite.

Les gneiss peuvent avoir deux origines différentes.

Les uns (*Paragneiss*) sont des roches sédimentaires (grès, schistes argileux, etc.), métamorphisés ; on peut souvent suivre le passage par l'intermédiaire de micaschistes et de sédiments de moins en moins transformés.

Les autres (*Orthogneiss*) dérivent de roches éruptives, comme les granites, les syénites, etc., écrasés et laminés.

Cette division, qu'on a souvent essayé de baser sur la composition chimique est très délicate ; elle est même, dans la plupart des cas, impossible à établir sans une étude pétrographique très approfondie des roches et une étude géologique très serrée de la région.

AUTRES ROCHES MÉTAMORPHIQUES

Chloritoschistes. — Dans certaines contrées et particulièrement dans les Alpes, on trouve des roches formées presque uniquement de chlorite avec un peu de quartz. Ce sont les *chloritoschistes*. Ici la chlorite ne résulte pas, comme cela arrive souvent, de l'altération du mica noir ; elle est un élément primordial. On y trouve aussi, comme éléments accessoires, des feldspaths, du talc, du mica, de l'actinolite, de la magnétite, cette dernière étant souvent disséminée à l'état d'octaèdres parfaits.

Schistes à séricite. — Ils résultent nettement du métamorphisme de roches sédimentaires. Ce sont des schistes où la séricite en paillettes fines, blanches et soyeuses, remplace les micas.

Talcschiste. — C'est une roche schisteuse variant du vert au vert grisâtre ou jaune, très douce avec un toucher onctueux et savonneux.

Il consiste surtout en lamelles de talc, associées avec du quartz, de la chlorite, du mica.

Il peut y avoir d'autres minéraux comme le feldspath, l'actinote, la magnétite, la dolomie, cette dernière souvent en larges rhomboèdres.

Leptynite. — La leptynite (*granulite* de certains auteurs étrangers) est un agrégat finement schisteux de feldspath et de quartz ; on y trouve généralement en outre de petits cristaux de grenat rose, plus ou moins abondamment disséminés. D'autres minéraux s'y rencontrent accessoirement, de la biotite, de la muscovite, de la sillimanite, de la tourmaline, de la kianite, de l'apatite, du rutile.

Le grain est très fin ; la roche est souvent rubanée ; la couleur est généralement claire, blanche, jaunâtre ou rougeâtre.

Éclogite. — L'éclogite est une roche à grain généralement grossier, quoiqu'il existe des types à grain moyen. C'est un mélange de pyroxène vert (omphacite) et de grenat rouge.

Comme éléments accessoires, il y a fréquemment de la kianite, du mica, de l'amphibole (smaragdite), du quartz, de l'apatite, du rutile, du zircon, du sphène et de la magnétite. La structure feuilletée est souvent obscure et manque fréquemment.

Cipolins. — Ce sont des calcaires très saccharoïdes où l'on trouve de la calcite, tantôt seule, tantôt associée à des paillettes micacées, toujours alignées, à des grenats calciques, à de l'amphibole, à des pyroxènes.

Marbre. — C'est un agrégat cristallin, granuleux de calcite dont les grains sont à peu près tous d'égale grandeur (pl. V, fig. 4). La roche peut être blanche ou avoir des teintes variées, bleu, rouge, jaune, verte ou noire ; ces teintes sont souvent zonées ou bigarrées. On y trouve fréquemment des paillettes

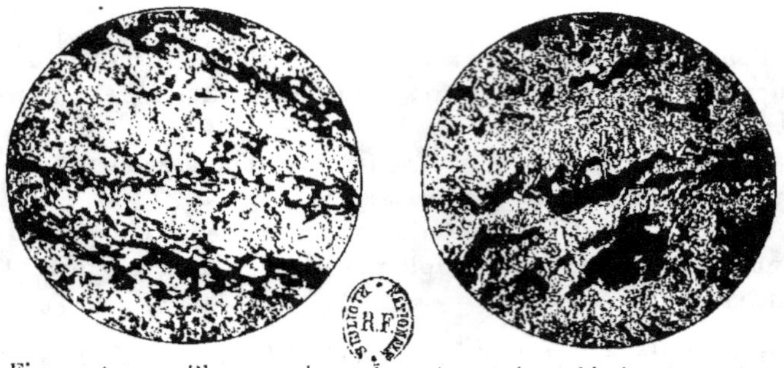

Fig. 1 et 2. — Plaques minces dans des gneiss à biotite. (p. 122).

L'alignement des paillettes de mica (en noir sur la figure) montre nettement au microscope l'existence d'une structure feuilletée.

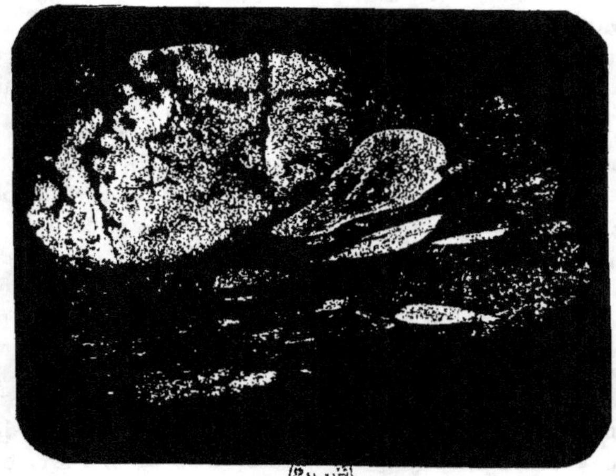

Fig. 3. — Conglomérats dans des schistes métamorphiques (p. 124).

Les éléments roulés ont souvent été aplatis l'un contre l'autre, à la suite des phénomènes de plissements et ils ont pris des formes lenticulaires.

A peu près grandeur naturelle (d'après LEHMANN.
Enstehung der altkrystallinischen Schiefergesteine).

Vis-à-vis la page 130.

Fig. 1. — Schiste lustré (p. 125).
A peu près grandeur naturelle.

Fig. 2. — Gneiss (à peu près 2/3 de grandeur naturelle) (p. 127).
On voit bien l'alignement des lits de minéraux constituant la roche.

Vis-à-vis la page 130.

Gneiss (grandeur naturelle) montrant des parties lenticulaires ou phacoïdes
(p. 128).

Vis-à-vis la page 130.

de talc ou de mica blanc ainsi que des minéraux comme l'actinote, la trémolite, les grenats, la zoïsite, la biotite, etc., qui sont disséminés à travers la roche.

Le marbre est un calcaire métamorphisé et les minéraux représentent les impuretés originelles du calcaire (argiles, sables, etc.).

Dans certains cas, des calcaires très impurs sont transformés en une variété dure, compacte, de corne (Voir p. 126).

Serpentine. — C'est une roche compacte ou finement grenue qui est souvent altérée. Sur les surfaces fraîchement cassées, elle a un aspect brillant. Elle est généralement de couleur vert-sombre ; mais les variétés brunes, rouges ou bigarrées ne sont pas rares. Elle consiste en serpentine et est souvent traversée par de nombreuses petites veines ramifiées de chrysotile, qui est une variété fibreuse fine de serpentine (pl. VII). Dans beaucoup de cas la serpentine est le résultat de l'altération des péridotites (roches à olivine), ou autres roches basiques. Des traces de minéraux originels : olivine, pyroxène, amphiboles, spinelles, feldspaths, sont généralement plus ou moins faciles à distinguer. Dans d'autres cas, le caractère originel de la roche n'est pas apparent.

Les serpentines sont tantôt massives, tantôt, au contraire, nettement schisteuses ; dans ce cas, elles se sont interstratifiées avec d'autres roches métamorphiques, ou associées à des calcaires cristallins.

ROCHES CATACLASTIQUES

Beaucoup de roches métamorphiques ont acquis leur structure sous l'influence d'efforts intenses auxquelles l'écorce de la terre a été soumise. Sous cette pression, les minéraux sont devenus plastiques et fluides, et les roches ont acquis une structure présentant une certaine analogie avec la structure fluidale développée dans les laves.

Dans d'autres cas, les roches soumises à une compression intense ont été froissées ou pulvérisées ; mais elles n'ont pas acquis de caractère cristallin, elles sont alors fragmentaires ou cataclastiques.

Ces deux sortes de structures passent de l'une à l'autre. Les roches cataclastiques ont souvent une structure zonaire ou même schisteuse et leurs éléments peuvent avoir subi une cristallisation secondaire qui les a recimentées. Mais dans la plupart des cas, elles consistent dans des agrégats compacts de fragments petits et grands, angulaires et rectangulaires, formant des masses brecciformes fines ou grossières, qui ne sont, ni schisteuses, ni cristallines.

Les roches de ce type sont généralement bien développées sur les bords des dislocations de l'écorce terrestre (voir chap. XI, p. 209).

Mylonites. — Ce sont les roches cataclastiques à grain plus ou moins fin. Elles sont surtout développées à la base des plis couchés et des nappes de charriage ; elles sont souvent associées intimement avec les roches cristallines schisteuses auxquelles elles passent souvent.

Elles montrent fréquemment une structure fragmentaire ; la roche est composée de fragments et de particules très petits, et l'on y rencontre de temps en temps, des fragments plus gros qui se trouvent dans une pâte également fragmentaire de matériaux écrasés.

Quand la nature des plus grands fragments des minéraux de la roche est visible, il est souvent possible de dire quel était le caractère de la roche originelle.

Brèches de friction. — C'est un agrégat de fragments angulaires ou subangulaires dont la taille varie et peut atteindre plus de 3o centimètres.

Ces brèches se trouvent dans les mêmes conditions que les mylonites, auxquelles elles passent souvent.

Conglomérat de friction. — C'est une brèche de friction dont les éléments sont plus ou moins arrondis par l'eau. Les brèches de friction sont surtout développées dans les pays où les roches ont subi de grandes compressions et où elles ont été métamorphisées ; mais elles ne sont cependant pas confinées à ces régions.

Les matériaux des brèches de friction sont fréquemment polis et striés sur un ou plusieurs de leurs côtés.

CHAPITRE VI

FOSSILES

Mode de conservation des organismes fossiles. — Conservation sans
modification. Carbonisation. Incrustation Moules internes et externes.
Remplacement moléculaire.
Principales espèces de terrains fossilifères. — Couches calcaires ;
couches argileuses ; conglomérats ; tufs volcaniques ; couches schis-
teuses. Fossiles marins et terrestres.
Principaux groupes d'animaux fossiles.
Importance des fossiles dans les recherches géologiques. — Condi-
tions climatériques et géographiques déduites de l'étude des fossiles.
Régime continental. Régime lacustre. Régime marin.
Mouvements terrestres déduits des fossiles. — Détermination de
l'âge des couches au moyen des fossiles.

MODE DE CONSERVATION DES ORGANISMES FOSSILES

Toutes les roches d'origine secondaire sont plus ou moins
fossilifères et l'on peut y trouver çà et là des traces de la vie
ancienne. Il en est de même dans certaines roches métamorphiques.

Exposés à l'air libre, après leur mort, les restes des êtres
vivants, animaux ou végétaux, se décomposent rapidement ;
toutes les matières organiques, composées d'azote et de carbone, disparaissent ; les parties plus dures, comme les squelettes, calcaires ou chitineux, les coquilles, les carapaces, sub-
sistent plus longtemps ; mais elles disparaissent aussi tôt ou
tard.

Pour qu'un corps organisé puisse se conserver ou devenir
fossile, il faut tout d'abord qu'il soit enfoui dans des sédiments et soustrait à l'action atmosphérique ; de plus, il est sou-

vent soumis ultérieurement à certaines modifications à la suite
desquelles sa substance originelle est remplacée par d'autres
substances plus résistantes à l'action des agents atmosphériques.

Conservation sans modifications. — Ce n'est qu'exceptionnellement que l'organisme entier peut être conservé sans
modification de sa substance originelle ou avec une modification minime. On peut citer comme exemple le Mammouth
et le Rhinocéros laineux qui, depuis une époque recu-
lée, ont été conservés dans la terre gelée et dans la glace du
Nord de la Sibérie ; lorsque, à une époque récente, ils devin-
rent exposés à l'air par suite de la dissolution graduelle du
milieu dans lequel ils se trouvaient, beaucoup étaient encore
si frais que les chiens en dévorèrent la viande.

Les insectes, les araignées et les plantes ont de même été
conservés dans l'ambre (gomme ou résine fossile). Dans ce cas,
d'ailleurs, ces fossiles paraissent avoir subi une légère carbonisation.

Carbonisation. — Des restes de plantes et des vestiges
d'animaux chitineux subissent fréquemment une carbonisation. Celle-ci consiste en un processus désoxydant qui se produit
dans des conditions permettant seulement une arrivée limitée
d'air. Les plantes, accumulées dans des fonds marécageux ou
dans le fond de lacs et d'estuaires, ou ensevelis dans la boue,
subissent souvent une sorte de distillation à la suite de
laquelle, l'oxygène et les autres gaz étant peu à peu éliminés,
les tissus organiques sont graduellement transformés en
charbon.

Des végétaux et des insectes préservés de cette manière
sont souvent plus ou moins carbonisés, ou bien ils sont entièrement décomposés et ne laissent plus derrière eux que des
moules creux.

Incrustation. — Dans ce cas, l'organisme fossilisé a été
enveloppé dans une sorte de couverture de matière minérale.

Dans les tufs calcaires, par exemple, le carbonate de chaux
s'est souvent précipité sur les plantes qui poussaient dans le
voisinage.

De même, près des sources thermales, la silice peut avoir été la substance incrustante.

Dans ce cas, comme dans celui de la carbonisation, il peut subsister de l'organisme enseveli, soit un moule interne, soit un moule externe.

Moules internes et externes. — Si la substance d'un corps organique enseveli vient à disparaître complètement, il ne reste qu'un vide, dont les parois représentent le *moule externe* du fossile. Dans les vides ainsi produits, on peut d'ailleurs couler du plâtre ou toute autre matière et reconstituer par moulage le corps disparu. On a pu, par ce procédé, reproduire des objets extrêmement délicats, des insectes, des fleurs avec leurs étamines et leurs pistils, etc.

Ce moulage artificiel a pu se faire naturellement. Le moule externe peut avoir été ultérieurement rempli par de la matière minérale et celle-ci constitue un *moule interne* qui reproduit la forme extérieure de l'animal. C'est là un mode fréquent de fossilisation ; la plupart des fossiles sont de simples moules et ne contiennent aucune particule de la substance originelle.

De plus, lorsqu'un Lamellibranche ou un Gastéropode se trouve enseveli dans un dépôt, les sédiments remplissent généralement leur cavité. Puis la coquille est graduellement dissoute par les eaux et disparaît. De la matière minérale peut ultérieurement réoccuper la cavité ainsi formée et reproduire une coquille parfaite, identique comme forme à la coquille originelle.

Il arrive d'ailleurs quelquefois que l'espace, laissé vide par la disparition de la coquille, ne soit pas rempli complètement ; on trouve alors une cavité contenant en son centre un nodule pierreux. Si celui-ci n'adhère pas à la roche, il constituera une sorte de hochet.

Ce ne sont pas seulement les restes de plantes et d'animaux qui peuvent avoir été ainsi conservés, mais aussi toute trace reconnaissable de leur ancienne existence, les impressions ou pistes laissées derrière eux, que ce soient des traces de pas, des ornières, des sillons ou des coprolithes, ou même des traces laissées sur les sédiments par le va-et-vient des végétaux marins (chap. VII, p. 162).

Remplacement moléculaire. — Ce procédé de fossilisation est beaucoup moins brutal que le précédent, dans lequel toute la masse à fossiliser disparaît d'abord, pour être remplacée ensuite.

Dans celui-ci, la substance originelle est remplacée, molécule à molécule, par de la matière minérale ; sa structure interne, si délicate fût-elle, est conservée d'une façon parfaite.

Dans certains cas, les parties molles des animaux ont pu se conserver ; ainsi l'on a trouvé dans les phosphorites du Quercy (Lot) des grenouilles admirablement transformées en phosphates de chaux, montrant encore tous les détails de leur peau.

De même pour certains spécimens de bois silicifiés ; les plus petits détails de leur structure ont été si bien remplacés qu'une coupe mince de ce spécimen, vue au microscope, montre la structure d'une façon aussi nette qu'une section du bois originel. Le minéral remplaçant est généralement de la silice (principalement de la calcédoine ou de l'opale) ou du carbonate de calcium. D'autres substances peuvent remplacer des substances organiques, ainsi les composés du fer, pyrite, marcassite, hématite, limonite et sidérite et moins fréquemment le gypse, la baryte, le fluorure de calcium et divers métaux et composés métalliques.

Il arrive même que les matières minérales et en particulier le sulfure de fer se concentrent surtout dans le voisinage immédiat des fossiles, dont la substance organique joue, au point de vue chimique, le rôle de réducteur. C'est ainsi que l'on trouve souvent les Ammonites complètement transformées en pyrite.

PRINCIPALES SORTES DE TERRAINS FOSSILIFÈRES

En règle générale, les fossiles les mieux conservés se trouvent dans les roches sédimentaires à grain fin, comme les

marnes, les calcaires, les argiles et les grès finiment argileux
ou calcaires.

Couches calcaires. — Les calcaires argileux et les argiles
marneuses sont généralement très fossilifères et les fossiles y
sont, en général, bien conservés. Par contre, les calcaires
purs qui présentent un commencement de cristallisation sont
pauvres en fossiles ; une cassure fraîche de ces roches ne
montre que peu ou pas de structure organisée ; mais, sur la
surface qui a été longtemps exposée à l'air, les fossiles se
présentent fréquemment en relief, parce que la variété de
calcaire, sur laquelle ils se trouvent, est moins résistante à
l'action atmosphérique que celle qui les constitue. Il en est de
même dans beaucoup de calcaires dolomitiques.

Couches argileuses. — Les argiles sont souvent riches en
fossiles ; il arrive parfois cependant qu'elles soient stériles,
ou que les fossiles qu'elles contiennent se trouvent seulement
au milieu de nodules de carbonate de calcium, de sidérose, de
pyrite ou de tout autre substance.

Grès. — Les grès ne sont pas aussi fossilifères que les
argiles. Cela tient au moins à deux causes :

1° Le sol de la mer, quand il est sableux, est fréquemment
en mouvement, condition qui n'est guère favorable au développement des organismes sédentaires ;

2° La perméabilité des grès favorise le passage des eaux de
circulation, qui dissolvent si fréquemment les matières organiques ; aussi les grès quartzeux massifs et en gros bancs et
les grès rouges sont-ils généralement très pauvres en restes
organiques.

Conglomérats. — Les conglomérats ne sont généralement
pas fossilifères ; les fossiles, quand ils existent, sont généralement plus ou moins roulés et usés par l'eau. C'est ainsi que
l'on trouve dans certains calcaires carbonifères ou jurassiques
des fragments roulés de troncs ou de branches d'arbres, tandis
que les rameaux et les feuilles, plus délicats, sont absents. De
même dans les graviers et les conglomérats du pléistocène, on

ne retrouve guère que les grands os et les têtes de mammifères, d'ailleurs souvent roulés et cassés.

Tufs volcaniques. — On trouve quelquefois des fossiles dans certains tufs volcaniques stratifiés. On a même rencontré des débris de plantes dans des tufs grossiers et des conglomérats qui occupent les cheminées ou necks de certains volcans du Carbonifère d'Ecosse. Ils représentent probablement les restes des plantes qui poussaient sur les pentes d'anciens cônes.

On a trouvé quelquefois, quoiqu'assez rarement, des fragments d'arbres charriés, inclus dans la partie inférieure d'anciennes laves.

Couches schisteuses. — Ces roches sont généralement dépourvues de fossiles. Cependant on en a trouvé parfois, et en particulier dans certaines roches métamorphiques des environs de Christiania et dans les schistes très cristallins du Lias des Alpes centrales. Dans beaucoup de cas, les fossiles ont été très comprimés, les branches cylindriques ont été aplaties et leur section devient elliptique.

D'une manière générale, dans les calcaires, les marnes et les grès calcaires, les coquilles et les coraux conservent généralement leur structure originelle ; au contraire, dans les couches argileuses, les fossiles de toutes sortes ont une tendance à être plus ou moins aplatis ; c'est d'ailleurs une règle qui souffre beaucoup d'exceptions. Dans les argiles et les roches qui ont été soumises à une forte compression, les fossiles sont généralement très comprimés et difficiles à reconnaître.

Fossiles marins et fossiles terrestres. — En ce qui concerne les végétaux, les dépôts marins nous apprennent généralement peu de chose ; en effet, la plupart des Algues marines avec leurs tissus lâches et cellulaires sont plus rapidement décomposées que les plantes terrestres, à tissus vasculaires beaucoup plus résistants. Pour ces raisons et pour d'autres, les plantes terrestres sont beaucoup plus abondantes et dans un meilleur état de conservation que les Algues.

Il n'en est pas de même en ce qui concerne les fossiles du

règne animal ; la grande majorité de ceux-ci sont d'origine marine. Ce n'est que d'une manière plutôt exceptionnelle que l'on trouve des fossiles terrestres, la surface des continents étant beaucoup plutôt une région de dénudation qu'une région d'accumulation. Aussi les données révélées par les dépôts terrestres et d'eau douce ne sont-elles guère relatives qu'à des épisodes de l'histoire du globe, quoique fort intéressants et instructifs ; il est d'ailleurs souvent difficile d'établir leur synchronisme avec les données correspondantes fournies par les dépôts marins. C'est surtout grâce à ces derniers que nous pouvons suivre dans ses grandes lignes le développement du globe ; mais les fossiles terrestres nous renseignent sur la vie des continents au sujet de laquelle nous ne trouvons que des documents épars dans les formations marines.

Dans certains cas, d'ailleurs, il est possible de relier, de synchroniser des dépôts marins, terrestres, d'eau douce, contenant des fossiles différents, en particulier quand on a affaire à des dépôts d'estuaires, à des sédiments comme les couches de charbon.

PRINCIPAUX GROUPES D'ANIMAUX FOSSILES

Protozoaires. — Ces formes, les plus inférieures de la vie, possèdent souvent des parties dures formées de calcaire ou de silice, qui ont été conservées et que l'on retrouve souvent dans les formations marines de tout âge.

Quelques-uns ont une grande importance stratigraphique ; ce sont surtout les Foraminifères ; ainsi les Fusulines caractérisent certains étages du Carbonifère et du Permien, les Nummulites servent à déterminer l'âge des différentes assises de l'Éocène.

Spongiaires. — La grande majorité des espèces actuelles habitent les eaux marines ; il en était de même aux époques anciennes ; beaucoup d'éponges ont un squelette ou une trame, calcaire ou siliceuse, qui résiste à la décomposition. Aussi rencontre-t-on un nombre considérable d'individus de Spongiaires, dans les faciès lithologiques les plus variés ; mais c'est surtout dans le faciès corallien qu'ils abondent.

Par contre, leur importance stratigraphique est minime et ils ne peuvent servir à définir des étages.

Cœlentérés. — Ce sont des formes essentiellement marines ; les Coralliaires sont surtout abondamment représentés, grâce à leur squelette calcaire ; ils forment souvent des récifs entiers. Les Méduses, formes molles, n'ont été conservées qu'exceptionnellement.

Échinodermes.— Les Échinodermes sont également marins ; le test de la plupart d'entre eux (Étoiles de mer, Oursins, Encrines) est calcaire ; il présente cette particularité que tous les éléments du test sont alignés de la même façon ; ils forment un réseau dont les mailles sont remplies de matières organiques ; au cours de la fossilisation, la matière organique est remplacée par un nouvel apport de carbonate de chaux qui s'oriente comme le réseau préexistant. Aussi les restes d'Echinodermes peuvent-ils être distingués à première vue de toute production calcaire venant d'un autre animal, quelle que soit la petitesse du fragment examiné ; il se casse suivant des faces planes, parallèles, qui sont les plans de clivage des éléments de calcite.

Annélides. — On ne les connaît à l'état fossile que par leurs traces et leurs déjections ; car leurs tissus étaient mous et ils ont été rarement préservés. Ces traces et ces déjections se trouvent dans les roches sédimentaires marines.

Les tubes formés par beaucoup d'Annélides marines se rencontrent souvent à l'état fossile.

Bryozoaires et Brachiopodes. — Ce sont des fossiles très abondants.

Les Bryozoaires sont surtout marins. Les Brachiopodes sont exclusivement marins. Parmi eux, les Spirifer, les Térébratules, les Rhynchonelles, etc., sont des fossiles importants au point de vue stratigraphique.

Mollusques. — Les Mollusques sont, les uns marins, les autres d'eau douce, les autres terrestres.

Leur importance est primordiale ; ils sont extrêmement abondants comme genres, espèces, individus et ils sont généralement très bien conservés.

De plus, ils donnent des renseignements très importants sur la nature du milieu où ils vivaient ; ils permettent de reconstituer avec une certaine approximation la profondeur et la salure des mers en un point déterminé ; leur répartition renseigne sur les provinces zoologiques des époques géologiques, sur les directions des courants, etc. Ce sont surtout les Gastéropodes et les Lamellibranches qui fournissent ces indications.

Les Céphalopodes, et en particulier les Ammonites, sont, au contraire, des animaux ayant une répartition géographique presque universelle ; mais ils n'ont en général vécu que pendant une très courte période de temps ; aussi leur présence permet-elle d'établir les synchronismes à grande distance, de retrouver dans les pays les plus lointains jusqu'aux subdivisions de détail d'un même étage.

Arthropodes. — Cet embranchement comprend les Crustacés, les Scorpions, les Araignées, les Myriapodes et les Insectes. Quelques-uns de ces groupes ont une grande importance pour le géologue. Les Crustacés, en particulier, principalement marins, sont souvent représentés à l'état fossile. Plusieurs types éteints comme les Trilobites sont des fossiles caractéristiques des différents étages du Paléozoïque. Les formes d'eau douce et les formes terrestres se rencontrent moins souvent, quoiqu'elles soient abondantes dans les dépôts d'eau douce et les couches contenant des lignites et du charbon.

Vertébrés. — Les vertébrés dont on rencontre le plus fréquemment les restes sont les Poissons marins ; leurs dents sont souvent très abondantes dans les dépôts sédimentaires.

Les restes de Reptiles marins, en particulier ceux de l'époque jurassique (Ichthyosaures, Plésiosaures) et de l'époque crétacée sont également assez fréquents.

Les débris des autres vertébrés sont relativement rares ; cependant dans les alluvions anciennes des rivières, on trouve parfois des ossements d'animaux, récemment éteints, comme certains éléphants.

IMPORTANCE DES FOSSILES DANS LES RECHERCHES GÉOLOGIQUES

Il est à peine nécessaire de dire que l'étude des fossiles a une importance considérable au point de vue de la biologie générale.

Mais ce n'est pas ce point de vue purement paléontologique qui intéresse le géologue. Il apprécie surtout l'aide que lui fournissent les fossiles en lui permettant de découvrir les conditions dans lesquelles les roches sédimentaires se sont formées et de déterminer l'âge relatif des différentes couches.

On doit faire remarquer que l'étude des fossiles, la *Paléontologie*, constitue une science spéciale.

Il est nécessaire pour faire des déterminations correctes des fossiles de toujours remonter à la figure originale, c'est-à-dire à la plus ancienne en date, on s'aidera ensuite des figures et des diagnoses plus précises parues ultérieurement. Ces précautions ont pour but d'éviter qu'une erreur de détermination commise par un auteur ne subsiste indéfiniment et n'amène à des confusions regrettables, plusieurs personnes arrivant alors à désigner sous le même nom des formes différentes comme cela a eu lieu souvent. Aussi la détermination précise d'un fossile est-elle toujours une chose longue et délicate ; elle ne peut guère être faite que par des spécialistes dans des laboratoires bien outillés, possédant de bonnes collections de comparaison et une importante bibliothèque.

Conditions climatériques d'après l'étude des fossiles. — Certains fossiles, appartenant à des espèces encore vivantes, peuvent, s'ils sont trouvés en place, dans des sédiments, fournir des données importantes sur les conditions climatériques anciennes.

Ainsi certains tufs calcaires relativement récents, pléistocènes, les tufs de la Celle près de Fontainebleau ont fourni des restes de Laurier des Canaries (*Laurus Canariensis*). Cette plante n'existe plus en France ; elle habite les îles Canaries à une altitude de 500 à 1.000 mètres dans des régions boisées, presque toujours noyées dans la vapeur d'eau et exposées aux pluies intenses d'hiver. La température y est relativement élevée.

Ce laurier est, d'ailleurs, très susceptible au froid et, comme il fleurit pendant la saison d'hiver, il est certain que des gelées répétées comme celle que l'on observe actuellement dans le Nord de la France, empêcheraient sa reproduction.

Ce laurier est accompagné de nombreuses autres plantes et de débris de coquilles terrestres qui toutes indiquent que le climat du Nord de la France était à cette époque plus régulier qu'aujourd'hui.

Un autre exemple est fourni par la présence de plantes polaires dans les dépôts pléistocènes du sud de la Suède, du Danemark, de l'Angleterre, de l'Europe centrale. Ces plantes, et en particulier *Salix polaris*, ne se trouvent plus actuellement que sous des latitudes élevées, comme en Laponie, au Spitzberg, etc. Il est d'ailleurs accompagné d'autres plantes septentrionales et d'animaux, comme le Lemming, le Renard boréal, etc. La présence de ces formes dans des régions relativement méridionales prouve donc qu'un changement de climat considérable a eu lieu depuis cette période de l'époque pléistocène et qu'à ce moment un climat boréal régnait dans ces régions aujourd'hui tempérées.

Il faut d'ailleurs apporter une prudence extrême dans les reconstitutions climatériques quand on ne s'appuie pas sur la présence d'un grand nombre d'espèces éteintes. C'est qu'en effet, des formes même très voisines des types vivants peuvent avoir existé dans des conditions très différentes. Ainsi tant que l'on n'a connu le mammouth et le rhinocéros que par leurs squelettes, on a supposé que ces animaux avaient vécu sous des conditions climatériques analogues à celles sous lesquelles vivent leurs représentants actuels. Or nous savons maintenant que ces animaux étaient couverts d'une toison épaisse et qu'ils étaient capables, par suite, de résister aux rigueurs des hivers des pays du Nord.

Cependant, même quand on a affaire à des fossiles où dominent les formes éteintes, on peut arriver à se représenter, au moins d'une façon grossière, quel était le climat à cette époque ; c'est alors le facies général de la faune et de la flore beaucoup plus que la présence de formes individuelles qu'il faut considérer. Ainsi, l'argile de Londres (Éocène) a fourni un grand nombre de types dont l'aspect général est tropical ou subtropical. Parmi les plantes, il y a des salsepareilles, des aloès, des amomums, des palmiers, des figuiers, des magnolias, des eucalyptus, des cinnamomums, etc. ; les animaux sont des tortues, des crocodiles, des pachydermes, voisins des tapirs, et des oiseaux analogues aux oiseaux des tropiques ; on trouve, associés, des mollusques, dont les représentants les plus proches vivent dans les pays chauds (*Conus, Voluta, Nautilus*, etc).. La présence de tous ces êtres indique qu'un climat chaud régnait à l'époque du dépôt de l'argile de Londres. Le sol était couvert par une végétation tropicale ou subtropicale et des animaux, de même caractère, vivaient dans les rivières et les mers de cette époque.

Dans les systèmes géologiques les plus anciens, toutes les espèces et presque tous les genres sont des formes éteintes, de telle sorte que la ressemblance générale qu'un groupe de fossiles paléozoïques peut avoir avec un groupe d'animaux ou de végétaux vivants n'a aucune signification au point de vue climatérique. Cependant nous pouvons penser que la flore abondante de l'époque carbonifère ne peut pas s'être développée sous un climat arctique ou même simplement froid ; nous pouvons également être convaincu que les coraux si abondants et les céphalopodes de l'époque paléozoïque, ne peuvent pas avoir vécu dans des mers froides, et que les massifs calcaires de ces époques reculées ont été formés dans des eaux relativement chaudes ; car à l'époque actuelle, c'est dans les mers chaudes que vivent les organismes qui sécrètent du calcaire : coraux, mollusques, foraminifères, algues calcaires ; c'est là qu'ils sont abondants et qu'ils donnent naissance à d'épaisses accumulations de calcaire. Mais il serait trop hardi d'en conclure qu'à l'époque paléozoïque les conditions climatériques étaient identiques à celles de l'époque actuelle.

La considération de la distribution géographique des flores et des faunes paléozoïques permet quelquefois d'aller plus loin.

Les fossiles d'une formation déterminée peuvent être connus sur de grandes surfaces du globe, sous les latitudes

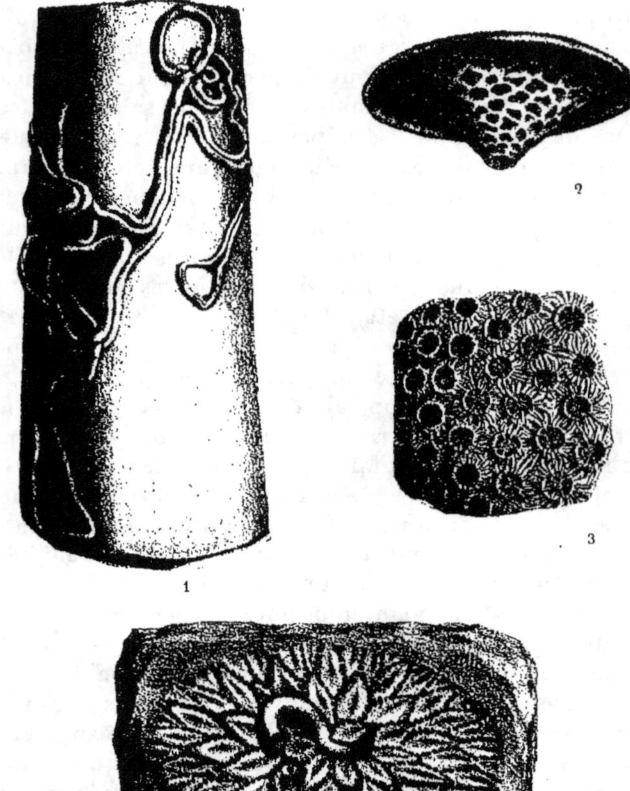

1. — *Serpula flaccida* Goldfuss (d'après Goldfuss, Petrefacten Germaniæ,
pl. LXIX, fig. 7 a). — Annélide sur une Bélemnite, de l'ère secondaire
(époque jurassique).

2. — *Scyphia fungiformis* Goldfuss (d'après Goldfuss, *ibid.*, pl. XLV, fig. 4).
Spongiaire de l'ère secondaire (époque jurassique).

3. — *Astræa tubulosa* Quenstedt (d'après Quenstedt, Der Jura). — Polypier
de l'ère secondaire (époque jurassique).

4. — *Pleurodictyum problematicum* Goldfuss (d'après Goldfuss, pl. XXXVIII,
fig. 18). Symbiose d'un Cœlentéré avec une Annélide, de l'ère primaire
(époque dévonienne).

Vis-à-vis de la page 144.

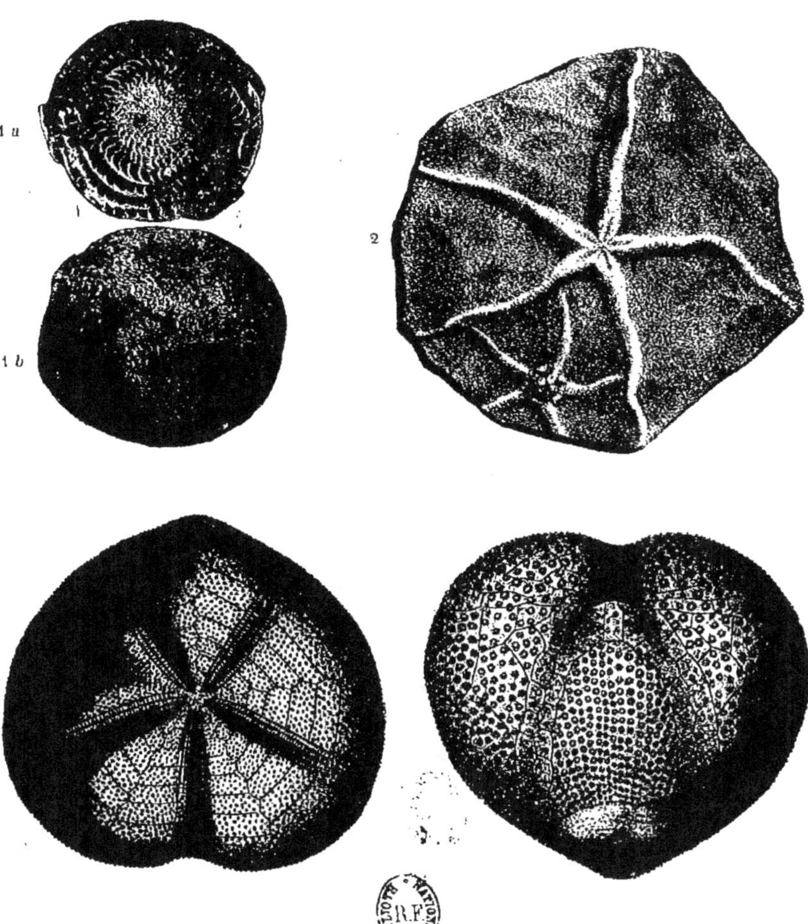

1 *a*, 1 *b*. — *Nummulites lævigatus* Lamarck (d'après H. Douvillé, *Bull. Soc. Géol. Fr.*, 1902). Foraminifère caractéristique de l'étage lutétien (ère tertiaire).

2. — *Asteria obtusa* Goldfuss (d'après Goldfuss, pl. LXIII). Echinoderme.

3. — *Micraster cortestudinarium*, Ag. (d'après Cotteau et Triger, Echinides du département de la Sarthe, pl. LIV). Echinide caractéristique de l'étage sénonien (ère secondaire, époque crétacée).

Vis-à-vis la page 144.

1 *a*

1 *b*

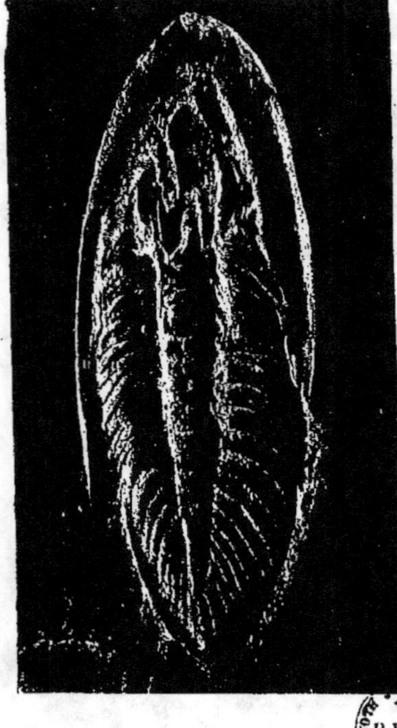

2

3 *a*

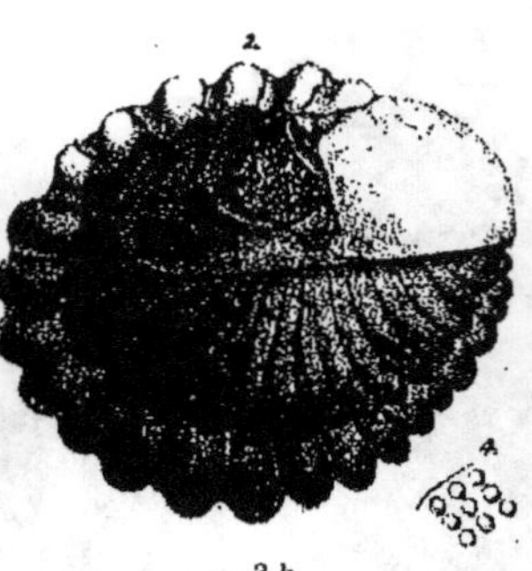

3 *b*

1 *a*, 1 *b*. — *Spirifer Venus* d'ORBIGNY (reproduction de l'échantillon type d'après *Paleontologia Universalis*, fiche 12). Brachiopode de l'ère primaire.

2. — *Ogygia Guettardi* BRONGNIART (reproduction de l'échantillon type d'après *Paleontologia Universalis*, fiche 4). Crustacé (Trilobite) de l'ère primaire.

3. — *Phacops latifrons* BRONN (*Zeitschrift von Leonhard*, 1825, pl. II). Crustacé (Trilobite) de l'ère primaire.

REMARQUE : Les déterminations paléontologiques ne peuvent se faire avec certitude que dans des laboratoires bien outillés, munis de grandes collections et de grandes bibliothèques, par comparaison avec les *échantillons types* et les *figures types*, qui ont servi à définir l'espèce.

Vis-à-vis de la page 144.

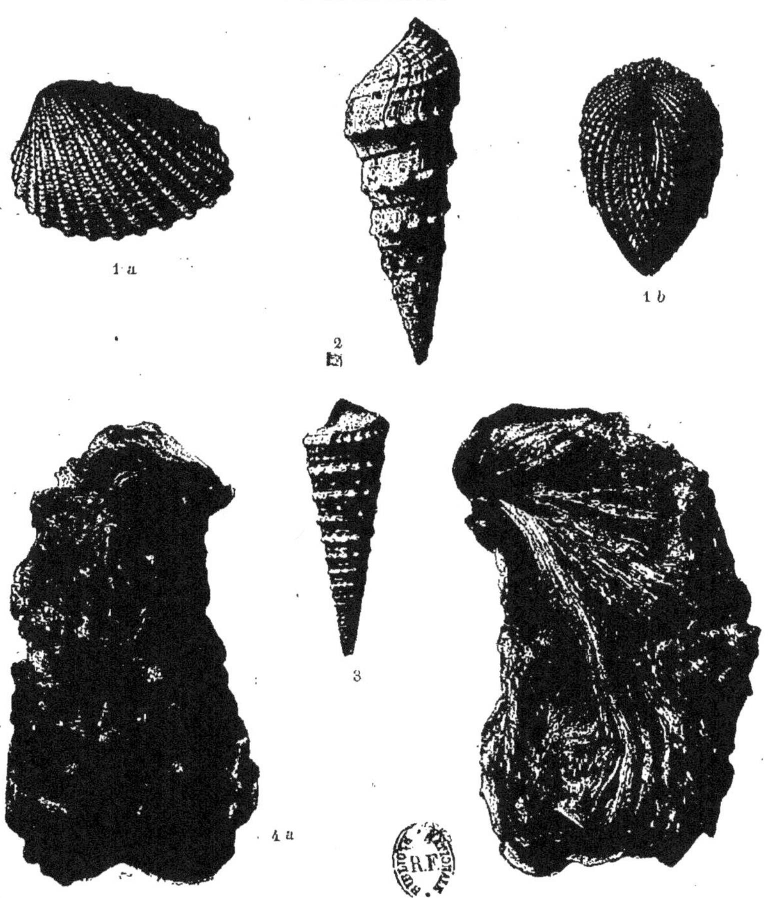

1. — *Cordita Basini* Desh. (Description des animaux sans vertèbres découverts dans le bassin de Paris, 1860, pl. LX). Mollusque lamellibranche, caractéristique de l'étage stampien (ère tertiaire).

2. — *Melania inquinata* Lamarck (reproduction de l'échantillon type, d'après *Paleontologia Universalis*, fiche 59). Mollusque gastéropode caractéristique de l'étage sparnacien (ère tertiaire).

3. — *Cerithium tricarinatum* Lamarck (reproduction de l'échantillon type, d'après *Paleontologia Universalis*, fiche 3) Mollusque gastéropode caractéristique de l'étage lutétien (calcaire grossier des environs de Paris, ère tertiaire.

4. — *Ostrea bicarinata* Defr. (reproduction de l'échantillon type, d'après *Paleontologia Universalis*, fiche 10). Mollusque lamellibranche caractéristique de l'étage cénomanien (ère secondaire, époque crétacée).

Vis-à-vis la page 144.

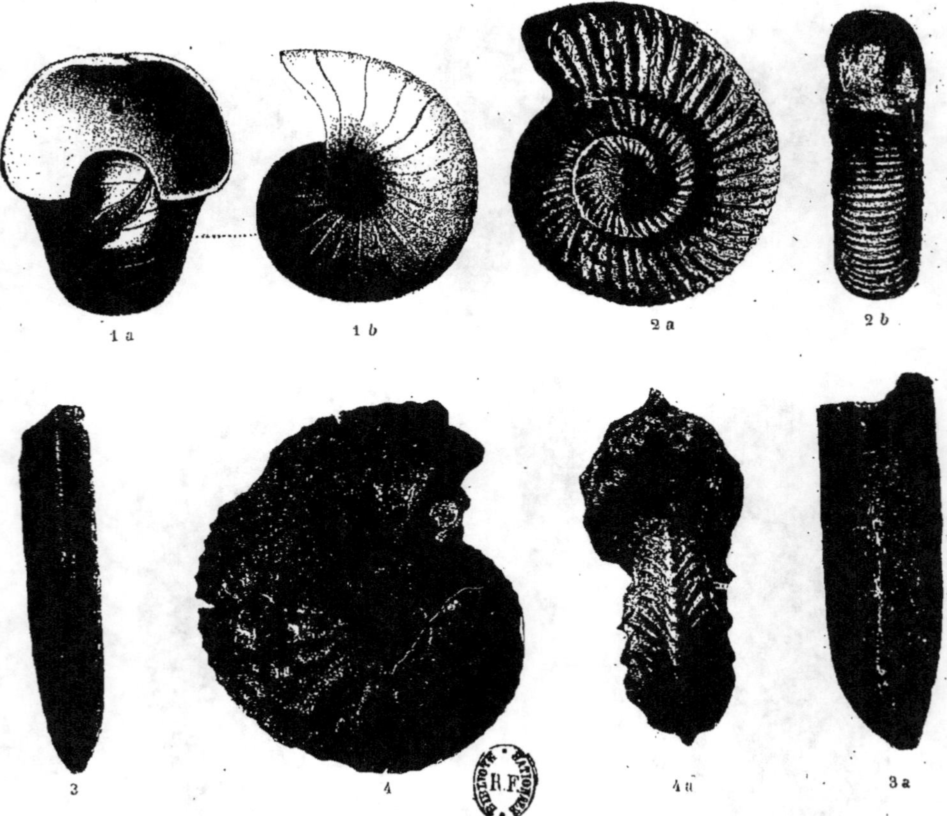

1. — *Nautilus jurensis* Quenstedt (d'après Quenstedt, der Jura, 1858, p. 284, pl. XLI, fig. 1). Mollusque céphalopode de l'ère secondaire, époque jurassique.

2 a, 2 b. — *Ammonites (Perisphinctes) Martelli* Oppel (reproduction d'un échantillon plésiotype, d'après *Paleontologia Universalis*, fiche 5). Mollusque céphalopode de l'ère secondaire, époque jurassique.

3, 3 a. — *Belemnites latus* Raspail (reproduction du type, d'après *Paleontologia Universalis*, fiche 164). Mollusque céphalopode de l'ère secondaire.

4, 4 a. — *Ammonites (Cardioceras) cordatum* Sow (reproduction du type, d'après *Paleontologia Universalis*, fiche 94). Mollusque céphalopode caractéristique de l'étage oxfordien (ère secondaire, époque jurassique).

Vis-à-vis la page 144.

les plus variées des deux hémisphères ; on peut en déduire que les conditions climatériques sous lesquelles vivaient les fossiles en question ont été singulièrement uniformes sur la surface terrestre. Ce simple fait a permis d'émettre l'hypothèse que le climat du globe, à ces époques, n'était pas différencié en zones distinctes comme c'est le cas à l'époque actuelle.

Ceci ne paraît d'ailleurs pas avoir été vrai pour toutes les époques ; il y a certains fossiles que l'on trouve uniquement en Europe, tandis qu'ils manquent en Amérique et réciproquement d'autres formes abondantes en Amérique sont absentes de l'Europe. On admet alors qu'il existait à l'époque considérée des *provinces zoologiques* et cette hypothèse n'est pas invraisemblable puisqu'il existe de telles provinces zoologiques à l'époque actuelle. Ces provinces zoologiques peuvent être déterminées par des différences dans les conditions de vie (climat, végétation, etc).

Conditions géographiques déduites de l'étude des fossiles. — Les fossiles donnent des renseignements sur les conditions terrestres, marines ou d'eau douce qui régnaient à l'époque où ils se sont déposés.

a) **Régime continental.** — Les sédiments d'origine continentale sont rarement conservés ; cependant ils sont représentés par les couches intermédiaires entre deux périodes déterminées.

Çà et là, par exemple, des racines d'arbres, pénétrant dans l'ancien sol, se trouvent interstratifiées au milieu de couches sédimentaires. Un bon exemple est fourni par certaines couches des environs de Portland. C'est simplement un ancien sol, contenant les racines de cycadées et de conifères ; il est intercalé entre des couches d'eau douce ; cette succession montre que, après le dépôt de boue fluviatile sur une surface assez considérable, les conditions continentales ont prévalu et que le pays a même pu se couvrir de forêts. Puis, probablement à la suite d'un affaissement du sol, les forêts furent submergées et ensevelies sous de nouvelles accumulations de boue fluviatile.

Beaucoup de couches de charbon, appartenant à l'époque

carbonifère, avec leurs argiles intercalées, sont dues au même phénomène et on retrouve encore le même fait dans la plupart des lignites qui appartiennent aux époques géologiques ultérieures. D'ailleurs beaucoup de charbons et de lignites, paraissent représenter une masse de matières végétales qui ont probablement été charriées d'une région continentale dans des estuaires ou dans des baies marines peu profondes. La présence, assez fréquente, d'arachnides, d'insectes, de lézards, de mollusques, associés à ces lits de charbon et d'argile, vient à l'appui de leur origine terrestre. L'ambre est un produit abondant dans les couches ligniteuses d'Allemagne et représente indiscutablement la gomme et la résine qui coulaient de certains arbres de l'époque tertiaire.

b) **Régime lacustre.** — Ce régime est indiqué par la présence de nombreux mollusques d'eau douce et de petits crustacés qui sont souvent si abondants qu'ils forment des lits entiers de marne ou de calcaire. Des restes de plantes, des insectes et d'autres débris d'animaux terrestres comme des reptiles et des mammifères se trouvent souvent dans les dépôts lacustres. C'est même dans les dépôts lacustres et d'estuaires que l'on trouve le plus de renseignements sur la vie continentale ancienne.

c) **Régime marin.** — Les récifs de coraux actuels exigent pour leur développement des conditions spéciales, et en particulier des eaux très limpides. Il est probable que leurs prédécesseurs, aux époques géologiques, vivaient dans des conditions analogues. Aussi peut-on penser que les masses épaisses de calcaire, pétries de coraux, d'encrines, et d'autres organismes marins indiquent la présence d'eaux limpides et assez éloignées du littoral pour n'être pas troublées par l'apport d'impuretés venant du continent.

Cette déduction est confirmée par ce fait que les calcaires sont relativement purs, c'est-à-dire qu'ils contiennent relativement peu de matières insolubles ; celles-ci, quand elles existent, se trouvent dans de petits feuillets argileux, intercalés au milieu des calcaires et dans lesquels les fossiles sont

beaucoup moins abondants. Ils semblent correspondre à un
arrêt dans le développement du récif.

D'ailleurs, lorsqu'au-dessus d'un banc calcaire la roche
devient impure les coraux diminuent de grandeur ; souvent
ils se contournent comme si l'affluence de l'élément boueux
avait causé un préjudice à leur développement. Le même fait
s'observe quand on suit les dépôts coralliens vers la région
littorale.

Les dépôts d'eau peu profonde et la proximité du continent
sont mis en évidence par les pistes, les trous et les excréments
d'annélides, les traces de crustacés, les empreintes de pas de
reptiles, d'amphibiens, d'oiseaux et de mammifères. On y
trouve souvent aussi des plantes, plus ou moins bien conservées, les débris d'insectes et d'autres traces de la vie continentale. Les lits contenant de tels fossiles sont souvent des dépôts
d'estuaire et contiennent fréquemment des ripple-marks, des
gouttes de pluie et des craquelures dues au soleil (voir
chap. V).

Mouvements terrestres déduits des fossiles. — La présence
de fossiles marins dans certaines roches permet de mettre en
évidence des oscillations dans le niveau des mers.

Ainsi l'apparition, dans les districts maritimes, à différentes
hauteurs du niveau actuel de la mer, de terrasses de sables et
de graviers, contenant en grande abondance des coquilles marines appartenant à des espèces encore vivantes, est la preuve
d'un mouvement positif récent de la côte, que ce soit le continent qui se soit élevé, ou le niveau de la mer qui se soit abaissé.

De même l'existence, à des profondeurs variables du fond
de la mer, de tourbes contenant des débris d'arbres appartenant à des espèces encore vivantes est la preuve d'un affaissement récent de la terre.

Aux époques géologiques, l'étude des fossiles permet
d'arriver à des conclusions analogues. Il arrive souvent que
deux couches, deux étages successifs contiennent des fossiles
essentiellement différents ; une étude approfondie permet
quelquefois de constater que les fossiles de l'étage supérieur
qui semblent avoir apparu brusquement, viennent en réalité
d'une région où ils se sont développés antérieurement. Les

communications avec cette région étaient difficiles pendant la première période; elles sont devenues faciles pendant la seconde. L'apparition brusque de ces fossiles met donc en évidence des mouvements de l'écorce terrestre qui ont facilité, ou qui, dans d'autres cas, ont empêché les communications entre deux régions données.

Détermination de l'âge des couches au moyen de fossiles. — Dans beaucoup de cas il est impossible de relier les formations que l'on trouve dans des régions éloignées par le seul moyen des caractères lithologiques. Il arrive, en effet, souvent que, sur une distance même peu étendue, les couches changent de caractère. Ainsi des calcaires peuvent devenir de plus en plus marneux jusqu'à se changer en argiles; et celles-ci peuvent à leur tour passer latéralement à des grès ou s'interstratifier avec eux. A moins que ces changements de faciès ne puissent être suivis pas à pas, on ne peut pas être certain que des bancs donnés de calcaires, d'argiles ou de grès soient exactement contemporains.

A ne considérer que les caractères lithologiques seuls, on pourrait même penser qu'ils ont été formés à des époques différentes. Mais, si ces couches contiennent un certain nombre d'espèces communes, on est amené à penser que ces roches sont contemporaines et qu'elles ont été déposées par une même mer.

Les fossiles ont donc une importance capitale pour établir le synchronisme des couches.

A la suite de William Smith, les géologues ont pu reconnaître quels étaient les *fossiles caractéristiques* de chaque formation et établir la succession stratigraphique des couches fossilifères dans la plupart des pays du globe; chaque couche fossilifère possédant une flore et une faune spéciales, dont certains genres ou certaines espèces au moins lui sont particulières.

Ces constatations permettent au géologue d'assigner aux roches dans lesquelles ils se présentent un niveau déterminé dans la succession des couches sédimentaires.

Aussi cette connaissance des fossiles caractéristiques a-t-elle souvent une grande importance au point de vue de la géologie pratique; car elle aide à déterminer la succession stratigraphique des différentes couches du pays que l'on étudie.

CHAPITRE VII

STRATIFICATION DES ROCHES

Le géologue doit noter les positions des roches et les relations des masses rocheuses les unes avec les autres. C'est par
des observations de ce genre qu'il peut déterminer l'ordre de
succession, l'âge relatif des roches et dire quelles ont été
leurs conditions de dépôt, les modifications qu'elles ont
subies.

Consolidation des dépôts meubles. — Les roches ne sont
pas toutes également compactes et leur degré de solidification
n'est pas une preuve certaine de leur âge relatif. Cependant
on peut dire d'une manière générale que les dépôts fragmentaires des âges géologiques anciens sont plus consolidés que
ceux des époques récentes.

Les conglomérats, les grès, les argiles, les calcaires, les
tufs volcaniques étaient certainement, au moment de leur
dépôt, incohérents comme ceux que nous voyons s'accumuler
de nos jours.

L'eau, en circulant à travers des matériaux meubles, y introduit des matières minérales qui se déposent entre les grains du sédiment et les réunissent les uns aux autres ; ainsi les calcaires se consolident par le dépôt d'une solution de carbonate de calcium dans leurs interstices ; les sables se transforment en grès calcaires ou en grès siliceux très durs.

Les matériaux meubles peuvent aussi être rendus compacts par le poids des masses sus-jacentes. Ainsi la tourbe prise dans un puits vers dix mètres de profondeur est souvent si compacte qu'une fois sèche, elle ressemble à du lignite. De même les accumulations épaisses de décombres deviennent rapidement assez solides pour servir de fondations aux maisons.

Or les dépôts, qui affleurent aujourd'hui à la surface du sol, étaient souvent recouverts autrefois par des centaines ou des milliers de mètres d'épaisseur de roches plus jeunes, enlevés depuis par l'érosion ; on peut donc penser que le simple poids de ces masses a pu les consolider.

L'action de la chaleur tend également à solidifier les dépôts. On peut s'en rendre compte par les roches cuites et durcies par l'intrusion de matières primitivement molles. L'action intense de la chaleur du globe sur des accumulations épaisses de sédiments déposés pendant de longues périodes sur le fond de la mer a dû être plus considérable. Certaines séries consécutives de couches peuvent avoir 5.000 mètres et plus ; il est probable que pendant que les parties supérieures se déposaient, les parties inférieures étaient plus ou moins affectées par l'élévation des isogéothermes ou lignes d'égale température sous la terre. D'après ce que nous savons de l'augmentation de la température en profondeur, une très grande chaleur doit régner à une profondeur de 1.000 mètres. Ces conditions de température et de pression augmentent beaucoup l'influence des eaux de circulation.

La pression joue aussi un rôle considérable ; par suite de la lente contraction du noyau terrestre, il se produit d'énormes compressions latérales qui déterminent des plissements énergiques des couches et par suite de formidables laminages et broyages. Les roches sédimentaires peuvent ainsi devenir cristallines et schisteuses (*dynamométamorphisme*).

Cette action paraît surtout probable quand on compare les couches plissées et métamorphisées à celles qui n'ont pas été troublées et qui, ayant conservé leur position originelle, montrent rarement des traces de métamorphisme.

Les roches les plus anciennes du Paléozoïque d'Ecosse sont généralement très plissées et faillées et le plus souvent cristallines et schisteuses. Celles de la Russie centrale, au contraire, ont gardé dans leur ensemble leur position horizontale et sont si peu altérées qu'elles ressemblent aux dépôts sédimentaires d'époques plus récentes. Le contraste des dépôts, plus ou moins meubles et peu plissés du bassin de Paris, avec ceux du même âge, plissés et faillés des Alpes suisses, n'est pas moins frappant.

Stratification. — La plupart des roches sédimentaires, comme les conglomérats, les grès, les argiles, ont été déposés dans l'eau et forment des couches superposées; elles ont alors une structure stratifiée, c'est-à-dire qu'elles sont composées d'une série de lits successifs plus ou moins minces.

La stratification est surtout bien visible dans les sédiments

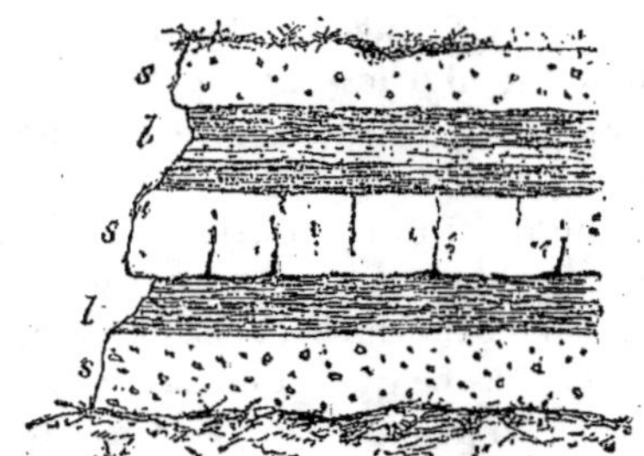

Fig. 7. — Couches stratifiées.

s — Lits homogènes ;
l — Lits composés de feuillets successifs.

à grain fin, comme les argiles feuilletées ; les feuillets de ces dépôts ont une épaisseur variable, depuis quelques centimètres jusqu'à l'épaisseur d'une feuille de papier (fig. 7) ; ces sédiments sont en général peu cohérents, de sorte qu'ils se

séparent plus ou moins facilement suivant les plans de sépa-
tion.

On appelle *lit ou strate* toute masse ayant un caractère pétrographique défini et séparé à sa base et à son sommet des masses sous-jacentes et sus-jacentes par un plan de séparation.

Un lit peut être homogène ou consister dans une succession
de *feuillets* successifs. Il faut ajouter d'ailleurs que ces mots
lits, strates, feuillets, sont tout à fait relatifs.

Le temps nécessaire pour la formation d'une épaisseur donnée de sédiments est absolument inconnu ; il est d'ailleurs
certainement variable suivant la nature des sédiments ; ainsi
pour la même épaisseur, des conglomérats se déposent plus
rapidement que des grès et des grès plus rapidement que des
argiles. La structure des roches permet quelquefois d'avoir
des données sur la vitesse relative du dépôt ; ainsi on peut
penser qu'un grès homogène s'est formé plus rapidement
qu'un grès feuilleté ; en effet le grès homogène témoigne d'une
sédimentation continue, tandis que le grès laminé indique
une sédimentation intermittente.

D'ailleurs, même des roches, de même caractère et de
même épaisseur, peuvent s'être déposées en des temps fort
variables ; même lorsque les lits ont la même composition
et la même structure, et diffèrent seulement par l'épaisseur,
on ne peut pas dire que le lit le plus épais soit celui qui a
demandé le plus de temps pour se former.

Intervalle entre deux lits successifs. — Cet intervalle
représente également un laps de temps variable et indéter-
miné.

Les alternances rapides de sédiments entrecroisés, sont
comme il a été dit, caractéristiques des dépôts fluviatiles, littoraux ou d'estuaires.

Au contraire, il est rare que les sédiments de mer profonde
présentent des changements rapides de faciès ; ils sont généralement à grain fin et persistent sur de grandes surfaces.
Aussi, dans leurs cas, les plans de stratification représen-
tent-ils un laps de temps plus grand que dans le cas de
dépôts d'estuaires et littoraux.

Par exemple, si un calcaire marin, d'une certaine épaisseur

est surmonté ou supporté par des argiles feuilletées (fig. 8), les plans de stratification peuvent correspondre à de longs intervalles de temps; en effet, une telle alternance de dépôts implique nécessairement certains changements géographiques

Fig 8. — Banc de calcaire intercalé entre deux bancs d'argile.

sh — Argiles;
l — Calcaires.

qui ont dû se produire assez lentement. On en déduira qu'une modification dans les conditions de dépôt a arrêté le dépôt des sédiments boueux (sh^1). La présence de calcaire pur épais (*l*), avec débris de coraux et d'autres organismes marins indique une longue période pendant laquelle l'eau est restée claire. Puis l'apparition soudaine des argiles (sh^2) indique le renouvellement des conditions qui ont permis le dépôt des argiles inférieures (sh^1). Ces alternances peuvent être dues à des mouvements de l'écorce.

Étendue et terminaison d'un lit. — En général, les dépôts à grain fin ont une étendue plus considérable que les dépôts à grain grossier.

Il en est de même dans les lacs et les mers actuels. Quand une rivière entre dans un lac ou un estuaire, la force du courant diminue immédiatement, les matériaux les plus lourds et les plus grossiers, tombent au fond les premiers. Le sable est entraîné à une plus grande distance et a une plus large distribution. Les fines particules vont encore plus loin et s'éparpillent sur une surface encore plus grande.

Les vagues, les marées, les courants effectuent la même distribution des sédiments le long de la côte. Des bancs de graviers s'accumulent près de la côte, le sable est entraîné plus loin et les sédiments les plus légers et les plus fins s'étendent au loin sur le sable de la mer.

Quand l'eau est très agitée, et que la sédimentation est souvent interrompue, les dépôts sont à gros grain et montrent des alternances nombreuses de graviers et de sables grossiers.

Mais là où le fond de la mer n'est pas balayé par des courants de marée, le sable fin est étendu au loin ; lorsqu'on atteint de grandes profondeurs, il est rempacé par de la boue qui s'étend sur de grandes surfaces, le fond de la mer est tranquille, on arrive ainsi à une zone où il n'y a plus que peu ou pas de sédiments terrigènes entraînés. Là les plus importantes

Fig. 9. — Schéma de la distribution des dépôts marins.

s — Graviers et sables ;
c — Argiles ;
o — Sédiments d'origine organique.

accumulations sont d'origine organique, elles sont calcaires ou siliceuses (fig. 9).

Les calcaires marins, même lorsqu'ils sont minces, occupent souvent une grande surface ; leur dépôt nécessite, en effet, une eau très limpide et ils se sont, par suite, généralement déposés à une grande distance du littoral dans des conditions de profondeur relativement grande.

Chaque couche de l'écorce terrestre peut être considérée comme une lentille qui débute par une épaisseur nulle, s'épaissit plus ou moins régulièrement, atteint son maximum d'épaisseur puis diminue. Cette disposition lenticulaire peut quelquefois s'observer dans une même carrière où tout un groupe de couches peut consister dans une série de couches lenticulaires très courtes s'entre-croisant, s'imbriquant. Des couches plus épaisses et plus continues, d'origine sédimentaire, se comportent de même. D'une manière générale, les lits à grain grossier s'amincissent et s'épaississent plus vite que les dépôts à grain fin.

Il résulte de cette disposition des couches que des coupes

prises dans une même série de couches en des points différents ne montrent pas le même nombre de bancs, où si elles les montrent tous, les montrent avec une épaisseur variable (fig. 10).

C'est ce qu'on appelle des *changements de faciès*.

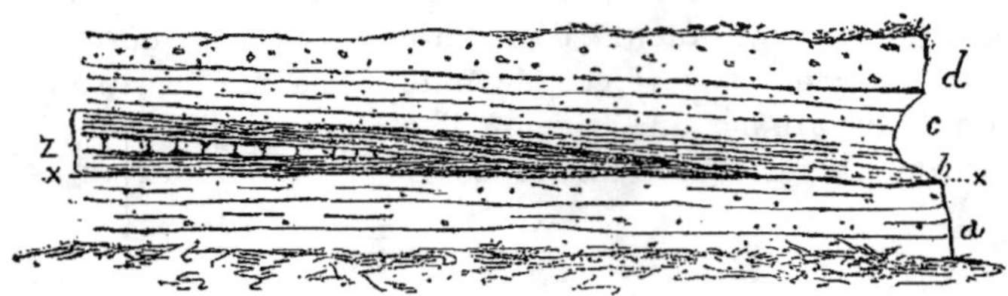

Fig. 10. — Amincissement et disparition des couches.

Une coupe pratiquée à gauche de la figure montre des bancs tels que z avec une épaisseur différente de celle qu'ils auraient sur une coupe faite à hauteur du milieu de la figure. Ces bancs n'existeraient pas sur une coupe pratiquée à droite de la figure ; ils y seraient remplacés par des bancs tels que *b*. On dit qu'il y a *passage latéral* du faciès *z* au faciès *b*.

Érosion contemporaine. — Les dépôts d'eau relativement peu profonde sont généralement discontinus ; car les courants qui transportent les sédiments et les déposent, varient fréquemment dans leur action ; ils remanient les sédiments et les transportent ailleurs ; aussi pendant le dépôt des sédiments lacustres, d'estuaires, littoraux, sublittoraux, l'accumulation et l'érosion alternent-elles fréquemment (fig. 11).

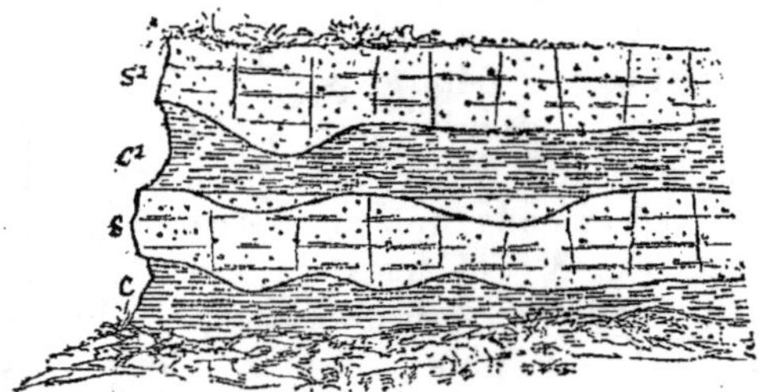

Fig. 11. — Érosions contemporaines du dépôt.

On voit des séries de lits dont le dépôt a cessé pendant un certain temps et d'autres qui ont été érodés aussitôt après leur dépôt et avant celui des couches qui viennent immédiatement au-dessus.

Le fond consiste en une argile sableuse *c* qui s'est déposée dans une eau relativement tranquille ; puis l'accumulation de sédiments fins a subitement cessé, des courants très forts ont érodé le substratum d'argile sableuse. La force du courant diminuant, le sable *s* a été distribué à la surface dénudée de l'argile et a atteint une épaisseur considérable, puis la force du courant a de nouveau augmenté, la sédimentation a été arrêtée à nouveau ; l'érosion a repris ; le sable a été partiellement enlevé et couvert ensuite par une argile sableuse *c¹* ; de même cette dernière a été à son tour dénudée et recouverte par du sable *s¹*.

Mode de groupement des couches. — Dans une même coupe verticale, les couches rencontrées ont des caractères essentiellement variables ; mais on peut souvent grouper ensemble des roches qui se rencontrent généralement associées et dont les conditions de dépôt sont à peu près les mêmes.

Ainsi les conglomérats sont souvent interstratifiés avec des grès et des sables ; les calcaires sont plutôt associés avec des argiles fines.

Le passage d'une couche à une autre, par exemple d'un calcaire à une argile (voir fig. 8), n'est pas aussi brusque qu'il paraît au premier abord ; les argiles inférieures deviennent de plus en plus calcaires et le calcaire commence par être très marneux, de sorte qu'il y a en quelque sorte passage insensible d'une couche à l'autre.

Cependant dans les dépôts de lacs et d'estuaires, il peut arriver quelquefois que les sédiments grossiers soient déposés directement à la surface de fines accumulations : une rivière au cours rapide pousse son delta en avant et elle dépose ainsi des graviers là où le sable s'était primitivement étalé, tandis qu'à son tour le sable se dépose à la surface de la boue fine (fig. 13).

Inversement quand la sédimentation se fait vers une aire qui s'affaisse, les dépôts les plus fins se rapprochent du rivage et se déposent à la surface des sédiments grossiers.

Synchronisme de couches de facies différent. — D'après ce qui vient d'être dit, on conçoit que des couches de facies différent puissent être contemporaines ; sur le même fond de mer et à la même époque, il a pu se déposer suivant les points, des graviers, des grès, des argiles ou des calcaires.

Aussi quand on suit une couche à travers une région un peu étendue, la voit-on souvent s'amincir et être remplacée par des couches de nature différente.

Ainsi de grandes masses de calcaires, en lits épais peuvent s'intercaler d'argiles et de grès qui augmentent constamment d'épaisseur, tandis que les calcaires s'amincissent jusqu'à disparaître et la série finit par consister uniquement en grès et argiles.

De même les conglomérats peuvent, comme nous l'avons vu, passer à des graviers et à des grès ; ceux-ci d'abord exclusivement siliceux deviennent peu à peu plus fins et plus argileux et se transforment en de véritables argiles.

L'Oolithe d'Angleterre fournit un bon exemple d'un passage latéral de cette sorte. Dans le Sud de l'Angleterre, cette formation se compose essentiellement de calcaires ; dans le Nord, elle devient plus ou moins arénacée et argileuse ; enfin dans le Yorkshire, les calcaires ont entièrement disparu et sont remplacés par des grès et des argiles avec intercalations charbonneuses et ferrugineuses. Les dépôts calcaires du Sud sont nettement marins ; ceux du Nord sont des formations d'estuaire et d'eau saumâtre.

Un changement analogue s'observe dans le calcaire carbonifère quand on le suit d'Angleterre en Ecosse. Dans le Sud,

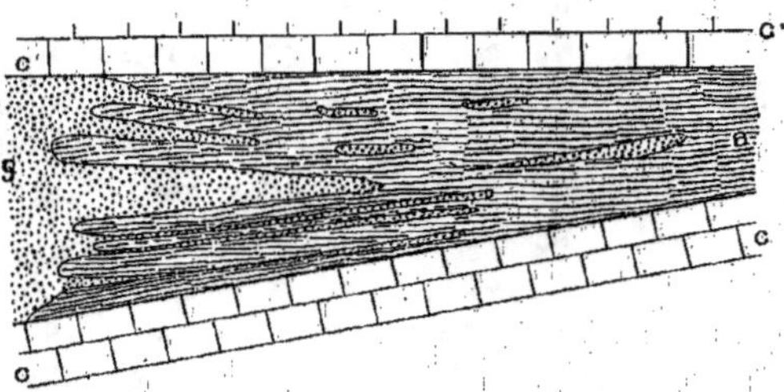

Fig. 12. — Passage latéral, par alternances, de grès (*g*) à des argiles (*a*).

L'ensemble des couches *g*, *a* est de plus intercalé entre deux couches *c*, *c*¹ de calcaires.

la formation consiste presque entièrement en calcaires épais d'au moins 1.000 mètres ; puis dans le Northumberland, elle est représentée par des alternances de grès et d'argiles, avec intercalation de couches de charbon et de lits de calcaires. En Ecosse les éléments arénacés et argileux acquièrent un grand développement et l'épaisseur n'est probablement pas inférieure à 4.000 mètres ; les calcaires se réduisent à une demi-douzaine de lits généralement peu épais ; de nombreuses couches de charbon et de minerais de fer s'intercalent au sommet de la série.

Il existe plusieurs procédés pour établir l'identité d'âge de deux couches à facies différents.

Méthode de proche en proche. — Une première méthode consiste à suivre les couches de proche en proche et à les voir passer les unes aux autres, soit progressivement, soit par des alternances répétées (fig. 12).

Elle est souvent difficile, voire même impossible à appliquer, faute d'affleurements.

Méthode stratigraphique. — Elle consiste à admettre que deux couches sont de même âge lorsque la couche qui est au-dessous et celle qui est au-dessus sont identiques.

Méthode paléontologique. — Ce procédé très employé consiste à admettre que deux couches sont de même âge quand elles contiennent les mêmes fossiles.

Stratification entrecroisée. — Les couches sédimentaires se sont généralement déposées à peu près horizontalement ; mais on en trouve quelquefois qui sont disposées d'une façon très

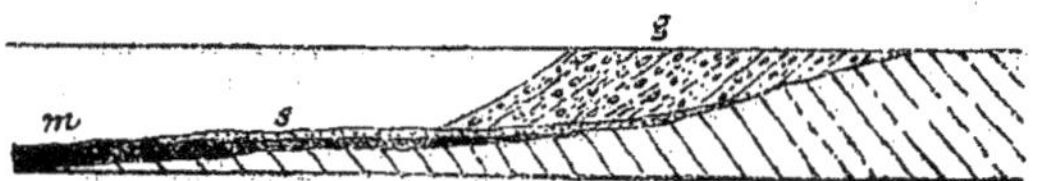

Fig. 13. — Delta formé par un cours d'eau torrentiel.

g — Graviers ;
s — Sables ;
m — Argiles.

Le delta du torrent a un front à pente rapide.

Les graviers et les détritus grossiers (*g*) sont roulés par le courant et tombent sur les bords escarpés. Les sédiments fins sableux (*s*) et argileux (*m s*) sont entraînés plus loin et se déposent sur le fond du lac et de l'estuaire où ils forment des couches horizontales.

Ainsi, au fur et à mesure de l'avancée du delta, les lits inclinés de graviers (*g*) reposent sur les couches horizontales de sables et d'argile (*m, s*).

irrégulière ; les différents lits qui les composent sont inclinés l'un par rapport à l'autre sous des angles très variables (pl. XXX) ; cette structure est due aux changements dans la direction des courants. On l'appelle *stratification torrentielle, stratification entrecroisée, fausse stratification* ; elle est fréquente dans les dépôts littoraux et les formations d'eau peu profonde où elle est due aux changements de direction et aux reflux des courants. Souvent des grès à stratification entrecroisée très nette sont supportés et surmontés par des couches bien litées, on a ainsi la preuve de deux modes de stratifications, l'une tranquille, l'autre troublée.

La fausse stratification est caractéristique des deltas formés par les torrents et les rivières.

TRACES A LA SURFACE DES COUCHES SÉDIMENTAIRES

Ripple-marks. — La surface des roches sédimentaires montre souvent des traces intéressantes ; les plus importantes sont les *traces de courants* ; elles ont absolument les mêmes caractères que les *ripple-marks* que l'on voit dans les mers actuelles (pl. XXXI, fig. 2). Dans les eaux peu profondes de la mer, les ripple-marks sont en relation avec les marées. Ce sont de longues ondulations à pentes douces, du côté de la mer et à pente plus abrupte vers le littoral. A la mer descendante, la crête tend à s'adoucir et à se tronquer. Quand le mouvement de l'eau est irrégulier, par exemple dans le voisinage des galets, il en résulte la formation de nombreux mamelons et cuvettes.

Quoique les *ripple-marks* soient généralement associés avec les dépôts littoraux, ils ne leur sont pas spéciaux ; ils peuvent se former à une certaine profondeur quand l'agitation de l'eau peut s'étendre jusque-là. On les voit se former dans de l'eau limpide jusqu'à une profondeur de 20 mètres et plus.

Dans les couches géologiques, les surfaces montrant des *ripple-marks* sont surtout abondantes dans les grès et les argiles ; ils se trouvent souvent dans des lits superposés dans une épaisse série de couches.

Comme, le plus souvent, à chaque marée montante, les vieux *ripple-marks* sont effacés et remplacés par des nouveaux, il est difficile de comprendre comment dans les conditions ordinaires la surface sableuse ridée peut être conservée. On présume donc que beaucoup de *ripple-marks* des couches géologiques se sont formées, à une faible profondeur, dans des baies et des estuaires où la sédimentation était plus ou moins continue ; les *ripple-marks* ont été ainsi conservés grâce au dépôt de nouveaux sédiments.

Mais dans beaucoup de cas, les *ripple-marks* se sont formés entre la haute et la basse mer et ils ont été probablement préservés par le dépôt à leur surface d'une légère couche d'argile. Dans d'autres cas enfin, le sable ridé, souvent un peu argileux est assez solide pour résister à l'action d'une nouvelle marée.

De même sur certains rivages plats, les plages de sable ridé peuvent se trouver dans la région qui n'est recouverte qu'aux très hautes marées ; dans l'intervalle de ces très hautes marées, ces plages sont consolidées avant d'être recouvertes par de nouveaux sédiments.

Telles sont les principales raisons qui permettent de concevoir comment des surfaces successives de *ripple-marks*. ont pu se conserver aux époques géologiques,

Il est à remarquer aussi que le lit qui surmonte les *ripple-marks* montre souvent une forme plus ou moins parfaite, véritable moule de la surface originelle.

Traces de vagues. — Elles se forment dans les mers actuelles pendant les marées. Ce sont des stries délicates qui marquent la limite atteinte par les vagues lorsqu'elles viennent mourir contre le rivage. Si on observe le bord des minces lames d'eau qui s'avancent, on constatera qu'elles balayent devant elles de fins grains de sable et des particules légères, par exemple des paillettes de mica et des matières charbonneuses, qu'elles poussent en avant.

Dans la région où ces petites vagues meurent, les matériaux s'accumulent, pour former une crête en miniature qui est souvent rendue plus visible par la présence de matières charbonneuses noires.

Stratification (p. 159) entre-croisée dans les grès de Maol Daun
(comté d'Arran, Ecosse).

Photo du Geological Survey.

On voit de plus d'importantes diaclases verticales (p. 197) et des diaclases
moins importantes, à peu près horizontales qui découpent la roche en blocs
parallélipipédiques.

Vis-à-vis de la page 160.

Fig. 1. — Traces de ruissellement (p. 161) sur la plage d'Élie (comté de Fife, Écosse).
Photographie du docteur Laurie.

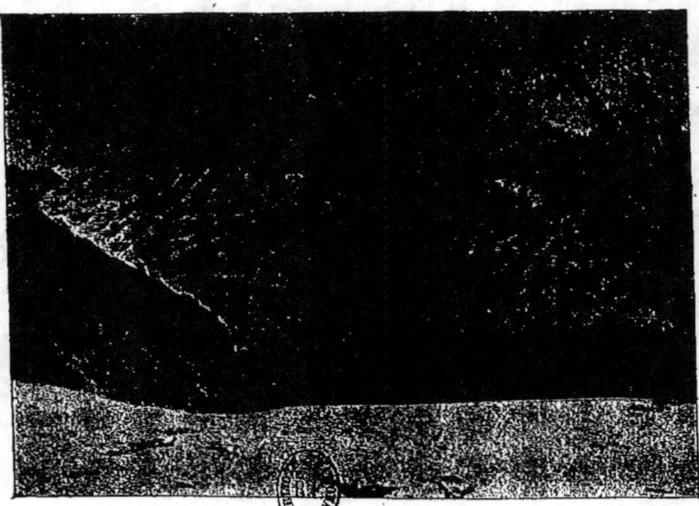

Fig. 2. — Trace du mouvement des vagues (p. 161) dans les grès carbonifères de Saint-Monan (comté de Fife, Écosse).

Vis-à-vis de la page 160.

Fig. 1. — Grès avec fissures de retrait dues au soleil.
(Un tiers de grandeur naturelle).

Fig. 2. — Autre exemple du même phénomène.
(A peu près demi-grandeur naturelle).

Vis-à-vis de la page 160.

Ces traces de vagues sont assez fréquentes à la surface des grès à grain fin et sont caractéristiques des formations de plages (pl. XXXI, fig. 2).

Traces de ruissellement. — Ce sont (pl. XXXI, fig. 1) de petits sillons de sable et de boue, roulés par les rigoles de la plage pendant le retrait de la marée.

Elles sont quelquefois visibles sur la surface des roches sédimentaires à grain fin. Quand elles sont nombreuses et convergent les unes vers les autres, elles ont l'apparence de sorte d'algues et elles ont été quelquefois décrites comme des végétaux.

Craquelures dues au soleil. — Sur le rivage des mers intérieures et des lacs, il existe souvent une zone côtière susceptible de se dessécher pendant la saison sèche de l'année ; il en est de même dans beaucoup de vallées de rivières où de larges espaces apparaissent quand les rivières sont basses. Ces régions sont souvent constituées par de l'argile qui, sous l'influence du soleil, se dessèche et se durcit, de sorte que que la surface se craquèle et qu'il s'y forme des sortes de gâteaux polygonaux (pl. XXXII). Quand la saison humide arrive, le niveau de l'eau remonte, du sable se dépose sur l'argile consolidée et fissurée et moule les craquelures qui sont ainsi conservées.

Le même phénomène peut se produire sur le bord de la mer entre deux marées.

Des craquelures dues au soleil se trouvent souvent dans divers systèmes géologiques.

Comme dans le cas des ripple-marks, les moules adhèrent généralement aux couches qui les surmontent.

Traces de pluie. — Les trous faits par la pluie à la surface des dépôts finement grenus ont été quelquefois préservés. Les plans de stratification des grès argileux, des argiles, sont souvent piqués de cette façon ; et les moules de ces trous s'observent à la surface des couches qui les surmontent.

De plus, la direction du vent au moment de la pluie se manifeste souvent par l'inclinaison des trous dans une direction déterminée.

Dans quelques cas enfin, on aperçoit une légère crête sur le bord du trou, comme si une partie des sédiments fins avait été rejetée par l'action de la chute.

Traces d'animaux. — Les traces, laissées par les animaux, sont encore une preuve des conditions littorales. Des traces et des pistes d'annélides, de mollusques, de crustacés, des déjections et des moules de vers, des traces de pas de reptiles, d'amphibiens, d'oiseaux, de mammifères ont été préservées quelquefois dans des sédiments à grain fin.

Certaines de ces empreintes énigmatiques ont été prises quelquefois pour des traces de plantes. Il est possible, effectivement, que quelques-unes soient formées par des algues, remuées par les eaux de la mer, car on observe souvent ces phénomènes sur les plages actuelles ; le bord des algues balaie la surface du sable et de la boue et dessine ainsi des courbes variées.

D'autres empreintes peuvent représenter les traces laissées par des algues flottantes ou par les bras d'actinies.

Diverses traces, laissées à la surface, ont reçu des noms génériques et spécifiques ; elles sont probablement souvent d'origine mécanique, et se sont formées, soit pendant, soit après la consolidation des roches où elles se trouvent.

RELATION DES COUCHES ENTRE ELLES

Concordance des couches. — Une couche est *concordante* sur une autre lorsqu'elle a été déposée sur la surface non troublée et non dénudée de cette autre couche ; les couches forment alors une série continue dans laquelle chaque lit repose régulièrement sur le précédent.

En général, la concordance indique une sédimentation plus ou moins continue, une persistance des mêmes conditions physiques. Elle ne prouve pas cependant que la région du dépôt était stable. Au contraire, une série épaisse de couches concordantes déposées en eau peu profonde n'ont pu être accumulées qu'à la faveur d'un affaissement graduel du sol.

Discordance. — Inversement, une couche est *discordante* sur d'autres couches lorsqu'elle s'est déposée sur la surface usée et dénudée de ces autres couches.

La discordance (1) peut se produire sans modification dans la position relative des couches. C'est ainsi qu'on peut observer deux séries discordantes qui soient toutes deux horizon-

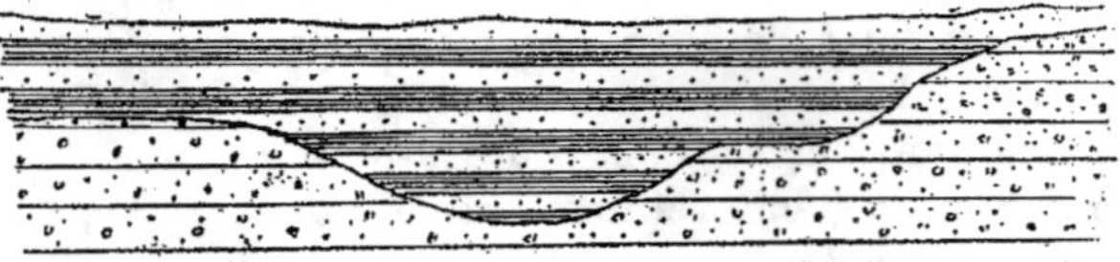

Fig. 14. — Discordance dans des couches horizontales.

tales (fig. 14) ou qui plongent toutes deux dans la même direction ; dans ce cas, il est très net que des phénomènes de dénudation importants se sont exercés sur la série inférieure avant le dépôt de la série supérieure.

Le fait est encore plus net quand la série inférieure est traversée par des filons de roches éruptives ou disloquée par des failles qui n'affectent pas la série supérieure (fig. 15);

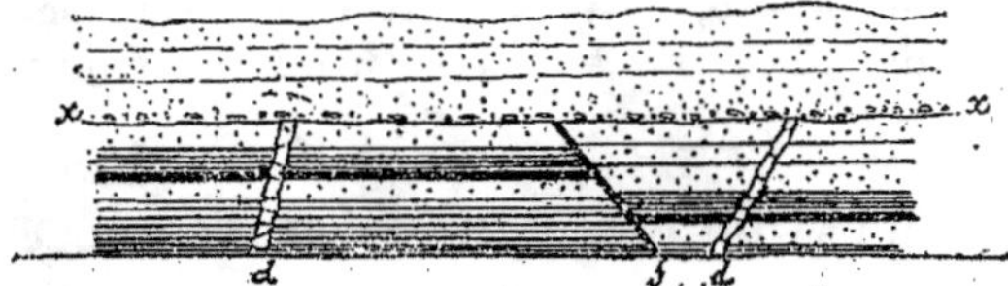

Fig. 15. — Discordance dans des couches horizontales.

xx. — Surface de discordance avec graviers de base.
d. — Filons.
f. — Faille.

l'absence de filons et de failles dans la série supérieure est toujours une preuve de discordance.

Il est d'ailleurs quelquefois difficile de mettre en évidence

---

(1) Il peut y avoir des mouvements de descente et de montée de la croûte pendant le dépôt de grandes séries de couches très concordantes, et ces changements se traduisent par des arrêts plus ou moins prolongés dans la sédimentation. Il se produit alors de légères discordances.

de telles discordances par l'examen d'un affleurement unique ; on s'en rend compte surtout par l'étude comparée de nombreux affleurements des deux séries. Ainsi, la discordance se manifeste par la présence dans les couches de la base de la série supérieure de fragments roulés, anguleux, arrachés aux roches de la série inférieure et il arrive fréquemment que des conglomérats et des graviers se trouvent à la base de la série discordante.

Enfin la nature des fossiles contenus dans les deux séries peut également fournir une preuve de la discordance ; s'ils sont très différents entre eux, cette différence montre qu'un intervalle de temps assez long s'est écoulé entre la disparition des types anciens et l'apparition des types nouveaux dans les couches plus jeunes. Cet intervalle de temps implique donc un arrêt dans la sédimentation au point considéré.

Discordance angulaire.— En général, la discordance est beaucoup plus nette, parce que les couches n'ont pas la même inclinaison : les lits de la série supérieure reposent sur les tranches redressées de la série inférieure (fig. 16 et 17) ; ils peuvent

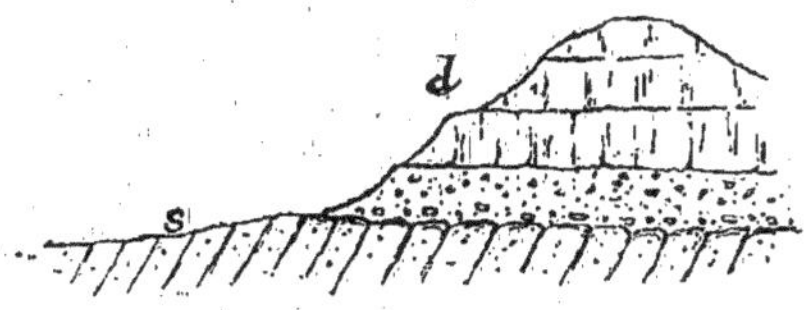

Fig. 16. — Discordance angulaire.

La série inférieure, *S*, se compose de couches redressées. La série supérieure, *d*, débute par un conglomérat et repose sur la tranche des couches *S*.

être eux-mêmes horizontaux (fig. 16) ou inclinés (fig. 17), cette dernière inclinaison étant due à des mouvements postérieurs au dépôt de la couche la plus jeune. Il a même pu arriver que, après le dépôt de ces couches et après les mouvements qui ont déterminé leur inclinaison, des phénomènes de dénudation se soient produits et que de nouvelles couches se soient déposées, reposant sur elles en discordance angulaire (fig. 17).

La discordance implique une interruption dans la sédimentation, puis des érosions et des dénudations avant que la sédimentation recommence ; le seul fait de la discordance impli-

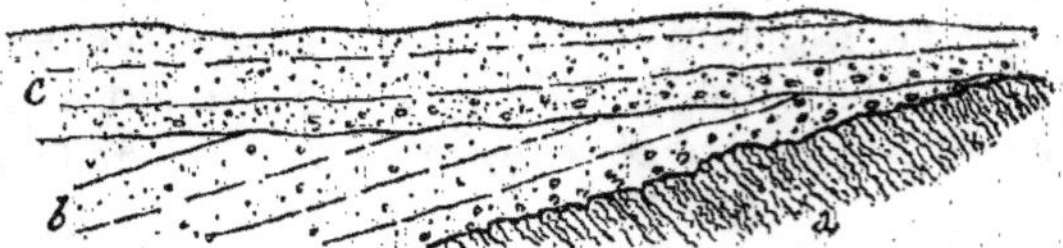

Fig. 17. — Double discordance angulaire.

Les séries *a*, *b*, *c* sont discordantes les unes sur les autres.

que donc une série de changements de conditions physiques ; elle montre l'existence de plusieurs stades successifs :

1º Une période de sédimentation, marine ou lacustre ;

2º Un mouvement positif de la croûte terrestre, à la suite de laquelle la région de sédimentation a été transformée en une région surélevée ;

3º Une période d'érosion, plus ou moins prolongée, pendant laquelle la surface ainsi surélevée a été dénudée ;

4º Un mouvement négatif de la croûte, amenant l'affaissement de la région et le dépôt de sédiments plus jeunes sur la surface irrégulièrement dénudée des couches antérieures.

Transgression.— On dit qu'une couche est *en transgression* sur une autre quand elle s'étend sur une plus vaste région que cette autre couche (fig. 18).

Cette structure implique un affaissement graduel de la région sur une aire de plus en plus étendue.

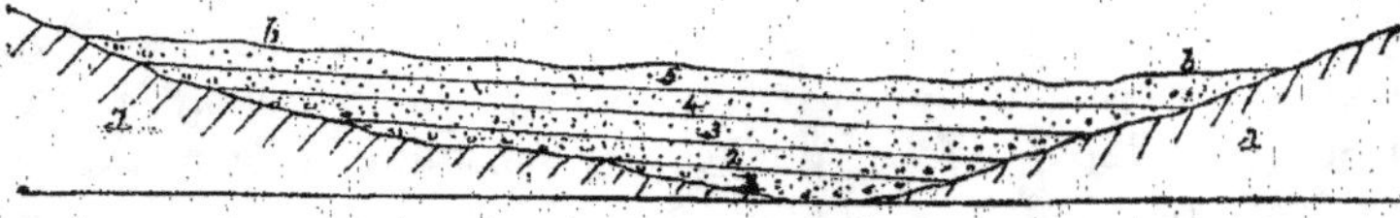

Fig. 18. — Discordance et transgression.

Les roches les plus anciennes *a* ont été plissées et érodées ; puis elles se sont affaissées, constituant un fonds très irrégulier, qui a été peu à peu comblé par des sédiments *b*. Chaque lit des sédiments *b* s'étend plus loin que celui qui l'a précédé.

Il est important, au point de vue pratique, de reconnaître et de bien interpréter cette structure ; elle a, par exemple, la plus grande importance quand il s'agit de rechercher des minéraux, interstratifiés dans une couche telle que 3 (fig. 18) et qu'il faut déterminer l'extension géographique de cette couche. Il en est de même pour les recherches d'eau quand l'un de ces niveaux transgressifs est aquifère.

Régression. — On dit, au contraire, qu'une couche est *en régression* sur la précédente quand elle s'est étendue moins loin que celle-ci.

La régression témoigne d'un mouvement général de surélévation dans la région considérée ; ce mouvement amène géné-

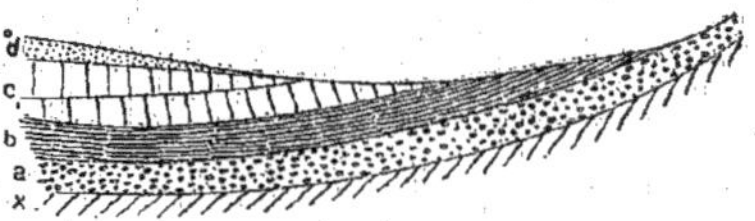

Fig. 19. — Discordance et régression.

ralement l'apparition de dépôts de moins en moins profonds et de moins en moins étendus jusqu'à ce que l'exondation complète s'ensuive.

On conçoit qu'il y a à reconnaître la structure de couches en régression la même importance pratique que pour les couches en transgression.

STRUCTURES DUES A LA DÉNUDATION

On a vu précédemment l'importance des phénomènes de dénudation.

La plupart des roches ignées effusives ne sont aujourd'hui visibles à la surface du sol que parce qu'une action continue des agents atmosphériques a enlevé toutes les couches qui se trouvaient au-dessus d'elles et les a mises ainsi à nu.

L'existence même des roches sédimentaires est une autre preuve de la dénudation ; car chaque lit a été formé avec les matériaux provenant de roches préexistantes.

Témoins. — Les portions de la surface terrestre qui ont été soumises depuis longtemps à l'action des agents atmosphériques, ont subi des dénudations très importantes.

Aussi les couches de terrains qui les couvraient jadis sur de grandes surfaces ne sont-elles plus représentées aujour-

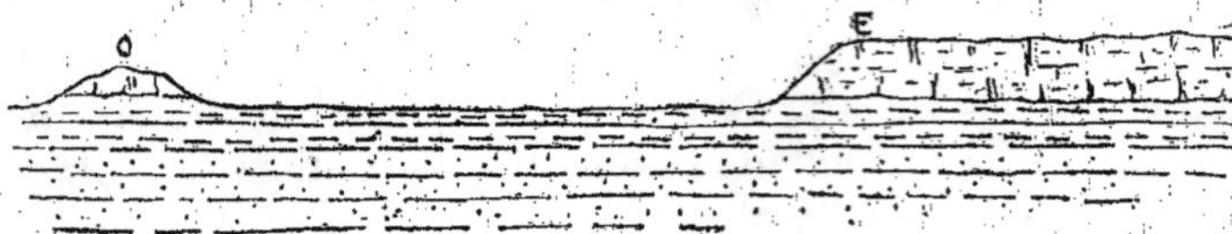

Fig. 20. — Escarpement et butte-témoin.

O. — Escarpement ;
E. — Butte-témoin.

d'hui que par quelques lambeaux isolés que l'on appelle des *témoins*. Un témoin est donc le résidu de couches ou de séries de couches, autrefois plus étendues ; il a généralement l'aspect d'une butte dominant des terrains plus anciens (fig. 20).

Ils se présentent souvent comme des sortes d'avant-postes d'escarpement où les mêmes couches s'observent d'une façon continue. On peut étudier ces faits en un grand nombre de points et, en particulier, sur les bord nord et est du Morvan où les buttes-témoins sont formées par des calcaires à entroques reposant sur les argiles du Lias ; elles sont restées en saillie au fur et à mesure que l'érosion faisait reculer les escarpements.

Souvent d'ailleurs les témoins ont été conservés à la faveur de conditions géologiques spéciales, par exemple la résistance locale des couches qui les constituent ou l'existence d'un pli, généralement d'un pli synclinal. Les couches qui constituent le témoin peuvent d'ailleurs reposer en concordance (fig. 20) ou en discordance sur les couches sous-jacentes (fig. 21, O¹).

Les témoins forment généralement des parties élevées ; mais ils sont dus souvent aussi à des failles grâce auxquelles ils ont été conservés dans des zones affaissées.

Fenêtres. — On appelle *fenêtre* l'apparition de couches plus anciennes au milieu de couches plus jeunes (1). Ces couches plus jeunes peuvent d'ailleurs reposer en concordance ou en discordance sur les roches plus anciennes (fig. 21).

Les fenêtres sont généralement dues à la dénudation ; aussi les rencontre-t-on plus fréquemment dans les vallées et les

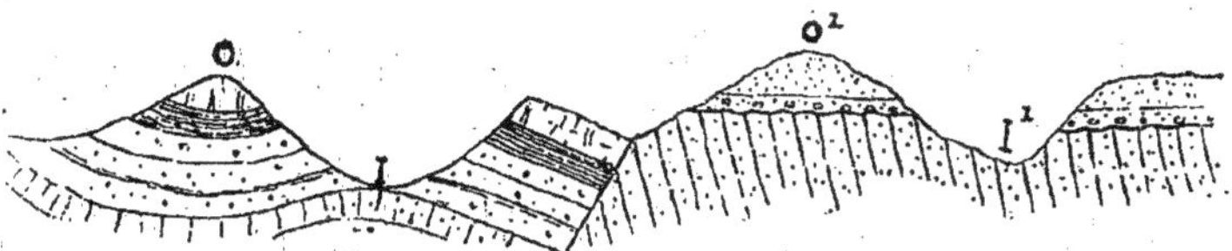

Fig. 21. — Témoins et fenêtres.

O, O^1. — Témoins ;
I, I^1. — Fenêtres.

En O, les couches-témoins reposent en concordance ; en O^1, elles reposent en discordance sur les couches plus anciennes.

La fenêtre I montre l'apparition de couches anciennes à la base d'une série concordante ; la fenêtre I^1 montre l'apparition d'une série discordante à la base des couches plus récentes.

dépressions ; parfois la fenêtre est due à l'existence d'une voûte anticlinale dénudée (fig. 22).

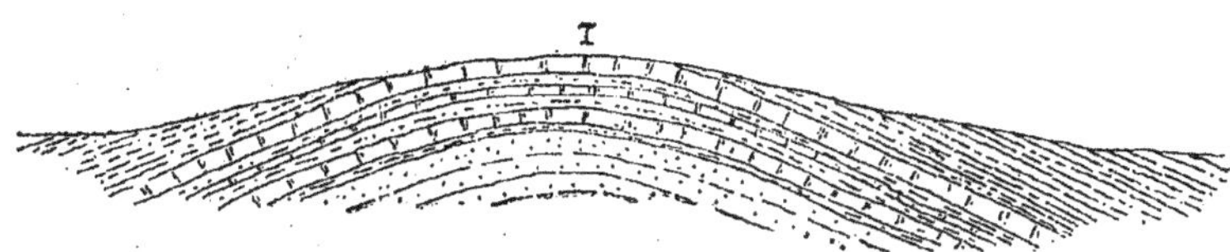

Fig. 22. — Fenêtre (I) montrant l'apparition de terrains anciens au milieu de terrains plus jeunes et due à l'existence d'une voûte anticlinale dénudée.

Des failles peuvent aussi déterminer l'apparition de terrains anciens s'élevant d'une façon plus ou moins abrupte

(1) [Dans le cas de nappes de charriage empilées, la fenêtre est au contraire l'apparition de couches plus jeunes au milieu et à la base de couches plus anciennes. On tend même à réserver le nom de *fenêtre* à ce cas spécial].

au-dessus d'une plaine, constituée par des terrains plus jeunes. Ce sont les *horst* des géologues allemands.

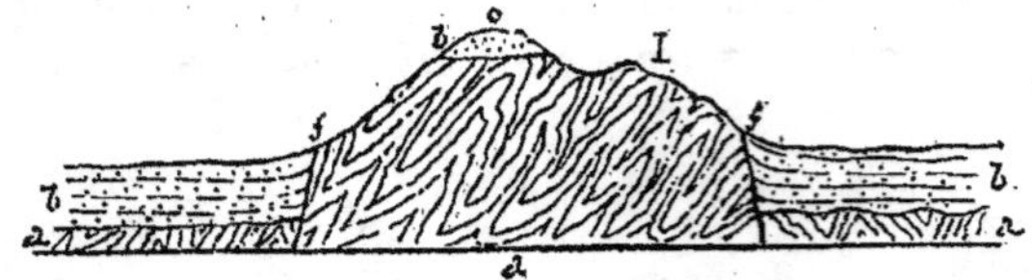

Fig. 23. — Apparition de terrains anciens dus à des failles (Horst).

f. — Failles ;
a. — Schistes anciens ;
b. — Roches sédimentaires récentes ;
o. — Témoins constitués par les couches *b.*

CHAPITRE VIII

CONCRÉTIONS ET SÉCRÉTIONS

Structure concrétionnée. — Concrétions siliceuses. Concrétions calcaires et ferrugineuses.
Roches concrétionnées. — **Ségrégations**. — **Sécrétions**.

Structure concrétionnée. — La structure concrétionnée peut s'observer dans toutes sortes de roches sédimentaires. Elle peut affecter leur masse tout entière, ou y former des nodules sphériques ou lenticulaires, disséminés plus ou moins irrégulièrement, ou y être localisée dans des lits plus ou mois continus, dans des veines verticales, ramifiées, etc.

Dans beaucoup de cas, ces concrétions doivent leur origine à la concentration graduelle de la matière minérale, primitivement diffuse dans toute la masse rocheuse où l'on observe aujourd'hui les concrétions. Quelquefois aussi, la matière des concrétions peut avoir été introduite par des eaux de circulation qui les contenaient à l'état dissous.

Les concrétions les plus fréquentes sont siliceuses, calcaires ou ferrugineuses. Quand elles ont une forme générale sphérique, elles ont une tendance à acquérir une structure interne radiaire et concentrique.

Une concrétion peut être compacte et homogène dans tout son ensemble ; elle peut aussi consister dans une série de couches concentriques ; parfois elle est compacte extérieurement, tandis qu'elle est craquelée et fissurée intérieurement ; les craquelures sont généralement plus importantes vers le centre et elles vont mourir vers la circonférence. Il arrive souvent que ces craquelures aient été remplies ultérieurement plus ou moins complètement par des matières minérales, en particulier par de la calcite.

Ces concrétions sont appelées *septaria* à cause de la division de leur intérieur en colonnes ou *septa* (pl. XXXIII, fig. 1). Elles sont généralement calcaires ou ferrugineuses.

Quelquefois les concrétions se composent de couches concentriques, à composition chimique différente : fer, calcaire, etc. La partie calcaire peut d'ailleurs avoir été redissoute ultérieurement et le noyau ferrugineux devient libre dans la cavité. Si au contraire, le noyau était calcaire et a été dissous, on a un nodule creux.

Beaucoup de nodules creux sont d'une autre nature et doivent leur origine à la contraction de l'intérieur après le dessèchement et le durcissement des couches externes.

Toutes ces concrétions sont d'origine secondaire ; en effet les plans de sédimentation les traversent souvent et ne les contournent pas, comme il arriverait s'ils avaient été formés avant ou pendant le dépôt.

Concrétions siliceuses. — Les exemples les plus connus de concrétions siliceuses sont les *silex* ; ils se trouvent fréquemment dans la craie où ils ont généralement des formes très irrégulières ; leur diamètre est très variable ; il peut atteindre et dépasser 30 centimètres. Ils sont blancs à l'extérieur, bleus, bruns ou blancs à l'intérieur. Ils englobent souvent plus ou moins complètement des fossiles quelconques et en particulier des éponges.

Ils peuvent se réunir pour former des bancs plus ou moins continus, dont l'épaisseur peut atteindre un mètre ; ces lits coïncident souvent avec les plans de stratification de la craie ; mais il arrive parfois qu'ils leur soient obliques et qu'ils forment des veines verticales, irrégulières et ramifiées.

Dans les calcaires anciens, les *chert* et les *chailles* jouent le même rôle ; ils sont probablement souvent, comme les silex, d'origine organique ; mais dans d'autres cas, ils peuvent avoir été déposés par des eaux thermales.

On trouve aussi, assez fréquemment, des concrétions siliceuses dans les argiles et en particulier dans celles du Paléozoïque ; ce sont des nodules siliceux à Radiolaires. Dans les argiles plus récentes, on trouve souvent des rognons de silex ménilite.

Il arrive même parfois que des cristaux de quartz, aux facettes bien nettes, se sont développés ainsi dans des argiles.

Concrétions calcaires et ferrugineuses. — Ces sortes de concrétions sont souvent abondantes dans beaucoup de roches argileuses et dans certains calcaires.

Ces concrétions sont souvent lenticulaires dans les argiles feuilletées ; elles y ont l'aspect de sphéroïdes aplatis ; cela tient à ce que les eaux chargées de matière minérale ont circulé plus facilement le long des plans de stratification. Ces sphéroïdes peuvent se réunir pour former des bancs concrétionnés, irréguliers ; d'autres fois ils sont disséminés irrégulièrement dans les bancs où ils se trouvent.

Dans les argiles homogènes, sans stratification apparente, les concrétions sont ou sphériques ou de forme variée ; elles sont disposées irrégulièrement. Elles se sont souvent formées autour d'un noyau qui peut être une matière minérale, ou un débris organique, coquille, coprolithe, poisson, reste de plante.

Parmi les concrétions calcaires, il faut citer celles qui sont si communes dans le *lœss* ; on les appelle des *poupées*. Des concrétions calcaires analogues se trouvent en abondance dans les dépôts alluviaux de l'Inde (Kankar).

De même, dans les sables de Fontainebleau, on trouve quelquefois des cristaux de calcite, formant des groupes de cristaux rhomboédriques.

Parmi les concrétions ferrugineuses, on peut citer les nodules de sphérosidérite, si abondants dans les argiles noires du carbonifère. Leur taille varie depuis celle d'une noisette jusqu'à des sphéroïdes plats ayant quelquefois un mètre de diamètre. Beaucoup contiennent un fossile à leur intérieur. Ces nodules se sont déposés le long des plans de stratification des couches ; ils peuvent se fusionner pour former des bancs plus ou moins continus.

Les concrétions de sulfure de fer (pyrite et marcassite) sont fréquentes dans les grès, les argiles, la craie, les couches de charbon. Leur taille varie depuis celle de petits grains jusqu'à des nodules de plusieurs centimètres de diamètre. Les nodules de marcassite sont plus abondants que ceux de pyrite ; leur structure interne est fibreuse et radiée. Çà et là la marcassite se présente en cristaux souvent maclés, par exemple dans la craie de Douvres et de Folkestone.

Le sulfate de calcium n'est pas aussi abondant que le carbonate de calcium et les produits ferrugineux ; mais on trouve fréquemment dans les argiles de grands cristaux de gypse formant quelquefois des nodules lenticulaires et constituant même des lits, pouvant atteindre un mètre d'épaisseur.

Les oxydes de manganèse et de fer ne se trouvent pas seulement en nodules ; mais on observe souvent, à la surface des roches et le long des fissures, des dépôts de cette nature ; ils affectent généralement la forme de plumes, de feuilles de plantes, de fougères, aux dessins souvent fort délicats. Il ne faut pas les confondre avec des fossiles végétaux dont ils n'ont que l'apparence. On les appelle des *dendrites* (p. 22 ; pl. III).

Roches concrétionnées. — Il arrive parfois que la roche tout entière a acquis une structure concrétionnée.

Certains *grès*, par exemple, sont composés presque entièrement de boules et de masses sphéroïdales. D'ailleurs, la plupart des grès montrent par place des traces de structure concrétionnée. Les sphéroïdes sont souvent couverts d'une croûte ferrugineuse ; la matière qui se trouve à leur intérieur est blanchâtre et souvent réduite à l'état de sable.

Quand ces grès sont mis au jour par des carrières, on voit sur la roche fraîche des zones concentriques de couleur brun-sombre ou rouge, ayant depuis quelques centimètres jusqu'à un mètre de largeur. On peut penser que la matière ferrugineuse a été introduite par les eaux et qu'une partie en a été absorbée par les grès. Les zones concentriques que l'on observe alors (pl. XXXIII, fig. 2) ne sont pas difficiles à expliquer.

Leur mode de formation jette même quelque jour sur celui des grandes masses concrétionnées ; celles-ci doivent leur origine à la présence de cristaux disséminés, en particulier de cristaux de pyrite ou de marcassite ; sous l'action des eaux, ces minéraux ont subi une décomposition chimique et il s'est formé une solution qui a imbibé la roche, comme une tache d'encre imbibe du papier buvard. L'évaporation de cette solution se produisant surtout sur les bords, l'oxyde de fer s'y est précipité et une première bande ferrugineuse s'est ainsi formée. Ce processus s'est répété une seconde fois, puis une troisième fois et a donné naissance à une deuxième, puis à une troisième bande. Ainsi peut s'expliquer la formation des bandes colorées, concentriques successives. Dans beaucoup de cas une portion du minéral primitif peut subsister au centre ; mais il est, en général, si petit et si altéré que son caractère originel est à peine reconnaissable.

On trouve souvent une autre sorte de structure concrétionnée dans les grès qui contiennent de petites quantités de carbonate de calcium, disséminé dans leur masse. Le grès tend à s'agréger et à former des masses irrégulières, concrétionnées, plus dures que la roche environnante. Les craquelures de ces masses concrétionnées sont souvent remplies par de la sidérite ou de la calcite cristallisée. Les roches ainsi durcies se cassent facilement en morceaux et sont rejetées par les carriers, comme impropres à la construction.

Les *argiles* ont moins fréquemment la forme concrétionnée ; quelquefois cependant un lit entier présente cette structure et la roche apparaît comme un agrégat de sphéroïdes, de tailles diverses. Les sphéroïdes sont généralement constitués par des zones concentriques, séparées les unes des autres par de minces pellicules de matière minérale.

Les *calcaires* acquièrent souvent la structure concrétionnée ; les meilleurs exemples sont fournis par les calcaires dolomitiques ou magnésiens décrits précédemment (p. 109). Il faut citer aussi les calcaires oolithiques, les tufs calcaires, les minerais de fer, quoique dans ce cas, la structure de ces roches soit partiellement originelle.

Les *roches ignées* ne montrent guère de structure concrétionnée analogue à celle des roches sédimentaires. Il faut cependant faire exception pour certains tufs éruptifs où l'on trouve souvent des nodules ferrugineux ou calcaires ; le tuf lui-même montre quelquefois une structure concrétionnée, analogue à celle que l'on observe dans les argiles.

Ségrégations. — Mais la structure concrétionnée des roches cristallines ignées diffère en général de celle des roches sédimentaires en ce qu'elle est originelle et non pas secondaire. Les agrégats irréguliers de minéraux ferromagnésiens que l'on trouve dans les granites, les gabbros, etc., les nodules d'olivine dans les basaltes, par exemple, sont des *ségrégations* du magma originel. Ils ne sont pas comme les septaria, plus jeunes que la roche où ils se trouvent (voir aussi les enclaves, p. 227).

De même les agrégats, plus ou moins sphériques qui constituent la diorite orbiculaire, ne sont pas d'origine secondaire ; ils sont dus à la structure originelle, primitive, de la roche, à ce que les cristaux de feldspath et de hornblende, les deux éléments essentiels de la roche, sont disposés d'une façon à la fois radiale et concentrique (pl. XXV).

Une structure analogue s'observe dans d'autres roches cristallines, par exemple dans le granite en boules de la Finlande.

Sécrétions. — Elles caractérisent certains types de roches ignées, en particulier celles qui sont poreuses. Elle est due à la présence de matière minérale déposée sur les parois des cavités de la roche suivant des zones concentriques qui semblent s'être accrues de l'extérieur vers l'intérieur.

A cet égard elles diffèrent des concrétions qui se sont accrues à partir d'un point central, de sorte que leur croissance s'est faite de l'intérieur vers l'extérieur.

Les cavités dans lesquelles se forment les sécrétions ayant généralement une forme allongée, il en résulte que les sécrétions ont aussi la forme d'amande ; on les appelle *amygdales* et la roche elle-même est dite *amygdaloïde*. Ces cavités ont une taille très variable, depuis de simples pores jusqu'à des cavités de plusieurs centimètres de diamètre ; tantôt leurs parois seules sont couvertes d'une simple croûte de matière minérale, tantôt les cavités sont complètement remplies (agate ; pl. I, fig. 1).

La sécrétion peut être formée d'une seule espèce de matière minérale ou constituée par des bandes successives de minéraux rares. Quelques-unes de ces bandes peuvent être grossièrement cristallines, tandis que d'autres sont de nature crypto-cristalline et d'apparence amorphe. Dans d'autres cas, une cavité peut être occupée par un agrégat irrégulier de différents minéraux, tous plus ou moins bien cristallisés.

On appelle *géode* une sécrétion creuse, facile à séparer de la roche dans laquelle elle s'est formée. Une *druse* est une cavité recouverte de cristaux. Ces mots sont quelquefois employés l'un pour l'autre.

Les sécrétions que l'on rencontre dans les roches cristallines ignées peuvent être originelles, c'est-à-dire synchroniques de la formation de la roche, ou bien subséquentes, c'est-à-dire postérieures à elle.

On peut citer comme exemples du premier cas, les cavités du granite (pl. XII, fig. 2) qui sont remplies, au moins en partie, par des cristaux des minéraux constitutifs de la roche. Il en est de même des cavités, de forme irrégulière, remplies de minéraux, qui sont caractéristiques des roches ignées acides, comme les Rhyolithes ; on peut penser que ces minéraux ont été déposés par des solutions chaudes, avant que la roche dans laquelle ils se trouvent, n'ait été complètement refroidie. Dans quelques cas, on peut attribuer la même origine aux zéolithes si abondantes dans les cavités de certains basaltes tertiaires des îles Féroë et de l'Islande.

Parmi les sécrétions subséquentes, les plus caractéristiques sont les *amygdales*, dont la matière minérale a généralement été introduite par l'eau de circulation longtemps après le refroidissement et la solidification de la roche qui les entoure. Souvent aussi elles proviennent de la décomposition d'un ou plusieurs éléments de la roche.

Les éléments les plus fréquents dans les cavités amygdaloïdes sont la calcite, la calcédoine et l'agate, le quartz, les zéolithes.

Comme les sécrétions siliceuses sont plus résistantes que les roches ignées dans lesquelles elles se trouvent, on les rencontre parfois dans le sol et le sous-sol, résidu de la décomposition de ces roches. On les appelle souvent géodes.

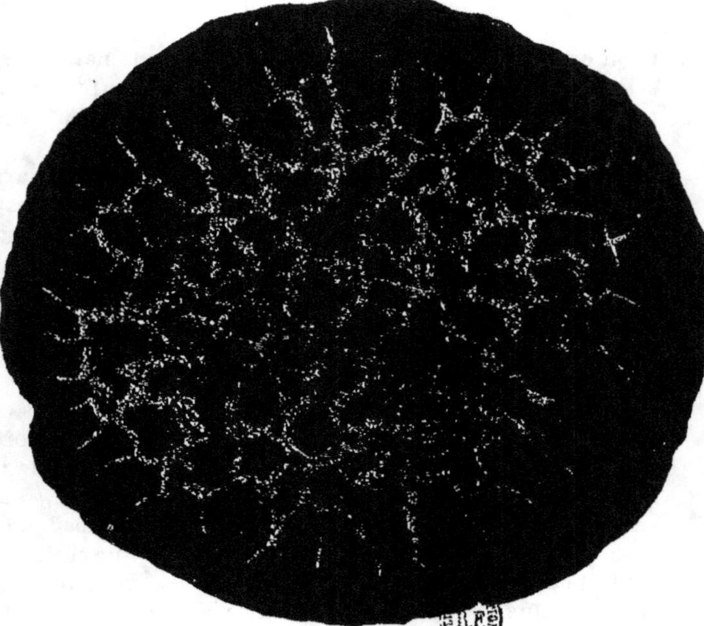

Fig. 1. — Coupe dans un *septaria* (nodule d'argile ferrugineuse)
(voir pp. 113 et 171).
Environ demi-grandeur naturelle.

Fig. 2. — Section dans des concrétions ferrugineuses au milieu de grès
(voir p. 173).

La matière ferrugineuse se trouvait autrefois disséminée dans toute la masse de
la roche, elle s'est agrégée en nodules concentriques autour de corps étrangers
qui sont souvent des fossiles.

A peu près demi-grandeur naturelle.

Vis-à-vis de la page 176.

CHAPITRE IX

INCLINAISONS ET PLISSEMENTS DES COUCHES

Mode de dépôt originel des couches. Plongement et direction des couches
inclinées. Affleurements.

Plissement des couches. — Plis monoclinaux. Dômes et cuvettes. Pli
normal ou symétrique. Pli asymétrique. Pli déjeté. Pli déversé. Pli
couché. Pli retourné. Plis isoclinaux. Pli en éventail. Pli-faille. Charriages. Anticlinorium, synclinorium. Couches contournées.

Mode de dépôt originel des couches. — Les sédiments, qui
constituent l'écorce terrestre, se sont déposés originellement
en couches généralement horizontales. Cependant, les couches
d'origine fluviatile montrent souvent une succession de
couches imbriquées et entrecroisées, qui est très caractéristique ; leur ensemble présente un plongement général dans
la direction du courant qui transportait les sédiments. De
même les couches inférieures d'une série accumulée dans un
bassin déprimé sont plus ou moins inclinées parallèlement
au fond du bassin. Mais, au fur et à mesure que la sédimentation se continuait, les inégalités du fond se comblaient, et les
dépôts ultérieurs sont approximativement horizontaux.

On a donc des raisons de penser que tous les groupes
importants de couches sédimentaires se sont primitivement
déposées en lits horizontaux.

Il est très rare qu'on retrouve les couches avec cette disposition horizontale. Elles sont, en général, inclinées, plissées,
faillées, contournées à la suite d'actions mécaniques, de
déformations générales de la croûte terrestre, survenues après
leur dépôt.

Ces déformations subies par les couches peuvent être plus ou moins complexes depuis de simples ondulations jusqu'à des dislocations extrêmement compliquées.

Leur étude constitue une branche spéciale de la géologie, appelée la *tectonique*.

Plongement et direction des couches inclinées.

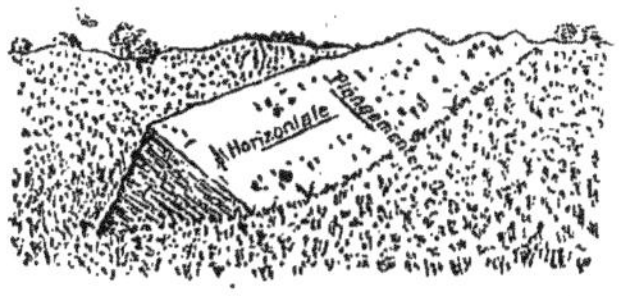

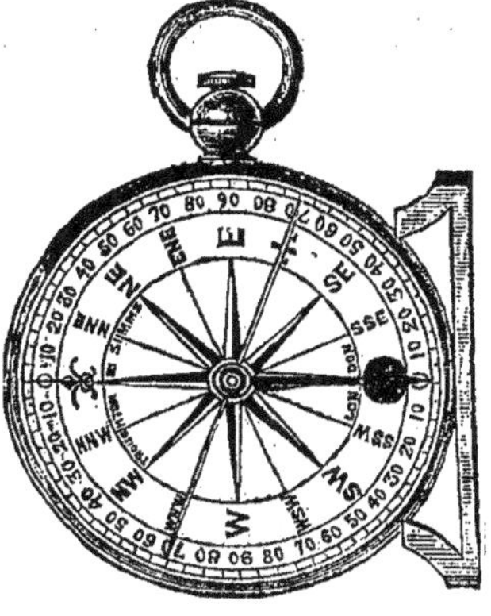

Fig. 24. — Direction et plongement des couches.

— Le *plongement* est l'inclinaison que présentent les couches par rapport à l'horizontale.

On mesure en degrés, ou en tant pour cent, l'angle que fait le plan des couches avec l'horizontale.

La *direction* est une ligne exactement perpendiculaire au plongement. Elle se confond avec les lignes horizontales du plan de ces couches ; elle ne coïncide avec la ligne d'affleurement que dans le cas de couches verticales.

Sur le terrain, il est indispensable de déterminer la direction et le plongement des couches et de les marquer sur la carte.

On se sert, à cet effet, de la boussole et du clinomètre.

Il est bon de multiplier ces mesures de façon à en prendre la moyenne et à éliminer les erreurs.

Fig. 25.— Boussole avec clinomètre.

Pour mesurer la *direction*, on place la boussole parallèlement à l'horizontale des couches et on lit l'angle que fait la direction de cette horizontale avec l'aiguille aimantée. Si cet angle est par exemple de 30° à droite, l'observateur faisant face au nord, cette direction est N. 30° E. Mais cette direction est rapportée au nord magnétique et il convient pour avoir la direction rapportée au nord réel, de faire une correction, la même pour un pays déterminé à une époque donnée, mais variant avec les pays, qui s'appelle la *déclinaison magnétique*. Elle est d'environ 7° en France.

Le clinomètre, qui est généralement adapté à la boussole, sert à mesurer le *plongement* ou *pendage* ; il est constitué par un petit pendule qui tend à se placer verticalement : on met la boussole sur son pied, disposé à droite sur la figure, et on place ce pied parallèlement au plongement, c'est-à-dire suivant la ligne de plus grande pente. Le pendule indique en degrés la valeur du plongement.

Il existe un très grand nombre de modèles de boussoles et de clinomètres.

On fera d'ailleurs attention que si les lignes de stratification sont vues obliquement, on peut être trompé sur leur véritable direction et sur la valeur de leur plongement (fig. 26).

Fig. 26. — Plongement réel et plongement apparent.

En *a*, les couches paraissent horizontales.

En réalité, comme on le voit en *b*, elles plongent sous un angle considérable. C'est là que la valeur du plongement doit être déterminée.

Faute de faire attention à ce fait, on détermine souvent un plongement apparent, qui n'a ni la valeur ni la direction du plongement vrai. Il est toujours inférieur en valeur au plongement vrai.

On notera que dans les régions montagneuses la terminai-

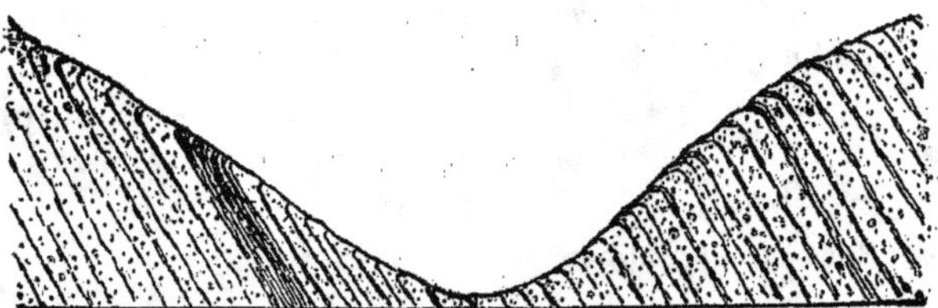

Fig. 27. — Courbure terminale dans des couches inclinées.

La détermination du plongement sur les couches superficielles amènerait à des notions très fausses sur le plongement réel.

son des couches montre souvent un plongement trompeur, c'est ce qu'on appelle la *courbure terminale* (fig. 27 et 28). En montant les pentes d'une montagne on est souvent déçu par le plongement apparent de ces lits, à moins qu'on ait la chance de les observer d'une façon nette, par exemple dans le lit d'un torrent. Cette courbure terminale est simplement due à l'action des agents atmosphériques. L'eau de pluie s'insinue entre les plans de stratification et les couches sont ainsi exposées à l'action chimique et mécanique et aussi à l'action beaucoup plus puissante du froid. Ces forces tendent à faire plonger les

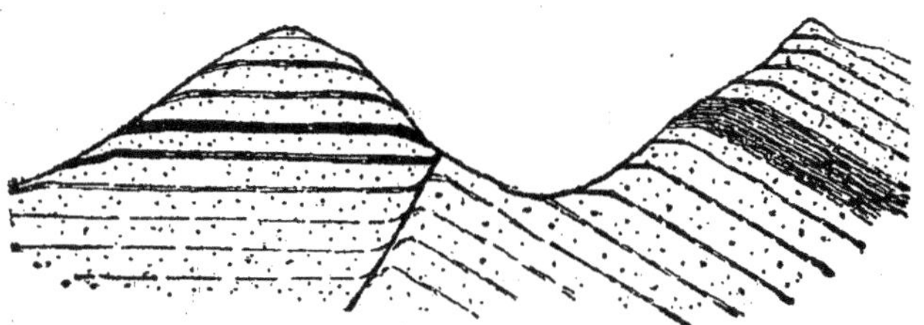

Fig. 28. — Courbure terminale dans des couches horizontales et inclinées.

bancs vers le bas. De la sorte l'inclinaison apparente des lits peut être exactement contraire à la véritable inclinaison.

Affleurements. — On appelle *affleurement d'une couche* les portions de cette couche qui apparaissent à la surface du sol.

L'affleurement peut être apparent ou bien il peut être mas-

Fig. 29. — Affleurements masqués par des dépôts superficiels (*b*).

qué par des dépôts plus jeunes qui le recouvrent (fig. 29 et 30).

L'importance d'un affleurement dépend d'une part de la configuration du sol, d'autre part de la direction et du plongement des couches.

Si les couches sont horizontales toute modification de la configuration du sol affecte la direction de l'affleurement dont les contours épousent ceux des courbes de niveau de la surface topographique.

Si les couches sont inclinées, la direction de l'affleurement

Fig. 3o. — Affleurements masqués par des couches sédimentaires
en discordance sur eux.

est encore affectée par la forme de la surface ; mais elle l'est d'une façon moins frappante. On peut d'ailleurs considérer plusieurs cas, suivant que la couche qui affleure plonge dans

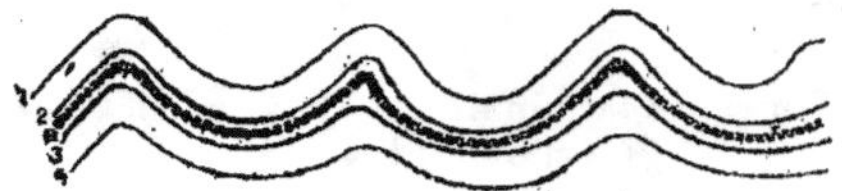

Fig. 3i. — Affleurement d'une couche horizontale (*a*).

1, 2, 3, 4. — Courbes de niveau successives de la surface du sol. L'affleurement de la couche *a* épouse toutes les sinuosités de la surface du sol.

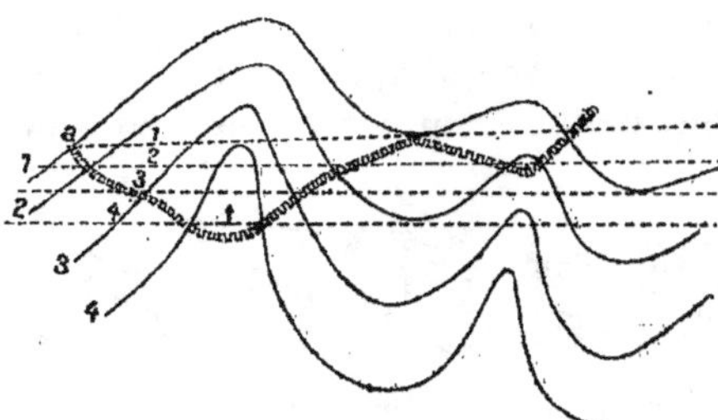

Fig. 32. — Affleurement d'une couche plongeant dans le même sens que
la surface topographique, mais plus rapidement

1, 2, 3, 4 (traits pleins). — Courbes de niveau de la surface du sol.
1, 2, 3, 4 (traits interrompus). — Courbes de niveau de la surface de la couche considérée (*a*). Les affleurements de la couche coïncident évidemment avec les points où les courbes de niveau de la surface du sol coupent les courbes de niveau de la surface de la couche.

la même direction que la surface topographique ou dans un sens différent.

Cette influence de la surface topographique diminue d'ailleurs au fur et à mesure que le plongement augmente et, lorsque les couches sont verticales, l'affleurement a une direc-

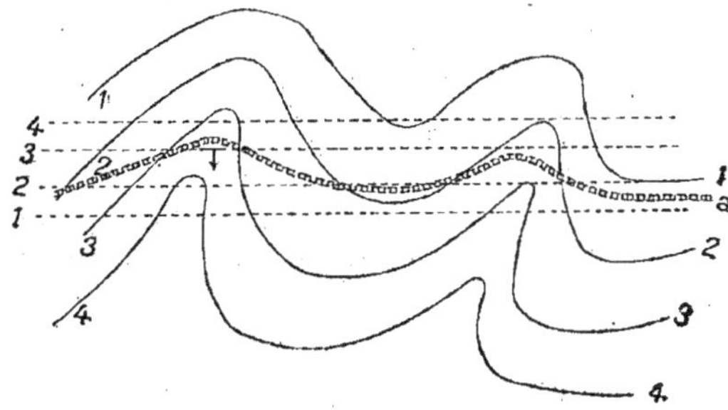

Fig. 33. — Affleurement d'une couche plongeant en sens inverse de la surface topographique.

1, 2, 3, 4 (traits pleins) — Courbes de niveau de la surface du sol. 1, 2, 3, 5 (traits interrompus). — Courbes de niveau de la surface de la couche considérée (a). Les affleurements de la couche coïncident évidemment avec les points où les courbes de niveau de la surface du sol coupent les courbes de niveau de la surface de la couche.

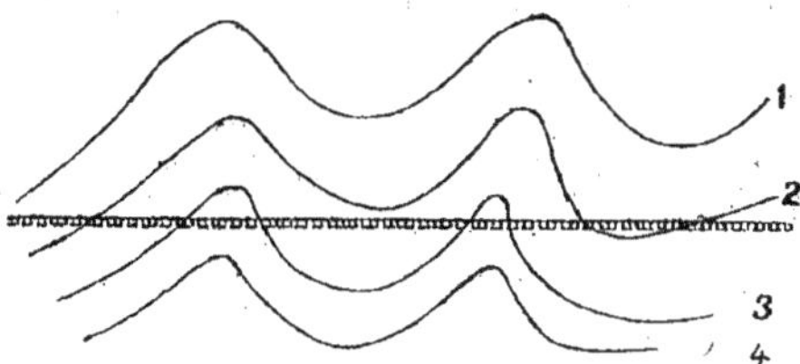

Fig. 34. — Affleurement d'une couche verticale.

tion bien déterminée indépendante de la forme topographique, il se poursuit en ligne droite à travers les montagnes et les vallées (fig. 34).

On peut remarquer, d'autre part que la largeur et l'épaisseur d'un affleurement varient également suivant la valeur du plongement et la forme de la surface topographique (fig. 35).

Quand les couches sont inclinées, la surface d'affleurement est moins considérable que quand les couches sont faiblement inclinées, elle se réduit au minimum dans le cas de couches verticales (fig. 36).

On notera enfin que les directions des affleurements n'ont

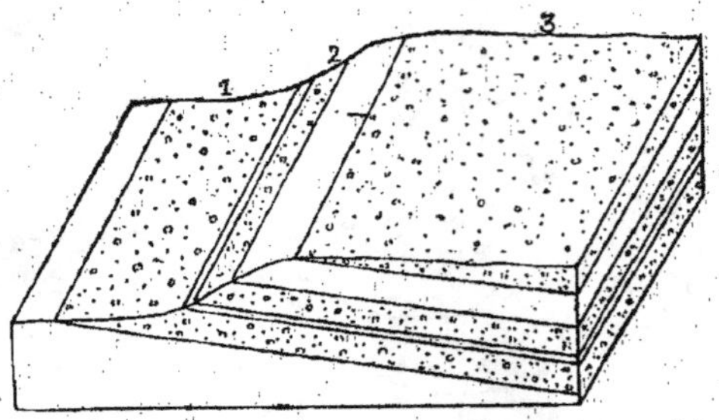

Fig. 35. — Variation de la largeur d'un affleurement suivant la forme de la surface topographique.

Les couches 1, 2, 3 ont la même épaisseur ; leur largeur d'affleurement est minime pour 2 qui affleure sur une pente assez forte, considérable pour 1 et 3 qui affleurent sur des pentes presque horizontales.

aucun rapport avec la direction des couches ; mais l'étude de ces affleurements permet de la déterminer ; comme la

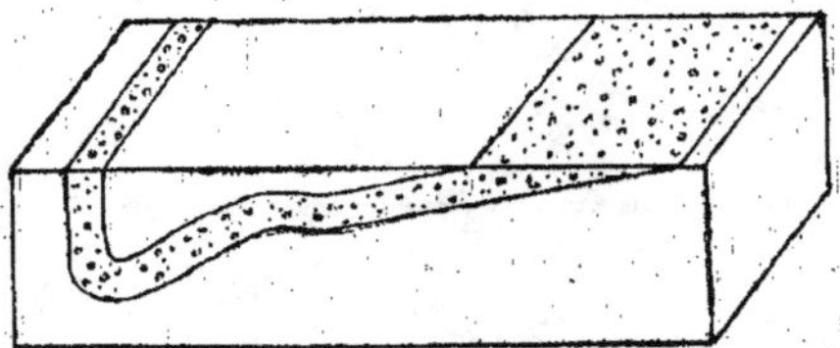

Fig. 36. — Influence de l'inclinaison sur la largeur d'affleurement.

L'affleurement superficiel est plus considérable dans le cas de couches inclinées que dans le cas de couches verticales.

direction des couches se confond avec l'horizontale du plan des couches on pourra avoir cette direction en joignant les points où la couche se trouve à la même altitude (voir fig. 32 et 33).

PLISSEMENTS DES COUCHES

Nous avons examiné jusqu'à présent le cas simple où les couches étaient seulement inclinées, mais où elles avaient conservé la forme d'un plan.

Le cas ordinaire est celui où elles sont ondulées et plissées.

Plis monoclinaux. — Le *pli monoclinal* peut être défini comme une inflexion brusque des couches (fig. 37).

Il arrive souvent que les couches s'amincissent dans un pli

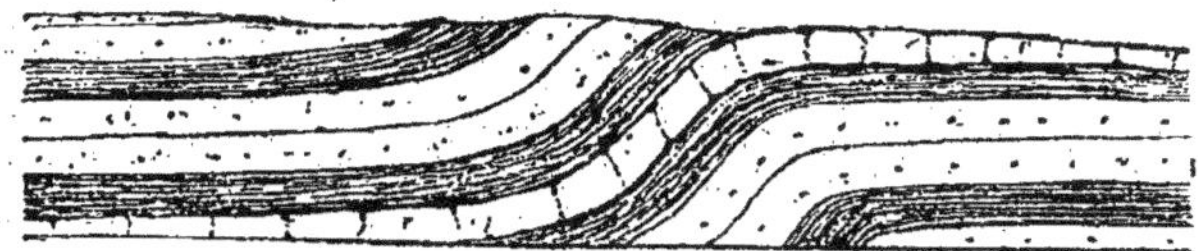

Fig. 37. — Pli monoclinal.

monoclinal, comme si elles avaient subi une compression latérale ou un étirement (fig. 38).

Cet amincissement des couches peut être de plus en plus

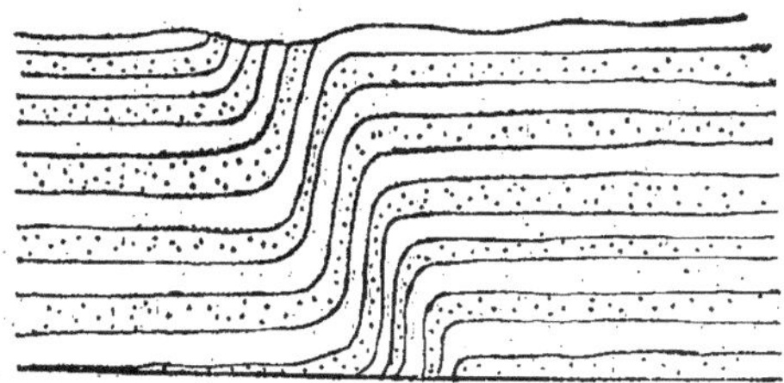

Fig. 38. — Amincissement des couches dans un pli monoclinal.

prononcé jusqu'à ce que la plupart des couches disparaissent. Le pli monoclinal est alors remplacé par une faille.

Les plis monoclinaux se rencontrent surtout dans les régions où les couches sont horizontales ou peu inclinées.

Dômes et cuvettes. — Les couches qui constituent un *dôme*

Bombement anticlinal (p. 186) dans des calcaires (Pont de Penton,
Dumfriesshire).

Photo du Geological Survey.

Vis-à-vis de la page 184.

(fig. 39 et 40) plongent de part et d'autre du centre du dôme. Celles qui constituent une *cuvette* plongent, au contraire, vers le centre de la cuvette (fig. 41 et 42).

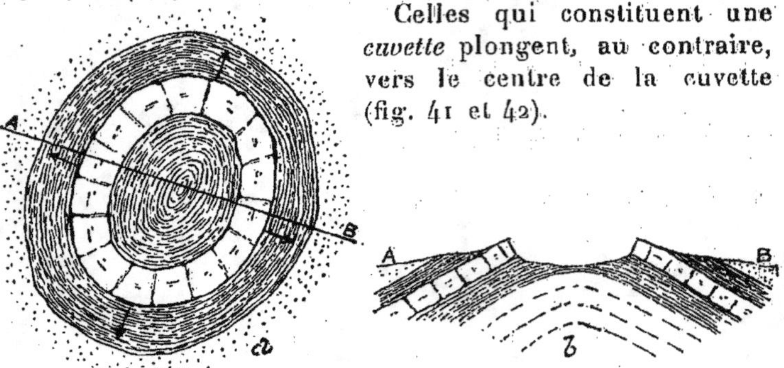

Fig. 39 et 40. — Dôme.

La figure de gauche représente la carte géologique de la région occupée par le dôme ; les couches successives, de plus en plus anciennes, au fur et à mesure qu'on va vers le centre, affleurent suivant des sortes d'ellipses plus ou moins régulières.

La figure de droite représente une coupe menée suivant AB dans cette région.

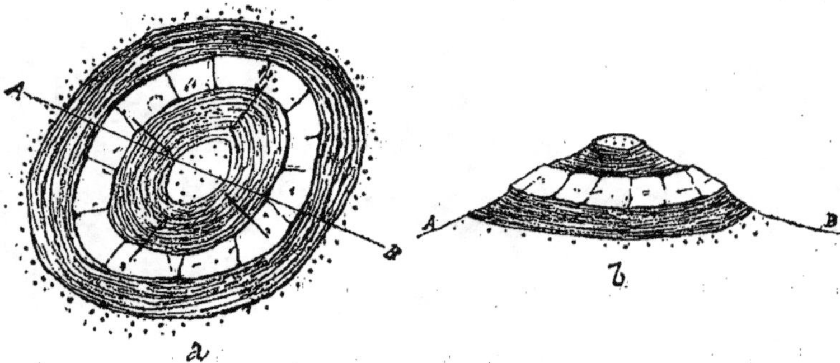

Fig. 41 et 42. — Cuvette.

Dans le cas de la cuvette, les ellipses successives sont formées, au contraire, par des couches de plus en plus récentes.

La figure de gauche représente la carte géologique de la région occupée par le dôme ; les couches successives, de plus en plus anciennes, au fur et à mesure qu'on va vers le centre, affleurent suivant des sortes d'ellipses plus ou moins régulières.

La figure de droite représente une coupe menée suivant AB dans cette région.

On remarquera qu'un dôme ne correspond pas nécessairement à un sommet topographique ; il est possible, (comme dans la figure 40), qu'il se trouve sur l'emplacement d'une vallée.

De même, la cuvette géologique peut coïncider avec un mamelon (fig. 42).

La structure en dômes (1) et en cuvettes peut rester isolée ou se présenter comme une modification accidentelle d'un pli (pli anticlinal dans le cas du dôme ; pli synclinal dans le cas de la cuvette) ; dans ce cas, ils portent souvent le nom de *brachyanticlinal* et de *brachysynclinal*.

Pli normal ou symétrique. — Le pli normal ou symétrique (fig. 43) se compose « d'une partie convexe ou *anticlinal* « (pl. XXXIV), et d'une partie concave ou *synclinal* (2).

« On appelle *flancs* du pli les deux côtés, plus ou moins « plans, qui raccordent les parties fortement courbées ou

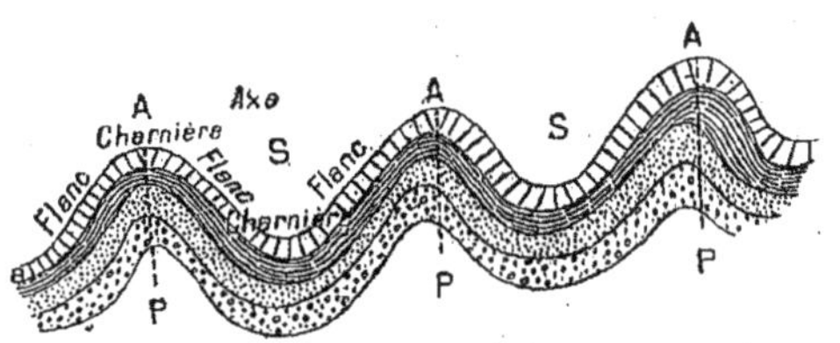

Fig. 43. — Anticlinaux et synclinaux (Surface structurale).

A : Anticlinaux. — S : Synclinaux. — P : Plan axial.

« coudées désignées sous le nom de *charnières*. On distingue « une charnière anticlinale et une charnière synclinale.

« Le *plan axial* est la surface généralement plane qui passe « par les charnières de toutes les couches prenant part à la « formation du pli. »

« *L'axe* est l'intersection du plan axial avec une surface horizontale » ; dans le cas actuel, il se confond avec « la char-

____

(1) Le dôme tectonique ne doit pas être confondu avec le dôme volcanique.

(2) Les définitions entre guillemets sont empruntées au *Traité de géologie*, de M. Emile Haug.

« nière elle-même, envisagée pour une couche déterminée », telle que *a*.

Il arrive souvent d'ailleurs lorsqu'on suit un pli dans le sens de la longueur que l'on constate que ce pli augmente ou diminue d'importance ; on voit alors sur une même ligne horizontale, sur un même axe, des couches différentes de plus en plus anciennes, par exemple (fig. 44, *b*).

On peut souvent voir un anticlinal ou un synclinal débuter par un pli tout à fait insignifiant ; petit à petit en suivant son axe, le plongement des couches augmente et atteint bientôt son maximum ; puis le plongement recommence généralement à décroître, et finalement disparaît. Souvent d'ailleurs, les plis augmentent et diminuent d'épaisseur d'une façon irrégulière.

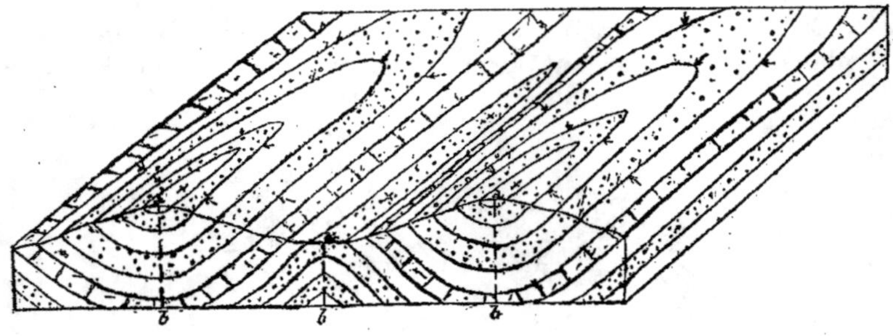

Fig. 44. — Synclinaux et anticlinaux érodés, vuc dans le sens de la longueur.

On constate, de plus, en suivant le pli dans le sens de l'axe que l'on voit affleurer des couches de plus en plus anciennes ; ce qui tient à ce que l'importance du plissement n'est pas la même dans toute la longueur du pli.

Un système important d'anticlinaux et de synclinaux parallèles consiste dans une série de plis s'entrecroisant et ayant une largeur et une longueur variables.

Il serait inexact de penser qu'un pli anticlinal coïncide toujours avec une ligne de sommets et un pli synclinal avec une vallée.

Lorsque les couches ont été exposées longtemps à la dénudation, il arrive souvent que les crêtes anticlinales aient été enlevées et aient disparu, de telle façon que l'anticlinal peut coïncider avec l'emplacement d'une vallée ; de même les synclinaux, offrant une résistance moindre aux agents atmosphériques, peuvent rester en saillie et constituer des sommets (fig. 45). Il n'y a aucune relation nécessaire entre la structure géologique du sous-sol et la structure topographique du sol. Mais, ce qui induit souvent en erreur, c'est que les géologues,

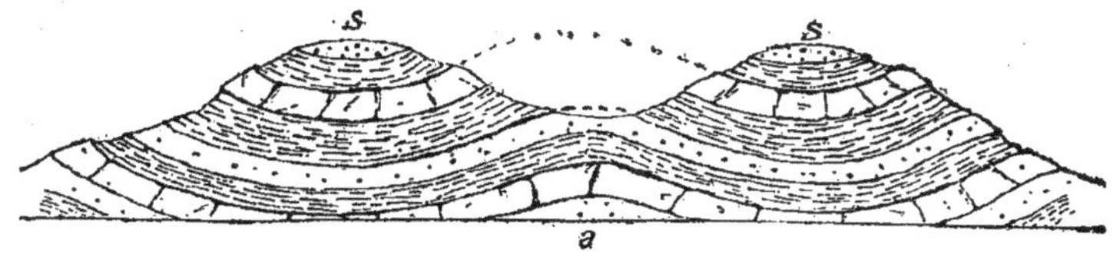

Fig. 45. — Anticlinaux et synclinaux après érosion.

L'anticlinal *a* se trouve sur l'emplacement d'une vallée ; les synclinaux S coïncident avec des sommets.

reconstituant les structures géologiques par la pensée, en parlent comme si elles existaient encore dans leur état originel.

Plis asymétriques. — Quand le plan axial d'un pli est incliné et fait un angle quelconque avec la verticale le pli est dit *asymétrique*. L'inclinaison du plan axial et par suite l'asymétrie du pli peut être plus ou moins grande et l'on a tous les intermédiaires entre le pli symétrique et le pli complètement couché.

Pli déjeté. — « Lorsque le plan axial est incliné et que les deux flancs ne présentent pas la même inclinaison, le pli est *déjeté* « (fig. 46).

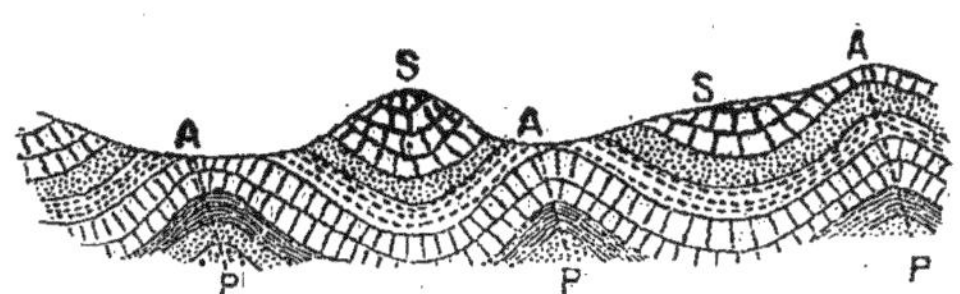

Fig. 46. — Pli déjeté.

A : Anticlinaux. — S : Synclinaux. — P : Plans axiaux.

Les plis ont été supposés érodés pour montrer l'indépendance de la surface topographique et de la surface structurale (surface d'une couche déterminée).

Pli déversé. — « Lorsque l'un des flancs du pli est légèrement renversé, on dit que le pli est *déversé* » (fig. 47).

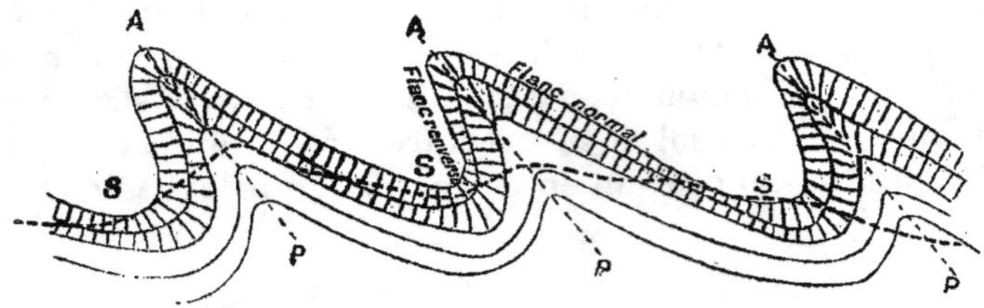

Fig. 47. — Pli déversé.

La surface structurale est reconstituée ; la surface topographique est marquée par une ligne interrompue.

Pli couché. — « Enfin, lorsque les deux flancs sont voisins « de l'horizontale, le pli reçoit le nom de pli *couché*. »

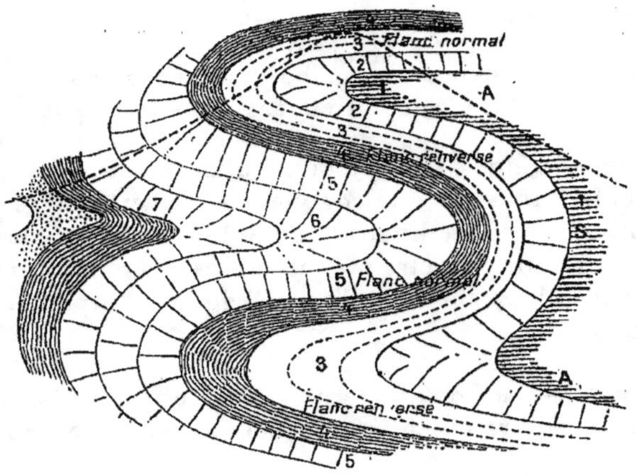

Fig. 48. — Pli couché.

La surface structurale est reconstituée ; la surface topographique est marquée par une ligne interrompue.

A : Anticlinal.

S : Synclinal.

1, 2, 3, 4, 5, 6, 7 : Numéros d'ordre des couches, 1, étant la couche la plus ancienne.

On distingue, dans ce cas, le *flanc normal* où la succession

des couches est la succession normale qu'auraient les couches
non plissées, les plus anciennes en bas, les plus récentes
au-dessus, et le *flanc inverse* ou *flanc renversé* où les couches
les plus anciennes telles que 3 (base de la fig. 48) se trouvent
au-dessus de couches plus récentes telles que 4 et 5.

Pli retourné. — Il peut arriver même que le pli soit couché
au delà de l'horizontale ; il est alors dit retourné.

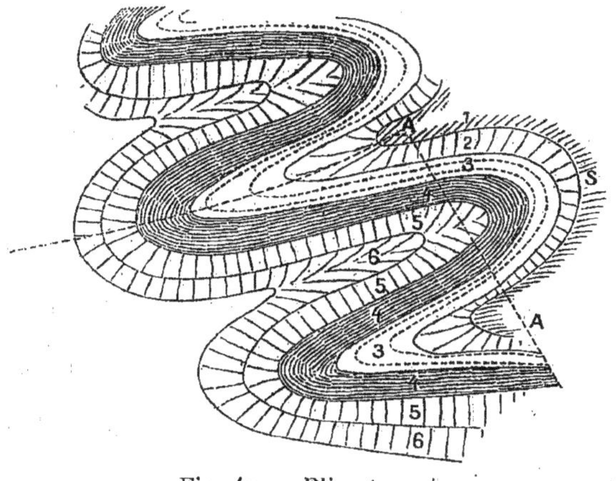

Fig. 49. — Pli retourné.

La surface structurale est reconstituée ; la surface topographique est
marquée par une ligne interrompue.
    A : Anticlinal.
    S : Synclinal.
    1, 2, 3, 4, 5, 6, 7 : Numéros d'ordre des couches, 1, étant la couche la plus
ancienne.

Il est évident que dans ce cas il est impossible de distinguer
un anticlinal d'un synclinal, si on n'a pas de notions précises
sur l'âge des couches.

Plis isoclinaux. — Lorsque les plans axiaux de toute une
série de plis sont inclinés dans la même direction, leurs flancs
sont généralement parallèles entre eux sur d'assez longues
distances et les plis sont dits *isoclinaux* (fig. 50, 51).

Il arrive souvent que les crêtes anticlinales et les charnières synclinales ont été généralement enlevées par l'érosion et

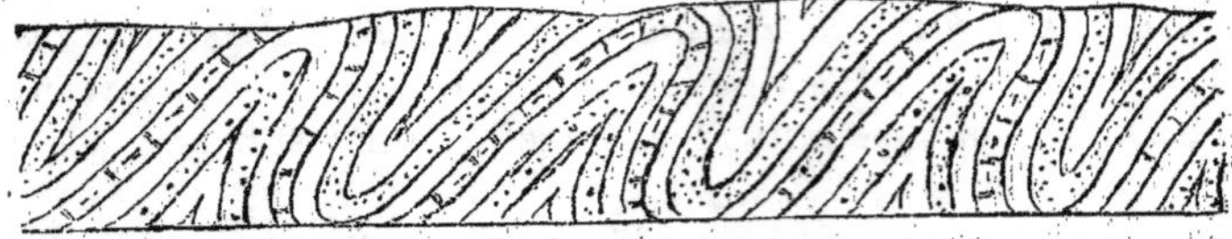

Fig. 50. — Plis isoclinaux.

les couches tranchées par la surface topographique donnent
l'impression d'une grande série de strates plongeant toutes
dans la même direction (fig. 51).

En réalité, les mêmes lits se répètent indéfiniment de sorte

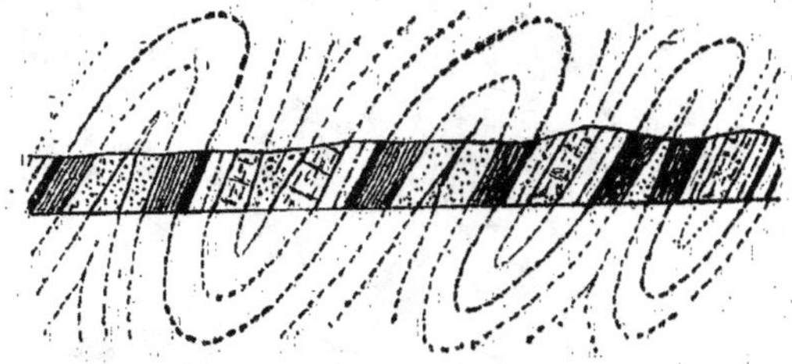

Fig. 51. — Plis isoclinaux très dénudés. Reconstitution de leur surface
structurale.

que la série n'est pas aussi épaisse qu'elle le paraît au premier abord.

Pli en éventail. — Il arrive souvent, au contraire, que les

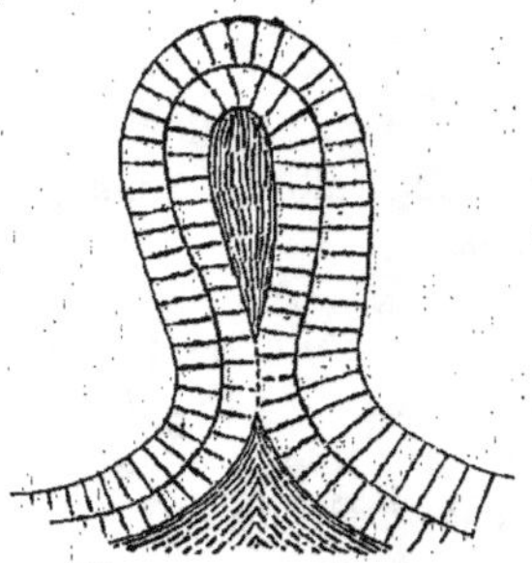

Fig. 52. — Pli en éventail.

flancs forment un angle ouvert soit vers le haut, soit vers le bas ; on a alors un pli en éventail (fig. 52).

Pli-faille. — D'autre part, comme nous l'avons vu dans le cas du pli monoclinal, certaines parties du flanc peuvent être laminées et étirées ; certaines couches sont alors plus ou moins supprimées et il peut y avoir dans certains cas rupture brus-

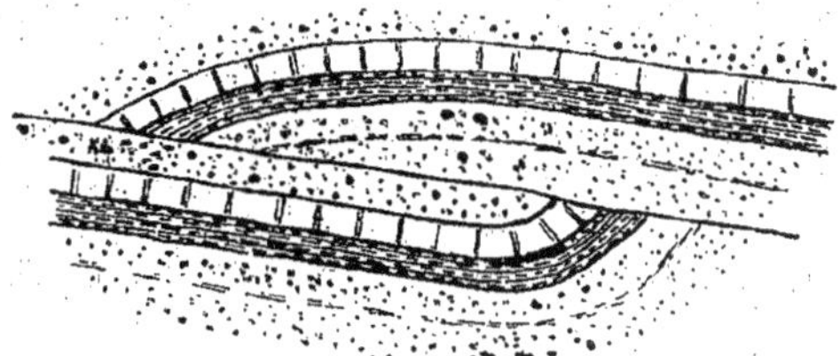

Fig. 53. — Pli-faille.

Le flanc inverse est étiré et disparaît ; l'étirement peut d'ailleurs être variable suivant les couches ; certaines couches, plus plastiques, comme *a* sont simplement étirées et non faillées. F : ligne de faille.

que le long du flanc, parallèlement au plan axial du pli. On a alors, soit un pli avec flanc inverse étiré, soit un *pli-faille* (fig. 53).

Charriages. — Dans le cas de plis couchés, la rupture est particulièrement fréquente et l'axe des moitiés du pli peut être poussé bien en avant de l'autre, on dit alors qu'il y a *chevauchement* ou *charriage* de couches telles que *a* sur des couches telle que *b* qui peuvent être beaucoup plus jeunes qu'elles.

Ces *superpositions anormales* ont lieu quelquefois sur de grandes étendues et l'on n'hésite pas actuellement à admettre des charriages de plusieurs centaines de kilomètres (pl. XXXVI).

Les nappes de charriage sont ainsi formées par des couches venues des régions relativement lointaines en passant par-dessus des pays de constitutions géologiques différentes ; ces couches arrivent ainsi à reposer sur une substance qui n'est pas leur substratum originel. C'est ainsi que des contrées entières comme, par exemple, toutes les hautes montagnes de

Schistes contournés (p. 194) et bancs durs de grauwacke faisant saillie
à Ardivell dans l'Ayrshire.

Photo du Geological Survey.

Vis-à-vis de la page 192.

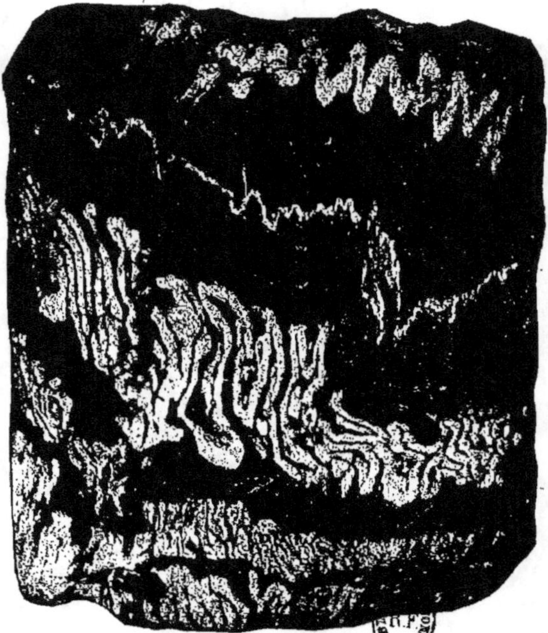

Fig. 1. — Calcaires contournés, Alpes. (Presque grandeur naturelle)

Fig. 2. — Calcaires contournés, Glen Mohr (Ecosse).
Photo du docteur Flitt.

Vis-à-vis de la page 192.

Partie nord de Sgurr Ruadh (comté de Ross, Écosse).
Les lignes blanches indiquent les surfaces de charriage.

Vis-à-vis de la page 192.

PLANCHE XXXVIII

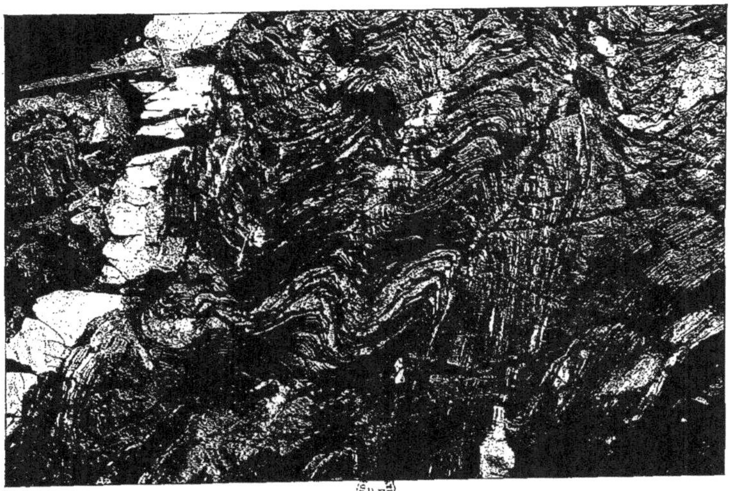

Schistes contournés avec veines de quartz. Michals Caves (comté de Kincardi).
Photo du Geological Survey.

Vis-à-vis de la page 192.

l'Oberland bernois ne sont plus considérées comme en place. On admet que les sédiments qui les composent se sont déposés tout à fait ailleurs, probablement au sud des Alpes dans la zone du Piémont. Ultérieurement, à la suite de phénomènes orogéniques, ces masses ont été plissées, renversées, poussées *charriées*, depuis leur emplacement ancien jusqu'à leur emplacement actuel.

Anticlinorium. Synclinorium (1). — Enfin les plis peuvent s'associer pour constituer des chaînes de montagnes ; on a

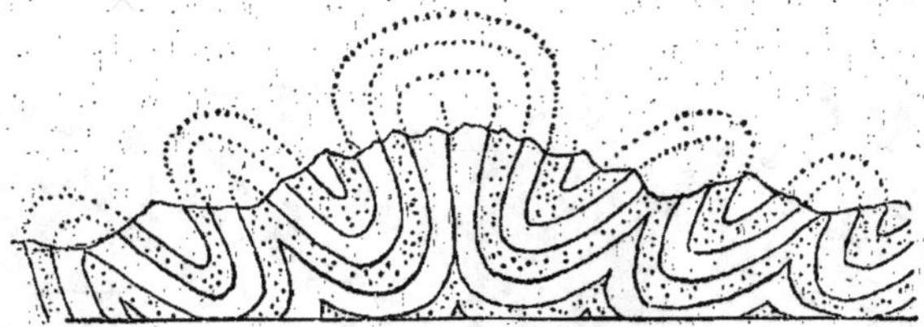

Fig. 54. — Schéma d'un anticlinorium.

alors une grande masse composée de nombreuses rides secondaires ; cet ensemble s'appelle un *anticlinorium* (fig. 54).

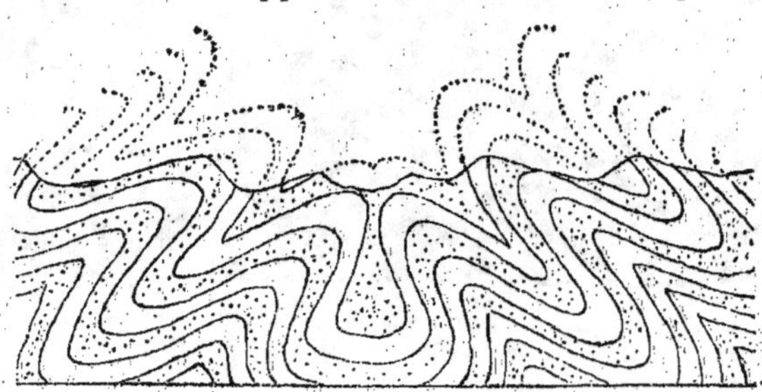

Fig. 55. — Schéma d'un synclinorium.

La structure inverse résultant de la dépression d'une large zone s'appelle *synclinorium* (fig. 55).

(1) On emploie souvent à la place de ces mots ceux de *géosynclinal, géoanticlinal* qu'il vaut mieux réserver pour les employer dans un sens un peu différent.

Couches contournées. — Quand les couches sont plissées d'une façon si compliquée qu'il est impossible de délimiter des plis individuels, on a un complexe de plis (pl. XXXV et XXXVI). Dans ces couches très fortement plissées les roches ont été soumises à une grande compression ainsi que le montre l'épaississement et l'amincissement des couches (pl. XXXVIII). Il semble que sous l'influence de la compression les roches solides se soient comportées comme des roches plastiques. Cette même structure s'observe aussi au microscope (pl. VI, fig. 4).

Les éléments isolés des conglomérats (pl. XXII, fig. 3) sont souvent aplatis les uns contre les autres et ont pris des formes lenticulaires. Les fossiles sont souvent tordus de la même façon : cette déformation est souvent poussée si loin qu'elle amène l'altération complète de la roche et en masque les caractères.

CHAPITRE X

DIACLASES

Diaclases dans les roches sédimentaires, dans les roches ignées. Colonnades de basalte. Diaclases dans les roches schisteuses. Surfaces de friction.
Origine des diaclases. — Contractions. Expansions. Mouvements de la croûte.

Les diaclases sont des plans de division qui traversent la roche dans des directions et sous des angles variables. Elles débitent ainsi ces couches en blocs parallélipipédiques plus ou moins grands et plus ou moins réguliers. Les carriers leur donnent souvent le nom de *joints*. Les faces des diaclases sont généralement planes et polies ; mais, dans certains cas, et, en particulier, dans certaines roches cristallines, elles sont incurvées. Dans les roches fraîches, inaltérées, les diaclases sont généralement invisibles, les deux faces étant très voisines l'une de l'autre ; leur présence est souvent mise en évidence par l'altération plus ou moins profonde que les eaux font subir à la roche. Dans le vieux grès rouge par exemple, la position des diaclases est souvent indiquée par des lignes plus ou moins verticales suivant lesquelles les roches sont devenues blanches. Dans le calcaire, des crevasses tendent à se produire le long des diaclases, comme si la roche avait été dissoute.

Les faces des diaclases sont souvent recouvertes d'une pellicule d'oxyde de fer brun ou jaune, ou d'autres dépôts, comme la calcite, la baryte, le quartz, la calcédoine, etc. Des diaclases ouvertes sont souvent remplies de produits analogues, elles sont alors décrites comme des veines métallifères ; leur largeur peut varier depuis quelques centimètres jusqu'à quelques mètres (voir chapitre XII).

Les diaclases les plus importantes sont en général plus ou moins baillantes, ou tout au moins sont-elles facilement visibles jusqu'à une certaine distance de la surface ; mais elles le deviennent de moins en moins quand on les suit en profondeur ; aussi leur aspect est-il certainement dû à des actions superficielles.

Dans des roches relativement solubles comme le calcaire, l'ouverture des fissures peut être expliqué d'une façon satisfaisante par l'action de l'eau ; mais, dans le cas de roches relativement insolubles, la même cause ne peut pas être invoquée et les fissures sont probablement dues à des changements de température.

Dans les régions tempérées, les changements de température diurnes et saisonniers n'affectent pas la roche au-dessous de quelques mètres de la surface ; ils peuvent donc facilement expliquer ces phénomènes. On doit se rappeler d'ailleurs qu'à des époques géologiques relativement récentes, certaines régions actuellement tempérées d'Europe et d'Amérique ont subi des vicissitudes remarquables de climat ; elles ont eu un climat arctique pendant de longues périodes, et à d'autres époques un climat plus doux. Ces alternatives de chaud et de froid peuvent avoir affecté ces roches plus profondément qu'à l'époque actuelle. Nous savons en effet que, sous de hautes latitudes, le sol est constamment gelé à une profondeur d'une trentaine de mètres et que la chaleur de l'été ne peut dégeler qu'une très faible épaisseur ; ces alternatives de gel et de dégel répétées pendant la longue période glaciaire ont pu faciliter l'ouverture de diaclases jusqu'à une profondeur assez considérable.

Diaclases dans les roches sédimentaires. — Les roches sédimentaires sont souvent traversées par deux systèmes de diaclases perpendiculaires aux plans de stratification et s'entrecroisant à peu près à angle droit. Quelquefois ces diaclases courent à peu près parallèlement sur de grandes distances ; on les appelle *diaclases principales*. Mais, la plupart du temps, il est impossible de suivre individuellement une diaclase sur une grande longueur ; d'ailleurs le parallélisme des diaclases n'est qu'approximatif et on voit souvent une diaclase converger vers une autre ; parfois aussi une diaclase semble disparaître, puis après un intervalle plus au moins grand, on trouve à sa place une ou plusieurs autres, ayant la même direction.

L'épaisseur de roche, comprise entre deux diaclases adjacentes d'une même série, est très variable ; elle peut être de quelques centimètres seulement ou atteindre plusieurs mètres ; il arrive alors, lorsque les couches sont en lits peu épais, que les diaclases les débitent en tout petits fragments.

En dehors des diaclases principales, il peut exister des diaclases secondaires, parfois très nombreuses, qui traversent la roche dans des directions quelconques ; dans ce cas, l'existence d'un système des diaclases principales est moins net et celles-ci sont plus difficiles à suivre.

La roche se fissure inégalement en une série de parallélipipèdes (pl. XXX ; pl. XXIX ; pl. XL), ce qui lui donne souvent en plans l'aspect d'un véritable carrelage.

Lorsque les couches sont inclinées, les diaclases coïncident souvent avec le plongement ou avec la direction des couches ; on peut alors les appeler diaclases de plongement, diaclases de direction, ces dernières étant généralement plus importantes.

Quand les diaclases traversent des alternances de calcaires, d'argiles, de grès, etc., elles s'interrompent souvent en passant d'une nature de roche à l'autre ; il peut arriver aussi que, très nombreuses dans certaines couches, elles soit rares ou inexistantes dans d'autres, de texture un peu différente.

En principe, les diaclases sont plus développées dans les sédiments à grains fins, comme les calcaires, les grès, les couches de charbon, etc.; il arrive souvent, par exemple, que le charbon soit divisé par trois séries de plans de diaclases à angle droit les uns des autres, qui le découpent en blocs parallélipipédiques ; les uns sont parallèles à la stratification des couches, les autres à leur direction, les troisièmes à leur plongement.

Diaclases dans les roches ignées. — Elles sont rarement aussi régulières que celle des roches sédimentaire et, en général, on ne peut y reconnaître aucun arrangement systématique ; cependant il arrive quelquefois que les plans de division montrent une certaine régularité, suivant certaines directions déterminées, analogues aux *diaclases principales* décrites plus haut (p. 196). D'autres fois enfin, elles sont disposées d'une façon tellement symétrique qu'elles donnent à la roche une structure prismatique columnaire.

Les diaclases de granite ont quelquefois une remarquable régularité ; deux systèmes de plans de division se coupent sur des angles variables, mais souvent assez voisins de l'angle droit. La roche se divise ainsi en masses columnaires dont la forme varie avec celle des cassures qui peuvent être planes ou courbes et avec l'angle sous lequel ces cassures viennent à se couper.

Souvent les fractures sont très largement ouvertes et donnent naissance à des monolithes, dans d'autres cas, elles réduisent la roche en un amas de petits fragments.

Les diaclases verticales principales sont souvent accompagnées de diaclases irrégulières plus petites, dont la présence empêche alors l'extraction de gros blocs. Le granite montre de plus des diaclases transversales, approximativement perpendiculaires aux précédentes. Elles sont horizontales ou inclinées et donnent souvent à la roche un aspect lité, au moins à la surface (pl. XLI). Elles sont d'ailleurs rarement aussi égales que les plans de stratification ; elles sont généralement un peu ondulées et se réunissent les unes aux autres ; combinées aux diaclases verticales, elles déterminent dans la roche une série de lits lenticulaires. A distance, l'ensemble de ces diaclases donne quelquefois l'impression d'une stratification entrecroisée.

Ces curieuses diaclases sont surtout visibles à la surface, où elles ont souvent plusieurs centimètres d'ouverture. Leur largeur d'ouverture diminue d'ailleurs avec la profondeur ; elles deviennent peu à peu discontinues et disparaissent.

Des diaclases de cette sorte ne sont pas spéciales au granite ; elles se trouvent dans beaucoup d'autres roches éruptives et en particulier, dans des syénites et des porphyres quartzifères; mais elles y sont rarement aussi bien développées (pl. XLIII). Il arrive même parfois que certaines roches sédimentaires homogènes, comme le calcaire et le grès, montrent une structure analogue, qu'on ne doit pas, dans ce cas, confondre avec la stratification.

Colonnades de basaltes. — Les basaltes sont souvent diaclasés d'une façon tellement symétrique qu'ils paraissent constitués par un assemblage régulier de colonnes prismatiques (pl. XLII). Lorsque cette structure est bien développée les colonnes tendent à prendre une structure hexagonale, comme à la grotte de Fingal et à la chaussée des Géants (Ecosse). Bien que ces colonnes hexagonales soient assez fréquentes il arrive souvent que les faces du prisme ne soient pas également développées; quelquefois même quelques colonnes ont un nombre de faces inférieur ou supérieur à six et l'on trouve associées des formes triangulaires, tétragonales, pentagonales et polygonales.

Les prismes sont toujours perpendiculaires aux plans de refroidissement; ils sont verticaux lorsque la roche est horizontale et que, par suite, la surface de refroidissement l'est aussi. Au contraire, lorsque la roche fondue s'est refroidie dans une fissure verticale, les bords de la fissure constituent les plans de refroidissement; dans ce cas les prismes sont horizontaux.

Dans les couches intrusives de basaltes, les prismes s'étendent souvent d'une façon continue d'un plan de refroidissement à l'autre. Dans les dykes, ils sont généralement discontinus et séparés à mi-chemin par une ligne irrégulière. Ça et là d'ailleurs, de petits dykes de basalte sont composés entièrement de couches minces de prismes séparés par une série de fissures grossièrement parallèles (fig. 56 et 57).

Souvent dans les roches d'épanchement et dans les roches intrusives, les prismes sont courbes.

Enfin, il arrive fréquemment que les prismes, courbes ou rectilignes, soient coupés à intervalles plus ou moins réguliers par des diaclases transversales dont la présence détermine quelquefois une structure en boules, la surface convexe d'un segment s'appuyant sur la surface concave du bloc, inférieur ou supérieur, et s'emboîtant ainsi d'une façon plus ou moins parfaite.

Les colonnes ou piliers varient beaucoup de grandeur. Dans certains dykes minces de basalte, elles ont moins d'un centi-

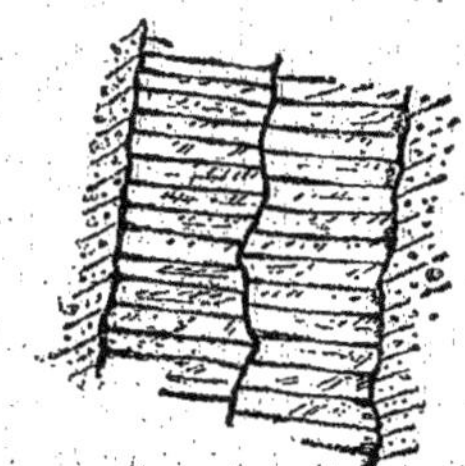

Fig. 56. — Structure prismatique dans un dyke.

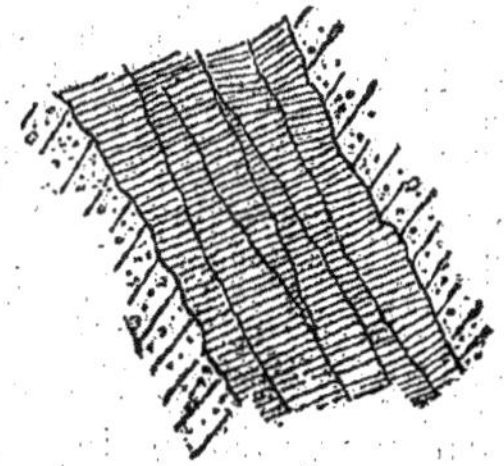

Fig. 57. — Structure prismatique complexe dans un dyke.

mètre de diamètre et seulement quelques centimètres de longueur. Dans certains bancs épais de laves, ils peuvent atteindre une épaisseur de 0 m. 50 et une longueur de 60 mètres.

La structure prismatique est surtout développée dans les roches basiques à grain fin ; mais elle ne leur est pas spéciale ; on les observe souvent dans les andésites, les porphyres quartzifères et quelquefois même dans les obsidiennes.

D'ailleurs cette structure n'est pas spéciale aux roches ignées. Souvent le grès et le charbon montrent une structure prismatique surimposée. Dans ce cas, les roches ont subi l'influence de roches intrusives. On en a de bons exemples dans les charbonnages d'Écosse où tous les lits de charbon ont été transformés en une sorte de coke prismatique ; au contact et près du contact de la roche éruptive, les grès acquièrent de même une grossière structure columnaire.

Diaclases dans les roches schisteuses. — Par suite de leur diversité de composition et de structure, les roches schisteuses offrent une grande variété de diaclases. Celles, qui ont une structure feuilletée très nette, sont souvent divisées par des diaclases verticales ou peu inclinées ; mais elles sont rarement régulières et on n'observe pas de système de diaclases s'entrecroisant comme dans les roches sédimentaires.

PLANCHE XXXIX

Grès à ripple-marks, traversés par des diaclases qui lui donnent l'apparence d'un véritable carrelage (Kinghorn, comté de Fife, Écosse).

Photo du Geological Survey.

Vis-à-vis de la page 200.

Diaclases dans une grauwacke, Carrick Port, Ayrshire (Écosse).

Vis-à-vis de la page 200.

Vis-à-vis de la page 300.

Diaclases horizontales dans le granite, sommet de Goatfell (île d'Arran, Écosse).

Photo du Geological Survey

Des diaclases horizontales (p. 198) divisent souvent le granite en sortes de bancs et donnent à la roche un aspect lité ; elles sont généralement un peu ondulées et se réunissent les unes aux autres. On notera aussi le présence de diaclases verticales.

Vis-à-vis de la page 300.

Colonnades de basalte, Pettycur, comté de Fife (Écosse).
Photo du Geological Survey.

Vis-à-vis de la page 300.

Diaclases courbes dans des porphyres, Blackwater Foot (île d'Arran, Écosse).
On comparera ces diaclases, qui découpent la roche en une série de lits d'apparence régulière, à celles que présente le granite dans la même région (pl. LXI).

Cependant les gneiss granitoïdes ont quelquefois des plans de division analogues à ceux du granite.

Surfaces de friction (pl. XLV). — La surface des diaclases, quelle que soit la nature de la roche, est souvent polie et marquée de lignes et de stries parallèles, comme si les faces opposées avaient été frottées l'une contre l'autre.

Ces surfaces de friction sont souvent couvertes de minéraux qui peuvent avoir été eux-mêmes polis et striés. En ouvrant une diaclase occupée par une veine mince de matière minérale, il est souvent possible de détacher des fragments entiers de la veine montrant des cristaux sur les deux faces. Les surfaces de friction sont surtout abondantes sur les régions où d'importants mouvements de la croûte terrestre ont eu lieu ; on les trouve également sur le bord des fractures et des dislocations de toute nature.

ORIGINE DES DIACLASES

L'origine des diaclases est fort obscure ; il est probable qu'elles sont dues à des causes multiples, variables suivant les cas.

Contractions. — Certaines roches plastiques, comme l'argile, se contractent par la sécheresse et deviennent ainsi craquelées et fissurées ; cette cause peut être l'origine de certaines fractures secondaires et irrégulières des couches sédimentaires ; mais elle ne peut pas expliquer la formation des diaclases importantes, comme la plupart des diaclases verticales.

Le passage de la structure non cristalline à la structure cristalline, nécessite une contraction ; il est par suite possible que certains dépôts d'origine chimique doivent leur structure fracturée à leur cristallisation. Il faut attribuer à la même cause un certain nombre des plans de division qui se trouvent dans les roches cristallines.

Les diaclases du basalte paraissent de même nature que les fissures de retrait qui leur sont associées ; elles seraient donc dues à la contraction de la roche pendant son refroidissement.

La manière dont les basaltes et les roches analogues se comportent vis-à-vis des agents atmosphériques est particulièrement suggestive à cet égard ; les colonnes prismatiques perdent leur forme angulaire et les blocs isolés prennent une forme sphéroïdale. Chacune de ces sphéroïdes se compose de couches concentriques successives de plusieurs centimètres d'épaisseur et seules les couches extérieures peuvent être détachées par le marteau. Les couches internes ont une structure concentrique de moins en moins nette au fur et à mesure qu'elles sont plus voisines de l'intérieur.

Cette façon particulière d'usure par les agents atmosphériques n'est pas spéciale aux roches à structure prismatique ; elle se trouve aussi dans beaucoup d'autres roches ignées : pechstein, granite, diorite, porphyre. L'action des agents atmosphériques va souvent si loin que tous les affleurements des roches sont transformés en une sorte de terre ou de sable et que rien ne subsiste de la roche originelle. On peut donc supposer que cette structure en couches concentriques, mise en relief par les agents atmosphériques, est réellement originelle, et que le centre de la boule a été un centre de contraction. Aussi longtemps que la roche est demeurée fraîche, cette structure est restée invisible : elle n'est devenue apparente que sous l'influence des agents atmosphériques.

Le granite et beaucoup de roches métamorphiques présentent souvent un *grain* qui coïncide avec les joints ou avec les plans de foliation. Il est probablement dû à un arrangement grossièrement parallèle de leurs éléments constitutifs.

Les phonolithes, à cause de l'orientation de leurs éléments, se débitent en dalles à faces parallèles.

De même les laves, les couches intrusives, les dykes ont une tendance à se briser dans une direction parallèle à celle du courant, ou celle de la surface de refroidissement ; dans ce cas, le *grain* est probablement dû à l'arrangement originel des cristaux.

Cette explication ne paraît d'ailleurs pas pouvoir convenir pour le granite.

Expansion. — Les roches de toute sorte sont sujettes à se dilater par la chaleur et à se contracter par le froid. Le résultat en est qu'elles se fissurent.

On a un exemple dans les sédiments qui ont été cuits sous l'action de roches éruptives épanchées dans leur voisinage ; c'est ainsi que dans les charbonnages d'Ecosse, des lits de charbon ordinaire ont été convertis en coke prismatique ; les grès argileux et les argiles qui les accompagnent ont acquis de même une structure grossièrement columnaire.

L'action du soleil est une cause beaucoup plus générale d'expansion. Elle se produit sous toutes les latitudes ; mais elle peut être étudiée surtout dans les pays secs tropicaux et sub-tropicaux.

Dans les pays tempérés et polaires, l'effet de l'insolation est masqué par l'action de la gelée et des autres agents atmosphériques.

Dans les régions chaudes et sans pluie, les roches subissent toute la journée l'action d'une forte température ; leurs couches superficielle se dilatent tellement qu'elles tendent à se détacher de leur substratum. Les roches ignées acquièrent ainsi une structure superficielle feuilletée. Quand la nuit tombe il se produit une grande différence de température, les roches se contractent rapidement et la partie superficielle se pulvérise peu à peu ; il se forme ainsi une très fine pellicule que le vent enlève. Les dalles produites par cette sorte de désquamation coïncident naturellement avec la surface topographique ; elles sont courbes, inclinées ou horizontales suivant les cas et leur direction est indépendante de la structure interne.

Les diaclases transversales du granite paraissent ainsi devoir leur origine à l'action des agents atmosphériques.

Mouvements de la croûte. — Toutes ces causes sont très insuffisantes pour expliquer l'origine des systèmes réguliers de diaclases principales dans les roches sédimentaires ; ceux-ci suggèrent l'action d'une puissante action mécanique : en effet, les couches ont été comme coupées au couteau, qu'elles soient homogènes comme le calcaire ou hétérogènes comme les conglomérats.

Le cas de ces derniers est particulièrement intéressant : les plans de division dus aux diaclases, passent sans s'interrompre à travers la gangue et à travers les galets, quelles que soient les duretés relatives de ces deux éléments de la roche. Si ces diaclases étaient l'effet d'une simple contraction, les galets du conglomérat auraient été arrachés sur l'un des bords de la fissure et on les retrouverait sur l'autre bord.

Or, il n'en est pas ainsi ; aussi pense-t-on généralement que de telles diaclases sont le résultat des mouvements de la croûte. Il n'est pas difficile de concevoir comment, à la suite de ces mouvements, les couches soumises à des compressions et à des tensions énormes se sont craquelées et fissurées. D'ailleurs c'est le long des axes des plis que les couches sont le plus comprimées.

Cette explication paraît pouvoir convenir également aux diaclases de plongement.

Daubrée a d'ailleurs montré par une série d'expériences que les séries de diaclases s'entrecroisant peuvent être le résultat de puissants mouvements de la croûte. Il a expérimenté sur de longues couches rectangulaires composées de substances variées et démontré que, sous l'action de la tension, elles sont traversées par deux systèmes de craquelures approximativement parallèles se croisant sous des angles de 70 à 90 degrés et ressemblant par suite beaucoup aux diaclases principales des roches sédimentaires.

M. Grosby pense au contraire que ces diaclases sont dues à l'action des tremblements de terre. Les fractures produites par les mouvements vibratoires de la couche terrrestre doivent être planes, parallèles, normalement verticales, et s'entre-croisant. Ils possèdent donc tous les caractères des diaclases principales. Son explication peut servir pour le cas de roches horizontales qui sont souvent aussi régulièrement diaclasées que des couches plissées et qui, par suite, ont été à peine affectées par des mouvements de tension.

CHAPITRE XI

FAILLES

Failles normales. — Failles verticales. Failles obliques. Etude des failles sur le terrain. Déplacement latéral apparent produit par les failles. Brèche de faille. Allure des couches au voisinage des failles. Failles de plongement. Groupement des failles. Croisement des failles. Terminaison des failles.
Failles renversées.
Failles horizontales.
Failles transverses.
Origine des failles.

Les *failles* sont déterminées par des mouvements de la croûte ; elles diffèrent des diaclases parce qu'elles ne sont pas de simples craquelures ou de simples fentes, mais qu'elles présentent sur leurs deux bords un déplacement des couches.

Les roches qui se trouvent de l'un des côtés de la faille, sont coupées par elle et elles viennent buter contre des roches plus jeunes ou plus anciennes (fig. 58).

On distingue quatre sortes de failles :

1) *Failles normales ;*
2) *Failles renversées ;*
3) *Failles horizontales ;*
4) *Failles transverses.*

FAILLES NORMALES

Failles verticales. — Le plan de la faille est généralement vertical.

On appelle *lèvres* d'une faille les bords des couches tranchées par l'accident et on distingue la *lèvre soulevée*, et la *lèvre abaissée* en faisant allusion au mouvement relatif des couches de part et d'autre de la faille.

La valeur de ce mouvement relatif est le *rejet* ; on le mesure

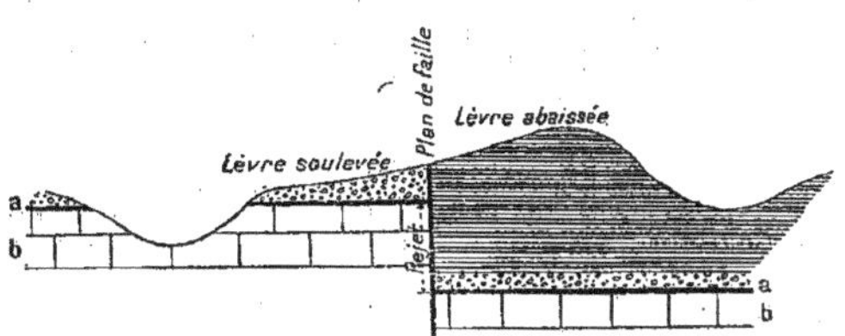

Fig. 58. — Faille verticale.

par la distance verticale entre deux couches identiques de part et d'autre du plan de faille.

On remarquera que la faille ne coïncide pas nécessairement avec une dénivellation topographique et qu'il y a une grande différence entre les deux termes, l'un géologique *faille*, l'autre géographique *falaise* ou *cuesta*.

Faille oblique. — Le plan de faille est souvent vertical ; mais dans beaucoup de cas il est incliné ; on dit alors que la faille est *oblique*.

Deux cas peuvent se présenter :

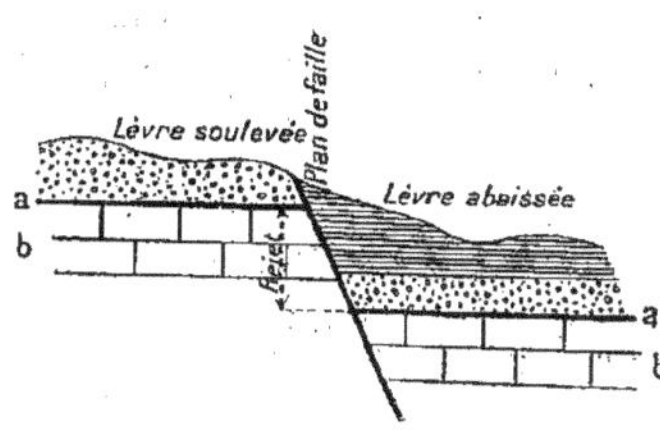

Fig. 59. — Faille oblique normale.

1° le plan de faille est incliné vers la lèvre affaissée ; on dit que la faille est *normale* (fig. 59) ;

2° le plan de faille est incliné de façon à surplomber la lèvre affaissée; on dit que la faille est *inverse*.

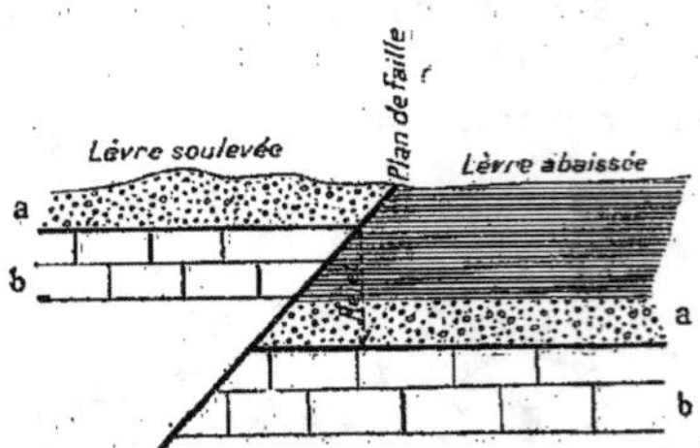

Fig. 60. — Faille oblique inverse.

Dans ces deux cas, la valeur du rejet se mesure par la distance verticale qui sépare deux couches déterminées (fig. 59, 60).

Étude des failles sur le terrain. — Sur le terrain, les failles ne se traduisent généralement que par le contact brusque de deux terrains qui normalement ne devraient pas se tou-

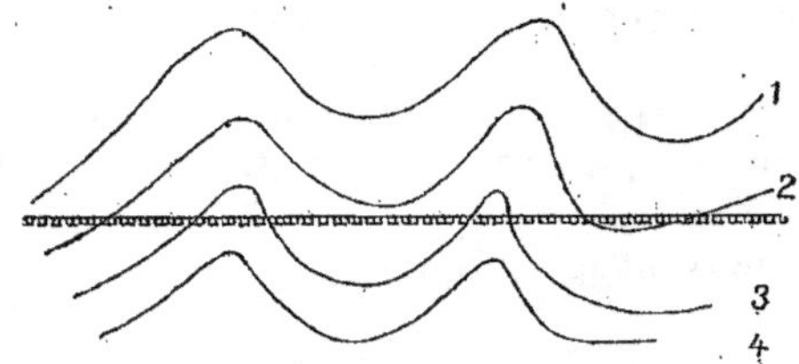

Fig. 61. — Allure d'une faille verticale, indépendante des accidents topographiques (Plan).

1, 2, 3, 4 ; Courbes de niveau de la surface du sol.

cher, étant d'âge différent ; par suite les terrains d'âge intermédiaire disparaissent, on les suit en faisant la carte géologique des terrains ; mais il est possible ensuite au seul examen de cette carte de s'apercevoir si la faille est verticale ou si elle est oblique et dans ce cas dans quel sens elle est inclinée.

Quand le plan de la faille est vertical (fig. 61) il, est généralement rectiligne et indépendant des accidents topographiques (1).

Quand le plan de la faille est oblique, le tracé de la faille

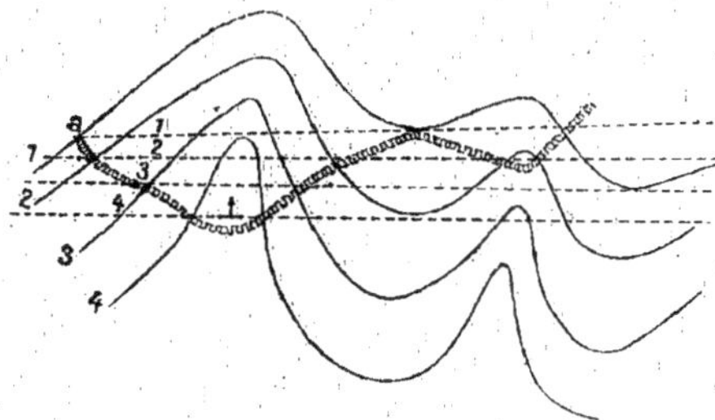

Fig. 62. — Allure d'une faille oblique, le plan de la faille plongeant dans le même sens que la surface topographique.

1, 2, 3, 4 (traits pleins) : courbes de niveau de la surface du sol.

1, 2, 3, 4 (traits interrompus) : courbes de niveau de la surface de la faille (a).

Les affleurements de la faille coïncident évidemment avec les points où les courbes de niveau de la surface du sol coupent les courbes de niveau de la surface de la faille.

sur le terrain est influencé par la configuration du sol (fig. 62 et 63), absolument de la même façon que l'est l'affleurement

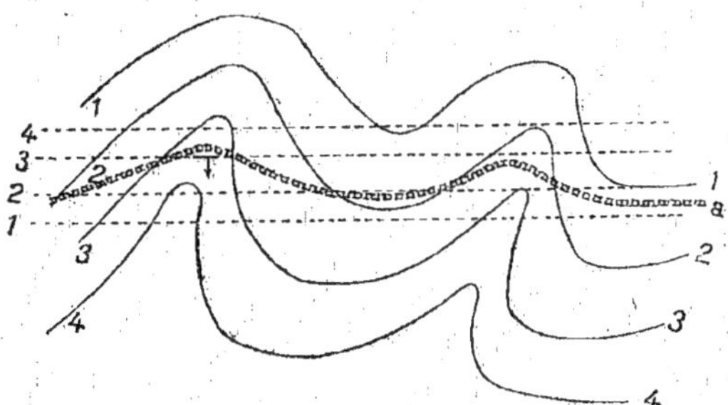

Fig. 63. — Allure d'une faille oblique, le plan de la faille plongeant en sens inverse de la surface topographique.

Même légende que pour la figure précédente.

(1) Cependant le plan d'une faille verticale peut avoir un tracé courbe ; mais, même dans ce cas, son tracé, quoique courbe, se montre indépendant des détails topographiques.

Conglomérat de faille, River Garry, à Dalnacardoch, comté de Perth (Écosse).

Photo du Geological Survey.

Vis-à-vis de la page 208.

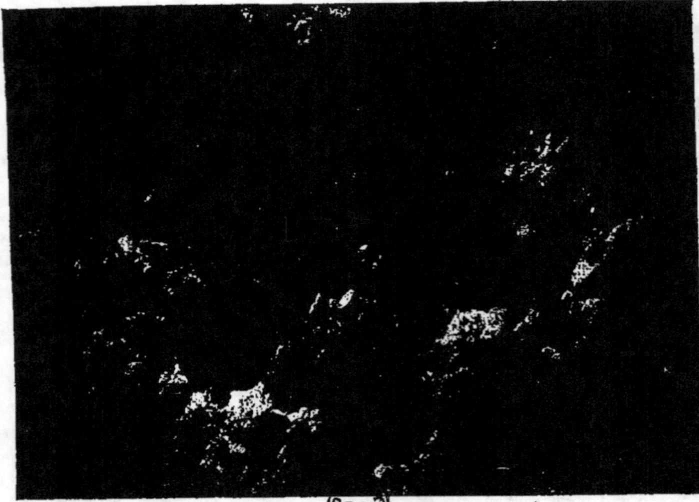

Fig. 1. — Surface de friction (p. 215) partiellement couverte de matière
minérale (en blanc sur la figure).

Fig. 2. — Surface de friction (p. 215), non altérée par des dépôts
ultérieurs.

Vis-à-vis de la page 208.

d'une couche déterminée. Il peut donc être représenté de la même façon.

Déplacement latéral produit par les failles. — On remarquera que les failles n'ont pas seulement pour effet d'abaisser les couches ; elles produisent de plus un déplacement latéral des couches (fig. 64). Ce déplacement latéral varie avec la valeur du rejet et avec l'inclinaison de la faille. Il s'ensuit que l'inclinaison des failles est une donnée importante au point de vue pratique ; en effet, pour des charbonnages par exemple, plus le plan de faille est incliné et diffère de la ver-

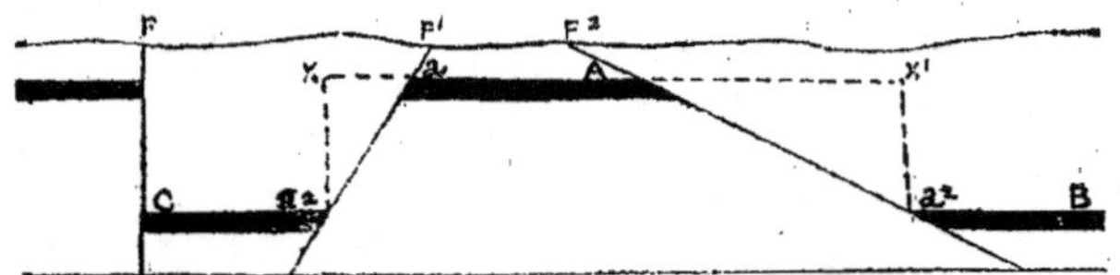

Fig. 64. — Failles dans des couches horizontales (1).

La faille oblique normale F^1 détermine non seulement une dénivellation $a^2 x$ de la couche de charbon ; mais de plus elle amène un déplacement latéral $a x$ de cette couche.

De même la faille F_2 détermine une dénivellation $a^2 x^1$ et un déplacement $A x_1$.

La comparaison du déplacement produit par les deux failles F_1 et F_2 montre que ce déplacement est beaucoup plus grand quand la faille est très inclinée.

ticale, plus est considérable l'espace stérile situé entre les deux extrémités faillées, A et a^2, par exemple, de la couche de charbon de la fig. 64.

Brèches de faille. — Les murs d'une faille peuvent être très rapprochés ; mais ils sont souvent séparés par des masses de débris qui constituent les *brèches de failles*, *brèches de friction*, *brèches de dislocation* (2) (pl. XLIV). Dans beaucoup de

(1) Les failles figurées dans les diagrammes sont des lignes droites ; mais, en réalité dans la nature, les failles ne sont pas aussi rectilignes qu'on les a représentées.

(2) Si les éléments sont subangulaires ou arrondis, ces roches s'appellent souvent *conglomérat de friction*.

14

cas, des cavités se trouvent le long de la ligne de dislocation et sont plus ou moins complètement remplies par des minéraux cristallisés ; c'est là un phénomène qui sera étudié à propos des veines métallifères (voir chapitre XIV).

D'autres fois, les failles peuvent avoir été remplies par des roches éruptives (*dykes*).

Enfin, à la suite de phénomènes de dissolution, d'importantes cavités ont pu se produire le long de la faille et des terrains plus récents ont pu s'y effondrer. [C'est ainsi que des sédiments intéressants au point de vue théorique, comme le crétacé des environs de Chalon-sur-Saône, ou ayant une importance pratique comme les sables kaoliniques des environs de Rouen, ont pu être conservés à la faveur de failles].

Les murs d'une faille, comme aussi les éléments de la brèche de friction, sont souvent striés (pl. XLV) ; on y observe des séries de cannelures parallèles qui montrent avec évidence l'action d'un frottement intense qui s'est produit dans leur direction.

D'autres fois, le frottement a déterminé un polissage si parfait et si intense qu'il détermine des *miroirs de faille*.

Enfin parfois, des deux côtés de la dislocation, les roches sont pulvérisées sur une distance de plusieurs centimètres. Ces phénomènes s'observent surtout dans les failles importantes qui ont produit de grandes dislocations.

Allure des couches au voisinage des failles. — Dans le voi-

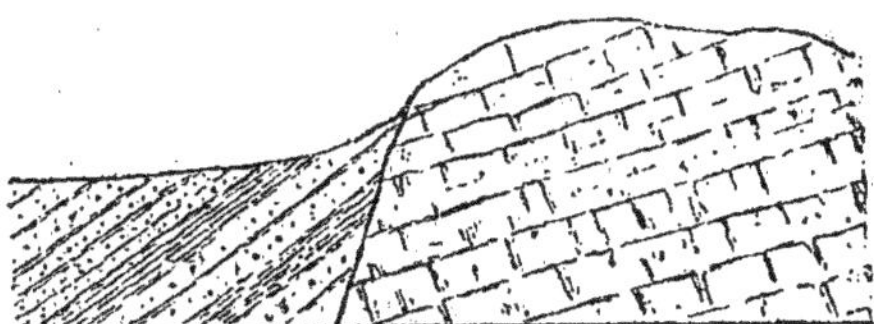

Fig. 65. — Faille normale.

Les couches (figurées à gauche de la figure) sont simplement relevées un peu fortement ; elles n'ont pas subi de plissement.

sinage des grandes failles, les roches sont souvent brisées, surtout du côté de la lèvre affaissée ; de plus les couches sont

généralement relevées d'une façon plus ou moins nette vers le
bord de la faille (fig. 65).

Les dislocations sont quelquefois plus intenses et les sédi-

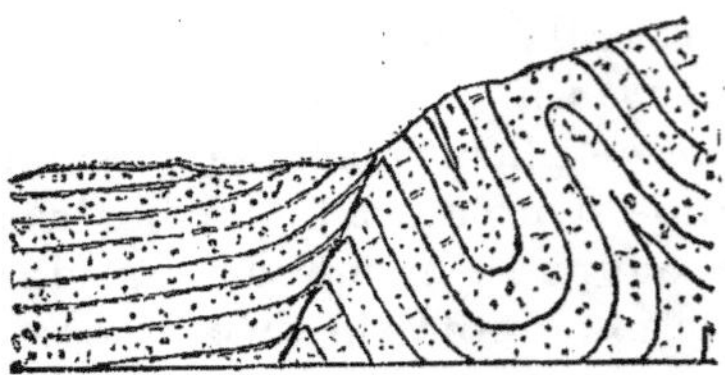

Fig. 66. — Faille normale.

Les couches, figurées à gauche, sont relevées un peu fortement au
bord de la la faille ; celles, figurées à droite, ont subi des plissements.

ments ont fréquemment été contournés et véritablement plissés
(fig. 66).

Il arrive souvent que les failles normales soient en relation
plus ou moins étroite avec les diaclases principales de la
région et qu'elles soient parallèles au plongement des couches ou à leur direction. Mais on ne peut en déduire qu'elles
soient en relation, soit avec le plongement, soit avec la direction ; car elles les coupent fréquemment sous un angle quelconque.

Failles de plongement. — Les failles peuvent avoir un effet
considérable sur l'allure des affleurements ; combinées avec
l'action des variations de la surface topographique, elles peuvent déterminer un rejet de l'affleurement dans un sens ou
dans un autre (fig. 67).

Quand des failles coupent des anticlinaux et des synclinaux,
elles déterminent de même un rejet apparent des affleurements et peuvent paraître modifier leurs distances relatives
(fig. 69 et 70).

Enfin des failles parallèles à la direction ou *failles longitudinales*, affectent les affleurements d'une façon un peu différente (fig. 68).

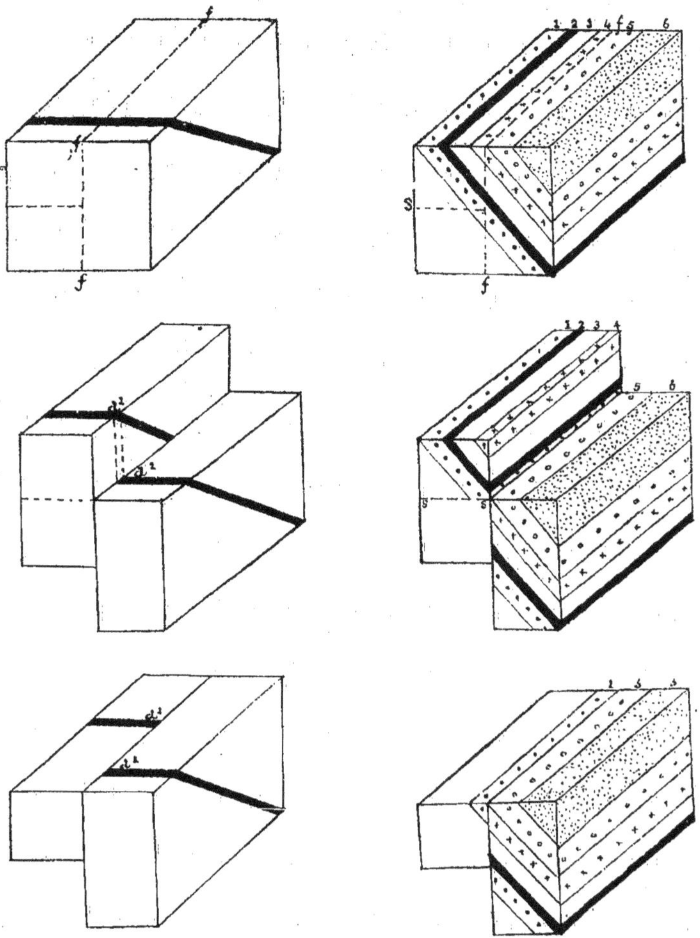

Fig. 67 (à gauche). — Action d'une faille sur l'affleurement d'une couche
inclinée.

La figure du haut représente la couche inclinée telle qu'elle serait, s'il
ne s'était pas produit de faille en f.

La figure du milieu montre l'allure de l'affleurement après que la faille
s'est produite en f ; toute la partie gauche a été affaissée de a^1 en a^2.

La figure du bas représente, enfin, l'allure de l'affleurement, après que
l'érosion a fait son œuvre et raboté toute la région d'un même plan horizontal. Il semble alors y avoir un déplacement latéral de l'affleurement
de a^1 en a^2, alors qu'il n'y a qu'une simple dénivellation verticale.

Fig. 68 (à droite). — Action d'une faille parallèle à la direction des
couches inclinées.

(Même explication que pour la figure 67).

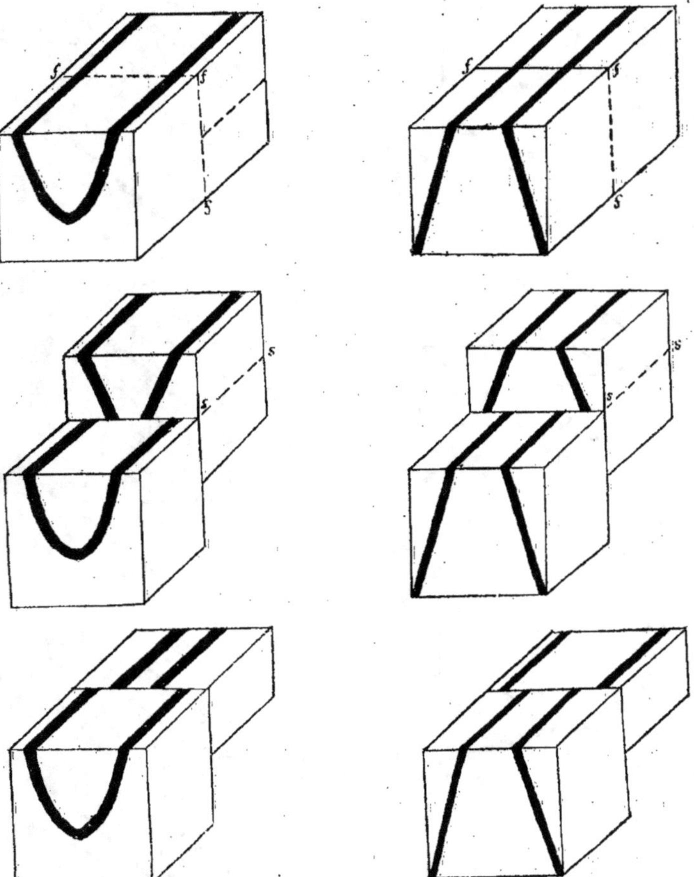

Fig. 69 (à gauche). — Action d'une faille sur des affleurements synclinaux.

La figure du haut représente le synclinal tel qu'il serait s'il ne s'était pas produit de faille en *f*.

La figure du milieu montre ces affleurements synclinaux après que la faille s'est produite en *f*; cette faille amène en contact des parties inégalement profondes du synclinal.

Enfin la figure du bas représente l'allure de l'affleurement après que l'érosion a fait son œuvre et raboté toute la région à un même plan horizontal. Il semble alors y avoir modification dans l'écartement des deux bandes d'affleurements de chaque côté de l'axe du synclinal.

Fig. 70 (à droite). — Action d'une faille sur des affleurements anticlinaux.

(Même légende que pour la figure 69).

Groupement des failles. — Les failles sont souvent isolées ; c'est parfois le cas, lorsque leur dénivellation est faible.

Mais la plupart du temps, elles sont associées et forment des *groupes de failles* ou *systèmes de failles*.

Ainsi les grandes dislocations qui s'étendent sur des surfaces considérables sont généralement accompagnées de failles parallèles, dont la dénivellation se fait soit dans le même sens, soit dans un sens opposé. Ces dislocations parallèles sont souvent si nombreuses et si voisines qu'il est alors difficile de dire quelle est la faille principale. Lorsque la dénivellation de toutes ces failles ou de la plupart d'entre elles se fait dans la même direction, le résultat pratique est le même que s'il y avait une seule faille ayant une dénivellation importante (fig. 71).

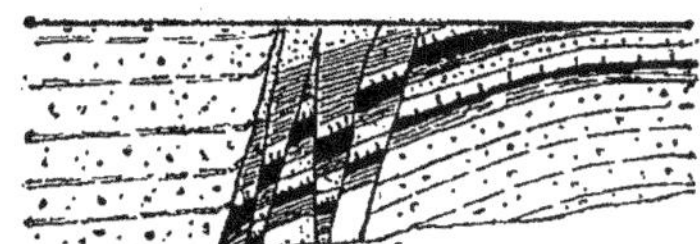

Fig. 71. — Faille complexe.

Lorsque ces dénivellations sont produites par des failles parallèles, successives, nettement distinctes on a des *failles en escalier* (fig. 72, 73). De telles failles, lorsque leur dénivellation se fait dans la même direction que le plongement, peut avoir pour effet d'empêcher certains bancs d'affleurer à la surface.

Au contraire, quand les failles en escalier déterminent un

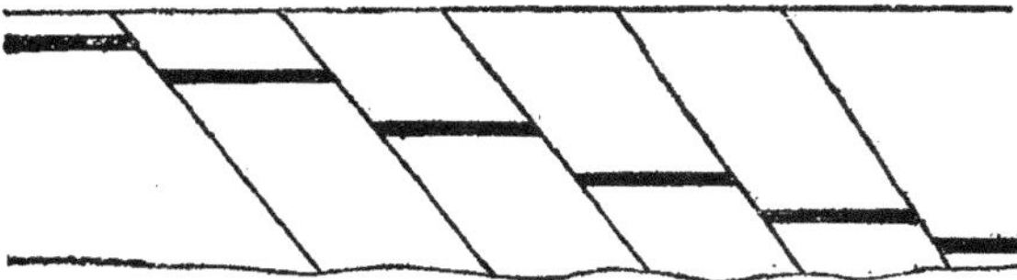

Fig. 72. — Série de failles en escalier.

abaissement en sens inverse du plongement, elles maintiennent les couches à des altitudes qui en permettent l'exploitation (fig. 73).

Enfin, on connaît des groupes de failles qui produisent des

dénivellations en sens inverse l'un de l'autre (fig. 74) ; les failles peuvent alors, se croiser ou se réunir.

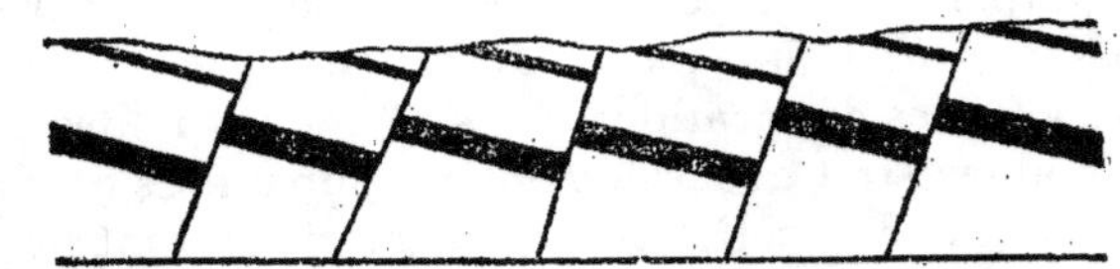

Fig. 73. — Série de failles en escalier dont l'effet contrebalance l'effet du plongement.

Elles peuvent se terminer subitement au point de jonction. L'une d'elles peut disparaître et l'autre continuer avec une dénivellation moindre. Mais lorsque des failles approximativement parallèles avec des dénivellations dans la même direction viennent à se rejoindre, elles continuent comme une faille simple avec une dénivellation généralement augmentée.

La dénivellation d'une faille normale est très variable, depuis quelques centimètres jusqu'à plusieurs milliers de

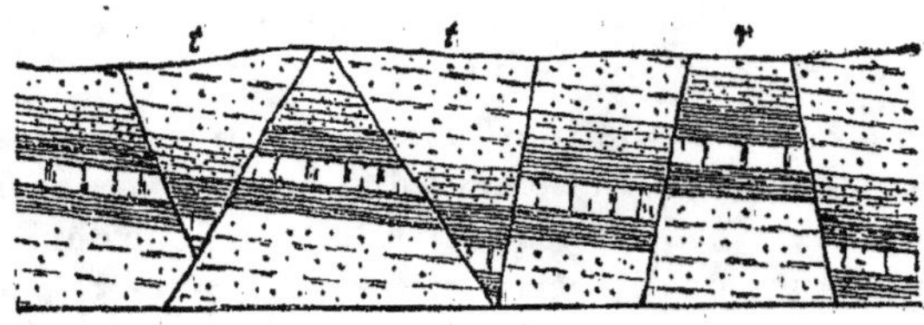

Fig. 74. — Failles produisant des dénivellations en sens inverse l'une de l'autre (Failles à rejet compensateur)

mètres et la faille fait ainsi buter des roches d'âge très différent. Les failles plus petites s'étendent généralement à de faibles distances, tandis que les grandes s'étendent souvent sur plusieurs centaines de kilomètres.

La direction d'une grande faille est généralement approximativement droite ou légèrement sinueuse, et quelquefois incurvée. Ces failles commencent par une craquelure ou par une série de fissures plus ou moins convergentes, avec ou sans dénivellation ; celle-ci augmente graduellement jusqu'à un maximum et décroît ensuite pour finir par une série de cra-

quelures. Dans beaucoup de cas la dénivellation varie irrégulièrement.

Les failles sont souvent conjuguées en deux sytèmes caractéristiques d'une région, et l'on pense souvent que ces deux
systèmes sont contemporains. Des failles contemporaines se
coupent rarement l'une l'autre.

Une faille peut converger vers une autre ; mais elle ne la
coupe pas.

Croisement de failles. — Lorsque deux failles ou deux
systèmes de failles viennent à se couper, on en déduit souvent

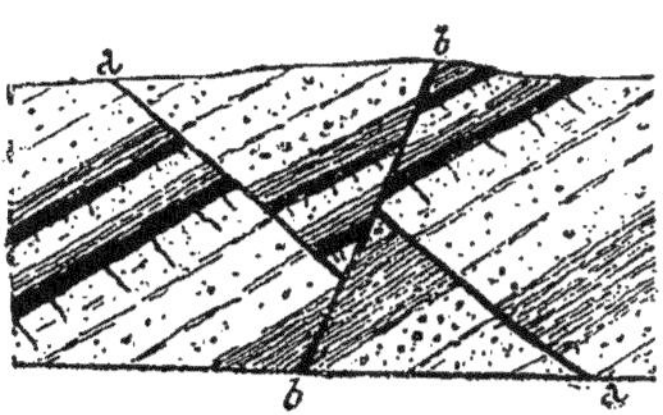

Fig. 75. — Déplacement d'une faille par une autre

La faille *bb* a déplacé la faille plus ancienne *a a*.

qu'elles se sont produites à des périodes différentes. Ce sont
alors les failles les plus jeunes qui recoupent les plus anciennes, absolument de la même façon qu'une faille déplace des
couches (fig. 75).

Des déplacements de cette sorte sont fréquents dans des
régions disloquées, et prouvent que ces régions ont subi des
mouvements à des époques souvent éloignées l'une de l'autre.

Dans les régions où les veines métallifères sont bien développées, elles occupent fréquemment les lignes de dislocation
et se coupent sous des angles variables. Dans ces régions, la
direction des systèmes de failles conjuguées et leur relation
avec des systèmes similaires ont été étudiées avec soin et on
a pu établir que les dislocations de cette région peuvent appartenir à deux, trois, ou plusieurs périodes de dislocations.

Terminaison des failles. — Les failles se terminent souvent à leur extrémité par de simples flexures monoclinales

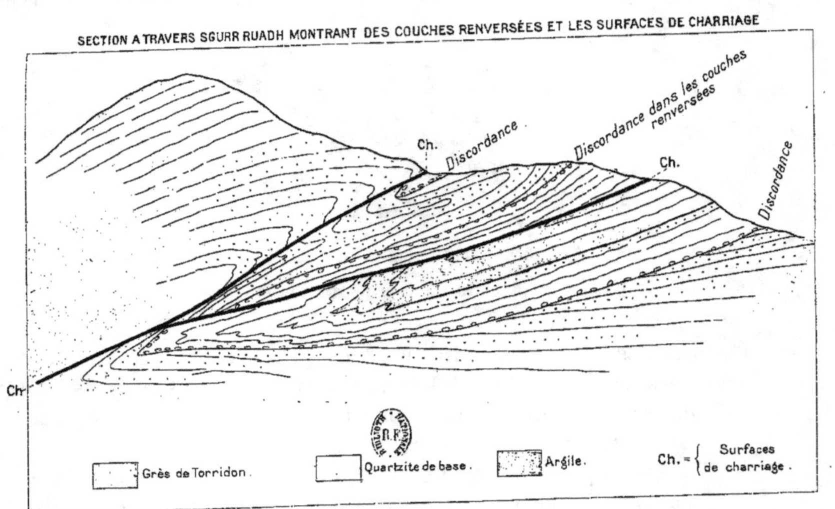

SECTION A TRAVERS SGURR RUADH MONTRANT DES COUCHES RENVERSÉES ET LES SURFACES DE CHARRIAGE
Ch.
Discordance
Discordance dans les couches renversées
Ch.
Discordance
Ch.
Grès de Torridon.
Quartzite de base.
Argile.
Ch. = { Surfaces de charriage.
Lespinasse, del. 35, R. Mazarine, Paris.
PL. XLVI.

Ruisseau coulant le long d'une surface de contact anormal, Kisshorn,
comté de Ross (Écosse).

Vis-à-vis de la page 217.

(fig. 76 et 77). On est ainsi amené souvent à mettre en évidence les relations des failles avec les lignes de plissement de la région.

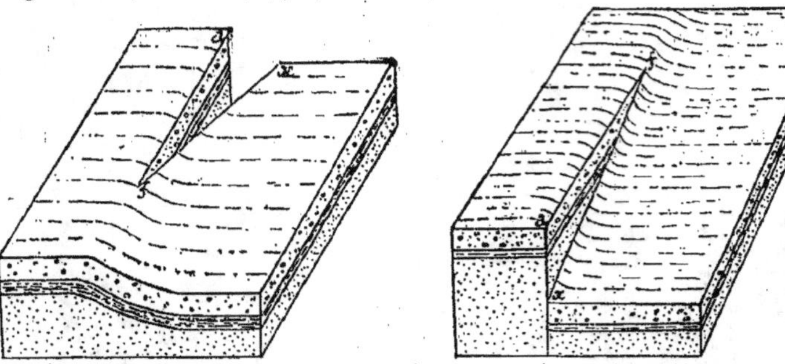

Fig. 76 et 77. — Terminaison des failles par une flexure monoclinale.

La figure de gauche montre la dénivellation des couches produites par la faille ; celle de droite montre comment la flexure monoclinale a succédé à la faille.

FAILLES RENVERSÉES

Ces failles produisent une dénivellation en sens inverse de l'inclinaison du plan de faille.

Le résultat est que des couches plus anciennes ont été renversées sur des couches plus jeunes. Si le déplacement est considérable, le plan de la faille renversée est généralement plus éloigné de la verticale que le plan d'une faille normale. Il peut même s'approcher beaucoup de l'horizontale. Le long d'une faille renversée, les roches sont souvent comprimées et brisées et de telles failles sont souvent marquées par la présence de

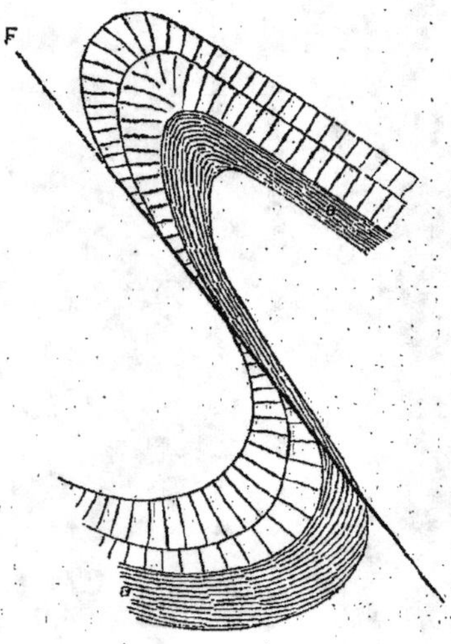

Fig. 78. — Faille renversée, remplaçant une flexure monoclinale.

roches broyées ou *brèches de friction*. Dans le voisinage les roches sont souvent plus ou moins métamorphisées (dynamométamorphisme).

Les failles renversées paraissent généralement dues à des

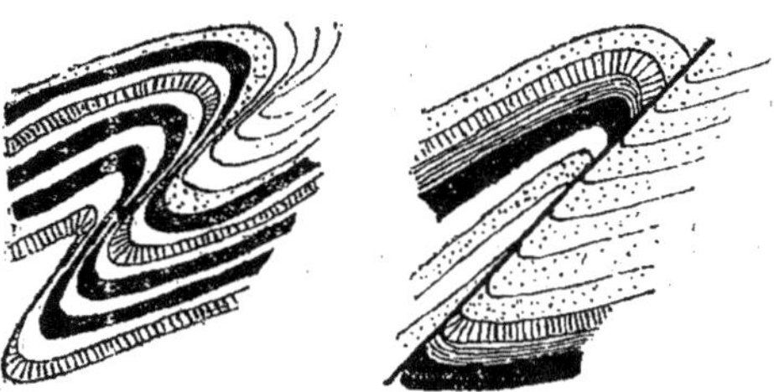

Fig. 79. — Transformation d'un pli renversé en une faille renversée.

pressions latérales, de sorte qu'elles sont plus développées et plus nombreuses dans les régions très faillées et disloquées.

Cependant, dans certains cas, elles sont dues à des mouvements horizontaux qui ont transformé de simples flexures monoclinales en failles renversées (fig. 78). Généralement d'ailleurs, dans des couches peu inclinées, des failles de cette sorte ne se présentent que sur une faible échelle et n'ont qu'une importance locale.

Un cas plus fréquent est celui où la faille renversée est la limite d'un pli renversé (fig. 79). Lorsque les mouvements tangentiels qui ont donné naissance aux plis sont très considérables, le flanc de chaque pli s'amincit de plus en plus, la partie anticlinale est poussée en avant et le pli se transforme en une faille renversée.

La pression tangentielle donnant naissance à des mouvements horizontaux a été souvent si puissante, que des masses très importantes ont été ainsi charriées ; on a affaire alors à des failles horizontales et à des nappes de charriage.

FAILLES HORIZONTALES

On observe souvent dans des régions de plissement intense des couches qui se maintiennent horizontales ou sensiblement

horizontales sur de grandes longueurs ; mais on constate souvent dans leurs masses des lignes de failles horizontales, sur
les deux bords desquelles (au-dessus et au-dessous) les couches sont d'âges très différents.

Ce sont en réalité, des *lignes de contact anormales*, résultant
des *nappes de charriage*. Elles amènent fréquemment des roches
anciennes au-dessus des roches plus jeunes (pl. XXXVI;
pl. XLVII). Souvent, les roches sont brisées et froissées, et
séparées par une brèche de friction. Souvent aussi on observe
suivant la ligne de contact des lambeaux de couches, très
étirés et très froissés ; ils représentent soit le flanc inverse
du pli qui constitue la nappe de charriage, soit les restes d'un
pli indépendant, sous-jacent. On donne à ces lambeaux, le
nom de *lambeaux de poussée*.

FAILLES TRANSVERSES

Les failles transverses déterminent un déplacement d'ensemble de tout un bassin, de toute une série de couches (fig. 80).

Elles sont dues à la même cause que les failles, c'est-à-dire
à la pression tangentielle, et peuvent être considérées comme
contemporaines des failles de la région où elles se trouvent. On leur donne souvent le nom de *décrochement*.

Il est probable qu'elles résultent d'inégalités dans le mouvement de poussée en avant qui a déterminé la formation des
plis et celle des chaînes de montagnes. Certaines portions ont
avancé plus vite que d'autres. Ainsi se produisent des tensions à la suite desquelles la croûte se casse dans la direction
du mouvement horizontal.

ORIGINE DES FAILLES

L'étude des failles normales amène à penser que ce déplacement vertical des couches, s'explique soit par un affaissement de l'une des lèvres, soit par le relèvement de l'autre. On
peut souvent démontrer qu'en réalité, il y a eu affaissement
de l'une d'elles ; mais la plupart du temps on n'a aucune
notion sur le sens réel du mouvement.

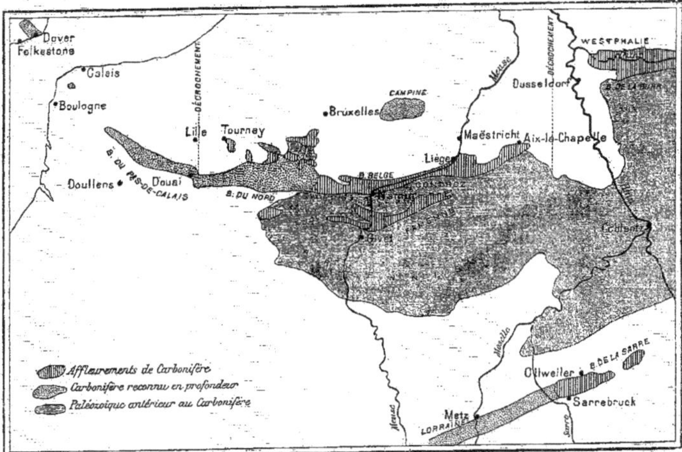

Fig. 80. — Carte schématique des gisements carbonifères du Nord de la France, de la Belgique et de l'Allemagne
Cette carte montre les deux décrochements successifs subis par le bassin houiller, l'un à hauteur de Douai, séparant le bassin du Pas-de-Calais de celui du Nord, l'autre à hauteur de Düsseldorf et d'Aix-la-Chapelle, faisant réapparaître le bassin de la Rühr.

D'autre part, les relations des failles avec les plissements
dominants de la région amènent à penser qu'elles sont, comme
les diaclases, le résultat d'un mouvement de torsion. On peut
supposer qu'elles se sont produites à peu près au moment
du plissement des couches. Quand ce mouvement a cessé, la
croûte terrestre ne subissant plus de pressions latérales, eut
tendance à s'affaisser et l'affaissement se produisit naturellement le long des craquelures et des fissures préexistantes.
Toute la région se comporta alors comme une série de blocs
rectangulaires de dimensions variables, chaque bloc étant
limité par des fissures inclinées dans un sens ou dans un
autre. On peut voir une preuve de l'existence de cette pression latérale dans le fait que les roches sont souvent contournées vers le haut et vers le bas des deux côtés de la faille
(fig. 81).

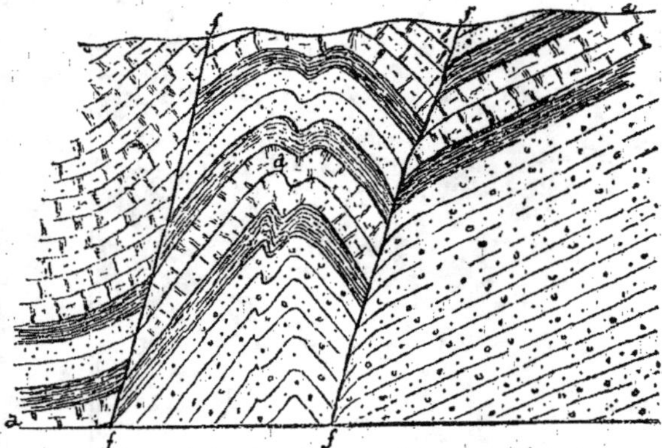

Fig. 81. — Failles parallèles montrant des couches plissées
dans leur intervalle

Mais il ne faut pas oublier que beaucoup de failles normales ont été formées pendant les mouvements d'affaissement et
qu'elles ne sont pas nécessairement en relation avec les mouvements horizontaux de la croûte. Quelques petits bassins
sont ainsi bordés par des failles normales et sont des résultats de l'affaissement de la croûte.

Les déformations de la croûte se sont produites généralе-
ment d'une façon lente ; cela est démontré par le fait que les

failles et les plis ont pu se produire en certains pays, sans détruire le système fluvial. Ainsi le plateau du Colorado a été traversé par des failles normales bien marquées produisant des dénivellations de plusieurs milliers de mètres et pouvant être suivies sur plusieurs centaines de kilomètres ; cette même région montre un certain nombre de failles et de flexures qui sont d'âge relativement récent ; en effet ces failles et ces flexures n'ont pas modifié le cours du Colorado qui existait certainement longtemps avant la formation de ces failles. Il est certain par suite que les failles se sont produites assez lentement dans cette région pour que la rivière puisse maintenir son cours à travers ces dislocations au fur et à mesure qu'elles se produisaient.

Des exemples analogues sont fournis par les rivières de l'Himalaya ; les montagnes subhimalayennes sont composées de matériaux amenés des régions centrales de la chaîne par les rivières actuelles ; ces matériaux forment de grandes accumulations. Or ces accumulations ont été plissées et fracturées et les axes des plis qui les affectent coupent les vallées suivant un angle variable. Il est donc évident qu'ici les vallées existaient antérieurement aux plis qui les traversent et que les gorges actuelles se sont graduellement découpées à travers les montagnes qui se soulevaient lentement.

Il en est de même dans la vallée du Rhin à Hesse ; les dépôts pléistocènes occupent une dépression profonde, entourée de toutes parts par des roches anciennes ; le centre du bassin est à 90 mètres au dessous de ses bords les plus bas à Bingen.

Ces dépôts sont d'ailleurs d'origine fluviatile ; il en résulte que le fond de la vallée du Rhin s'est affaissé lentement ; la rivière a coulé sans interruption et a rempli continuellement de sédiments le bassin qui s'approfondissait graduellement.

CHAPITRE XII

MODE DE GISEMENT DES ROCHES ÉRUPTIVES

Roches intrusives. — Caractères des roches ignées sur le terrain. — BATHOLITHES. Age d'un batholithe. Xénolithes ou enclaves. Origine des batholithes. — LACCOLITHES ET FILONS-COUCHES. Laccolithes. Filons-couches. — NECKS OU CHEMINÉES D'ASCENSION. — DYKES ET VEINES ÉRUPTIVES. Veines exogènes ou intrusives. Veines endogènes ou autogènes.
Roches effusives. — Roches cristallines effusives. Roches pyroclastiques ou fragmentaires. Mode de gisement des roches éruptives. Dykes de grès.

Ainsi qu'il a été dit précédemment (chap. III, p. 6o), les roches ignées sont de deux sortes, les roches volcaniques *effusives*, c'est-à-dire épanchées à l'air (laves comme le basalte) et les roches *intrusives*, c'est-à-dire venues de la profondeur (comme le granite).

Ces dernières ne sont aujourd'hui exposées à la surface que par suite de la disparition, de la dénudation des roches qui les surmontaient.

ROCHES INTRUSIVES

Au point de vue du mode de gisement, on peut distinguer deux groupes de roches intrusives :

1º Roches *plutoniques* ou abyssales ;

2º Roches *hypabyssales*.

Les premières ont été consolidées à de grandes profondeurs ; les dernières sont d'origine moins profonde.

Ces deux groupes sont mal délimités ; mais les extrêmes des deux séries sont très caractérisés et différenciés par leur mode de gisement et par leurs caractères pétrographiques.

Les roches *plutoniques* ne sont jamais vésiculeuses ou spongieuses, et ne contiennent pas de verre. De plus, elles sont généralement plus grossièrement cristallines ; leur structure est granitoïde ; leurs minéraux constitutifs contiennent souvent des inclusions, remplies de gaz ou de liquide ; mais il n'y a jamais de cavités remplies de matières vitreuses.

Les roches *hypabyssales* ont accidentellement ces mêmes caractères ; mais, en général, elles présentent de plus des aires de vésicules disséminées, et même du verre résiduel ou de la matière dévitrifiée.

Elles sont quelquefois grossièrement cristallines ; mais elles ont le plus souvent une structure à grain fin ou même compacte. Elles peuvent ainsi fréquemment ressembler aux roches effusives dont il est quelquefois tout à fait impossible de les distinguer à la vue de simples échantillons.

Caractères des roches ignées sur le terrain. — Le vrai caractère d'une roche ignée ne peut être vraiment déterminé que sur le terrain, en observant ses relations avec les roches qui l'entourent. Il n'est généralement pas difficile de reconnaître une roche intrusive puisque son contact avec les masses rocheuses avoisinantes est plus ou moins irrégulier.

Beaucoup d'observations ont montré que la matière fluide, traversant la croûte, a suivi des lignes de faible résistance.

Cette croûte, en effet, n'est pas homogène ; elle est formée d'une grande variété de roches et elle est traversée par une multitude de failles, de diaclases, de craquelures, etc., régulières ou non, verticales ou inclinées et par des plans de stratification, de clivage, ou de foliation, qui constituent des lignes faibles par lesquelles la matière fluide a pu trouver passage pour arriver à la surface. De plus il faut noter que la matière fluide a pu souvent trouver place en dissolvant et absorbant certaines roches, comme les calcaires, les grès, etc., (Chap. XIII, p. 255 et suivantes).

Les masses fluides qui se sont ainsi refroidies et consoli-

Fig. 1. — Contact du granite et d'un gneiss à grain fin.
(Grandeur naturelle).

Fig. 2. — Veine de granite traversant un gneiss.
(Grandeur naturelle).

Vis-à-vis de la page 224.

dées ont des formes variées suivant la forme des passages et des cavités.

Aussi chaque roche éruptive ne se présente-t-elle pas toujours sous le même aspect ; elle peut affecter plusieurs types. Les plus importantes de ces structures sont les *batholithes*, les *laccolithes*, les *necks* ou cheminées d'ascension, les *dykes* ou filons.

BATHOLITHES

Le batholithe est une masse intrusive d'origine profonde, qui semble occuper une cavité amorphe ou irrégulière, généralement de grandes dimensions, et mesurant souvent plusieurs kilomètres de diamètre (fig. 82).

Les batholithes sont constitués par des roches granitoïdes, holocristallines, comme des granites, des syénites, des diorites, des gabbros, des dolérites, etc., quelquefois des porphyres quartzifères.

Les caractères pétrographiques du granite, ainsi que les phénomènes que présentent les roches qu'il traverse, prouvent son origine profonde. Le granite peut varier comme âge depuis les plus anciennes périodes jusqu'au Tertiaire. Mais le plus grand nombre, à beaucoup près, date du Paléozoïque ou de l'Archéen, et il y en a très peu qui soient mésozoïques ou cénozoïques.

On ne peut pas en conclure d'ailleurs que le granite fût plus fréquent pendant les périodes géologiques anciennes ; mais le granite étant d'origine profonde, il ne peut apparaître à la surface qu'à la suite d'une dénudation intense.

Suivant la ligne de jonction avec les roches adjacentes, le granite est souvent à grains plus fins qu'ailleurs, comme si, au contact des murs environnants, le magma fluide s'était refroidi trop rapidement pour permettre aux minéraux constituants de se développer entièrement (pl. XLVIII, fig. 1). Souvent, d'ailleurs, la roche est aussi grossièrement cristalline à sa ligne de contact qu'en son centre ; en ce cas nous pouvons supposer que les roches environnantes se trouvaient à une température très élevée et n'ont pu avoir d'influence refroidissante.

Quoique la ligne de contact puisse être sinueuse, elle est généralement très nette ; mais quelquefois la roche éruptive semble passer insensiblement à une autre roche.

Fig. 82. — Coupe schématique d'un batholithe.

Au centre : granite ou autre roche intrusive ;
Sur les côtés : sédiments traversés par le granite et métamorphisés.

Enfin, lorsque le granite métamorphise des schistes, il les pénètre parfois, feuillet par feuillet, s'insinuant en lits très minces le long des plans de foliation ou de clivage, de sorte que les roches traversées sont si intimement mélangées avec le granite et si métamorphisées qu'il est très difficile de les distinguer de la roche intrusive ; ces alternances de granite et de schistes forment une roche, ayant l'aspect du gneiss, auquel le granite passe souvent d'une façon insensible.

Age d'un batholithe. — L'âge du granite est, dans chaque cas, fixé par celui des roches qu'il traverse et qu'il métamorphise. Si les roches qui l'entourent sont paléozoïques, on peut dire que son intrusion est postérieure à ces roches ; mais ce seul fait ne permet pas de dire de combien elle leur est postérieure. Le granite a pu, en effet, s'élever originellement jusqu'à des couches plus récentes qui ont été enlevées en même temps que la partie supérieure du batholithe.

Toutes les données que l'on peut recueillir ainsi sur les couches traversées et métamorphisées par le batholithe ne donnent qu'une *limite inférieure* de son âge.

Mais d'autres renseignements permettent de fixer sa *limite supérieure*. La présence au-dessus d'un batholithe de couches qu'il n'a pas transformées n'est pas décisive ; car l'intrusion peut être postérieure à leur dépôt et ne les avoir pas atteint (fig. 83).

Il faut pour fixer avec certitude la *limite supérieure* d'une roche intrusive en trouver des fragments remaniés dans des couches plus récentes.

Ainsi, lorsque la roche traverse les couches carbonifères, et

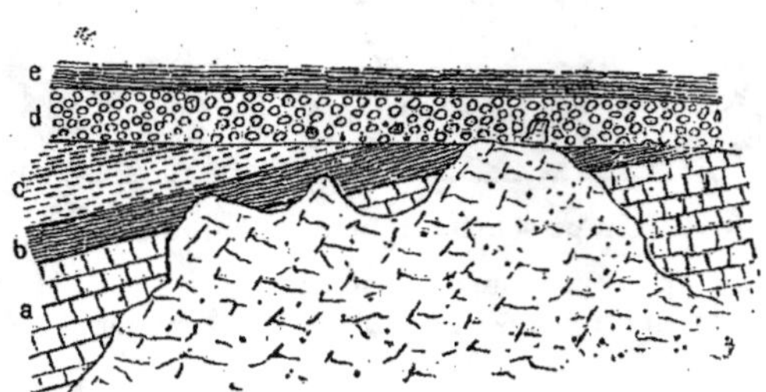

Fig. 83. — Schéma d'une masse intrusive de granite dont l'âge peut être déterminé.

Le granite traverse et métamorphise les couches *a*, partiellement les couches *b*. Les couches *c* ne sont pas atteintes ; mais il est possible que l'intrusion soit postérieure à leur dépôt.

Par contre, les conglomérats *d* contiennent à l'état remanié quelques blocs de granite ; le granite était donc déjà en place et dénudé quand le conglomérat s'est formé.

Le granite est postérieur aux couches *b (limite inférieure d'âge)* et antérieur aux couches *d (limite supérieure d'âge)*.

que ses fragments sont inclus dans les lits de la partie inférieure du Permien, on en conclut que l'intrusion s'est faite vers la fin des temps carbonifères.

Xénolithes ou enclaves. — On trouve souvent sur le bord d'un batholithe des fragments, plus ou moins anguleux, plus ou moins modifiés, plus ou moins reconnaissables, de roches étrangères, en particulier des blocs de roches schisteuses. Ce sont des *xénolithes* ou *enclaves*.

Il ne faut pas les confondre avec les sécrétions.

[Elles ont fait l'objet de la part de M. A. Lacroix de travaux très importants.

La définition générale qu'on peut en donner est celle-ci :

Les enclaves sont des fragments de roches étrangères ou en apparence étrangères, dans les roches éruptives. Elles ont été arrachées par elles aux roches sous-jacentes.

On peut distinguer plusieurs sortes d'enclaves :

les enclaves *énallogènes* ;

les enclaves *homœogènes* ;

les enclaves *pneumatogènes* ;

les enclaves *polygènes* (endopolygènes et exopolygènes).

Il est intéressant d'exposer ici les idées actuelles admises au sujet de ces enclaves à cause de leur importance au point de vue des théories sur le métamorphisme.

I. « Les enclaves *énallogènes* sont constituées par les frag-« ments de roches quelconques, arrachées aux cheminées sou-« terraines par le magma en voie d'ascension. Elles n'ont « aucun rapport nécessaire de composition minéralogique, ni « d'origine avec le magma qui les englobe (granite enclavé « dans un basalte, calcaire dans un trachyte, etc.). »

Ces enclaves énallogènes donnent de précieux renseignements sur la nature du substratum inaccessible à notre observation.

A Santorin, les enclaves des andésites montrent l'existence en profondeur de granite porphyroïde. Les tufs de Bournac (Haute-Loire) renferment des enclaves de leptynite à grenat et diaspore, roche qui n'a jamais été trouvée qu'en ce point et qui est un accident des schistes cristallins du Velay. A la Martinique, à la Guadeloupe, l'existence dans les enclaves de granite, de gneiss, de diorite, prouve le prolongement de la Cordillère américaine dans les Antilles.

Les enclaves fournissent souvent, à l'état frais, des minéraux décomposés aux affleurements.

Les tufs basaltiques du Puy-en-Velay renferment des granulites à cordiérite, en cristaux transparents, tandis que, dans les roches en place de la région, ce minéral est toujours plus ou moins complètement transformé en pinite. Les cristaux de corindon et de zircon de ces tufs sont aussi des résidus d'enclaves granitiques ; on chercherait vainement dans les affleurements connus de ce pays un cristal de ces minéraux engagés dans sa gangue originelle.

On voit donc quel intérêt, même pratique à l'occasion, peut avoir l'étude des enclaves, qui sont comme le résultat de véritables *coups de sonde* opérés par la roche intrusive.

II. Les *enclaves homœogènes* sont des fragments arrachés aux couches sous-jacentes, mais de nature apparentée à celle de la roche éruptive.

Les *enclaves homœogènes complètes* ont la même composition que le magma volcanique, mais une structure différente, généralement holocristalline. Elles représentent une forme de profondeur de la roche épanchée.

Ainsi à Menay, un trachyte à anorthose et biotite contient des enclaves d'une roche à grands cristaux d'anorthose et de biotite qui est une syénite (pulaskite). Aux Açores, les trachytes à ægyrine renferment des syénites à ægyrine, où on rencontre de gros individus d'anorthose et d'ægyrine et surtout des minéraux accessoires. Les *maares* de l'Eifel sont des cratères d'explosion avec produits de projection, sans coulées; on y trouve des trachytes à haüyne avec enclaves de syénites à haüyne. Dans le Kaiserstul, les phonolithes renferment des enclaves de syénites néphéliniques.

Les enclaves sont surtout abondantes dans les roches basiques, plus fluides, qui peuvent monter assez haut sans cristalliser.

L'étude des enclaves homœogènes complètes permet de faire, au point de vue de la classification, la comparaison des formes grenues et microlithiques d'un même magma et de prévoir même ce que pourront être les types non encore découverts dans la nature.

En effet, il ne faut pas perdre de vue ce fait qu'un magma de composition chimique déterminée peut, suivant les conditions de sa cristallisation, donner des roches ayant une composition minéralogique différente.

Aussi un basalte (à augite) peut avoir des enclaves homœogènes de diorite (à hornblende). Les leucotéphrites de la Somma, au Vésuve (roches à néphéline), ont des enclaves homœogènes de monzonites à sodalite. L'ijolite et la missourite, formes grenues des néphélinites et des leucitites, ont été observées à l'état d'enclaves bien avant d'avoir été décrites comme roches en place.

III. Les *enclaves pneumatogènes* sont le résultat de la cristallisation des matières volatiles émanées du magma; elles ont cristallisé en profondeur au voisinage de celui-ci, puis ont été arrachées au moment de son épanchement. Elles sont généralement plus acides que le magma.

IV. Les *enclaves polygènes* sont des agrégats cristallins, simulant parfois des enclaves homœogènes, mais dérivant d'un fragment de roche englobé par le magma.

Les *enclaves endopolygènes* sont le résultat de la transformation du magma par la dissolution du fragment étranger ; ce sont des nodules constitués par l'endomorphisme local du magma.

Les *enclaves exopolygènes* sont le résultat de la transformation du fragment étranger sous l'influence des émanations du magma].

Origine des batholithes. — Les batholithes granitiques montrent fréquemment une sorte de structure feuilletée près de leurs bords, les minéraux constituants étant disposés parallèlement à la ligne de contact ; ce fait peut indiquer un mouvement fluidal, et être simplement le résultat de la pression hydrostatique, exercée par la masse du granite elle-même.

Les batholithes sont souvent circulaires ou elliptiques en section et semblent, dans certains cas, s'élever verticalement, comme s'ils occupaient une énorme cheminée ; les roches qui les entourent ne semblent pas avoir subi de poussées de leur part pour faire place à la masse intrusive. Aussi pense-t-on que les roches qui occupaient autrefois l'emplacement des batholithes ont été digérées et assimilées par le granite. A l'appui de cette vue, on peut noter qu'il existe souvent des différences de composition chimique entre les différents points d'une masse de granite.

Les batholithes de granite ont des caractères pétrographiques très variables : mais ces différences sont le résultat des différences de magma ou semblent être dues à la manière dont les minéraux constituants se sont séparés du magma originel ; c'est ainsi qu'en certains points et surtout vers le bord de la masse, la roche est souvent plus basique que vers le centre.

Pour expliquer la présence des xénolithes, certains géologues ont pensé que les masses rocheuses ont pu être réduites en fragments par les gaz s'échappant d'un batholithe. Cette hypothèse impliquerait pour tous les batholithes une communication avec l'extérieur, ce qui paraît difficile à admettre ; on a au contraire beaucoup de raisons de croire que la plupart des masses de granite n'ont jamais eu de communication avec l'extérieur et qu'elles se sont refroidies et consolidées à de grandes profondeurs.

D'autre part, la manière dont le granite et les autres roches granitoïdes sont quelquefois associées avec les roches effusives, amène à la conclusion que beaucoup de batholithes sont les racines d'anciens volcans.

On peut citer comme exemple le granite augitique de Cheviot Hills, en Angleterre, qui est associé intimement avec une grande série de roches laviformes et de tufs. Dans des cas comme ceux-là, il faut donc admettre que quelques batholithes ont une origine moins profonde que les autres.

D'ailleurs, le granite ne se présente pas toujours en batholithes ; il apparaît souvent en sortes de couches d'épaisseur

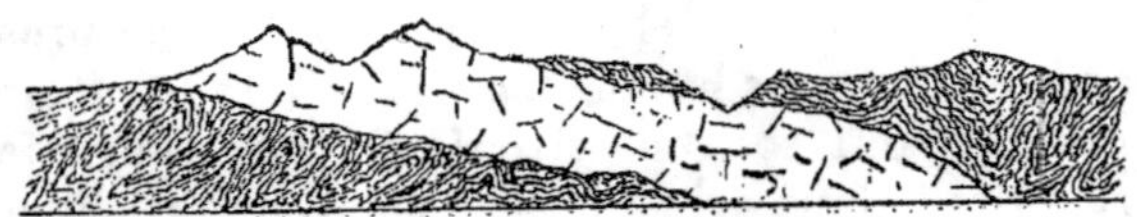

Fig. 84. — Filon épais de granite, injecté au milieu de couches qu'il a digérées.

variable, injectées au milieu de couches qu'il a digérées (fig. 84) ; ces apophyses peuvent avoir leur origine dans une masse située à une grande profondeur.

Quand le gisement principal du granite est une véritable bosse, il peut en effet s'en détacher à différents niveaux et dans différentes directions des apophyses qui vont souvent fort loin (fig. 85).

Ainsi s'explique souvent, dans le lit d'un ruisseau, au milieu de couches métamorphisées, l'apparition brusque de granite, apophyse-témoin d'une masse située en profondeur.

C'est d'ailleurs un fait général que, tout autour d'une masse de granite, les roches sont plus ou moins métamorphisées et traversées de veines et dykes nombreux (Pl. XLVIII, fig. 2), provenant de la roche éruptive.

Les roches plus basiques que le granite, comme la diorite, le gabbro, la dolérite, se présentent fréquemment sous forme de grands batholithes, généralement moins considérables que les masses de granite. Comme le granite, elles semblent quelquefois occuper la place de roches qui ont été digérées.

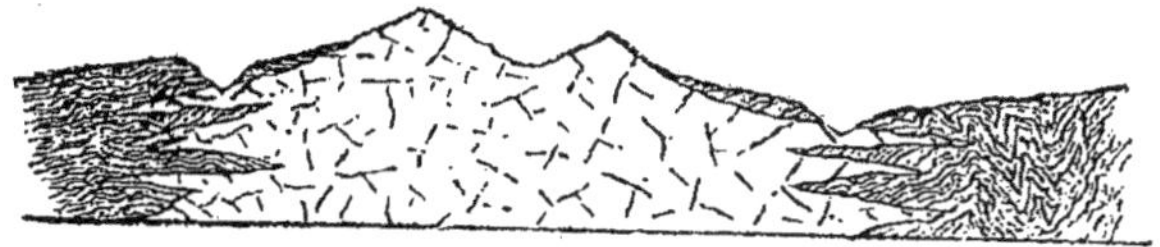

Fig. 85. — Masse centrale de granite avec apophyses.

Beaucoup de batholithes basiques sont d'origine moins profonde que le granite, quoique beaucoup peuvent n'avoir jamais été en communication avec la surface ; cependant on peut supposer qu'ils sont quelquefois les racines d'anciens volcans, dont les produits effusifs sont groupés immédiatement autour d'eux. Comme exemple, on peut citer les bosses de diabase, etc., qui apparaissent au milieu des laves et des tufs en beaucoup de points de l'Ecosse centrale.

LACCOLITHES ET FILONS-COUCHES

Laccolithes. — Les laccolithes sont des masses de roches éruptives, intrusives, qui s'intercalent comme des lentilles au milieu des couches sédimentaires (fig. 86). Ils ont été décrits par M. G. K. Gilbert dans l'Utah, puis reconnus dans d'autres points de l'Amérique du Nord.

D'après M. Gilbert, la roche à l'état fluide se serait élevée le long de la cheminée ; puis, incapable de traverser les lits qui la surmontaient, elle s'est insinuée entre les strates, en les soulevant et en produisant à la surface une sorte de dôme. De ce laccolithe, partent des apophyses plus ou moins nombreuses ; quelques-unes ont été injectées le long des plans de stratification ; d'autres traversent les couches fissurées sous des

angles variables. Les laccolithes sont quelquefois uniques ;
mais ils apparaissent plus fréquemment par groupes, la présence de chaque groupe étant indiquée par une montagne en

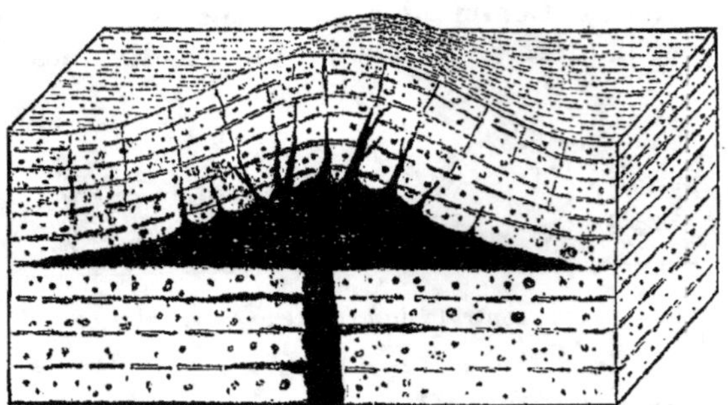

Fig. 86. — Coupe schématique d'un laccolithe.

On remarquera que la roche intérieure a une forme lenticulaire, et qu'elle
envoie des lits, des dykes et des veines dans les couches avoisinantes et
qu'elle est en connexion avec une cheminée d'ascension.

dôme. Le nombre des laccolithes dans chaque groupe est
variable, quelquefois deux, généralement un plus grand nombre. On en connaît jusqu'à trente dans le voisinage les uns
des autres.

Filons-couches. — Les filons-couches sont constitués par
des masses éruptives qui se sont injectées le long des plans de
stratification ; ils ont par suite une disposition en lits plus ou
moins réguliers.

Le plan, le long duquel l'intrusion s'est faite, n'est pas forcément un plan de stratification ; quelques filons-couches suivent les plans de clivage des schistes ; d'autres s'introduisent
le long des lignes de fractures. Les exemples les plus typiques s'observent dans les roches sédimentaires, dans lesquelles les filons-couches semblent interstratifiés. Presque toutes
les espèces de roches éruptives peuvent affecter la forme de
filons-couches, quoique les roches granitoïdes d'origine très
profonde, comme le granite, la syénite, la diorite, soient

moins fréquentes que les dolérites, les basaltes, les andésites Les exemples les plus typiques sont ceux fournis par les couches paléozoïques d'Angleterre.

Il faut d'ailleurs remarquer que, bien qu'un filon-couche interstratifié semble identique à une des nombreuses couches de la série où il est intercalé, un examen approfondi montre que sa surface n'est pas tout à fait parallèle à celle des lits qui sont au-dessus et au-dessous (fig. 87).

En le suivant le long de l'affleurement, on le voit quitter çà et là le plan de stratification, suivant lequel il était apparu, s'élevant ou descendant un peu. Il peut brusquement traverser une grande épaisseur de strates et se continuer vers un horizon tout à fait différent. Souvent aussi il contient des fragments abîmés des roches voisines; accidentellement, de

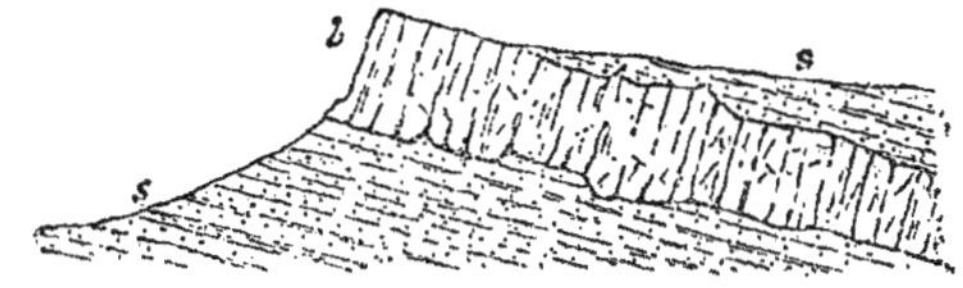

Fig. 87. — Filon-couche.

b. — basalte.
s. — Couches sédimentaires (argiles et grès).

On remarquera l'irrégularité du détail des surfaces de contact du filon-couche avec les roches sédimentaires.

grandes dalles ou des lits des couches envahies ont été prises et incluses dans la roche éruptive ; ces fragments sont toujours plus ou moins cuits et altérés. Beaucoup de filons-couches épais se divisent en deux ou plusieurs lits secondaires, chacun suivant plus ou moins un plan de stratification.

Ces filons-couches sont généralement en relation avec des dykes qui traversent la roche avoisinante ; même lorsqu'on n'observe pas cette relation, on peut admettre qu'elle existe d'une façon ou d'une autre (voir fig. 88).

Les filons-couches du carbonifère consistent en roches basiques, surtout en dolérites et basaltes. Quelques-uns n'ont pas plus de 1 mètre d'épaisseur ; d'autres peuvent atteindre et même dépasser 50 mètres. Ils sont tous lenticulaires ;

quelques-uns se terminent plus rapidement que d'autres. Près de la ligne de contact avec les couches qui l'encaissent, un filon-couche est presque toujours à grain plus fin que vers le centre de la masse ; le long de la ligne de contact, la roche est souvent compacte et même nettement vitreuse.

Les roches, constituant les filons-couches, sont généralement à grain fin et quelquefois vitreuses dans le cas de filons-couches peu épais ; elles tendent à devenir holocristallines dans les filons-couches plus épais. Elles contiennent parfois des inclusions gazeuses et des cavités, mais jamais assez pour donner à la roche un aspect scoriacé.

Au contact d'un filon-couche, les strates sont modifiées sous l'action de la chaleur, aussi bien celles qui sont au-dessus que celles qui sont au-dessous ; ce caractère permet quelquefois de distinguer un filon-couche et une coulée contemporaine ; dans ce cas, en effet, seules les strates inférieures sont affectées par le métamorphisme.

Par contre, on observe souvent que les filons-couches ont digéré et absorbé les roches dont ils ont pris la place. Ainsi, dans les charbonnages d'Ecosse, des filons-couches importants se sont substitués à des lits épais de charbon et de schistes noirs qu'ils ont suivis, parce qu'ils constituaient des lignes de moindre résistance. Dans ce cas, la roche basaltique est généralement très altérée, elle devient blanche ou jaune et prend un aspect analogue à celui de l'argile.

Les calcaires sont souvent modifiés de la même façon et remplacés par des filons-couches.

La constitution pétrographique d'un filon-couche épais varie souvent et est en certains points moins basique que la normale. De telles variations peuvent être dues à la digestion de matériaux étrangers ; mais elles peuvent être dues aussi à une différenciation magmatique, les parties plus basiques s'étant séparées pendant les premiers stades du refroidissement.

Il faut noter aussi que l'intrusion d'un filon-couche dans une série de strates, entre deux lits de charbon ou de minerai de fer, n'a généralement pas augmenté la distance qui peut séparer ces deux lits ; ce fait paraît bien indiquer qu'il s'est substitué aux couches intermédiaires par simple digestion.

Dans l'Ayrshire, en Ecosse, par exemple, d'épais filons-couches de basalte se trouvent au milieu d'une série de grès et d'ardoise que séparent deux lits bien nets, l'un de fer, l'autre de charbon. La distance verticale entre les deux lits est très bien connue ; or, en quelques endroits il n'y a qu'un seul filon-couche ; en d'autres il y en a deux, tandis qu'en plusieurs points, il n'y en a pas du tout. Dans des sondages de recherches, les mineurs atteignent toujours à la même profondeur au-dessous du charbon la couche de fer qu'ils recherchent, et cela qu'il y ait ou non des filons-couches.

Les filons-couches se trouvent en grand nombre dans les régions d'ancienne activité volcanique. Ainsi ils se trouvent fréquemment associés aux couches du carbonifère d'Ecosse ; l'activité volcanique a été grande à cette époque et dans cette région ; il est probable que, dans ce cas, la plupart des filons-couches sont contemporains des tufs et des laves de cette période.

Quelques-uns d'entre eux ont pu être injectés avant que les forces éruptives aient réussi à établir une communication avec la surface ; d'autres peuvent être synchroniques du plein développement de l'activité volcanique ; d'autres enfin peuvent marquer la fin de l'action, quand l'énergie éruptive était insuffisante pour pousser des laves jusqu'à la surface. Les affleu-

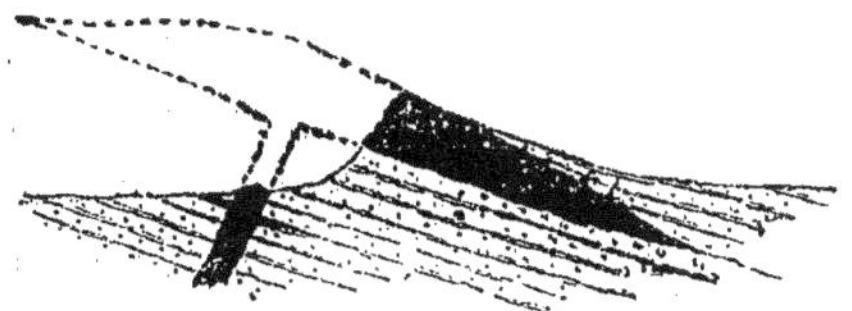

Fig. 88. — Diagramme d'un filon-couche.

On peut reconstituer son extension primitive analogue à celle d'un laccolithe et sa connexion avec un filon qui constitue sa cheminée d'ascension.

rements actuels de ces filons-couches sont dus à des failles et à la dénudation des couches. En comparant ce phénomène avec celui des laccolithes bien conservés du nord de l'Amérique, on peut penser que les deux structures ont beaucoup de rapport et peuvent avoir la même origine.

Dans beaucoup de cas, on a pu reconnaître la cheminée d'ascension de certains filons-couches qui déterminent des escarpements en surface (fig. 88).

D'ailleurs, on peut dire que la plupart des caractères des laccolithes d'Amérique sont reproduits par ceux des filons-couches ; ils apparaissent seuls ou en groupes ; ils se divisent en deux ou plusieurs lits à peu près parallèles : ils envoyaient des digitations dans les couches voisines ; mais les filons-couches ne produisent pas une élévation ou ne donnent pas lieu à une intumescence analogue à celle des laccolithes d'Amérique.

On voit par ce qui précède combien il est difficile d'établir des lignes de démarcation entre les filons-couches, les laccolithes, les batholithes. Il n'y a guère qu'une différence de grandeur et peut-être aussi une différence dans la profondeur du gisement.

NECKS OU CHEMINÉES D'ASCENSION

Les *cheminées d'ascension* des produits volcaniques, pour lesquels on adopte généralement aujourd'hui le mot de *neck*, sont remplies par des roches cristallines ou par des matériaux fragmentaires. On retrouve souvent sur leur bord des restes du cône volcanique ancien.

Mais la plupart du temps les cônes ont été entièrement démolis et dénudés ; les necks restent seuls. Beaucoup semblent représenter de très petits volcans, les produits de simples éruptions, comme celui qui en 1538 donna naissance au cône de tufs et de cendres de Monte Nuovo près de Naples. D'autres sont visiblement les restes de volcans plus importants, qui avaient projeté non seulement des matériaux fragmentaires, mais aussi des coulées de lave.

Il arrive souvent que l'on ne puisse pas différencier nettement un neck de cette sorte, d'un petit batholithe qui ait eu des communications avec la surface. C'est qu'effectivement il y a là surtout une question de degré dans l'érosion. Celle-ci enlève d'abord le cône ; puis elle atteint le neck ; enfin elle met au jour le batholithe sous-jacent.

En section, les necks typiques sont plus ou moins circulaires ou elliptiques ; mais ils sont fréquemment irréguliers.

Quelquefois cependant ces formes irrégulières sont dues à la coalescence de deux ou trois necks adjacents. Fréquemment des fissures remplies d'agglomérats ou de tufs passent d'un neck aux roches adjacentes.

Les necks se trouvent généralement le long d'une ligne de faille ou de dislocation ; mais on ne voit pas toujours une coïncidence de ce genre. Ils se trouvent quelquefois isolés, mais plus ordinairement groupés. Leur taille est très variable ; quelques-uns ont seulement quelques mètres de diamètre tandis que d'autres ont plusieurs centaines de mètres de diamètre.

Ils déterminent des collines isolées, dont la forme varie suivant la nature des matériaux qui les composent. Les uns sont plus ou moins coniques ; d'autres ont un aspect plus abrupt, elles ont souvent aussi un profil arrondi et uni.

Les matériaux constituant un neck peuvent être cristallins

Fig. 89. — Neck occupé par des roches cristallines.

et constitués par du basalte, de l'andésite, de la phonolithe, des porphyres quartzifères, des felsites, etc. (fig. 89) ; ils

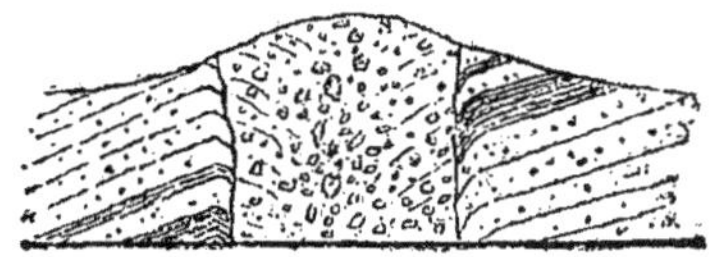

Fig. 90. — Neck occupé par des conglomérats volcaniques.

peuvent aussi consister en matériaux fragmentaires, comme des agglomérats ou des tufs (fig. 90) ou être formés à la fois par des roches fragmentaires et des roches cristallines ignées (fig. 91).

Souvent les matériaux fragmentaires sont très grossiers, constitués par des blocs anguleux et subanguleux et par de plus petites pierres, noyés dans une gangue de débris fins ; celle-ci peut être plus ou moins abondante ; tous les frag-

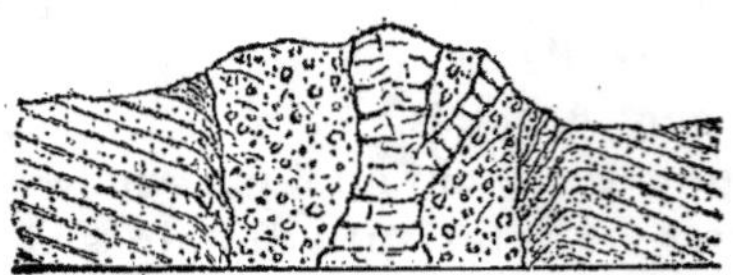

Fig. 91. — Neck occupé à la fois par des conglomérats et des roches volcaniques ignées.

ments peuvent appartenir à une ou plusieurs sortes de roches cristallines ignées ; ils peuvent aussi être mélangés de débris de roches sédimentaires ; la proportion relative de matériaux ignés et sédimentaires varie à l'infini.

Quelquefois le contenu d'un neck est formé presqu'uniquement de roches sédimentaires comme des grès, des ardoises, des calcaires, du fer, du charbon, etc.

On trouve quelquefois des cristaux cassés de minéraux volcaniques variés, comme de la hornblende, de l'augite, de la biotite, de la sanidine, etc. Dans les tufs de certains necks, il y a de nombreux fragments de bois de conifères. Les matériaux fragmentaires sont généralement grossiers ; cependant ils sont souvent associés dans le même neck à des tufs à grains plus fins ; parfois même tout le neck consiste en tuf fin qui est çà et là si altéré qu'il prend un aspect cristallin ou subcristallin.

C'est fréquemment vers le centre du neck que les gros blocs sont le plus abondants.

Les tufs et agglomérats montrent souvent des traces plus ou moins distinctes d'un plongement vers le centre du neck, quand les matériaux forment des lits grossiers.

Les dykes massifs et les veines ramifiées de basaltes ou autres roches cristallines ignées traversent souvent les agglomérats et les tufs et s'y ramifient. Ils peuvent être confinés au neck lui-même ou passer dans les couches avoisinantes.

La roche massive qui remplit souvent complètement un

neck, est généralement traversée par des failles horizontales ; dans le cas de larges necks, ces failles sont souvent confinées à l'aire marginale.

Les couches sédimentaires s'inclinent généralement brusquement au contact des necks et plongent vers la cheminée d'ascension ; elles sont parfois verticales et très brisées ; de gros blocs et des sortes de dalles se sont ainsi détachés des bords du neck et ont été inclus dans les tufs et les agglomérats ; d'autre part des veines irrégulières de tufs passent dans les couches voisines, comme s'ils remplissaient des fissures. Quelquefois la confusion est si grande qu'il est difficile de suivre le contact actuel entre le neck et les roches voisines.

L'effet de la chaleur sur les roches avoisinant un neck est quelquefois très visible : les grès sont convertis en quartzite sur quelques mètres ; et les schistes cuits forment une sorte de porcellanite ; le charbon a été parfois rendu tout à fait inutilisable jusqu'à plusieurs mètres d'un neck, transformé en une substance tendre et couleur de suie.

Mais il arrive souvent, au contraire, qu'il n'y ait aucune espèce d'altération et l'on a pu exploiter du charbon contre un neck, sans y trouver aucune trace de l'action de la chaleur.

Les necks indiquent les emplacements d'anciens volcans. Les uns se sont formés le long des lignes de dislocation, comme c'est le cas pour beaucoup de volcans actuels ; d'autres semblent n'avoir aucune relation avec elles.

Il y a souvent des raisons de supposer que les necks représentent des volcans subaériens, par exemple, le fait qu'ils contiennent des débris de conifères paraissant avoir été ensevelis à l'état frais.

Beaucoup d'autres peuvent avoir été les cheminées de volcans sous-marins ; ce serait par exemple le cas de la plupart des necks de l'Ecosse ; car leurs cônes sont parfois bien conservés. Or on ne s'expliquerait guère cette conservation s'ils avaient été soumis à la dénudation subaérienne. Ces volcans ont dû émettre leurs produits sur le sol de la mer, dont le fond s'abaissait graduellement. Des sédiments, contenant des fossiles, s'accumulèrent ainsi lentement autour des cônes sous-marins et s'interstratifièrent avec des tufs, de sorte que finalement lorsque les volcans furent éteints, ils se trouvèrent couverts

PLANCHE XLIX

Dyke de o m. 60 de large traversant des grès à Port Leacach
(comté d'Arran, Écosse).

Vis-à-vis de la page 240.

Dyke de basalte, traversant les grès et les argiles (comté d'Arran, Écosse).
Photo du Geological Survey.

The « Yellow Man » (L'Homme jaune) Dyke au milieu de conglomérats volcaniques (comté d'Haddington, Écosse).

Photo du Geological Survey.

Vis-à-vis de la page 241.

Veines de basaltes dans des grès, King's Cross (comté d'Arran, Écosse).

Vis-à-vis de la page 241.

par des dépôts marins successifs qui les protégèrent de la dénudation (fig. 92).

Le plongement vers l'intérieur des couches qui entourent un neck, a été attribué à l'affaissement de la surface qui se produit si souvent près d'un centre volcanique. Après une activité prolongée les roches entourant la cheminée d'ascension sont minées, et un affaissement se produit dans son voisinage immédiat.

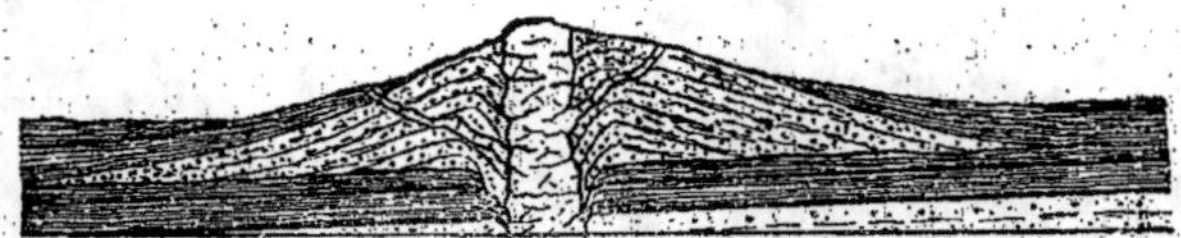

Fig. 92. — Cône de conglomérats volcaniques s'interstratifiant avec des sédiments marins; au milieu, neck de roches cristallines.

Il peut être dû aussi à la consolidation et au tassement des matériaux fragmentaires remplissant le neck.

DYKES ET VEINES ÉRUPTIVES

Les roches éruptives, qui se sont solidifiées dans des fissures très inclinées ou verticales, sont appelées *dykes*, tandis que le terme de *veines éruptives* est généralement réservé aux intrusions plus irrégulières, souvent tortueuses et bifurquées. Mais beaucoup de géologues emploient ces deux termes indifféremment, tandis que d'autres appliquent le terme de dykes aux intrusions d'épaisseur notable qu'elles soient tortueuses ou rectilignes, et réservent le terme de veines aux injections plus petites.

Les veines éruptives et les dykes sont constitués par toutes sortes de roches éruptives. Souvent ils proviennent visiblement de grandes masses de roches éruptives; dans d'autres cas on ne peut observer leurs relations quoiqu'il n'y ait aucun doute que les dykes et les veines se relient en profondeur à d'importantes masses intrusives.

Les dykes, affectant la forme de murailles, sont très nombreux en Ecosse (Pl. LI). Souvent ces dykes se voient à la surface du sol et forment, soit des crêtes proéminentes, soit des dépressions, suivant que la roche qui les constitue est plus ou moins résistante que la roche encaissante. La direction d'un dyke est en général très rectiligne, mais quelquefois elle est sinueuse. D'ailleurs cette régularité est souvent interrompue par un ou plusieurs zigzags ou par des portions courbes. Il est à noter que les dykes qui traversent les gaizes et les argiles sont généralement plus réguliers que ceux qui traversent les grauwackes, les roches cristallines et les schistes. Quelques dykes se trouvent le long de failles véritables ; mais la grande majorité occupent des fissures que n'accompagne aucun déplacement (Pl. XLIX ; pl. L).

Les dykes varient beaucoup de longueur, depuis moins d'un kilomètre jusqu'à plus de 70 kilomètres, conservant sur toute leur longueur une épaisseur remarquablement constante. Quelques dykes n'ont pas plus de quelques centimètres d'épaisseur ; mais les plus longs sont plus épais et ils peuvent atteindre et même dépasser 30 mètres de largeur.

Il n'y a d'ailleurs aucune relation entre la longueur et la largeur des dykes ; la plupart de ceux qui ont une dizaine de mètres de largeur se poursuivent sur une assez grande distance.

Souvent un dyke se bifurque en deux ou plusieurs autres plus petits, ayant la même direction générale. Ça et là ils donnent naissance à des veines et à des veinules éruptives ; mais c'est assez exceptionnel.

Les dykes disparaissent souvent d'une façon subite ; mais quelquefois, après un assez long intervalle, ils réapparaissent subitement. Sur une carte on a l'apparence de deux ou plusieurs dykes se suivant sur une même ligne. Ces dykes, qui semblent séparés, sont en réalité les portions d'une même intrusion ; on a pu le démontrer à plusieurs reprises dans les charbonnages, où un dyke a pu être suivi à travers toute une exploitation, quoiqu'il manque généralement en certains points de la surface ; on voit souvent aussi un dyke ne pénètrer que les couches de charbon inférieures sans atteindre les couches supérieures.

Les dykes de basalte présentent des diaclases perpendiculaires à leur direction, et sont souvent prismatiques (fig. 93

et 94), mais, dans quelques cas, les diaclases sont parallèles aux murs et donnent à la roche une structure dallée.

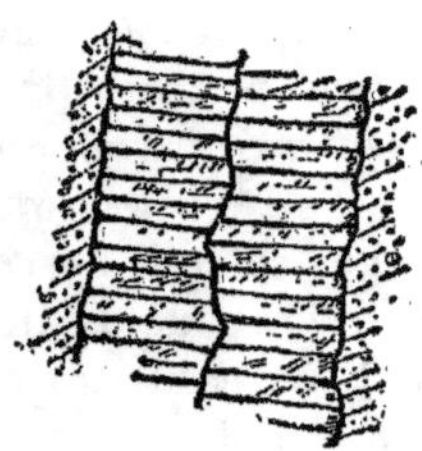
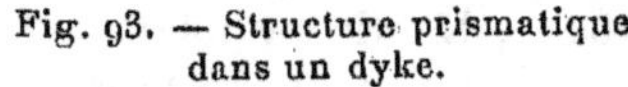

Fig. 93. — Structure prismatique dans un dyke.

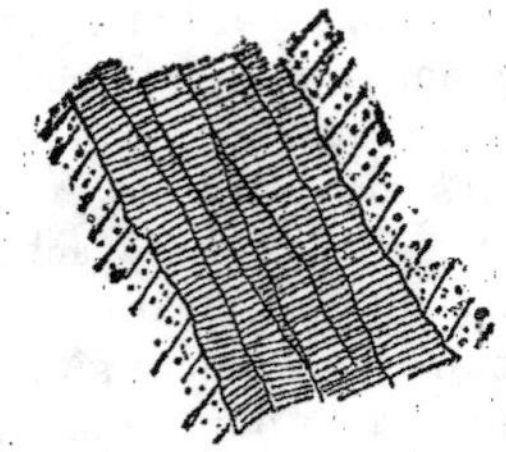

Fig. 94. — Structure prismatique complexe dans un dyke.

Des diaclases de cette nature sont généralement confinées aux bords de la roche (voir chap. X, p. 199). Elles sont dues au refroidissement subi par la roche au contact des roches voisines ; pour cette même cause, les dykes deviennent souvent plus ou moins vitreux sur leurs bords ; de plus la roche qui constitue un dyke est toujours à grain plus fin sur les bords qu'au centre, ainsi qu'on peut l'observer sur les dykes épais, tandis que les dykes minces ont généralement un grain uniformément fin.

De petits pores, dus à l'échappement des gaz, s'observent souvent sur les bords, tandis qu'au centre, on trouve des pores et des vacuoles plus larges et des cavités irrégulières assez grandes, soit disposés sporadiquement, soit formant une zone médiane continue, parallèle aux bords du dyke (fig. 95).

Les dykes modifient les roches dans leur voisinage de la même façon que le font les filons-couches, mais généralement sur une étendue moindre. Le métamorphisme produit est faible dans le cas de dykes peu épais ; dans celui de dykes plus épais, il peut se produire sur un à deux mètres.

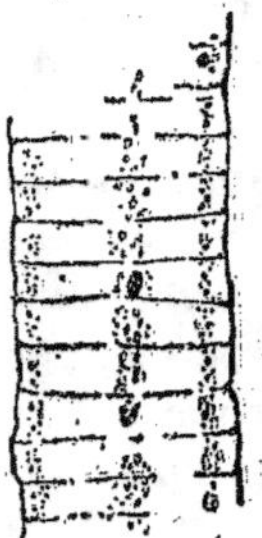

Fig. 95. — Schéma, montrant la disposition des pores et des vacuoles dans un dyke.

Il arrive souvent qu'un même dyke est le produit de plusieurs intrusions, la même fissure ayant été réouverte à maintes reprises et ayant été envahie plusieurs fois, par des matières vitreuses de même nature ou de nature différente ; dans ce dernier cas, la ligne de démarcation entre les deux intrusions est parfois très nette. Mais souvent aussi il n'y a pas de lignes de séparation visible entre les deux sortes de roches, de sorte que l'ensemble doit avoir été injecté à peu près à la même époque. Dans ce cas, les roches de la périphérie sont généralement plus basiques que celles du

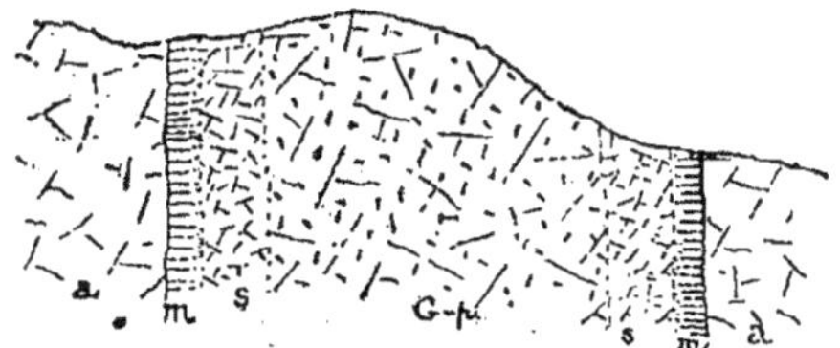

Fig. 96. — Dyke composé, à Liebenstein, Thuringe
(d'après K. Keilhack).

s — Syénite ;
g-p — Microgranite.
a — Granite ;
m — Mélaphyre ;

centre. Par exemple, près de Liebenstein (Thuringe), il y a un dyke épais dont les bords sont constitués par des mélaphyres qui passent graduellement à des syénites, puis à des microgranites qui constituent la masse centrale et la plus importante du dyke (fig. 96).

Des dykes de cette sorte ont été décrits près du Lac des Pluies, au Canada, où, dans un seul et même dyke, l'andésite de la périphérie passe vers le centre à un gabbro quartzifère.

Il arrive souvent que ces veines soient tortueuses et bifurquées ; on l'observe quelquefois pour les filons de basalte, beaucoup plus généralement pour ceux de granite.

Veines exogènes ou intrusives. — On peut distinguer deux sortes de veines :

Les veines *exogènes* ou *intrusives;*

Les veines *autogènes* ou *endogènes.*

Les veines exogènes ou intrusives sont de simples digitations de la masse du granite dans les roches voisines ; leur épaisseur est très variable. Elles sont généralement très tortueuses, entrecroisées, subdivisées à l'infini ; elles se sont ouvert un chemin le long des plans de clivage et, en règle générale, elles ne suivent pas une direction définie. Dans quelques cas, elles forment des ramifications multiples, entre lesquelles se trouvent des fragments irréguliers et de grandes masses de roches voisines. C'est ce que l'on appelle un *plexus d'injection* (fig. 97).

Fig. 97. — Veines provenant d'une masse de granite.

Ces veines, et en particulier les plus petites, sont généralement constituées par des roches à grain plus fin que la masse de granite dont elles proviennent ; de plus leur caractère pétrographique est parfois différent et elles peuvent être formées, en particulier, par des porphyres quartzifères (1).

(1) L'exploitation des *minerais de contact* (voir chap. XIV) a montré que les roches métallifères au-dessus et sur les bords des masses plutoniques ont été souvent très disloquées et modifiées. Les argiles et les calcaires, par exemple, sont transformés en breccias et souvent très silicifiés.

Ces masses de breccias peuvent se trouver à une distance considérable de roches intrusives et paraissent devoir leur origine à l'action de vapeurs. Elles peuvent être traversées par des dykes et des veines éruptives ; mais ceux-ci ne sont pas la cause de la modification des roches ; car le même dyke traverse à la fois des régions métamorphiques et des régions où la modification des roches et leur dislocation est nulle.

Veines endogènes ou autogènes. — Les unes sont composées de roches à grain plus fin que le granite et sont plus acides. D'autres sont caractérisées par l'entrecroisement du quartz et du feldspath qui les constituent, telles sont les veines de pegmatite. L'origine précise de ces veines endogènes est très incertaine. Elles sont généralement à grain plus grossier que la roche qu'elles traversent. Quoique certainement plus jeunes que ces roches, elles semblent appartenir à la même masse intrusive et constituer seulement des modifications locales du granite lui-même.

La contemporanéité est démontrée par ce fait qu'il n'y a généralement pas de séparation nette entre ces deux sortes de roches comme dans le cas de veines exogènes. Les minéraux constituants d'une veine autogène s'entrecroisent souvent avec ceux du granite environnant d'une façon si intime qu'il est impossible de les séparer le long de leur ligne de jonction. Ces veines contemporaines se trouvent dans toutes sortes de roches éruptives, et en particulier dans les batholithes et dans les filons épais des gabbros, dolérite, diorite, etc.

Veines de ségrégation. — Elles sont caractérisées par ce fait qu'elles passent graduellement aux roches encaissantes dont elles sont d'ailleurs une modification à gros grain. Elles n'ont pas été injectées dans les fissures à la manière des autres veines endogènes. Elles paraissent être le produit d'une ségrégation et représenter les zones suivant lesquelles la cristallisation des minéraux a été plus développée que dans le reste de la roche. Quoique fréquentes dans les roches éruptives, elles ne leur sont pas spéciales ; mais elles se trouvent dans certains schistes et même dans des roches sédimentaires plus ou moins métamorphisées.

ROCHES EFFUSIVES

Elles sont de deux types ; les roches cristallines ou *laves* et les roches fragmentaires ou *tufs*.

Elles sont souvent interstratifiées et concordantes avec les roches sédimentaires de toutes sortes.

Roches cristallines effusives. — Leurs caractères pétrographiques généraux ont été décrits précédemment (chap. III).

Les *laves* sont souvent scoriacées, poreuses, caverneuses. Les cavités qu'elles contiennent sont parfois aplaties et alignées dans la direction du courant qui les entraînait du sommet du cratère vers la base.

Dans toutes les laves, il existe généralement de la matière vitreuse résiduelle, tout au moins sur les surfaces inférieures et supérieures.

Les minéraux constituants montrent souvent des inclusions de matières vitreuses ou rocheuses; les inclusions liquides sont relativement rares. Çà et là la partie inférieure de la lave contient des matières arénacées ou argileuses solidifiées et quelquefois des matériaux arrondis par l'eau, comme

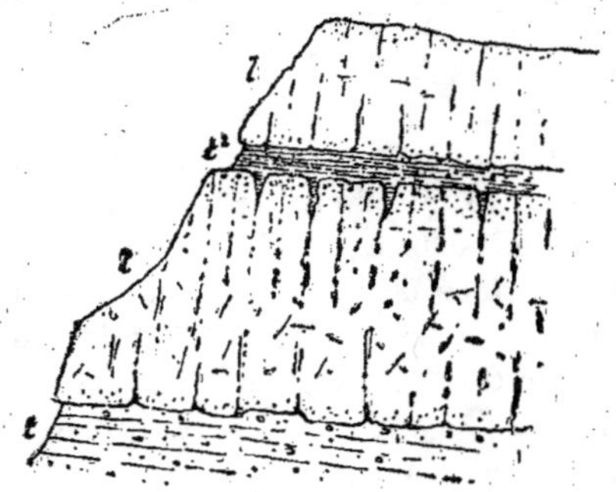

Fig. 98. — Roches ignées effusives.
Alternances de tufs et de laves.

l — Laves ;
t — Tufs gréseux ;
t² — Tufs argileux.

si la lave avait coulé dans le fond de la mer, d'un lac ou d'une rivière et englobé ainsi des matériaux sédimentaires dans sa pâte. On a même trouvé des fragments d'arbres inclus à la base de la lave, par exemple dans le basalte carbonifère de Kinghorn (comté de Fife, en Ecosse).

A tous ces égards, les roches effusives diffèrent donc beaucoup des roches intrusives.

Les coulées de laves peuvent quelquefois être confondues avec des filons-couches ; mais un caractère permet toujours de les reconnaître : tandis que les filons-couches ont modifié à la fois les sédiments qui sont au-dessous d'eux et ceux qui sont au-dessus, les coulées de laves n'affectent que ceux qui sont au-dessous ; en effet les sédiments qui les surmontent se sont déposés alors que la lave était solidifiée et refroidie ; de plus ces sédiments supérieurs épousent toutes les irrégularités de la surface de la lave et contiennent, englobés dans leur masse, des blocs de la croûte scoriacée de la coulée.

Enfin les laves sont souvent associées avec des tufs stratifiés (fig. 98).

L'épaisseur des coulées est très variable, depuis quelques décimètres jusqu'à quelques mètres : celle des laves basiques est généralement peu variable ; au contraire, celle des coulées acides est plus irrégulière.

Roches pyroclastiques ou fragmentaires. — Les tufs, qui accompagnent généralement les laves, ont des caractères très variables.

Les matériaux dominants sont des débris menus ou des fragments plus grands des laves qui les accompagnent. On a ainsi des tufs de basalte, des tufs d'andésite, des tufs de trachyte, etc. On y rencontre toutes les variétés de structure et de texture ; quelques-uns sont à grain très fin, d'autres sont de simples agrégats de lapilli et de blocs ; d'ailleurs, des matériaux fins et grossiers alternent souvent sur une même section verticale.

La stratification est généralement nette, surtout dans le cas des tufs fins. On y rencontre parfois des blocs très gros, disséminés dans une masse stratifiée de petits lappilli ; ces gros blocs augmentent en nombre, quand on s'approche du foyer de l'éruption.

Les tufs sont souvent interstratifiés avec des lits sédimentaires ordinaires ; dans ce cas, ils contiennent généralement eux-mêmes une certaine proportion de matériaux arénacés ou argileux, et ils passent ainsi graduellement à des grès ou à des argiles. On peut trouver des fossiles, non-seulement dans les lits sédimentaires associés aux tufs, mais aussi dans les tufs eux-mêmes.

Ainsi, des fragments de plantes et des restes d'organismes marins variés se rencontrent assez souvent dans les tufs et dans les grès et argiles tufacés, qui sont associés avec les laves andésitiques carbonifères en Ecosse.

Mode de gisement des roches éruptives. — Une coulée peut se présenter seule avec les tufs qui l'accompagnent; mais le plus souvent, les coulées et les tufs constituent d'importantes séries.

Quelques roches effusives, occupant une aire limitée, sont visiblement le produit d'un volcan isolé. D'autres s'étendent sur de larges régions et représentent le produit d'une série de foyers d'éruption, plus ou moins intimement associés ; les laves et tufs provenant de plusieurs branches distinctes s'interstratifient et se recouvrent les uns les autres de façon qu'il est difficile de distinguer leur origine.

Dans d'autres cas, les roches éruptives sont venues au jour le long d'importantes fissures d'éruption. C'est de cette nature que sont le plateau de basalte des Western Islands en Ecosse, Antrim, les îles Féroë, etc. A l'époque de ces éruptions la région tout entière, s'étendant des îles Britanniques au Groenland, semble avoir été recouverte par une vaste étendue de matière fluide, qui s'élevait jusqu'à la surface, le long des fissures de la croûte, et couvrait les environs de flots de laves.

Souvent les matières fluides n'atteignaient pas la surface, en montant le long des fissures ; elles s'arrêtaient à des niveaux variés et formaient de grands dykes de basalte (Pl. LI).

Dykes de grès. — Il faut dire quelques mots de certains dykes anormaux, qui se trouvent en Californie et en divers endroits dans le nord de l'Amérique. Ils sont composés de matériaux sédimentaires, et occupent des fissures verticales qui ont été remplies, par en dessous.

Quelques-uns de ces dykes ont une longueur de plusieurs kilomètres et leur mode d'origine est obscur. Des matériaux meubles, comme de l'argile aquifère et du sable, quand ils sont ensevelis sous une épaisseur considérable de roches qui les surmontent, sont susceptibles de monter à la surface le long de fissures ouvertes et peut-être est-ce là l'origine de ces dykes. Des opérations de sondage ont été ainsi souvent retardées par la montée plus ou moins rapide dans des tuyaux de sondage, d'argile venant de la profondeur.

CHAPITRE XIII

ALTÉRATION ET MÉTAMORPHISME

Altération des roches par l'action épigénétique.
Métamorphisme. — MÉTAMORPHISME DE CONTACT. Métamorphisme des
schistes. Métamorphisme des grauwckes. Métamorphisme des calcaires. Métamorphisme des poudingués. Métamorphisme des grès. Exométamorphisme et endométamorphisme. Rôle de l'eau dans le métamorphisme. Apport d'éléments nouveaux. Métamorphisme produit par
les roches volcaniques. — MÉTAMORPHISME RÉGIONAL. — MÉTAMORPHISME
HYDROCHIMIQUE. — DYNAMOMÉTAMORPHISME. Clivage des roches. Résumé.

ALTÉRATION DES ROCHES PAR L'ACTION ÉPIGÉNIQUE

La plupart des roches ont, depuis leur dépôt, subi des
modifications plus ou moins profondes.

Jusqu'à une certaine distance de la surface, l'eau circule
dans les différents plans de division des roches et occupe leurs
plus petits pores. Elle détermine ainsi des modifications chimiques importantes, désagrégeant certaines roches, en soli-
difiant d'autres.

Ce sont les roches cristallines ignées qui sont les plus
susceptibles de se désagréger, à cause de la décomposition
chimique de leurs feldspaths et de leurs éléments ferromagnésiens. Beaucoup de roches schisteuses subissent le même sort,
leur résistance, leur dureté, leur solidité diminuent.

Au contraire, les roches sédimentaires sont composées de
produits déjà désintégrés ; elles sont par suite beaucoup plus
stables et sont moins susceptibles de subir des changements
chimiques que les roches ignées et schisteuses. Au lieu d'être
désagrégées par l'action de l'eau, elles sont consolidées par

l'introduction dans leurs pores de divers minéraux qui les consolident.

Il y a évidemment de nombreuses exceptions à ce fait. Les eaux qui introduisent les matériaux cimentant les roches, peuvent les redissoudre et les emporter. Ainsi, certaines roches, d'origine chimique comme les travertins, les dolomies, ou d'origine organique, comme les calcaires, sont plus ou moins attaquables par les eaux.

MÉTAMORPHISME

Mais ces modifications, d'importance somme toute médiocre, ne doivent pas être confondues avec le véritable *métamorphisme*.

Ce mot s'applique aux roches dont la texture, la structure, la consolidation minéralogique ont été plus ou moins profondément modifiées par des agents autres que les agents épigénétiques.

L'intensité du métamorphisme est d'ailleurs très variable ; elle peut être assez faible pour ne cacher aucun des caractères primitifs de la roche, ou assez considérable pour les masquer complètement.

Le véritable métamorphisme, qui détermine la cristallisation et la recristallisation des éléments des roches, la schistosité, etc., s'est produit à une certaine profondeur au-dessous de la surface. Il est dû surtout à l'action de la chaleur, d'eaux chaudes et de vapeur.

Les roches métamorphiques ont un certain aspect, qui sert à les distinguer des roches qui n'ont subi que l'action épigénétique. Elles sont en général plus ou moins durcies, cristallines ou subcristallines, schisteuses ; il est rare qu'une roche ignée ou sédimentaire altérée puisse être confondue avec une roche métamorphique.

Cependant, quand on n'a entre les mains que des échantillons isolés, une telle confusion est possible ; ainsi, il est difficile et même impossible de distinguer les quartzites résultant de la transformation de grès sous l'action d'eaux siliceuses, de celles dues à un véritable métamorphisme.

Il en est de même pour les serpentines. Mais, sur le terrain, les serpentines métamorphiques sont généralement feuilletées et associées à d'autres roches cristallines ; au contraire les serpentines épigénétiques ne sont pas feuilletées et traversent des roches de toute sorte.

Il y a plusieurs degrés dans le métamorphisme.

Un exemple de faible métamorphisme est fourni par la transformation des grès quartzeux tendres en quartzites dures. Le changement le plus visible est donc ici celui de la *texture* ; la roche a conservé sa composition chimique et sa structure ; c'est ainsi que les plans de stratification, les diaclases, les ripple-marks, etc., sont aussi visibles dans les quartzites que dans les grès inaltérés.

Dans beaucoup de cas, au contraire, une roche tout en conservant sa composition chimique est profondément modifiée dans sa *composition minéralogique* et sa *structure*. Une argile peut ainsi être transformée en un micaschiste à andalousite sans qu'il y ait aucune perte et aucun gain appréciable en substance minérale. De même des roches comme le granite, le gabbro, la diorite peuvent devenir schisteuses, sans que leur composition chimique soit modifiée ; certains minéraux essentiels peuvent avoir été transformés, par exemple le pyroxène en amphilole ; ainsi la dolérite a souvent été métamorphisée en schiste à hornblende.

Enfin il peut y avoir modification de la *composition chimique* de la roche. Quelquefois, il y a eu perte de substance ; l'acide carbonique et l'eau ont été enlevés. Généralement il y a eu, au contraire, apport d'éléments nouveaux (silice, alcalis, fluorine).

MÉTAMORPHISME DE CONTACT

La plupart des roches sédimentaires ont été métamorphisées le long des lignes de contact avec des roches éruptives, montées à l'état fluide.

La modification produite par une coulée de lave n'est pas considérable ; elle consiste surtout dans un durcissement et, lorsqu'il s'agit d'argile, dans un changement de couleur et dans la production de diaclases prismatiques.

D'autres fois ces modifications sont plus importantes, qu'elles soient confinées aux abords immédiats de la roche éruptive ou qu'elles s'étendent à une assez grande distance d'elle, distance qui peut atteindre des centaines et même des milliers de mètres.

L'importance et l'intensité du métamorphisme dépend, d'une part du caractère et du volume de la roche intrusive, d'autre part de la nature de la roche modifiée.

On peut citer comme exemple de ces modifications la modification du charbon en coke, anthracite, graphite, la cristallisation du graphite, le durcissement des roches, la production de diaclases prismatiques. Ces modifications s'observent quelquefois sur des fragments de grès et d'argiles, sur des *enclaves* arrachées aux couches auxquelles ils appartenaient et englobés dans des roches éruptives. Les plus gros de ces fragments sont généralement éclatés, cuits, corrodés ou fondus superficiellement ; quelquefois ils sont devenus vésiculaires et scoriacés. Des blocs de grès feldspathiques ont été complètement fondus ; des fragments d'argile sombre sont devenus rouges et ont été transformés par cuisson en une porcellanite dure.

De même, quand le basalte a englobé des portions de roches ignées ou schisteuses comme le granite ou le gneiss, ces roches ont été partiellement ou complètement fondues en un verre sombre ou noir. Il faut noter d'ailleurs que dans les portions fondues de ces *enclaves*, des minéraux nouveaux, comme la cordiérite, le spinelle, la sillimanite, le pyroxène, se sont souvent développés (voir p. 227).

Des changements analogues se produisent dans les roches *in situ* le long des dykes de basalte ou d'autres roches ignées basiques.

Le métamorphisme varie aussi suivant la nature de la roche modifiée.

Les phénomènes de contact les plus importants sont dus à de grands batholithes. La zone d'altération autour d'un batholithe de granite peut atteindre un kilomètre. Le long de la partie externe de cette zone les roches clastiques commencent à se montrer plus ou moins durcies. Dans ces roches inaltérées et durcies, les changements dépendent beaucoup de la composition minéralogique et chimique.

Ainsi le charbon est cuit à une distance de plusieurs mètres du basalte, tandis que les grès et les argiles intercalés ne montrent qu'un léger durcissement ou un léger changement de coloration ; le calcaire devient, au contact du basalte, un marbre cristallin, sur plusieurs décimètres.

Mais, en général, le métamorphisme est beaucoup plus intense.

Métamorphisme des schistes. — [C'est le cas le plus fréquent. La plupart des masses de granite traversent et métamorphisent des schistes.

I. Au point de vue *macroscopique* :

1° Au contact immédiat du granite, les roches ont perdu leur schistosité ; on a alors une zone dont l'épaisseur varie de quelques mètres à plusieurs kilomètres suivant le cas (Hornfels ; cornéennes ; cornéennes à andalousite, à cordiérite ; schistes micacés), c'est le type du Huelgoat).

2° Plus loin, on trouve des schistes micacés à andalousite ou à cordiérite (knotenglimmerschist) où les minéraux sont beaucoup plus nets que dans la première zone : cordiérite, staurotide, grenat, rubis, spinelle, gédrite (amphibole alumineuse), corindon, etc. ;

3° Des schistes micacés (glimmerschist) ;

4° Des schistes micacés argileux (thonschist) avec quelquefois des rudiments d'éléments cristallins, peu nombreux ;

5° Des roches, extrêmement peu cristallines avec des parties noires tachetées : schistes argileux tachetés, knotenthonschist (pl. XXIII, fig. 1).

Enfin, souvent fort loin des contacts, on voit apparaître d'énormes cristaux d'andalousite, au milieu de roches argileuses quelquefois fossilifères.

II. Au point de vue *microscopique* :

1° Dans la première zone, on note l'absence de pigment charbonneux, la présence simultanée de quartz récent et de quartz ancien nourris par des apports de même orientation. Ces grains de quartz sont souvent moulés par des lamelles de micas, postérieures. Enfin, dans tous les sens, on aperçoit de l'andalousite et de la cordiérite, incolore ou criblée de taches noires (chiastolite). Dans les types les plus cristallins, on passe insensiblement à la structure granitique ; cependant, dans l'ensemble, la structure reste pœcilitique ; la roche a l'air d'une véritable écumoire, d'une dentelle ;

2°, 3° Dans les schistes micacés, le mica devient plus abondant, il se trouve en paquets, souvent suivant des lignes parallèles obliques ou même perpendiculaires à la schistosité ;

4° Dans les schistes argileux tachetés, on trouve des parties entièrement préservées, d'autres, au contraire, sont encore nettement cristallisées, avec du mica naissant à bords arrondis. On a longtemps cru que la matière charbonneuse était concentrée dans les points où se trouve l'andalousite; M. Lacroix pense que ce sont peut-être des restes de schistes anciens et qu'on est simplement en présence de parties plus ou moins métamorphisées].

Métamorphisme des grauwackes. — Les grauwackes subissent des changements analogues et, si la roche originelle contient beaucoup de feldspath, elle se transforme en un gneiss micacé contenant en plus ou moins grande abondance de la cordiérite.

Métamorphisme des calcaires. — [L'action métamorphisante du granite sur les couches calcaires se manifeste de façons diverses, suivant la teneur en carbonate de calcium, en silice, en alumine, des roches métamorphisées, suivant les conditions de température qui ont présidé au métamorphisme, suivant l'abondance des apports de fumerolle alcaline au voisinage du granite.

Elle se borne parfois à une simple recristallisation du carbonate de calcium en larges cristaux de calcite, à une *simple marmorisation.*

Mais à ce phénomène banal que la circulation seule des eaux souterraines réalise fréquemment, vient en général s'ajouter celui de la naissance de minéraux nouveaux. Le mica blanc (muscovite) apparaît en fines paillettes dans certains marbres blancs ; il est dû aux apports de fumerolles alcalines ; de même le grenats prend naissance dans des bancs de calcaires.

Mais ce que certains gisements présentent de plus intéressant, c'est l'association du calcaire à minéraux et de véritables bancs de cornes pyroxéniques avec grains de quartz.

Ces *cornes vertes*, sont très abondantes dans le Morvan ; en certains points, on y a trouvé au microscope des tiges d'encrine. Il convient de faire remarquer l'intérêt de la découverte de traces d'organismes, encore conservés, dans des roches déjà si métamorphisées. Ces roches appartiennent pour la plupart au Frasnien et au Famennien.

Mais le métamorphisme des roches calcaires peut aller beaucoup plus loin.

Après les travaux de M. Auguste Michel-Lévy et de M. Alfred Lacroix, il ne fait plus de doute pour personne que le granite, au contact de couches calcaires, ne s'enrichisse en chaux et en magnésie et qu'il puisse passer à des roches basiques ; ainsi, il se charge de hornblende et devient un granite à amphibole ; un grand enrichissement en chaux et en magnésie donne naissance à des diorites.

Dans le Morvan, les bancs calcaires frasniens, qui ont été digérés par le granite, étaient peu épais et discontinus ; aussi les phénomènes de dioritisation du granite ont-ils été assez restreints ; mais ils n'en sont que plus instructifs.

Il y existe, en effet, de nombreux pointements de *roches amphiboliques* ; ils s'alignent très nettement dans le sens des lignes tectoniques et constituent d'une façon remarquable le prolongement des axes anticlinaux occupés par les calcaires frasniens non métamorphisés.

Il résulte de là une constatation très importante ; c'est que les diorites et les porphyrites amphiboliques ne constituent pas une série éruptive individualisée ; elles sont le résultat de la digestion par le granite de couches calcaires.

Ainsi l'on arrive à démontrer le passage progressif et graduel de calcaires fossilifères, très frais, à des calcaires marmoréens, puis à des cornes amphiboliques, enfin à des porphyrites amphiboliques et à des diorites dont la nature éruptive n'aurait fait, jadis, l'objet d'aucun doute].

Métamorphisme des poudingues. — [Je prendrai comme exemple du métamorphisme des poudingues, ceux du Morvan, récemment étudiés par M. Albert Michel-Lévy.

Les poudingues métamorphisés que l'on rencontre dans le Morvan appartiennent à la base du Tournaisien ; quand on les trouve à l'état frais, non métamorphisés, on peut constater que les éléments qui les composent sont uniquement empruntés aux niveaux immédiatement inférieurs : grès et quartzites tournaisiens de base, schistes silicifiés famenniens, calcaires frasniens, orthophyres et albitophyres. Leur couleur est souvent foncée, vert-noirâtre, en partie due à de la matière charbonneuse.

Le fait notoire qui caractérise ces poudingues est l'absence d'éléments granitiques qui est une première preuve de leur antériorité au granite ; la comparaison avec les poudingues plus récents, non métamorphisés, en particulier avec ceux du Stéphanien et du Permien du bassin d'Autun est convaincante à ce sujet ; ceux-ci, en effet, contiennent une abondance extrême de débris feldspathiques, de galets de granite et de microgranulite ; il en est de même de la comparaison avec les poudingues viséens de la Loire dans lesquels les galets de granite ne sont pas rares.

Nous verrons plus loin quelle est l'importance des constatations de cet ordre, au point de vue de la détermination de l'âge du granite.

Ces poudingues tournaisiens, sans galets de granite, ont été métamorphisés et ils présentent plusieurs sortes de métamorphismes suivant leur composition et la proximité du granite.

Le métamorphisme ne s'est pas produit sur la pâte seulement ; il envahit souvent aussi les éléments clastiques, de telle sorte que les galets roulés qu'ils contiennent s'effacent progressivement, ne se détachent plus de leur gangue et qu'il faut une certaine attention pour les distinguer].

Métamorphisme des grès. — [Les grès sont des roches de nature très variable, suivant la composition de leur ciment. Mais d'une façon générale, ils sont peu sensibles à l'action métamorphique ; les éléments minéralisateurs semblent passer à travers les grès comme à travers un filtre.

A la suite du métamorphisme, les grès se transforment généralement en quartzites par nourrissage du quartz ancien. Il est souvent difficile de distinguer le quartz ancien du quartz récent, surtout quand ils ont été redissous et recristallisés.

Quand le ciment du grès est argileux, il y a apparition de biotite, et de silicates d'alumine comme la sillimanite et l'andalousite qui se groupent en cristaux à axes parallèles (grès liasiques métamorphisés par les lherzolites dans les Pyrénées).

Quand le ciment est calcaire, il se produit dans ce ciment les phénomènes de métamorphisme habituels dans les calcaires : les grains de quartz sont entourés par un magma de péridot et de pyroxène et le grès métamorphisé passe à des cornéennes].

Exométamorphisme et endométamorphisme. — Tous ces phénomènes de métamorphisme qui viennent d'être décrits et qui sont subis par les roches encaissantes de granite, constituent l'*exométamorphisme.*

Mais, il se produit autre chose ; non seulement les roches de toute sorte sont métamorphisées par les roches intrusives mais encore ces roches intrusives elles-mêmes sont modifiées par les roches qu'elles traversent. C'est l'*endométamorphisme.* Dans les Pyrénées par exemple le granite normal se charge de hornblende, au contact du calcaire, et se transforme en diorite, qui contient peu ou pas de quartz. Lorsque les roches avoisinantes ne sont pas calcaires, ce granite se transforme en roche plus ou moins basique, norite, péridotite. De nombreux xénolithes ou enclaves (voir p. 227) sont disséminés dans le granite ; ils sont tous plus ou moins métamorphisés et passent par gradations insensibles aux roches qui les entourent.

Rôle de l'eau dans le métamorphisme. — On pense que l'eau a joué un rôle important dans le métamorphisme thermal. Les magmas profonds contiennent de grandes quantités de vapeur d'eau et d'autres gaz, dont la présence augmente leur fluidité. L'existence de cette eau est prouvée par le phénomène volcanique, où de grandes quantités d'eau sortent des cratères et s'échappent des laves.

Les roches sédimentaires inaltérées contiennent également de grandes quantités d'eau ; car elles sont toutes plus ou moins poreuses. Il faut noter aussi que beaucoup de minéraux des roches contiennent de l'eau de constitution. C'est pourquoi les plus importants changements produits par les batholithes sont justement les mêmes que ceux qui seraient produits par de la vapeur traversant des roches sous une grande pression et à une température très élevée. La vapeur a simplement agi comme dissolvant et a produit une cristallisation et une recristallisation plus ou moins parfaite des éléments de la roche, laissant la composition chimique pratiquement la même.

Apports d'éléments nouveaux. — Souvent la silice a été introduite en abondance par les batholithes et a rempli les craquelures et fissures des roches voisines. C'est ainsi que les roches de l'auréole métamorphique sont souvent traversées de nombreuses veines de quartz.

Dans quelques cas, celles-ci sont accompagnées de minéraux nouveaux qui ne peuvent dériver de l'altération des roches environnantes, par exemple les veines stannifères associées aux masses intrusives de granite, etc., les veines d'apatite, en connexion plus particulière avec les batholithes de gabbros. Des fluorures variés, volatils, ont joué un rôle dans la formation des veines à cassitérite ; car le minerai d'étain est souvent accompagné de fluorine, tourmaline, etc.

Les minéraux potassiques et lithiques sont caractéristiques des veines d'étain et Vogt a remarqué qu'il y avait toujours en présence un élément halogène.

Résumé. — L'étude du métamorphisme thermal et de contact amène aux conclusions suivantes :

1º Les roches de toutes sortes peuvent être métamorphisées au contact des roches éruptives. Les modifications dépendent de la constitution des roches métamorphisées et des caractères pétrographiques et du volume des roches intrusives ;

2º Le métamorphisme s'est généralement effectué sans altérer notablement la composition chimique des roches attaquées ;

3° Dans certains cas, cependant, des solutions très chaudes venant des intrusions plutoniques ont pénétré dans les roches, introduisant des minéraux nouveaux et modifiant leur composition chimique ;

4° Le métamorphisme a produit la cristallisation des roches sédimentaires ; la recristallisation des roches ignées et schisteuses ;

5° Le métamorphisme thermal est presque toujours accompagné de la formation de nouveaux minéraux ;

6° Çà et là, les roches, au contact d'un batholithe, sont devenues schisteuses, à cause du développement de nouveaux minéraux le long des plans de foliation, stratification, clivage, etc. ;

7° Le caractère pétrographique d'un batholithe est quelquefois modifié par celui des roches qu'il a traversées. Cela est dû probablement à ce que ces dernières ont été en quelque sorte absorbées et assimilées par la roche intrusive.

Métamorphisme produit par les roches volcaniques. — [Les roches volcaniques, en place, à l'inverse des roches de profondeur ne déterminent pas en général de phénomènes de contact. Cela tiendrait, d'après M. A. Lacroix, à ce que les gaz qu'elles peuvent contenir s'échappent sans pression dans l'atmosphère. D'après M. Rosenbush, il se formerait, par suite du refroidissement rapide extérieur, une pellicule qui protégerait la partie fluide interne à la façon d'un écran.

De légers phénomènes de contact, produits par des roches volcaniques ont été cependant signalés dans le nord de l'Irlande où de la craie blanche a été transformée en marbre blanc sur une faible épaisseur ; mais, en réalité, cette transformation a été produite par de petits filons. C'est qu'en effet si le magma volcanique s'est injecté au lieu de s'épancher, les phénomènes de contact réapparaissent (Fossiles dans le basalte de Portrash).

A ce point de vue les enclaves des roches volcaniques sont intéressantes, parce qu'elles montrent quels phénomènes de contact se seraient produits, si le magma s'était injecté en profondeur].

MÉTAMORPHISME RÉGIONAL

Le métamorphisme de contact explique assez bien la transformation des couches sédimentaires dans le cas où des roches éruptives se trouvent dans leur voisinage.

Mais ce cas ne se présente pas toujours ; on trouve souvent affleurant sur de grandes étendues des roches métamorphiques au milieu desquelles les masses ignées sont si disséminées que leur action est évidemment très minime ; on dit alors que l'on a affaire à un *métamorphisme régional*. On a fait beaucoup d'hypothèses sur l'origine du métamorphisme régional.

On peut penser qu'il est dû à l'action d'importantes masses éruptives situées en profondeur. C'est d'ailleurs souvent ce qui arrive. Les batholithes qui apparaissent à la surface se prolongent souterrainement à de grandes distances et ce fait explique le grand développement atteint par l'auréole métamorphique autour de certaines masses plutoniques. De même les nombreuses veines et dykes qui se trouvent souvent assez loin d'un massif de granite peuvent avoir joué un certain rôle dans la formation des roches métamorphiques.

Cependant quand, dans une région importante de roches schisteuses, aucun batholithe n'apparaît, même dans les coupures les plus profondes et que les dykes y sont absents ou très rares, on n'a guère le droit d'admettre l'existence de masses plutoniques cachées pour expliquer le métamorphisme régional.

Aussi peut-on reprendre dans ce cas la théorie du *métamorphisme plutonique*.

Le plus ancien exemple de ce phénomène a été donné par Hutton qui pensait que les schistes cristallins sont originairement des sédiments aqueux qui ont été déposés graduellement sur le fond de l'Océan. Quand une grande épaisseur de couches s'accumule, les sédiments meubles se consolident sous la pression des couches qui les surmontent. La chaleur interne de la terre commence à ramollir les couches ainsi comprimées et souvent à les fondre. Les portions ainsi fondues sont représentées par le granite tandis que les parties simplement ramollies par le *feu central* (1) représenteraient nos schistes cristallins. Cette hypothèse d'Hutton a eu beaucoup d'adeptes.

Mais le progrès de nos connaissances en particulier sur les conditions physiques et chimiques de la modification des roches, ont considérablement modifié ces vues d'Hutton.

(1) [Les données récemment acquises sur l'état du centre de la terre s'écartent assez de l'hypothèse ancienne *du feu central.*

On pense assez généralement que la croûte terrestre repose sur une enveloppe plus profonde, formée de roches à l'état de fusion que l'on appelle la *pyrosphère*. Les principales raisons que l'on a de le croire sont les suivantes :

1º Les volcans nous révèlent l'existence en profondeur de masses fondues qui sont rejetées par eux d'une façon plus ou moins intermittente. Mais il n'est pas du tout certain que ce réservoir souterrain soit unique et continu.

2º Les sondages et les puits de mines montrent que la température augmente au fur et à mesure que l'on s'enfonce dans la terre. On appelle *degré géothermique* la profondeur à laquelle il faut descendre pour voir la température s'élever de 1º. La valeur du degré géothermique est d'environ 33 mètres. On en déduirait qu'à 60 kilomètres de profondeur, il doit régner une température d'environ 2.000º à laquelle toutes les roches seraient fondues.

3º On trouve dans l'existence des sources thermales une confirmation de l'augmentation progressive de la température en profondeur.

4º Le métamorphisme subi par certaines roches ne peut s'expliquer que par la température élevée qu'elles ont subie.

Le centre de la terre est souvent désigné sous le nom de *barysphère*. Les données que l'on possède sur la barysphère se réduisent à peu près à deux :

1º Sa *densité* est supérieure à 6,5 Des méthodes astronomiques et physique sont permis de déterminer la densité totale du globe ; elle est d'environ 5,5. Comme la densité moyenne des roches de la surface est de 2,5 et que celle de l'eau qui occupe la plus grande partie de la croûte est de 1, on en déduit que la densité du centre doit être considérable et certainement supérieure à 6,5 ; ce chiffre représente la densité des métaux les plus lourds.

2º Sa *rigidité* peut également être calculée. Une méthode astronomique la déduit de l'étude des mouvements de nutation et de précession des équinoxes ; une méthode géodésique la calcule par la mesure des mouvements de la verticale, du fil à plomb, sous l'influence de l'attraction solaire et lunaire ; ces deux méthodes donnent un chiffre supérieur à celui qu'exprime la rigidité de l'acier. Une méthode sismologique donne la rigidité en fonction de la vitesse de propagation des tremblements de terre à travers le centre de la terre, d'un hémisphère à l'autre ; on trouve alors comme valeur de la rigidité de la terre, le double de celle de l'acier.

Grande pesanteur et *grande rigidité*, telles sont les données actuellement connues sur la barysphère].

On sait que la température et la pression augmentent graduellement avec la profondeur.

Tout d'abord ces deux facteurs sont peu importants et l'eau joue un rôle considérable ; aussi le processus chimique dominant dans cette zone est-il la formation de minéraux comme les hydrates (micas hydratés, chlorite, talc), et aussi comme la magnétite, le quartz, la calcite. A cette zone appartiendraient des roches comme les micaschistes, les chloritoschistes, les talcschistes, les phyllites, les serpentines, les quartzites.

A une profondeur plus considérable, le changement métamorphique est plus marqué, on aurait alors des micaschistes, des schistes à staurotide, des schistes à amphiboles, des roches à grenats, des gneiss micacés, des gneiss à hornblende, des marbres, des quartzites.

Enfin dans la zone la plus profonde, à une température très élevée, et sous une pression considérable, le métamorphisme devient beaucoup plus grand. Par suite de la faible quantité d'eau, les hydrates y sont généralement absents et les roches les plus caractéristiques sont les gneiss divers (à biotite, augite, sillimanite, cordiérite) des roches à grenat, des marbres, des quartzites. En résumé le métamorphisme augmente graduellement d'intensité au fur et à mesure qu'on s'enfonce vers des régions plus chaudes.

[Cette théorie a été récemment reprise par M. É. Haug qui, envisageant la plongée des couches d'un *géosynclinal* dans des régions à température de plus en plus élevée, admet que l'épaisseur des sédiments accumulés y est souvent assez considérable pour que les couches les plus profondes soient soumises à des températures de plusieurs centaines de degrés. Ces températures seraient suffisantes pour expliquer, concurremment avec la pression et l'eau, des phénomènes de métamorphisme].

Ainsi la théorie du métamorphisme plutonique ne diffère pas essentiellement de celle du métamorphisme de contact, si l'on admet que l'intérieur chaud de la terre joue le même rôle qu'un batholithe.

De récentes observations faites par Sederholm en Finlande montrent qu'il y a eu refusion ou redissolution de certaines couches précambriennes consistant en granite, en

gneiss granitoïde avec couches sédimentaires subordonnées.
A une époque où elles se trouvaient sous une grande épaisseur de roches, enlevées depuis par la dénudation, ces roches
auraient été fondues et résorbées par le magma et transformées en roches cristallines granitoïdes. Des fragments dispersés
et isolés (xénolithes ou enclaves) des roches originelles s'y
trouvent souvent à l'état fondu.

Cette théorie doit évidemment être applicable pour des
roches qui ont été autrefois couvertes par une grande épaisseur de sédiments. Mais les strates de date relativement
récente devraient, dans cette théorie, être dépourvues de toute
trace de métamorphisme. Cependant on connaît des régions
considérables occupées par une grande succession de roches
sédimentaires dont la base, rendue visible par la dénudation,
ne présente aucune trace d'altération quoiqu'elle ait été soumise à l'action de la chaleur interne. Au contraire des formations beaucoup plus jeunes, bien qu'elles ne soient surmon-
tées que par une faible épaisseur de roches, se trouvent quelquefois très métamorphisées.

MÉTAMORPHISME HYDROCHIMIQUE

En opposition avec ces vues, Bischof, pensait qu'une haute
pression et une haute température ne sont pas nécessaires pour
produire les schistes cristallins. Il a montré que l'eau, traversant les roches, produit des réactions, enlève les minéraux,
détermine des recombinaisons multiples, et que les minéraux
des roches schisteuses peuvent se produire de cette manière à
la température ordinaire. Ces conclusions étaient basées sur
l'étude des pseudomorphoses et il n'avait pas de peine à démontrer qu'elles se produisent fréquemment dans des roches qui
n'ont pas subi l'action de la chaleur. Un minéral peut se
transformer en un autre par perte ou gain d'un élément. Il
peut y avoir d'ailleurs un changement total de substance, le
nouveau minéral ne contenant aucun des éléments de son
prédécesseur.

Des changements analogues peuvent affecter des roches sédimentaires, par exemple des argiles où tous les minéraux qui

constitueront le gneiss peuvent être ainsi formés par voie chimique.

La théorie hydrochimique est, dans quelques cas, assez plausible et elle explique assez bien la formation de certaines roches ; mais cette théorie n'est pas applicable au métamorphisme régional ; en effet, dans cette théorie, les roches les plus vieilles seraient toujours métamorphisées. Or, les plus anciennes couches fossilifères (cambrien), quoique soumises à l'action des eaux depuis des millions d'années, sont quelquefois à peine altérées. D'autre part, des couches tertiaires relativement récentes ont été quelquefois complètement métamorphisées.

Cette théorie est impuissante d'ailleurs à expliquer comment les schistes sont disposés en lits de composition chimique et minéralogique différentes. Le changement produit par les eaux aurait dû être indépendant des plans de stratification et se faire surtout le long des fissures verticales qui traversent les roches.

DYNAMOMÉTAMORPHISME

On peut constater que les roches métamorphisées sont généralement très plissées et que l'intensité du métamorphisme est en relation directe avecl'importance de la déformation de la croûte. La texture cristalline et la structure schisteuse sont généralement plus prononcées sur l'axe des grandes dislocations.

On peut, de plus, observer que, dans les régions de grandes dislocations, dominent les roches très cristallines et très plissées et que, lorsque l'on s'éloigne de ces régions, les roches passent graduellement à des types moins cristallins et moins feuilletés.

Les effets produits par le dynamométamorphisme, ressemblent assez dans leur ensemble à ceux produits par le métamorphisme thermal. Dans les deux cas, la composition des roches demeure la même ; les roches clastiques deviennent cristallines par suite de la combinaison de leurs éléments ; les roches ignées et les roches schisteuses anciennes cristallisent à nouveau.

Mais il y a aussi des différences entre les différentes sortes de métamorphisme. Dans le métamorphisme régional, par exemple, il n'y a pas de trace de fusion. D'autre part, les roches métamorphisées par contact, ont été concurremment soumises à une pression latérale et la foliation coïncide presque toujours avec les plans de division préexistants. Au contraire, dans les régions de métamorphisme régional, cette coïncidence est plus ou moins accidentelle et la foliation se développe surtout le long des plans de compression. Le long des grands plans de fractures, les roches adjacentes sont souvent devenues cristallines et schisteuses et dans beaucoup de cas la foliation coïncide en direction avec le plan de faille. Aussi, dans les roches, très plissées, la foliation peut quelquefois coïncider avec les plans de stratification originelle ; mais elle peut aussi bien les couper sous un angle variable.

D'ailleurs, la plupart du temps, la structure originelle des roches est si masquée par les phénomènes de métamorphisme qu'il est impossible de dire quelle est l'influence qui a déterminé la direction de la foliation.

Clivage des roches. — On appelle *clivage* des roches, la structure qui les rend susceptible de se séparer en plaquettes et en lames dans une direction indépendante de la stratification. Quand on examine au microscope les roches capables de se cliver, on constate que les éléments dont elles se composent sont aplatis dans une même direction ; c'est cette disposition qui détermine le caractère fissile de la roche. Ces roches se divisent suivant les plans de compression et non pas suivant les plans de dépôt, comme dans le cas de l'argile. Ces clivages sont donc le résultat des déformations de la croûte ; car ils sont toujours parallèles aux axes des anticlinaux et des synclinaux. Le clivage peut couper les plans de stratification sous un angle quelconque ; il peut aussi quelquefois coïncider avec eux (Pl. XLIX).

Le clivage est surtout développé dans les roches argileuses à grain fin qui sont quelquefois assez fissiles pour se diviser en plaquettes extrêmement fines ; il peut d'ailleurs s'observer dans les roches diverses comme les grauwackes, les conglomérats, les roches cristallines. Mais il n'y est jamais bien développé ; dans ces roches, les plans de clivage sont généralement imparfaits, irréguliers, discontinus.

Çà et là, on voit sur les plans de clivage des paillettes de mica, des cristaux de rutile ; ces faits indiquent un commencement de métamorphisme ; en avançant graduellement vers l'axe de la région disloquée, les couches argileuses se transforment en phyllades ; celles-ci passent à leur tour à des micaschistes ; la foliation devient de moins en moins nette et le micaschiste se transforme finalement en un gneiss. Les changements par lesquels passe une roche argileuse en se transformant en phyllites, schistes et gneiss sont à la fois d'origine mécanique et d'origine chimique. Les éléments de la roche ont été broyés et aplatis mécaniquement, et, en même temps, sous l'influence de l'eau et de la chaleur, une action chimique se produisait.

Les roches à gros grains, clastiques et cristallines ne sont pas aussi nettement affectées. Il faut, pour aplatir leurs éléments, une force beaucoup plus grande ; aussi les roches à gros grains, interstratifiées avec des schistes sont-elles souvent peu transformées en dehors du durcissement qu'elles ont subi. Lorsque l'on suit ces roches à gros grains vers l'axe des dislocations, elles deviennent cataclastiques. Les pierres arrondies d'un conglomérat et les fragments angulaires d'une breccia s'aplatissent jusqu'à prendre la forme de bandes lenticulaires et à cesser d'être reconnaissables. L'ensemble se transforme en mylonite ou en un agrégat schisteux cristallin.

Les roches cristallines granitoïdes sont, de la même manière, cassées, recristallisées et rendues feuilletées. Souvent, dans ces roches éruptives broyées, on voit des corps lenticulaires ou *phacoïdes*, autour desquels des matériaux très fins et recristallisés sont disposés de la même façon que les petits éléments cristallins d'une lave sont groupés autour des phénocristaux.

Tous ces faits montrent que les roches ont été métamorphisées et broyées jusqu'à pouvoir couler.

On a vu que, dans le métamorphisme thermal ou de contact, les roches étaient de plus en plus affectées au fur et à mesure qu'on s'approchait de la masse plutonique. De même dans le métamorphisme régional, la modification des roches augmente graduellement de la périphérie où elles sont peu modifiées

jusque vers l'intérieur où elles sont complètement recristallisées. La succession est grossièrement la même que celle qui a
été indiquée précédemment dans le cas du métamorphisme
plutonique.

Résumé. — La théorie du dynamométamorphisme explique
beaucoup de phénomènes ; aussi est-il difficile de ne pas l'accepter dans beaucoup de cas.

Mais il faut, à côté d'elle, invoquer les autres théories ; en
effet, il y a des régions où des schistes très cristallins ne sont
ni plissés, ni faillés. De plus, on a pu montrer que dans certains
cas le métamorphisme a précédé la dislocation des roches.

Il est donc probable que le métamorphisme est le résultat,
tantôt du contact avec les batholithes (métamorphisme de contact), tantôt de l'approche du centre de la terre (métamorphisme
plutonique), tantôt de l'action des mouvements de la croûte
terrestre (dynamométamorphisme).

D'ailleurs, dans beaucoup de cas, les différentes sortes de
métamorphismes se sont produits ensemble et il est impossible
de dire lequel a été prédominant.

Cette question du métamorphisme est loin d'être résolue,
d'une façon satisfaisante, dans tous les cas ; les géologues ne
sont pas d'accord à son sujet. Elle a un grand intérêt pratique
à cause de la relation qui existe certainement entre les phénomènes de métamorphisme et la genèse des formations métallifères et il faudra de nombreuses recherches physiques, chimiques et géologiques pour l'élucider.

CHAPITRE XIV

FORMATIONS MÉTALLIFÈRES

Définition des minerais. Classification des minerais.
Formations syngénétiques. — Minerais des roches ignées. Métaux
natifs. Oxydes. Sulfures. — Minerais dans les roches stratifiées. Minerais de précipitation chimique. Minerais d'origine clastique Minerais
interstratifiés dans les schistes.
Formations épigénétiques. — Veines métallifères. Nature des veines
métallifères. Largeur et étendue des veines. Veines d'âge géologique
différent. Profondeur des veines. Veines simples et veines complexes.
Veines transverses. Veines concordantes. Système de veines. Bifurcation et intersection des veines. Rejet des veines. Passage du rejet ; règle
de Schmidt. Contenu des veines. Distribution des parties riches. Structure des veines. Veines à remplissages successifs. Affleurement des
veines. Chapeaux de fer. Variations du remplissage des filons en profondeur. Associations minérales dans les veines Variations du remplissage en direction. Parois des filons. Stockwerks. Résumé sur les
fissures minéralisées. — Gites pseudostratifiés. Gites de substitution.
Minerais remplissant des cavités. Minerais dus à un remplacement
métasomatique. Minerais dus à une imprégnation. Gites stratifiés.
Minerais de cuivre de Thuringe. — Gites de contact. Théories sur la
formation des gites métallifères. Théorie de la sécrétion latérale. Théorie de la ségrégation. Théorie du remplissage *per descensum*. Théorie du remplissage *per ascensum*. Résumé.

Définitions des minerais. — Les minerais sont des roches
contenant un ou plusieurs minéraux métallifères dans lesquels la proportion de métal est généralement suffisante
pour que son extraction soit rémunératrice.

Il résulte de cette définition que l'application du terme de
minerai à un produit minéral est susceptible de varier suivant
que tel ou tel métal est plus ou moins recherché, qu'il a plus
ou moins de valeur, ou même suivant la nature des moyens de
transport dont on dispose.

Le mot *métal* est d'ailleurs employé ici dans un sens conventionnel et non dans son sens chimique ; il ne s'applique pas aux métaux alcalins et alcalino-terreux, mais seulement aux *métaux lourds* du commerce : or, argent, platine, cuivre, étain, plomb, fer, nickel, cobalt, chrome, mercure, antimoine, bismuth, etc.

Classification des minerais. — On distingue deux sortes de formations métallifères :

1° Formations *syngénétiques* ou contemporaines des couches où elles se trouvent ;

2° Formations *épigénétiques* ou postérieures à ces couches.

FORMATIONS SYNGÉNÉTIQUES

Elles comprennent donc :

1° Certains minerais qui se trouvent dans des roches ignées et qui constituent des secrétions magmatiques de ces roches.

2° Des minerais, véritables roches sédimentaires, qui sont approximativement dans le même état qu'au moment de leur dépôt.

MINERAIS DES ROCHES IGNÉES

Les minerais syngénétiques qui se trouvent dans les roches ignées sont des éléments originels ou primaires de la roche ; ils y apparaissent en grains isolés ou en cristaux, disséminés dans toute la roche. Parfois, au contraire, ils y forment des agrégats, de dimensions variables, qui se sont séparés du magma fondu.

C'est dans ces conditions que l'on rencontre souvent, non seulement les minerais, mais aussi les métaux, surtout dans les roches basiques.

Les minerais sont, soit des métaux natifs, soit des oxydes comme la magnétite, l'ilménite, la chromite, soit des sulfures comme la pyrite, la chromite, la chalcopyrite.

Métaux natifs. — Le *fer* est irrégulièrement disséminé dans certains basaltes, en particulier dans ceux d'Ovifak (Groenland) sous la forme de paillettes, de grains, de nodules, d'amas souvent assez considérables.

Le *nickel* se trouve en petits grains dans les péridotites et la serpentine de la Nouvelle-Zélande.

Le *platine* se rencontre en grains analogues dans certaines péridotites, dans des gabbros à olivine, des syénites, etc., de l'Oural et dans les péridotites de la Colombie britannique.

L'*or*, l'*argent*, le *cuivre* se trouvent aussi en petites inclusions dans diverses roches ; mais il n'y sont jamais en quantité suffisante pour y être exploités.

Oxydes. — La *magnétite*, qui est souvent titanifère, est un des éléments les plus répandus dans les roches. Elle y est généralement disséminée, de la même façon que les autres éléments accessoires ; mais elle s'y trouve parfois en assez grande abondance pour constituer une grande portion de la

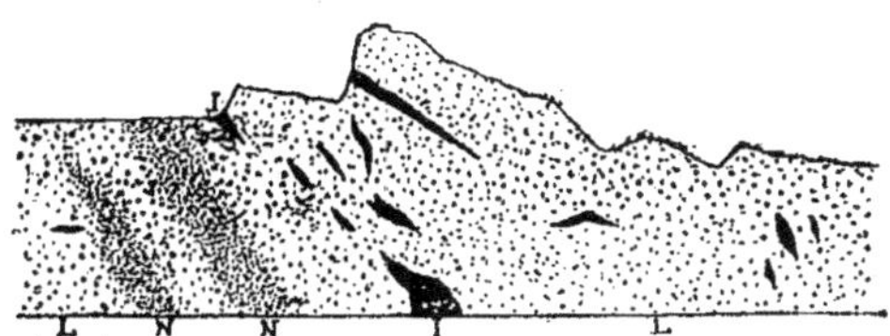

Fig. 99. — Coupe à Blaafjeld (d'après Vogt).

L. — Gabbro ;
N. — Norite à gros éléments ;
I. — Ilménite.
Longueur de la coupe : 600 mètres.

Le gabbro contient 2 o/o d'ilménite, 4 o/o de minéraux ferromagnésiens et 94 o/o de feldspaths.

La norite à gros éléments contient 6 à 18 o/o d'ilménite, 35 o/o de minéraux ferro magnésiens et 25 o/o de feldspath. Elle peut passer graduellement au gabbro.

roche. De plus çà et là elle forme des agrégats massifs dans les roches éruptives, gabbros et diorites, comme en Suède, en Finlande, en Norvège et dans le nord de l'Amérique.

Dans certains cas, les agrégats sont nettement séparés des roches ignées où il se trouvent ; dans d'autres, ils sont dispersés dans la roche, à laquelle ils passent en toute proportion.

Clivage dans des schistes et des phyllades très plissés, Islay.
Photo du Geological Survey.

Vis-à-vis de la page 272.

Fig. 1. — Partie d'une veine lamelleuse ou métallifère.

Les bandes noires représentent le minerai, les bandes blanches la gangue.
(Deux tiers de grandeur naturelle).

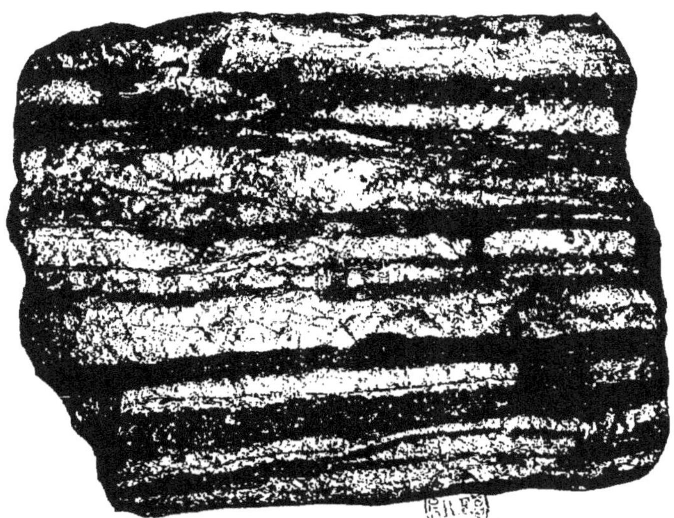

Fig. 2. — Partie d'une veine bréchiforme.

Les parties blanches représentent la gangue ; les petits morceaux, à forme irrégulières, entourés par de fines bandes de gangue, sont des fragments des roches voisines. Les parties intermédiaires sombres sont en grande partie du minerai.

(Presque grandeur naturelle).

Vis-à-vis de la page 273.

Ces agrégats sont généralement riches en minéraux ferro-magnésiens (hornblende, pyroxène, olivine) et sont accompagnés quelquefois de biotite, d'apatite, de spinelles verts et de sulfures divers (pyrite, pyrrhotine et chalcopyrite).

L'*ilménite* (minerai de fer et de titane) se rencontre parfois de la même façon (fig. 99). Les agrégats de minerai se trouvent, soit au contact de la roche-mère, soit dans la roche-mère, elle-même.

La *chromite* est fréquente dans les péridotites et elle peut

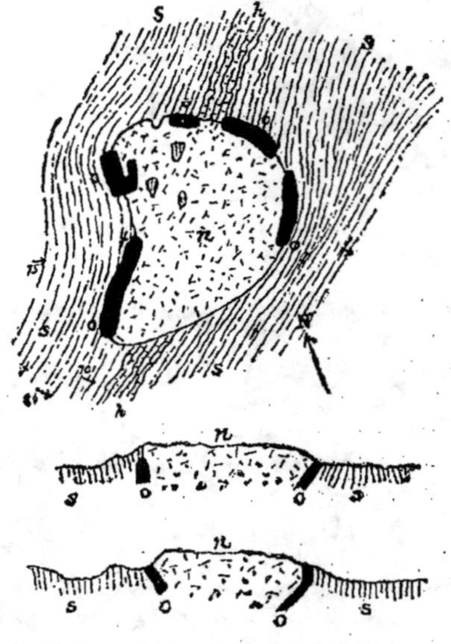

Fig. 100. — Plan schématique de Meinkjar, d'après Vogt.

s. — Roche gneissique ;
h. — Schiste à hornblende ;
n. — Norite avec enclaves (xénolithes de gneiss) ;
o. — Minerai ;
A. B. — Coupes est-ouest à travers la région.

s'y trouver en assez grande abondance pour en permetre l'exploitation ; ainsi, à Hestmando (Norvège), la roche que l'on extrait se compose essentiellement d'olivine, d'enstatite, de pirrhotine et de chromite.

La *cassitérite* (minerai d'étain) se présente de même comme élément essentiel de beaucoup de granites ; mais elle s'y trouve seulement en grains disséminés et en veines minces. Elle n'y a jamais été exploitée ; mais il est probable que c'est là l'une des sources principales des minerais d'étain, remaniés, que l'on trouve et que l'on exploite dans les placers.

Sulfures. — La *pyrite* et la *pyrrhotine* apparaissent çà et là comme éléments de certaines roches ignées.

La *chalcopyrite* se trouve souvent dans des conditions analogues.

A vrai dire, ces sulfures sont quelquefois d'origine secondaire ; mais, dans beaucoup de cas, rien n'empêche de les considérer comme des éléments primaires des roches.

Il est probable que les agrégats massifs de sulfures que l'on trouve dans les roches ignées se sont formés par ségrégation magmatique, en même temps que les magnétites et les minerais de fer titanifères. Ainsi, dans certains gabbros de Norvège, la pyrrhotine, la pyrite, la chalcopyrite sont disséminées en petits grains à travers toute la masse et contiennent une proportion variable de nickel et de cobalt.

Souvent ces minerais se sont concentrés en grandes masses de forme irrégulière, le long de la ligne de contact des gabbros et des roches encaissantes (fig. 100).

On observe des exemples analogues en Suède, en Piémont, dans le nord de l'Amérique ; ainsi l'on pense que la pyrite aurifère de Rossland (Colombie britannique) et les minerais de cuivre qui se trouvent dans les péridotites et les serpentines du nord de l'Italie ont la même origine.

MINERAIS DANS LES ROCHES STRATIFIÉES

On peut ranger dans ce groupe les précipités chimiques, certains dépôts alluviaux et des minerais interstratifiés dans les schistes cristallins.

Minerais de précipitation chimique. — Les plus importants sont les minerais de fer et de manganèse.

Les *minerais de fer* de cette nature sont surtout les minerais de fer des marais (p. 113, 114), qui sont constitués par des oxydes hydratés de fer et qui contiennent généralement de nombreuses impuretés. Ils forment, soit des bancs continus, soit des nodules concrétionnés de toutes tailles, soit des agrégats ou sphérules.

Ils doivent leur origine à l'action d'eaux contenant des acides organiques ; celles-ci dissolvent des sels de fer dans les roches qu'elles traversent ; puis, en d'autres points, dans d'autres conditions, en particulier en présence d'un excès de matières organiques, ou grâce à l'action de certains organismes, le fer tend à se précipiter de cette solution à l'état d'hydrate ferrique. Dans ce cas, il ne se produit aucune oxydation et le fer se précipite à l'état de carbonate.

Dans ce groupe, en dehors des minerais de fer des marais, qui se forment actuellement, on peut citer les minerais de fer stratifiés (oxydes et carbonates) qui se trouvent dans de nombreuses formations géologiques, depuis le Paléozoïque jusqu'à des dépôts actuels.

La plupart sont d'origine d'eau douce ou saumâtre ; quelques-uns sont marins. On peut donner comme exemples : les

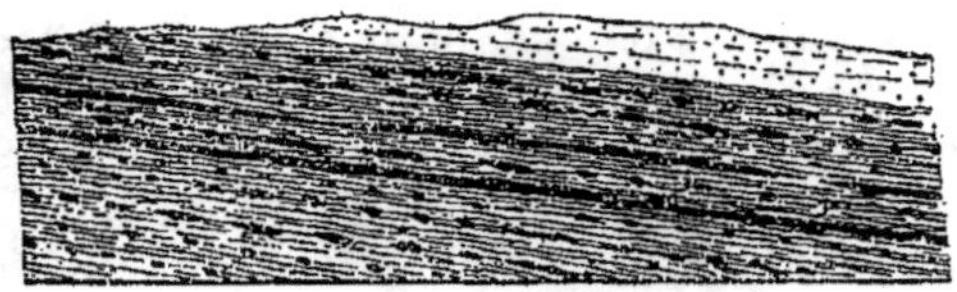

Fig. 101. — Couches et nodules d'argile ferrugineux dans les argiles carbonifères

minerais de fer du Rio-Tinto (province de Huelva, Espagne) qui sont récents ; les limonites et les carbonates terreux du Lias et de la Grande Oolithe, du Weald, du Lower Greensand d'Angleterre, les argiles à minerai de fer si abondantes dans le carbonifère de cette région (fig. 101). La plupart de ces minerais de fer paraissent avoir été formés par précipitation directe dans des lacs ou des lagunes. Les nodules concrétionnés que l'on y trouve sont dus à une concentration ultérieure de la matière ferrugineuse, primitivement diffuse dans toute la roche.

Les minerais de *manganèse*, pyrolusite, psidomélane, wades, ne sont pas aussi fréquents que les minerais de fer Ils se trouvent dans les mêmes conditions, dans des roches sédimentaires de tout âge, en nodules, en lits ou en pisolithes.

Minerais d'origine clastique. — Ce sont des dépôts alluviaux dérivés de la désintégration des roches métallifères et

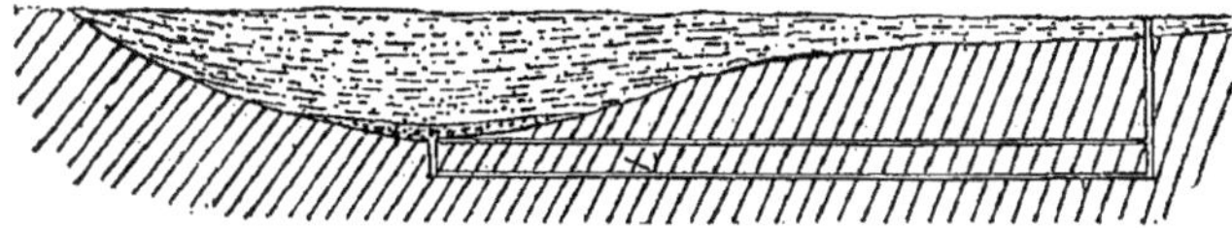

Fig. 102. — Coupe d'un placer aurifère, sur la partie inférieure du fleuve Murray, près de Corowa, en Australie (d'après Pittman).

des minerais d'origine variée. Ils sont connus sous le nom de *placers* (fig. 102). Les métaux que l'on trouve dans ces conditions sont surtout l'or, le platine, l'étain.

Les couches, où ils se trouvent, ont des caractères très variables et sont généralement formées de sables et de graviers plus ou moins grossiers.

Beaucoup de placers sont d'âge récent ou d'âge pléistocène ; ils sont alors généralement meubles. Quelques-uns se trouvent dans le Tertiaire, un petit nombre dans le Mésozoïque ou même dans le Paléozoïque ; dans le cas où ils sont aussi anciens, ils ont généralement été consolidés ultérieurement et forment des graviers grossiers et des conglomérats.

Les minerais, que l'on trouve dans les placers, sont généralement concentrés dans certains lits ; cependant, dans le cas d'alluvions à grains fins, on les trouve disséminés dans toutes les couches.

Enfin, si la couche qui sert de substratum au placer, est plus ou moins fissurée, il arrive fréquemment que le métal ou le minerai se trouve à quelque distance de la base dans des craquelures ou des crevasses de ce substratum.

L'or des placers est généralement à l'état libre, tandis que celui que l'on extrait de veines de quartz est souvent associé à des sulfures métalliques, comme la pyrite de fer ; cela tient à ce que, pendant la désintégration des roches, les sulfures, associés à l'or, ont été dissous ; cette dissolution a d'ailleurs pu se terminer dans le placer lui-même ; en effet, la surface cristalline et l'aspect généralement uni, non craquelé, des pépites d'or, font penser à un dépôt d'origine chimique ; aussi beaucoup de mineurs pensent-ils que ces pépites se sont accrues lentement.

Ainsi qu'il a été dit, les placers qui sont généralement d'origine fluviatile, sont surtout d'âge récent ; ce n'est qu'exceptionnellement qu'ils ont pu être conservés, par exemple sous des laves comme en Californie et en Victoria (Australie) ; dans ces régions, on considère ces graviers comme d'âge pliocène. Ils y ont été souvent consolidés par suite d'une infiltration de silice et de matière ferrugineuse, postérieure à leur dépôt. D'autres placers de ces mêmes régions, plus récents et moins profonds, proviennent du remaniement des placers plus anciens.

On peut citer encore, comme exemples de ce mode de gisement de minerais, les minerais de l'Oural qui contiennent de l'or et du platine, les accumulations de Cornouailles contenant de la cassitérite, les gisements alluviaux de Malaisie qui fournissent les trois quarts de la consommation totale d'étain du globe.

Les placers, d'âge prétertiaire, sont très rares ; on en connaît quelques-uns dans le Mésozoïque et Paléozoïque ; mais ils ne sont généralement pas assez riches pour être exploités.

Minerais interstratifiés dans les schistes. — Parmi les minerais que l'on rencontre le plus fréquemment en lits interstratifiés dans les roches schisteuses, il faut citer les minerais de *fer* et de *manganèse*.

Il est quelquefois difficile de distinguer ces formations syngénétiques de celles des formations épigénétiques qui forment des veines stratifiées.

Cependant, en général, un minerai stratifié n'est pas aussi

nettement distinct des schistes où il se trouve que le serait une vraie veine.

De plus, le minerai stratifié ne traverse pas les schistes qui sont au-dessus et au-dessous de lui et n'envoie pas de veines ; au contraire, il se comporte comme un lit vraiment contemporain des couches où il se trouve ; il suit toutes leurs flexures, tous leurs plis, etc.

L'épaisseur de ces lits varie beaucoup. Ils sont généralement lenticulaires, ils s'épaississent ou s'amincissent irrégulièrement ; ils ont depuis quelques centimètres jusqu'à plusieurs mètres d'épaisseur. Le lit le plus épais est celui de Grangesberg, en Suède, qui a une centaine de mètres ; dans ce pays, les minerais stratifiés sont généralement plus ou moins intimement associés à des calcaires cristallins ou à des roches formées principalement de pyroxène et d'amphibole et contenant du grenat et de l'épidote.

Des minerais de fer se trouvent souvent aussi dans des roches schisteuses analogues en Norvège.

Ainsi, dans la vallée de Dunderland, en Norvège (fig. 103),

Fig. 103. — Coupe dans les schistes métallifères de Urtvand, dans la vallée de Dunderland, en Norvège (d'après Vogt).

S. — Schistes ;
L. — Calcaires ;
O. — Bandes de minerai de fer avec schistes intercalés.

Les schistes forment des bancs nombreux, quelquefois plus de 500, interstratifiés avec les micaschistes ; ils sont intimement associés avec des lits massifs de calcaire cristallin et de dolomie ils en sont toujours séparés par une certaine épaisseur (1 à 10 mètres) de micaschiste.

les couches de minerai peuvent souvent se suivre sur une étendue de plusieurs kilomètres. Ils varient beaucoup d'épaisseur, quelquefois 30-60 mètres, exceptionnellement 75-100 mètres, généralement 3-10 mètres. Le minerai est un mélange à grain fin de fer spéculaire, de magnétite, de quartz, avec divers silicates, la proportion de fer spéculaire, étant généralement double de celle de magnétite. Le minerai de fer est le plus souvent en paillettes et a les caractères d'un micaschiste à minerai de fer.

Les minéraux associés sont surtout de l'épidote, du grenat, de la hornblende, un peu de mica, de feldspath, etc., avec des paillettes microscopiques de calcite.

Il faut ajouter que le minerai contient un faible pourcentage de manganèse et d'acide phosphorique (à peu près 1 o/o d'apatite). D'après Vogt, ces remarquables minerais en lits sont interstratifiés dans les schistes et occupent un horizon défini dans la série. Malgré leur grande étendue, ils ont partout la même composition chimique et minéralogique. Ils n'ont aucun rapport avec les masses intrusives ; les schistes où ils se trouvent sont donc le résultat du métamorphisme régional et non pas du métamorphisme de contact.

Ces minerais sont toujours distincts des schistes. Ils n'ont pas pu être originairement des sédiments mécaniques, par exemple des sables quartzifères avec magnétite et fer spéculaire ; car ils contiennent un pourcentage élevé et constant d'acide phosphorique. Aussi Vogt croit-il que ces minerais ont été originellement formés par précipitation chimique comme ceux qui s'accumulent actuellement dans des lacs et des marais ; cette explication est assez plausible, à cause de la fréquence dans les schistes associés, de couches contenant du pétrole, du bitume, de l'anthracite. On peut en voir une autre preuve dans la forme lenticulaire de beaucoup de ces formations.

D'ailleurs le métamorphisme régional a apporté des modifications importantes à la nature originelle des sédiments. C'est ainsi que les hydrates et carbonates de fer ont pu se transformer en fer spéculaire et en magnétite sous l'action de la vapeur d'eau, tandis que les argiles qui leur étaient associées devenaient des micaschistes.

Les lits de magnétite et de fer spéculaire sont associés avec les roches schisteuses dans beaucoup d'autres endroits : sud de la Russie, Riesen-Gebirge, Espagne, Etats-Unis (New-York, New-Jersey, Caroline, Michigan), etc.

Un autre minerai que l'on rencontre fréquemment dans les roches schisteuses et le *carbonate de fer* ou *sidérose* (fig. 104).

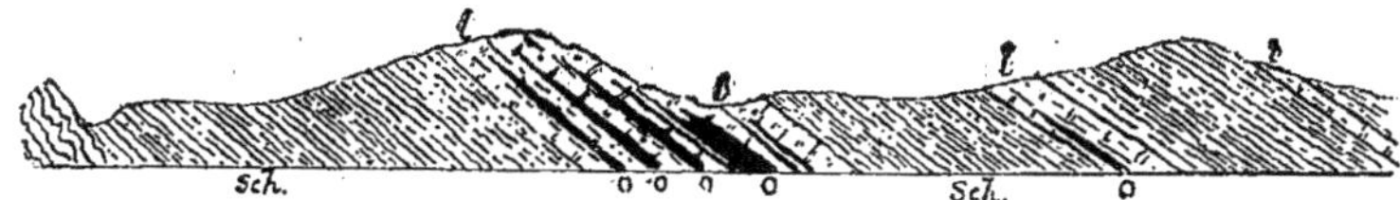

Fig. 104. — Coupe à travers les roches métallifères de Hüttenberg, en Carinthie (d'après Seeland).

    sch — Schistes.
    l. — Calcaires.
    o. — Couches de minerais.

Le minerai de fer se trouve dans des calcaires cristallins, interstratifiés avec les gneiss et les micaschistes.

Les *minerais de manganèse* se présentent dans des conditions analogues en Suède, dans le Bakonine, au Brésil, aux Etats-Unis.

FORMATIONS ÉPIGÉNETIQUES

Les formations *épigénétiques* sont, comme il a été dit, postérieures aux roches dans lesquelles elles se trouvent ; il arrive souvent qu'elles soient des produits de remplacement de minéraux ou de massifs rocheux préexistants.

On peut les diviser en *veines métallifères*, en lits, en formations irrégulières. Cette classification est d'ailleurs peu satisfaisante ; car un même dépôt métallifère peut se présenter sous différents aspects et se trouver, suivant les points, en veines, en lits ou en masses irrégulières.

VEINES MÉTALLIFÈRES

Nature des veines métallifères. — On donne ce nom à une fissure remplie par des produits minéraux, seuls ou associés à des débris de roches. Les fissures où se trouvent les veines métallifères sont plutôt de larges diaclases que des failles ; elles ne produisent en général aucun déplacement des roches.

Ces fissures peuvent être isolées ; mais souvent on les rencontre en assez grand nombre, parallèles ou à peu près parallèles, traversant les roches dans une même direction. Elles ne présentent généralement pas de parois striées et presque toujours ces veines métallifères sont recoupées et déplacées par des failles.

Parfois cependant, les fissures occupées par les veines sont de véritables failles, produisant un déplacement des roches ; mais, quand on peut en mesurer l'amplitude, ce rejet n'est jamais très grand : il dépasse rarement une centaine de mètres et il est généralement beaucoup plus faible. Enfin, beaucoup de failles métallifères traversent des roches schisteuses, très disloquées et la valeur du déplacement est, dans ce cas, très hypothétique.

D'autre part, un fait d'observation courante est que, dans une région riche en veines métallifères, les grandes dislocations sont généralement stériles.

Les fissures occupées par les veines métallifères peuvent être normales ou renversées.

Il est rare que les fissures métallifères soient verticales ; mais, en général, elles ne sont pas loin de l'être et leur incli-

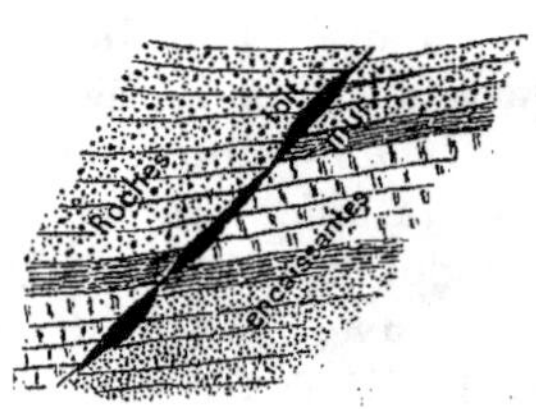

Fig. 105. — Veine métallifère.

naison à partir de la verticale s'appelle le *pendage*. Les roches qui traversent la veine s'appellent souvent les *roches encaissantes*. On appelle *épontes* les deux parois du gîte ; si le gîte est incliné ou horizontal, on distingue l'éponte supérieure ou *toit* et l'éponte inférieure ou *mur* (fig. 105).

[Les épontes présentent quelquefois des parties polies et striées (*miroirs de filon*) résultant du frottement naturel des parois lors de la formation de la fracture. Le corps du filon est souvent séparé du toit et du mur par une certaine épaisseur de sédiments détritiques, d'argile, etc., les *salbandes*, souvent minéralisées.

La *puissance* d'un filon est son épaisseur. Son *affleurement* est son intersection avec la surface du sol].

Largeur et étendue des veines. — Quand on considère une veine isolée, on constate que les épontes se rapprochent et s'éloignent d'une façon irrégulière.

[Quand un filon diminue progressivement d'épaisseur jusqu'à se réduire à une fente, on dit que le filon est *enserré* et s'il disparaît, on dit qu'il est en *coin*. Le même phénomène en sens inverse est un *élargissement* ou une *réouverture*. Les filons semblent généralement se terminer en coin, tant en direction qu'en inclinaison.

Quand les séries et les élargissements se succèdent brusquement, les filons sont dits *lenticulaires* (allure en chapelet). Quand un filon s'élargit brusquement ou graduellement de façon à atteindre en un point une épaisseur exceptionnelle, on dit qu'il est en *amas droit* ou en *amas couché*].

Ces irrégularités sont dues aux caractères de la fissure originelle ; ainsi, quand les épontes sont constituées par du calcaire, la largeur variable de la fente est souvent causée par une dissolution inégale de la roche.

La largeur des veines métallifères, quand on passe d'une veine à une autre, est également très variable, depuis quelques centimètres jusqu'à une trentaine de mètres. Cependant, dans le cas de veines très larges (6 à 3o mètres), la largeur actuelle ne représente pas la largeur de la fissure originelle ; la veine renferme sur ses bords autant de débris de roches que de minerais exploitables et elle est constituée par une série de filets et de veinettes qui forment un véritable chevelu d'imprégnation dans la roche encaissante (voir p. 298).

Quelques veines larges peuvent aussi consister en bandes parallèles plus petites, plus ou moins nombreuses, occupant d'étroites fissures ou de simples craquelures, n'ayant guère qu'un centimètre dans la partie centrale de la veine, mais acquérant une plus grande largeur aux limites de l'aire fissurée. Ces veines sont dites *zonées*.

La longueur et l'étendue des veines sont également très variables ; les unes ont moins d'un kilomètre ; d'autres ont pu être suivies sur de grandes distances.

La plus longue connue est la veine *Mother* de la sierra Nevada en Californie, qui court en ligne droite sur plus de 70 kilomètres.

Profondeur des veines. — Les veines les plus longues semblent avoir généralement une grande extension verticale ; quelques-unes ont été suivies sur près de 1.000 mètres de profondeur, sans paraître se terminer. Beaucoup de veines plus courtes se terminent vers le haut ou vers le bas ; elles sont alors souvent irrégulières et se bifurquent dans diverses directions. Quelques-unes se terminent simplement ; d'autres se divisent en plusieurs veines plus petites, qui diminuent graduellement ou qui donnent naissance à un lacis de veinules.

La distance verticale maximum pendant laquelle on peut suivre une veine métallifère n'est d'ailleurs pas connue ; il est probable qu'elle peut, dans certains cas, être très considérable. Elle est d'ailleurs difficile à connaître ; en effet, depuis la formation des veines, il s'est produit une dénudation importante et des milliers de mètres de roches ont été enlevées ; aussi la surface actuelle d'affleurement est-elle très différente de la surface primitive de la veine.

Or certaines veines ont été suivies jusqu'à 1.000 mètres, la surface originelle étant de 2.000 à 4.000 mètres plus haute que la surface actuelle, la profondeur verticale totale de la veine serait donc au moins de 3.000 à 5.000 mètres.

Il se pose alors un problème relatif à l'origine des veines métallifères ; car il est douteux qu'une fissure puisse se former et surtout rester ouverte sur 5.000 mètres de hauteur. On s'est demandé aussi s'il était possible que des solutions aqueuses se précipitent à de telles profondeurs, dans des conditions de température et de pression considérable ; mais Vogt a montré que certains minéraux ont été formés à une température très supérieure à celle qui règne à une profondeur de 5.000 mètres. Tels sont, par exemple, la cassitérite, la topaze, la tourmaline, l'apatite et autres minéraux des veines de pegmatite.

D'ailleurs les fissures verticales diminuent généralement d'importance vers le sommet; on peut en déduire que beaucoup de fissures n'ont jamais atteint la surface originelle et que les gisements que nous voyons ont été mis au jour seulement par l'érosion.

Veines d'âge géologique différent. — C'est par la considération de l'âge géologique des couches qu'elles traversent que l'on peut avoir des données sur la plus ou moins grande profondeur à laquelle s'est formée une veine.

M. de Launay a cité la formation du mercure comme un exemple de veines peu profondes ; car il est restreint aux roches d'âge géologique relativement récent, traversées par des masses éruptives. Il ne se trouve pas dans les régions de roches anciennes à cause de la grande dénudation que ces roches ont subies : les parties supérieures des veines de mercure y ont été depuis longtemps remaniées de même que les roches qui l'avoisinaient, de sorte que dans les veines de ces régions très dénudées, l'on ne rencontrerait maintenant que de la pyrite ou de l'or.

De même, Vogt a noté de grandes différences entre les veines d'or, d'argent et de plomb, d'âge relativement récent, comme ceux de Comstock, Potosi, Hongrie, etc., et, veines de plomb argentifère, plus anciennes, de Norvège, Bohême. Mais, dans les deux cas, les veines sont intimement associées aux roches éruptives et les couches de la région ont subi de grandes altérations, de sorte que les conditions de dépôt des minerais et des gangues semblent avoir été similaires aux deux époques.

On pense donc que les veines les plus jeunes, si on les suivait en profondeur, prendraient graduellement le caractère des veines de terrains anciens. Cette hypothèse est confirmée par les phénomènes révélés par certaines mines profondes. En Cornouailles, par exemple, après avoir traversé les chapeaux de fer, on trouve des veines qui contiennent du minerai de cuivre avec un peu d'étain. A une plus grande profondeur, on rencontre une zone mélangée d'étain et de minerai de cuivre, et au-dessous exclusivement de l'étain.

Dans les veines de plomb et de zinc argentifère, la proportion de blende augmente avec la profondeur. Des phénomènes analogues s'observent dans beaucoup de gisements de fer et de manganèse.

Veines simples et veines complexes. — Une veine est *simple* quand elle occupe une fissure bien définie (fig. 106).

Fig. 106. — Veine simple à structure massive.

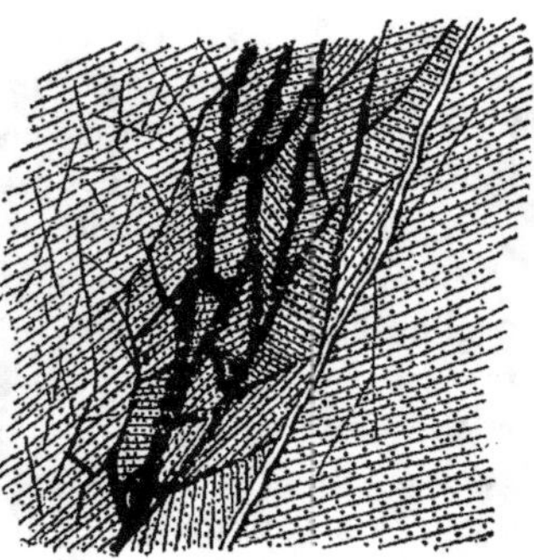

Fig. 107. — Veine complexe (d'après R. Beck).

Mais souvent la formation d'une fissure a été accompagnée d'un broyage des roches avoisinantes ; les crevasses et les cavités ainsi formées ont pu être remplies de matière minérale (fig. 107); on a alors une *veine complexe*.

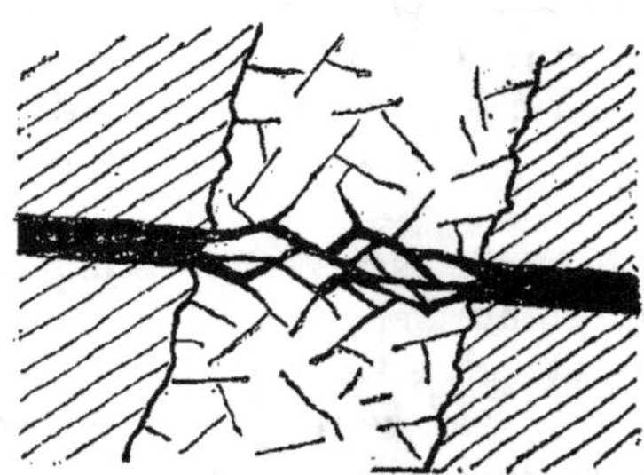

Fig. 108. — Veine métallifère se divisant et s'anastomosant au passage d'une roche à cassure irrégulière.

Une même veine peut être simple sur une partie de sa course et complexe sur une autre; c'est ce qui arrive fréquemment lorsque la veine traverse des roches de nature différente. Par exemple, une veine peut être simple quand elle traverse des roches compactes et devenir complexe quand elle passe dans des roches à cassure irrégulière (fig. 108).

Veines transverses; veines concordantes. — Les veines qui traversent les roches stratifiées peuvent couper les plans de stratification sous un certain angle; elles sont dites *transverses* (fig. 109).

Elles peuvent aussi coïncider avec les plans de stratification (*veines concordantes*). Le caractère épigénétique est alors généralement apparent, les veines étant nettement limitées entre deux plans de stratification. Parfois cependant, il arrive que ces veines envahissent les couches qui sont au-dessus et au-dessous (fig. 110).

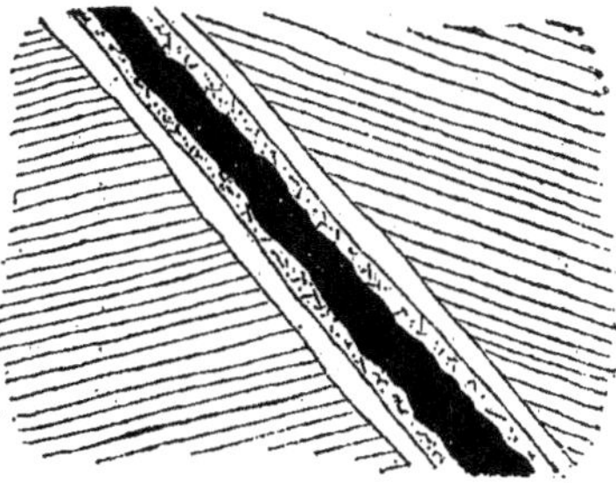

Fig. 109. – Veine transverse (daprès R. Beck).

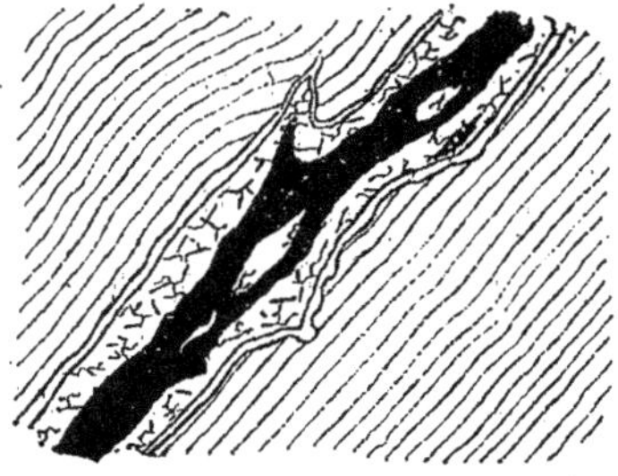

Fig. 110. — Veine concordante (d'après R. Beck).

Systèmes de veines. — Les veines sont quelquefois isolées; mais souvent elles sont associées et forment des systèmes; leur disposition rappelle celle des dykes de basalte (p. 241). Comme eux, elles courent dans des directions définies et coïncident, tantôt avec de vraies failles, tantôt avec de simples diaclases ou fissures. Elles peuvent d'ailleurs former un seul système unique ou plusieurs systèmes qui se croisent.

D'ailleurs, comme les fissures et les failles où ils se trouvent sont le résultat des mouvements de la croûte, il n'est pas surprenant que les groupes de veines parallèles soient en relation avec les plis de la région.

Comme il peut y avoir plusieurs séries de plis d'âges différents, il s'ensuit qu'il y a souvent des systèmes de failles se recoupant les uns les autres.

Bifurcation et intersection des veines. — [Quand une fracture se propage dans un milieu suivant une ligne de moindre résistance, il peut arriver qu'en un point il y ait *bifurcation*; à une fente unique succèdent une ou plusieurs cassures divergentes se poursuivant plus ou moins loin et disparaissant ensuite en se terminant en pointe (*Eparpillement*)].

Une *ramification diagonale* est une veine qui relie entre eux deux filons parallèles ou obliques.

Les veines se divisent souvent en deux ou plusieurs bran-

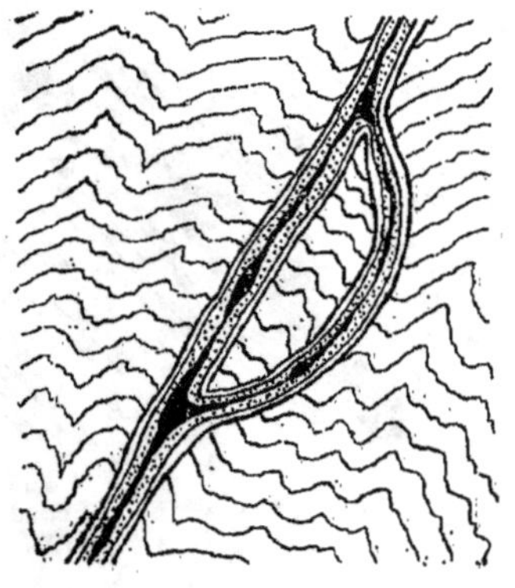

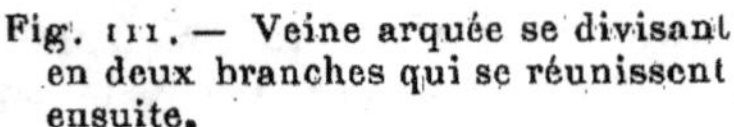

Fig. 111. — Veine arquée se divisant en deux branches qui se réunissent ensuite.

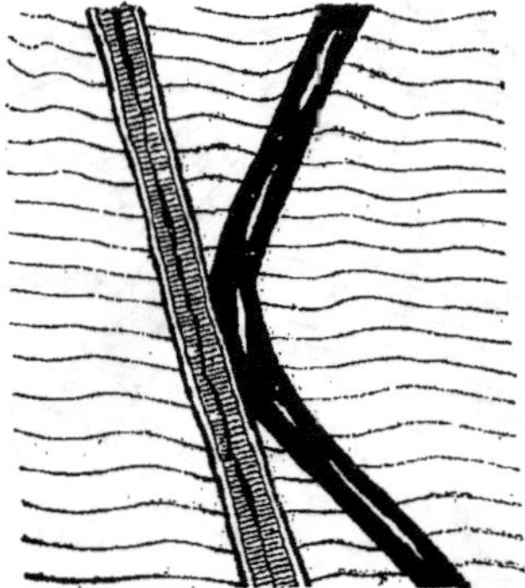

Fig. 112. — Veines convergeant et divergeant.

ches qui, après être restées distinctes, sur un parcours plus ou moins long, se réunissent ensuite à nouveau (*veine arquée*) (fig. 111).

Quelquefois deux veines convergent graduellement jusqu'à se réunir et, après avoir couru quelque temps l'une à côté de

l'autre, elles peuvent diverger à nouveau (fig. 112). Au lieu de
diverger, elles peuvent encore se couper sans se déplacer et

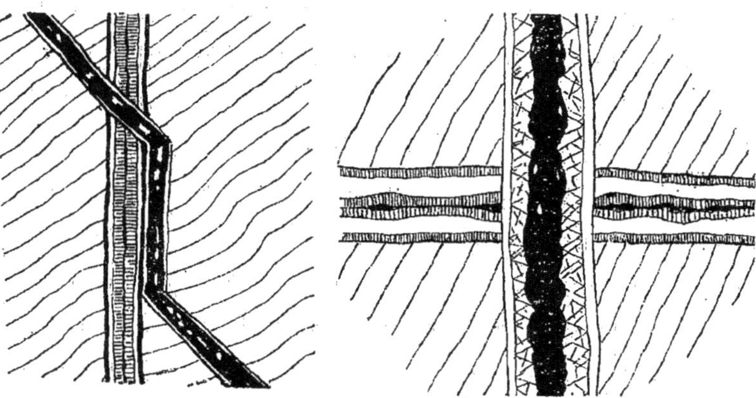

Fig. 113. — Veines convergeant
et se coupant.

Fig. 114. — Veines se coupant à angle
droit, sans se déplacer l'une l'autre (Plan).

reprendre par suite leur direction primitive (fig. 113). Dans ce
cas, la fissure, occupée par le filon-croiseur plus jeune, est
une simple diaclase et non une vraie faille.

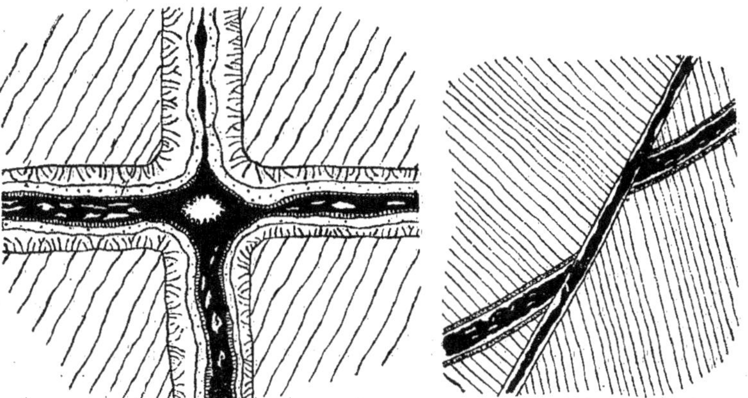

Fig. 115. — Veines contemporaines
se coupant (Plan).

Fig. 116. — Rejet d'une veine
par une autre.

Quelquefois enfin deux veines se coupent à angle droit ; la plus jeune traverse la plus ancienne sans la déplacer (fig. 114). Il est rare, dans ce cas, que les deux veines qui se coupent ainsi aient le même âge et la même minéralisation ; cela arrive cependant parfois (fig. 115).

Rejet des veines. — Quand deux filons se coupent sans que leur direction soit changée, on dit qu'ils se croisent.

[Quand ces deux filons sont d'âge différent, on appelle *croiseur* le plus récent et *croisé* le plus ancien].

Quand la veine-croiseur occupe une diaclase on une vraie faille, elle produit souvent un rejet de la veine croisée (fig. 116).

Fréquemment d'ailleurs ce rejet est produit par une faille non minéralisée.

Passage du rejet. — [*Règle de Schmidt*. Quand un mineur traverse une faille, il doit résoudre la question du *passage du rejet*, c'est-à-dire des travaux à faire pour retrouver le filon.

Quand le rejet est normal (fig. 116 *bis*), si, suivant la cou-

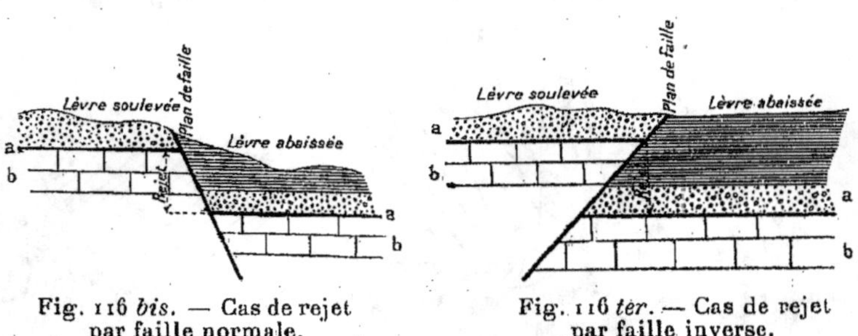

Fig. 116 *bis*. — Cas de rejet par faille normale.

Fig. 116 *ter*. — Cas de rejet par faille inverse.

che *a*, on arrive par la région du toit de la faille (région de la lèvre abaissée), la couche *a* rejetée, est *en haut*. Si on arrive par le mur de la faille (région de la lèvre soulevée), la couche *a* rejetée est *en bas* (fig. 117 *bis*).

Si on atteint le filon-croiseur ou la faille par son toit (cas où l'on arrive par la droite de la figure 117 *bis*), il faut donc après l'avoir traversée se diriger du côté du toit du filon qu'on vient de perdre.

Si on atteint le filon par son mur (cas où l'on arrive par la gauche de la figure), on cherchera du côté du mur le filon qu'on vient de perdre.

« Croiseur ou faille par toit, filon au toit ».

« Croiseur ou faille par mur, filon au mur ».

Cette règle de Schmidt est en défaut, si on a affaire à une faille inverse (fig. 116 *ter*),

« Croiseur ou faille par toit, filon au mur ».

« Croiseur ou faille par mur, filon au toit ».

Cette règle peut également être en défaut si, la région ayant subi plusieurs bouleversements, l'inclinaison de la faille a été renversée. Cela arrive souvent dans le Houiller.

Contenu des veines. — Le contenu d'une veine s'appelle la *gangue* ; il est formé surtout de minéraux cristallisés comme le quartz, la calcite, et autres carbonates (dolomie, magnésie, etc.), barytine et spath-fluor. On y trouve souvent aussi des fragments des roches traversées par la veine ; ceux-ci peuvent même constituer une portion importante du contenu de la veine.

Les fragments sont de toute taille, angulaires, rectangulaires ou arrondis ; quelques-uns peuvent montrer des surfaces unies et striées. Ils varient de taille, depuis de larges blocs, jusqu'à des particules extrèmement fines.

Dans cette gangue, le minerai est distribué d'une façon irrégulière ; il s'y trouve en grains, en cristaux, en lames, etc. Quelquefois il prend la forme d'agrégats en cheminées, en colonnes verticales ou légèrement inclinées, entourées de toutes parts par la gangue stérile.

Il peut aussi former des plaques plus ou moins irrégulières et des lits tabulaires, disposés parallèlement aux lits semblables de gangue, ou encore des agrégats massifs remplissant toute la fissure, sans qu'il y ait de gangue.

Enfin, dans certaines parties de la veine, le minerai peut manquer ; il est remplacé alors, soit par la gangue, soit par des débris de roches. Cette disposition peut aussi être due au coincement de la veine et à la juxtaposition des murs.

Distribution des parties riches. — [Le remplissage n'est jamais uniforme ; il varie avec la richesse des minerais et la nature des substances minérales. Les parties riches forment dans le plan des filons, tantôt une colonne couchée, tantôt une série d'amas alignés. Cette disposition est en général tout à fait *indépendante de la rencontre du filon principal par des failles ou des croiseurs*. Cependant cette rencontre doit être *a priori* regardée comme plutôt heureuse. On a cité des mines qui ont donné d'énormes richesses accumulées au point de rencontre de deux filons.

On a pu, sur la position des parties riches, faire quelques remarques, dites *lois de Henwood et Moissenet*.

I. — Les parties riches d'un filon traversant des terrains variables sont celles où la fente est encaissée dans des strates de dureté moyenne.

II. — Les parties riches d'un filon plongent en général dans le même sens que le terrain encaissant.

III. — Les parties les plus riches sont celles où l'inclinaison est la plus voisine de la verticale.

IV. — Dans un même filon devenu sinueux en traversant des strates inégalement résistantes, les parties riches forment des éléments parallèles d'une orientation définie]

Structure des veines. — Quand une fissure est entièrement remplie de minerai ou de minéraux cristallisés ou cryptocristallins, on dit que la fissure est *massive* (fig. 106, p. 285).

C'est ainsi que la galène (minerai de plomb) remplit souvent complètement des fissures ; dans ce cas, les matériaux cristallisés de la gangue peuvent être absents, ou ne former que de petites inclusions dans le minerai ou constituer un filament mince interrompu le long des murs.

Les veines de quartz aurifère sont un autre exemple de la même structure ; dans ce cas le minerai est inclus dans le quartz qui remplit complètement la fissure.

Le minerai et la gangue peuvent être disposés en lits plus

ou moins définis, parallèles aux murs de la fissure : c'est la *structure zonaire*, la plus commune dans les veines métallifères. Les lits peuvent être d'épaisseur variable. Ils sont généralement peu nombreux ; dans ce cas, ils sont relativement épais. Quelquefois ils sont nombreux et alors tous extrêmement minces. Ils peuvent être disposés symétriquement par paires. L'une des murailles peut être bordée par un filon de quartz ou une gangue quelconque ; puis viennent deux bandes de minerai, une de chaque côté, et cette disposition peut se reproduire jusqu'à ce que la fissure soit entièrement remplie (fig. 118). On peut généralement dans chaque cas particulier, expliquer la succession des minéraux dans les *vei-*

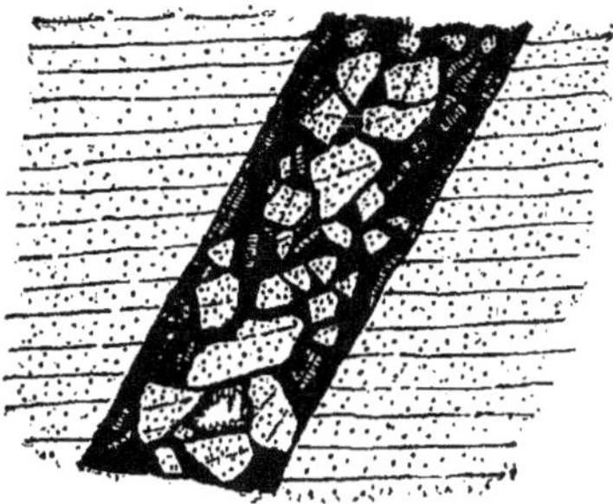

Fig. 117. — Veine bréchiforme.

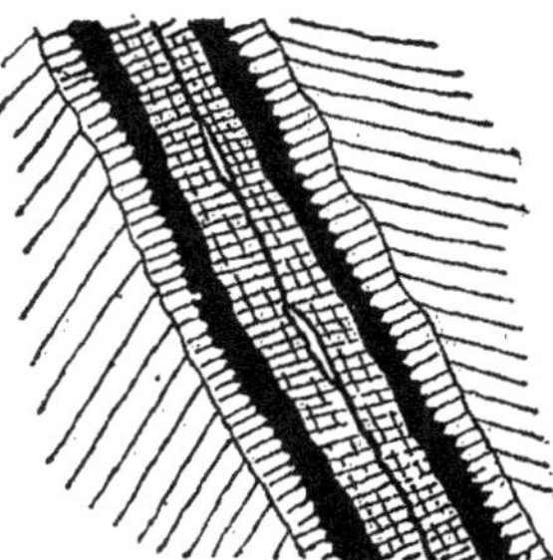

Fig. 118. — Veines zonés avec druses.

nes zonées ; mais il est impossible de poser une loi générale de succession.

On peut penser que la composition chimique des solutions circulant à travers les fissures a varié suivant l'époque. Quelquefois il semble que le dépôt successif des minéraux s'est fait en vertu de leur solubilité relative. Souvent, par exemple, le quartz se trouve sur le bord de la veine et la calcite au centre.

Il est très probable, en outre, que les premiers dépôts de minerai dans une veine ont joué ultérieurement le rôle de précipitants ; ainsi les solutions de cuivre ont pu être réduites par la pyrite de fer en donnant de la chalcopyrite. Il est bien connu aussi que la pyrite de fer des veines aurifères contient souvent de l'or.

Fréquemment, la répétition d'une même sorte de minéraux dans une veine zonée montre la répétition des mêmes conditions à plusieurs époques différentes.

Ces veines sont souvent appelées aussi *veines symétriques*. Les minéraux cristallisés, en effet, sont disposés d'une façon symétrique avec leurs grands axes perpendiculaires aux murs et avec leurs terminaisons pyramidales dirigées vers le centre de la veine. Il arrive souvent que les fissures ne sont pas entièrement remplies : les cavités médianes, plus ou moins grandes, sont vides et constituent des druses, généralement bordées de minéraux cristallisés.

Certaines veines ont une structure *bréchiforme* ; elles sont constituées par de nombreux fragments de matières minérales, associés à des morceaux de la roche voisine et criblés de veines amorphes ou irrégulièrement cristallisées. Cette structure montre que la fissure occupée par la veine a été ultérieurement réouverte. Les mouvements ont eu pour résultat la fracture et le broyage des filets de la veine originelle et l'introduction dans la fissure ainsi réouverte de fragments de la roche voisine ; plus tard cette masse a été remplie par des solutions métallifères qui ont soudé les débris (fig. 117 et pl. III). Quelquefois ces minerais et ces minéraux cristallisés introduits ultérieurement, empâtent les morceaux de la roche voisine et les fragments de la gangue ancienne et ils forment des lits successifs.

Veines à remplissages successifs. — Dans certaines veines réouvertes et réemplies, le produit du premier remplissage n'a pas été entièrement brisé ; la fissure a été simplement élargie et une nouvelle veine s'est formée à côté de la veine originelle et parallèlement à elle. Ce processus de réouverture et de remplissage a pu se répéter plusieurs fois. La veine consiste alors en une série de couches doubles (fig. 119).

On peut encore observer d'autres structures dans les veines réouvertes. Souvent les nouvelles cavités sont entièrement remplies de débris de roches minéralisées ou non ; souvent aussi les espaces vides entre les gros blocs détachés des murs n'ont pas été complètement remplis de matière minérale.

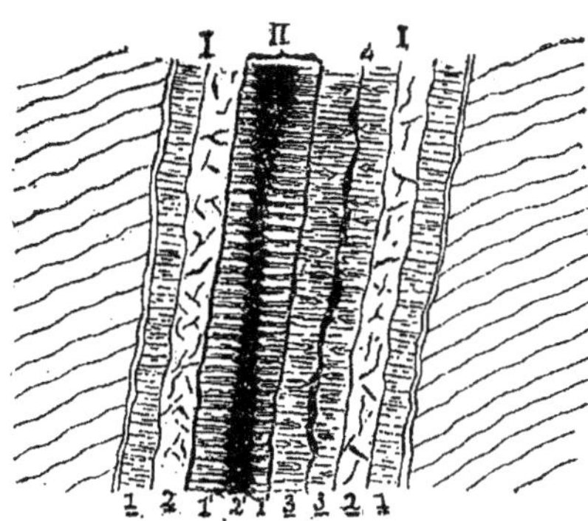

Fig. 119. — Réouverture et nouveau remplissage d'une veine métallifère.

I (1, 2 à gauche ; 1, 2, 3 à droite) : premier remplissage ;
II (1', 2') : deuxième remplissage.

Dans ces cavités ou *druses*, on trouve souvent des minéraux cristallisés et des stalactites.

Affleurement des veines. — La ligne suivant laquelle une veine est visible à la surface est la *ligne d'affleurement*. Quand une veine est composée d'éléments plus résistants que la roche qu'elle traverse, elle forme à la surface du sol une saillie que les mineurs anglais appellent souvent *reef* ; c'est, par exemple, le cas des veines quartzeuses. Si, au contraire, la veine est moins résistante que la roche voisine, son affleurement se révèle par une dépression.

Les veines sont d'ailleurs souvent cachées sous des dépôts superficiels. Elles peuvent aussi ne pas atteindre la surface, soit qu'elles finissent dans des fissures non-baillantes, soit qu'elles soient recouvertes par des formations ultérieures ; c'est pourquoi il est probable qu'il existe beaucoup de veines inconnues, en particulier dans les régions très disloquées.

Les veines peuvent traverser les roches de tous âges, paléozoïques, mésozoïques et cénozoïques ; mais elles sont de moins en moins fréquentes au fur et à mesure qu'on a affaire à des terrains plus jeunes. Elles sont généralement associées aux roches métamorphiques et éruptives.

Chapeaux de fer. — Une veine se montre généralement plus ou moins altérée à son point d'affleurement ; elle est brune, rouge ou jaune à cause de la présence de matière ferrugineuse. Ces portions altérées sont appelées *chapeaux de fer*. Quelquefois elles s'étendent à une profondeur de plusieurs mètres ; mais généralement elles ne descendent pas beaucoup au-dessous du niveau hydrostatique de la région. Les métaux natifs, or, argent, cuivre, les carbonates, les sulfates, les phosphates et les autres composés métalliques s'y trouvent généralement en abondance ; ce sont les produits de décomposition des minerais de la veine.

L'action de l'eau peut produire la concentration de produits secondaires, oxydes et sulfures, et déterminer un enrichissement qui peut s'étendre jusqu'à plus de 200 mètres de la surface.

C'est là la raison pour laquelle les chapeaux de fer des gisements d'or et d'argent sont généralement plus riches que les portions sous-jacentes inaltérées.

On ne peut donc, de la richesse du chapeau de fer, déduire la richesse de la veine.

Variations du remplissage des filons en profondeur. — Quand on suit une veine à une certaine profondeur, on observe des variations dans la nature de son remplissage ; ces variations sont de deux sortes :

1º variations originaires datant du remplissage ;

2º variations, postérieures au remplissage, localisées à une faible distance de la surface actuelle et en général au-dessus du niveau hydrostatique de la région (variations secondaires).

Les *variations secondaires* résultent du remaniement exercé par les eaux atmosphériques, notamment par les eaux oxydantes.

L'affleurement du filon étant exposé aux agents atmosphériques a généralement une composition toute différente du reste ; cet affleurement constitue, comme il a été dit, le *cha-*

peau de fer (*Eisenhut* des Allemands, *Gossan* des Anglais).

Au-dessous existe une zone altérée par la circulation des eaux superficielles où abondent les produits oxydés (carbonates, phosphates, etc.).

Enfin, au-dessous, on ne trouve guère que des sulfures.

[Ainsi dans les gîtes cuprifères, on rencontre à partir de la surface :

1. — Des minerais oxydés ou carbonatés, parfois des chlorures, souvent accompagnés d'argiles ferrugineuses ;
2. — Cuivre gris (argentifère) ; chalkosine (Cu_2S) ; cuivre natif ;
3. — Cuivre panaché ou érubescite (Fe_2S_3, $3Cu_2S$) ;
4. — Chalcopyrite (Cu_2S, Fe_2S_3) ;
5. — Pyrite de fer cuivreuse ;
6. — Pyrite de fer.

Dans les gîtes de zinc et de plomb, la transformation consiste en une transformation des sulfures en carbonates, sulfates, phosphates. Quand la galène (PbS) est argentifère, sa transformation en carbonate (cérusite) a souvent amené une dissolution partielle de l'argent inclus, de sorte que les carbonates de plomb superficiels sont plus pauvres en argent que les sulfures de la profondeur.

Dans les filons d'argent, l'ordre de succession est souvent :

1. — Argent natif avec chapeau de fer et de manganèse au milieu d'un quartz carié ;
2. — Bromures, chlorures avec un peu d'argent natif ;
3. — Argent sulfuré ou argyrose (Ag_2S) ; stibine (Sb_2S_3), formant une zone de richesse maxima.
 Ces minerais riches deviennent plus rares et sont remplacés par des minéraux suivants :
4. — Argents noirs (polybasite et psaturose) ;
 Argents rouges (argyrithrose, proustite) ;
5. — Blende cuivreuse ;
6. — Le remplissage en profondeur devient vers 500° un mélange pauvre de blende, de pyrite et de quartz].

Les *variations originaires*, datant du remplissage sont purement théoriques ; elles ne s'observent que rarement en affleurement ; c'est qu'en effet les veines ne présentent plus en surface leurs caractères originels ; car leur partie supérieure a été dénudée en même temps que la surface du sol ; de la sorte on voit maintenant des portions de la veine qui constituaient primitivement des parties plus ou moins profondes.

Associations minérales dans les veines. — [Les espèces minérales ne se présentent pas à l'état isolé, elles ont les unes pour les autres des sympathies, des *relations paragénétiques*, prouvant que certaines lois ont présidé à leur naissance.

Aussi on trouve généralement associés les minerais de fer et de manganèse, la galène et la blende, les minerais de cobalt et de bismuth ; ceux de cobalt et de nickel, les sulfures de cuivre (bornite et chalcopyrite) avec la pyrite de fer, la bismuthine (Bi_2S_3) et le chalcopyrite. Il est fréquent de trouver dans une même association métallifère de la fluorine, de la topaze, de la molybdénite (MoS_2), du wolfram ($[Fe,Mn]\,WO_4$), de la cassitérite (SnO_2).

Le tableau suivant donne les plus typiques et les plus fréquentes de ces associations :

Galène. Blende. . .	Pyrite de fer, quartz, calcite, barytine fluorine.
Pyrite de cuivre .	Pyrite de fer, galène, blende, quartz, calcite, barytine.
Or.	Pyrite, mispickel (blende, galène, pyrite de cuivre). Quartz, calcite.
Or miocène . . .	Tellurure, cuivre gris.
Cassitérite . . .	Pyrite, mispickel, wolfram, molybdénite. Quartz, topaze, tourmaline, mica blanc, émeraude, zircon.
Magnétite . . .	Fer chromé, platine, amphibole, pyroxène, chlorite.
Diamant. . . .	Magnétite, oligiste, martite, fer titané, pyrite, quartz, rutile, zircon, topaze, tourmaline, spinelles.
Cinabre	Pyrite de fer, cuivre gris. Quartz, calcite, barytine].

Variations du remplissage en direction. — Les variations en direction dépendent le plus souvent de l'influence mécanique ou chimique des terrains encaissants.

Ainsi une roche relativement dure, poreuse, très fracturée, sera plus facilement traversée par les solutions minéralisées qu'une roche tendre, imperméable, dans laquelle les diaclases et les failles sont susceptibles de se fermer plus ou moins complètement.

D'autre part, certaines roches, comme les calcaires, sont plus ou moins dissoutes par les eaux calcaires et il se forme ainsi de grandes cavités où peuvent se déposer des minerais comme la galène et l'hématite.

Très souvent aussi les masses de minerais qui se trouvent dans les calcaires sont dues à un remplacement, à une *métasomatose* de la roche primitive à la suite d'une réaction chimique entre la solution métallifère et la roche voisine. Si cette dernière contient des matières charbonneuses, la matière minérale, primitivement à l'état de sulfate par exemple, se déposera à l'état de sulfures. Sa précipitation se fera au point où se rencontreront des courants souterrains, de température et de nature différentes. Dans le cas de courants ascendants, la diminution de la température et de la pression ont joué un rôle dominant dans le dépôt des substances en solution.

Quelquefois enfin, le métal change de nature indépendamment de la nature des épontes.

Ainsi dans le sud du Mexique, il existe un filon ayant de la galène à une extrémité et à l'autre du cuivre gris (sulfo-antimoniures et sulfoarséniures de cuivre quelquefois argentifères).

Parois des filons. — Les murs des filons sont, comme il a été dit (p. 210), quelquefois polis et striés (*miroirs de filons*). Ce fait est dû à ce qu'il y a eu un glissement des deux parois l'une par rapport à l'autre.

On y trouve fréquemment des pierres arrachées aux parois et striées. On peut quelquefois démontrer que ces fragments ont été striés *in situ*, avant d'être arrachés à la paroi et dans d'autres cas qu'ils l'ont été après.

Les murs de la veine sont souvent plus ou moins décomposés, sur une largeur variable, depuis quelques centimètres jusqu'à plusieurs mètres.

D'autres fois, ils ont été durcis par des infiltrations de silice.

Il arrive parfois que les filons, suivis en profondeur, ne montrent qu'une seule paroi, généralement le mur. A la place d'un toit bien défini, on a une grande épaisseur de roches plus ou moins brisées, les fissures qui séparent les blocs ont été soudées par du minerai et de la gangue (fig. 107, p. 285). Dans d'autres cas, les parois peuvent être masquées par le passage graduel de la gangue et du minerai à la roche encaissante.

Dans d'autres cas encore, il n'y a aucune paroi définie ; on dit alors qu'on a affaire à une *imprégnation*.

En règle générale, quand la fissure occupée par une veine est une faille normale, il y a une ou deux parois bien définies. Les roches du côté le plus bas (mur) d'une telle faille sont souvent brisées, tandis que celles du côté le plus haut (toit) ne le sont généralement pas. Quand cette faille est ensuite occupée par du minerai, c'est plutôt le toit que le mur qui tend à être mal défini.

Quand une veine ne possède aucun mur défini, c'est généralement que la fissure originelle est une diaclase plutôt qu'une vraie faille.

Les minerais et gangues d'une veine envahissent souvent les roches avoisinantes, non seulement en imprégnation, mais aussi en y formant de petits lits et veines secondaires, que l'on peut considérer comme de simples extensions de la veine. Elles pénètrent quelquefois, le long des plans de stratification et de clivage, etc. Dans d'autres cas, elles suivent visiblement les craquelures et les diaclases secondaires qui accompagnent si souvent les failles.

Stockwerks. — Une masse rocheuse quelconque peut être très disloquée et traversée par tout un réseau de fissures et de

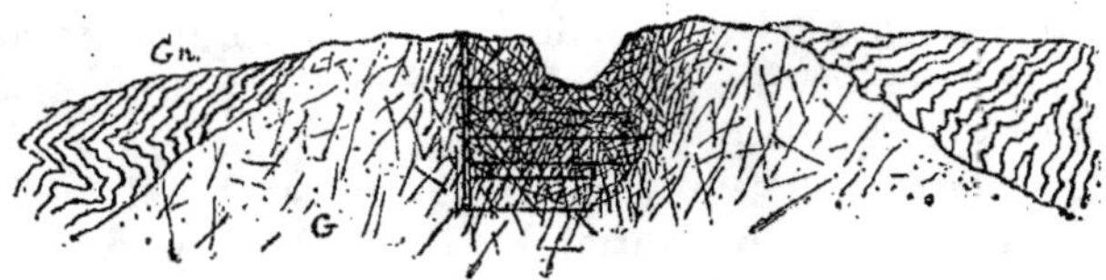

Fig. 120. — Stockwerk.

Gn. — Gneiss, etc.
G. — Granite.

diaclases qui ont été remplies par de la matière minérale introduite après coup.

Souvent des masses rocheuses fissurées ont été pénétrées par des solutions minéralisées sur une telle épaisseur que la roche peut être exploitée par des galeries successives dont l'ensemble a reçu en allemand le nom de *stockwerk* (fig. 120).

Les nombreuses petites veinules de minerais qui constituent un stockwerk s'intercalent d'une façon souvent très confuse ; mais l'ensemble de ces veinules tend parfois à traverser la roche dans une direction plus ou moins définie.

De plus, la richesse d'un stockwerk est souvent augmentée par l'imprégnation de la roche elle-même.

Résumé sur les fissures minéralisées. — Une veine peut donc présenter des caractères différents suivant les points, et être massive, zonée ou brecciée ; elle peut s'élargir s'amincir irrégulièrement ou même se pincer. Elle peut être accompagnée par des veines parallèles, indépendantes. Les veines peuvent aussi se subdiviser en un lacis de veinules.

Les deux parois peuvent être bien définies ; l'une d'elles, généralement le toit, peut être indistincte à cause des nombreuses fissures de la roche ou par suite de la dissémination du minéral à travers les cavités de la roche avoisinante, ou à cause du remplacement métasomatique de cette dernière. La dissémination et le remplacement peuvent même oblitérer les deux parois.

D'autre part, beaucoup de veines sont très régulières entre deux murs définis, ayant la même structure sur tout leur parcours et variant comme largeur et contenu.

Enfin les veines minéralisées peuvent former un réseau de veinules entrecroisées, occupant toutes les craquelures d'une roche très divisée (*stockwerk*).

GITES PSEUDO-STRATIFIÉS

Ce sont des couches de minerais, interstratifiés dans des roches sédimentaires plus ou moins métamorphisées, dans lesquelles elles envoient des veines.

Ces formations ne doivent pas être confondues avec les lits qui sont associés avec des masses ou avec des veines ; car

elles ne sont pas en connexion avec de véritables veines. Leur
origine est obscure ; elles occupent souvent des vides ou des
cavités formées pendant le plissement et le métamorphisme ;
les roches, où elles se trouvent, plongent généralement sous
un angle assez considérable et sont plus ou moins altérées.
La gangue y est fréquemment du quartz avec divers sulfures

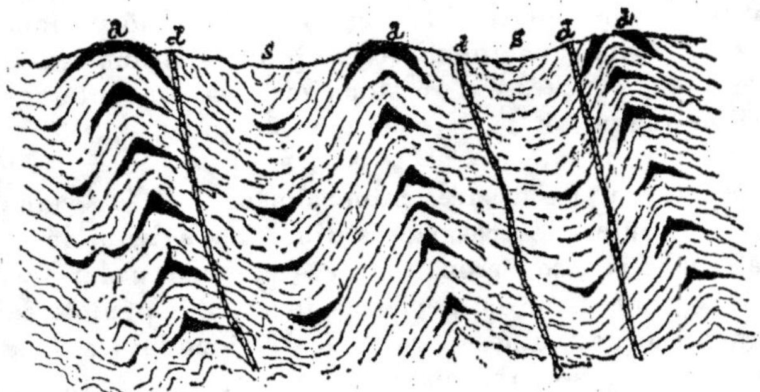

Fig. 121. — Coupe schématique, montrant la structure générale
du « Saddle-Reef ».

> *a.* — Anticlinaux ;
> *s.* — Synclinaux ;
> *d.* — Dykes.

La roche encaissante est constituée par des argiles ou des grès altérés
formant des synclinaux ou des anticlinaux aigus. Le plissement aigu de
ces roches a déterminé des espaces lenticulaires qui se trouvent entre les
lits adjacents sur les axes des anticlinaux et des synclinaux. Ces espaces
ont été ultérieurement remplis par du quartz et forment ainsi des gisements en *selles*.

Chaque reef est plus épais le long de la ligne médiane de l'axe, le reef
anticlinal se courbant vers le bas, le reef synclinal vers le haut. Il semble
y avoir une succession de reefs l'un au-dessus de l'autre, à intervalles
plus ou moins grands. Les reefs anticlinaux sont en général moins fréquents et moins développés que les reefs synclinaux.

Des dykes de dolérite leur sont associées à Bendigo. Ces reefs contiennent de l'or et des sulfures aurifères en petits grains, ainsi que des
fragments angulaires de la roche voisine.

métalliques. Ces formations sont souvent très étendues et
simulent de véritables filons ; mais, lorsqu'on étudie leur
extension latérale et verticale, on constate qu'elles sont plus
ou moins lenticulaires et interrompues. Le *saddle-reef* du
Bendigo (Victoria, en Australie) en est un bon exemple
(fig. 121).

La fameuse veine argentifère de Broken Hill (Nouvelle-Galles du Sud) est, suivant Pitman, un autre exemple d'un reef ou selle. C'est une colline basse, composée de schistes variés, formant un anticlinal dont l'axe coïncide avec le sommet de la colline. Avant son exploitation, il s'étendait sur près de 2 kilomètres ; il est maintenant presque complètement exploité ; l'exploitation a une largeur de 10 à 30 mètres. Le minerai est composé surtout de limonite massive, manganésifère, contenant un certain pourcentage d'argent et de plomb. De nombreuses cavités (*druses*) se trouvent dans cette masse et contiennent des cristaux de carbonate de plomb (cérusite), de chlorures, iodure et chloro-bromures d'argent, des stalactites de manganèse. Sous le *chapeau de fer* se trouve une zone de minerais oxydés et de l'argent natif en proportion variable mais souvent assez élevée.

Dans de tels cas, on doit penser que les solutions métallifères ascendantes ont été introduites graduellement, leur dépôt se formant en même temps que la cavité.

Il faut ajouter que des intrusions de granite et de diorite traversent les schistes associés à ces veines argentifères.

Les formations métallifères, décrites ici comme *veines stratifiées* ne sont d'ailleurs pas toujours aussi nettes que dans les exemples ci-dessus.

Souvent les lits de minerais disparaissent graduellement entre les lits qui leur servent de toit et de mur. Dans beaucoup de cas, les lits *stratifiés* ou *pseudostratifiés* sont plutôt des schistes qui sont si imprégnés de minerai que l'on peut les exploiter avantageusement.

Quelques-uns de ces minerais pseudostratifiés, associés aux schistes cristallins sont peut-être d'origine syngénétique et leur caractère originel aurait été masqué par des modifications ultérieures, dues à des actions épigénétiques.

Parmi les minerais pseudostratifiés qui se trouvent dans les schistes, il y a à la fois des oxydes et des sulfures ; mais ce sont surtout des sulfures : blende, galène, pyrite de fer, chalcopyrite. Leur origine précise est obscure.

Dans certains cas, ils sont dus à une action métasomatique et remplacent des lits préexistants.

Beaucoup sont de véritables imprégnations et disséminations

effectuées probablement au moment du métamorphisme ;
d'autres paraissent avoir été introduits ultérieurement.

GITES DE SUBSTITUTION

Ils se trouvent surtout dans les calcaires. Ils y occupent
quelquefois des cavités souterraines qui sont les cours abandonnés des eaux souterraines et les remplissent en tout ou en
partie.

Dans d'autres cas, ils semblent être le résultat d'un remplacement métasomatique ; les roches avoisinantes ont été
transformées en minerai par le remplacement chimique plus
ou moins complet de leurs éléments.

Minerais remplissant des cavités.— Les dépôts de *limonite*,
qu'on rencontre fréquemment dans les calcaires mésozoïques
de l'Europe centrale (fig. 122) en sont un bon exemple. C'est

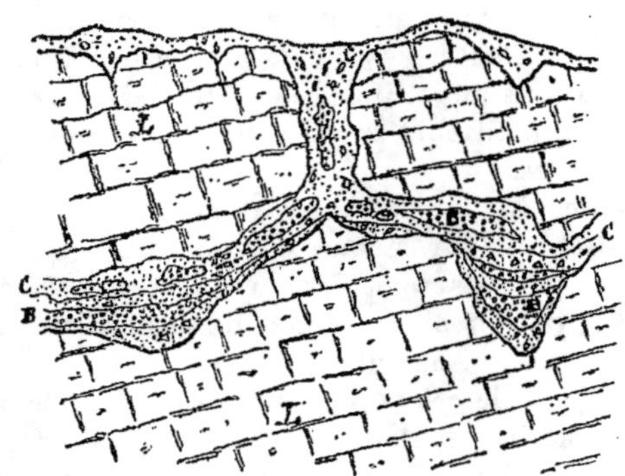

Fig. 122. — Schéma montrant la structure d'un gisement
de limonite.

B. — Limonite.
C. — Terre rouge.
L. — Calcaire.

une limonite oolithique ou pisolithique dont les grains sphériques varient depuis la grosseur d'un grain jusqu'à celle
d'une noisette et montrent souvent une structure concentrique

radiaire. Le minerai est souvent chargé d'impuretés (argiles, sables, etc.) et contient fréquemment des fossiles tertiaires (dents et os de mammifères, plantes). Souvent la formation semble être un dépôt de source ; accidentellement le minerai peut affecter la forme de fragments roulés par l'eau, associés à d'autres matériaux sédimentaires ; ceux-ci dérivent probablement d'une formation préexistante qui a été détruite.

On a assigné une origine analogue à des masses de galène et de blende dans des calcaires.

Les fissures, les diaclases et même les plans de stratification du calcaire dans le voisinage sont souvent chargés de minerai (fig. 123) ; mais les masses minérales en question n'ont pas toutes occupé des cavités préexistantes ; beaucoup d'entre elles sont dues à un remplacement métasomatique.

Minerais dus à un remplacement métasomatique. — Le calcaire est souvent, en effet, remplacé par des minerais de fer, de plomb, de zinc, d'argent. Certaines hématites, des calcaires carbonifères de Cumberland, sont nettement dus à cette cause (fig. 124).

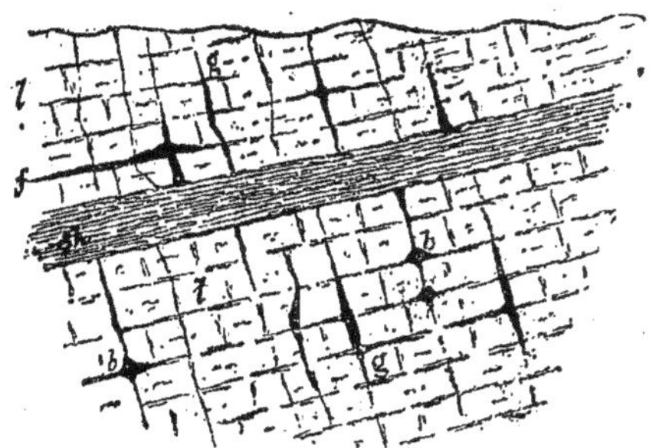

Fig. 123. — Veines métallifères dans un calcaire.

l. — Calcaire.
sh. — Argiles.
b. — Poches de minerai.
f. — Couches de minerai.
g. — Filons verticaux de minerai.

Des phénomènes analogues s'observent dans des calcaires et dolomies d'âges divers. Ainsi en Carinthie, les calcaires sont transformés, par métasomatose, en minerais de zinc. En Nevada, Utah et autres régions de l'Amérique du Nord, certains calcaires sont transformés en minerais d'argent.

Minerais dus à une imprégnation. — Les imprégnations sont très fréquentes au mur de certaines veines dans les roches des *stockwerks*. Dans ce cas, le minerai est disséminé et occupe

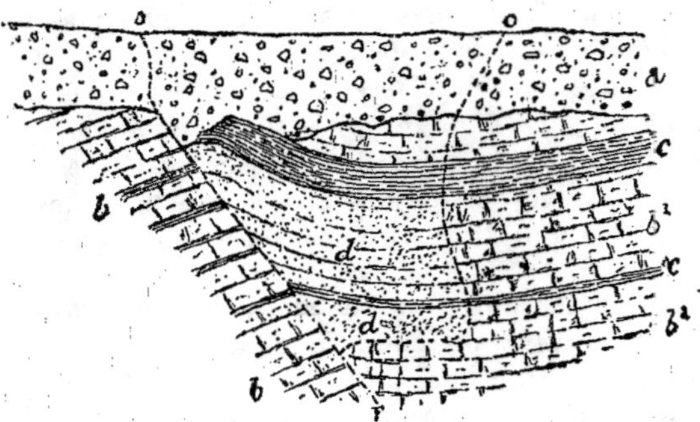

Fig. 124. — Remplacement métasomatique de calcaire par de l'hématite
(d'après Kendall).

> *a*. — Argile à blocaux ;
> *b*. — Calcaires ;
> *b*¹. — Calcaires siliceux ;
> *c*. — Argile ;
> *d*. — Hématite remplaçant les calcaires ;
> *F*. — Faille ;
> *o*. — Limites de l'exploitation.

Le remplacement du calcaire par de l'hématite est très visible ; en effet, les parties argileuses et les lits qui traversent l'hématite sont la continuation des lits analogues qui se trouvent dans le calcaire. Les calcaires ont été transformés en minerais. Au contraire, les argiles, sur lesquels aucune réaction chimique n'est possible, sont restées inaltérées.

Il y a d'ailleurs passage insensible de l'hématite au calcaire et les fossiles caractéristiques du calcaire sont souvent transformés totalement ou partiellement en minerai de fer.

les pores et interstices préexistants ; il peut aussi être dû partiellement à des remplacements par métasomatose.

Par exemple, dans un granite imprégné par de l'étain, on trouve souvent le minerai non seulement occupant les petites

20

fissures de la roche, mais encore remplaçant le feldspath en gardant les formes de celui-ci.

Il y a d'ailleurs constamment passage d'un type de formation épigénétique à un autre, de sorte qu'il est impossible d'y distinguer des groupes naturels, bien tranchés.

Gîtes stratifiés. — Les minerais sont quelquefois disséminés à travers la roche et il est visible qu'ils ne sont pas des éléments originels, mais qu'ils ont été introduits ultérieurement ; car ils occupent les pores, les interstices et les cavités de la roche.

Certains grès cuivreux et conglomérats sont de ce type. Le

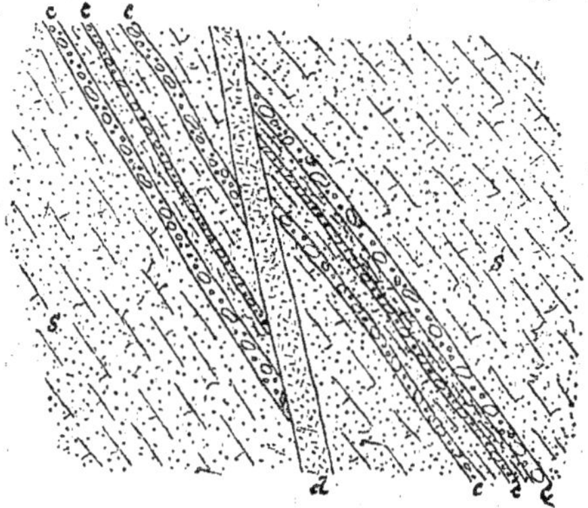

Fig. 125. — Faille renversée dans les roches aurifères de Johannesburg
(d'après Schmeisser).

S. — Grès ;
c. — Conglomérats aurifères (ou *reef*) ;
d. — Dyke dans une faille.

carbonate de cuivre vert (malachite), et sa variété bleue (azurite) sont alors disséminés dans le ciment de la roche, dont les grains sont revêtus de minerai. De petites quantités de minerais de plomb, manganèse, fer et cobalt se trouvent souvent dans les mêmes grès.

Les meilleurs exemples de telles disséminations sont les conglomérats aurifères du Rand, au Transvaal. Les strates de grès et de conglomérats aurifères, à Witwatersrand, plongent sous un angle de 60° à 80° et l'inclinaison diminue quand on suit les lits en profondeur. L'or se trouve surtout dans les matériaux siliceux cimentant le conglomérat ; il y forme des grains cristallins à bords aigus qui sont très nets sous le microscope. Il diffère ainsi de l'or des placers qui ne montrent aucune forme cristalline. Beaucoup de minéraux secondaires lui sont associés : pyrite, marcassite, chlorite, talc, séricite, etc. Les couches ne contiennent pas de fossiles ; elles se sont probablement accumulées dans un lac et elles ont été ultérieurement comprimées, fracturées et faillées ; soit à ce moment, soit à une époque ultérieure, elles furent traversées par des dykes de diverses roches éruptives (fig. 125).

En même temps, des solutions siliceuses et métallifères pénétraient les strates, passant plus rapidement à travers les conglomérats qu'à travers les grès à grain fin. C'est donc au milieu des conglomérats que l'or et les minéraux cristallisés se trouvent en plus grande abondance. Il est cependant intéressant de noter que l'or est confiné à certains lits du conglomérat, ce qui peut s'expliquer par la présence ou l'absence d'agents réducteurs dans ces lits. L'association fréquente d'or et de pyrite prouve que les sulfures et les matières carbonées, abondantes dans les portions riches en or du conglomérat peuvent avoir joué comme agent réducteur un rôle important.

A Keeweenaw Point (lac Supérieur) se trouvent des roches ignées décomposées (mélaphyres) avec des conglomérats interstratifiés. Le cuivre natif se rencontre à la fois dans les conglomérats et dans les roches ignées qui sont d'anciennes laves. Les éléments du conglomérat sont encroûtés de cuivre, tandis que les cavités amygdaloïdes des roches éruptives anciennes sont fréquemment tapissées et quelquefois complètement remplies de ce même métal. Le cuivre se trouve aussi dans les diaclases et les fissures traversant la roche. On se trouve donc en présence de deux sortes de formations de minerais : dissémination et fractures minéralisées, ayant sans doute la même origine et s'étant formées à la même époque.

Le cuivre est souvent inclus dans les zéolithes ou bien il les
inclut lui-même. Ce fait montre qu'il a été introduit en solution aqueuse. Toute la série après avoir été fissurée et faillée a
subi l'action d'eaux chaudes et froides qui l'ont fortement
altérée et qui ont probablement transporté le cuivre des
roches ignées où il se trouvait primitivement dans les
endroits où on le rencontre maintenant.

Minerais de cuivre de Thuringe. — Les fameuses couches
de cuivre de Mansfeld en Thuringe exploitées depuis plusieurs siècles, appartiennent à une classe de minerais qui ont
été quelquefois considérés comme formant transition entre les
formations épigénétiques et les formations syngénétiques. Le
kupferschiefer (couche de cuivre) est une des subdivisions
du Permien en Allemagne. La succession des dépôts en Thuringe est la suivante :

5. Bunter (grès, etc.).
4. Lechstein (dolomie avec roches salifères).
3. Kupferschiefer (schistes ou argiles cuivreuses).
2. Weissliegendes (grès mince blanc).
1. Rothliegendes (grès rouge et conglomérat).

Les minerais se rencontrent souvent dans le kupferschiefer,
et surtout à sa partie inférieure, ils y sont généralement disséminés en grains fins ou en lits. Cette dissémination est à la
fois si abondante et si fine que la cassure de la roche a au
soleil un reflet métallique. Les minerais les plus abondants
sont les sulfures de cuivre ; ils sont associés à des minerais
d'argent, de zinc, de plomb, de nickel, d'argent et d'or, de
cobalt, de fer, etc. ; ceux-ci sont surtout à l'état de sulfures
et de composés oxygénés.

La couche de schiste est noire et bitumineuse ; elle n'a pas
moins de 0 m. 60 d'épaisseur et elle est si dure qu'elle
résonne sous le marteau. Elle est souvent criblée de restes
de poissons, de conifères (rameaux, cônes, feuilles); les fossiles sont incrustés de minerais ou remplacés par eux. La
présence de Brachiopodes (*Lingula*) indique une origine
marine ; et tout le caractère des couches suggère un dépôt
fait dans une mer continentale ou dans un lac salé.

L'origine du minerai a été très discutée ; on a pensé qu'elle était syngénétique, c'est-à-dire due à une précipitation chimique contemporaine du dépôt. Pendant la formation des argiles, l'eau serait devenue habitable à certains moments et aurait été habitée par des poissons ; ceux-ci, plus tard, auraient été empoisonnés par un afflux important d'eau chargée de sels de cuivre. Il est certain que les poissons fossiles de la couche de cuivre se trouvent souvent dans une attitude contournée comme s'ils avaient été surpris subitement. Mais on connaît des faits analogues dans des dépôts qui ne contiennent pas de minerais.

Dans le vieux grès rouge de Dura Den, par exemple, les masses entières de certains lits sont couvertes de poissons ganoïdes, couchés dans toutes les positions et souvent dans des attitudes convulsives.

Il en est de même dans les fameux calcaires lithographiques de Solenhofen, dans les dépôts tertiaires de Mont Bolca et même dans des marnes d'Angleterre qui sont au même niveau géologique que les couches cuivreuses du Mansfeld, mais qui ne contiennent pas de minerai de cuivre.

On sait, d'autre part, que la descente subite à la mer d'une grande quantité d'eau douce amène souvent la destruction totale des poissons. Ainsi en janvier 1857, une immense masse d'eau douce, descendant souterrainement se déchargea soudainement sur le fond de la mer, au large de la côte de Floride ; la salinité de la mer en fut diminuée et l'on vit flotter à la surface de l'eau des myriades de poissons morts.

Des tremblements de terre ont pu produire le même phénomène ; pendant celui qui ébranla les Indes de 1897, de nombreux poissons furent tués comme par l'explosion d'une cartouche de dynamite et pendant plusieurs jours la rivière Sumesari transporta leurs cadavres.

L'abondance des poissons dans les couches cuprifères du Mansfeld ne peut donc être considérée comme une preuve de leur empoisonnement par des sels métalliques. Il est plus probable que l'introduction des minerais où ils se trouvent est postérieure au dépôt des couches, qu'elle est épigénétique. De plus, il faut noter que ces formations cuivreuses ne sont pas limitées aux schistes bitumineux ; on les trouve aussi

dans les nombreuses fissures du Leschstein, étage immédiatement supérieur.

D'autre part, il faut observer que, dans les schistes cuprifères, la teneur augmente à l'approche de ces fissures et il
est remarquable que le Permien du monde entier montre fréquemment des imprégnations de minerai de cuivre. Vers
la fin de cette époque, les mouvements de la croûte semblent
avoir affecté de grandes étendues, en même temps que régnait
une grande activité volcanique. Il est donc possible que pendant ces périodes d'activité souterraine, les strates aient été
traversées par des solutions contenant du cuivre et s'élevant
de la profondeur.

GITES DE CONTACT

Ils peuvent se présenter en petits lits, en masses irrégulières
ou en veines ramifiées; ils se trouvent généralement au contact
ou près du contact des masses de roches ignées.

Ils sont constitués (fig. 126) par des oxydes de fer et des sul-

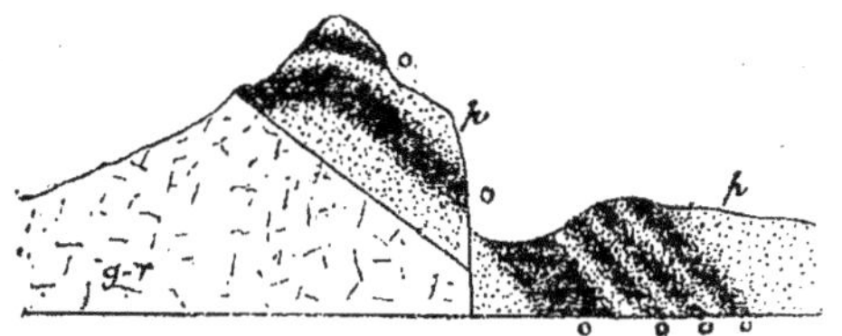

Fig. 126. — Minerais de contact, à Goroblagodat (Oural)
d'après Tschernyscheff (1).

g-r. — Roche à grenats ;
p. — Porphyre ;
o. — Minerai de fer magnétique.

fures, fréquemment par des minerais de cuivre, de plomb, de
zinc, d'étain, d'arsenic, d'antimoine et de mercure, en quelques cas d'argent et d'or. Ils peuvent se trouver au contact

(1) Très récemment encore, le minerai de fer de Goroblagodat était considéré comme un exemple de ségrégation magmatique, d'après la coupe
de Tschernyscheff. On pense maintenant qu'il est d'origine épigénétique.

ou près du contact, surtout quand la roche au voisinage de la masse ignée est très broyée ou disloquée.

On peut les rencontrer à la surface jusqu'à plus d'un kilomètre d'un batholithe ; mais ils ne semblent jamais dépasser la zone de roches altérées et métamorphisées qui l'entoure.

Ces gîtes s'observent dans toutes sortes de roches et sont fréquemment accompagnés de minéraux de contact.

Les veines de cassitérite se trouvent ainsi en relation génétique avec les batholithes de roches acides ignées ; les veines d'apatite sont associées aux masses de gabbro.

Ces veines semblent provenir des masses ignées encore liquides ou incomplètement solidifiées, transportées dans les roches avoisinantes. Elles seraient dues au métamorphisme du contact.

Vogt pense que beaucoup de formations minérales dans le voisinage des roches éruptives ont la même origine et que la formation de ces dépôts est due à une action pneumatolithique, succédant aux intrusions éruptives. Les veines les plus jeunes d'or et d'argent, comme celles qu'on trouve le long des Karpathes et en beaucoup d'endroits, dans le Colorado, l'Utah, en Nevada, Californie, Mexique, Pérou, Bolivie, Nouvelle-Zélande et au Japon, sont intimement associées aux éruptions récentes de roches ignées.

Ces dépôts sont en relation avec la dernière ou avec une des dernières époques d'activité volcanique de la région où ils se trouvent. Des sources chaudes, solfatares, etc., s'observent fréquemment dans leur voisinage ; même quand il n'y en a pas, les roches avoisinantes sont toujours plus ou moins altérées comme si elles avaient été soumises à l'action des eaux chaudes ou de vapeurs. On attribue une origine similaire aux anciennes veines de plomb argentifère du Erzgebirge, du Harz, de Kongsberg en Norvège, de Przibram en Bohême, et au vieux quartz aurifère de la veine Mother, en Californie.

Le minerai de Sarawak est, d'après M. J. Geikie, une véritable formation de contact. Il renferme des minerais de fer, d'antimoine, d'arsenic, de zinc, de plomb, de mercure, d'or et d'arsenic natif. La région où il se trouve est constituée principalement par des calcaires mésozoïques et des argiles, souvent très bouleversés et saturés de silice. De nombreux dykes et filons-couches de porphyre quartzifère traversent ces roches ; ils proviennent probablement d'un batholithe caché de granite. A quelques kilomètres des mines, le granite vient à la surface et forme des collines considérables. Les minerais ne se présentent pas sous la forme de vraies veines ; mais ils constituent des imprégnations et des disséminations dans les argiles, des masses irrégulières dans les calcaires. Les dykes ont souvent une faible teneur en or.

THÉORIE SUR LA FORMATION DES GITES MÉTALLIFÈRES

On a émis sur la formation des gîtes métallifères de nombreuses théories dont aucune ne paraît définitive, mais dont chacune contient sans doute une part de vérité.

Théorie de la sécrétion latérale.— On a vu que les métaux natifs et les divers minerais sont souvent des éléments originaires des diverses roches ignées et qu'ils s'y trouvent même en quantité suffisante pour être exploités.

De plus, Sandberger a pu déceler des traces de métaux lourds dans beaucoup de minéraux. L'*olivine*, par exemple, a fourni du fer, du nickel, du cuivre et du cobalt. On a trouvé dans l'*augite* du fer, du cuivre et du cobalt, moins fréquemment du nickel, du plomb, de l'étain et du zinc, et accidentellement de l'antimoine et de l'arsenic ; dans la *hornblende*, du cuivre, de l'arsenic et du cobalt et souvent du plomb, de l'antimoine, de l'étain, du zinc, du bismuth ; les *micas* sont souvent spécialement riches en métaux lourds : étain, arsenic, cuivre, bismuth, uranium, plomb, zinc, argent, cobalt, nickel.

La proportion de métal dans chaque minéral est évidemment très faible ; mais le total contenu dans les différents minéraux peut être relativement considérable.

On a donc pu en conclure que les roches ignées sont les principales, sinon les seules sources, dont les métaux des formations épigénétiques soient *originellement* dérivés.

Le remplissage des filons proviendrait alors du lessivage des roches encaissantes. Ce lessivage aurait rendu ces roches encaissantes tendres et poreuses ; il les aurait blanchies et partiellement dissoutes. Aussi, quand les filons passent des roches tendres altérées dans les roches fraîches inaltérées, les minerais disparaissent-ils souvent et les filons sont-ils remplacés par des fentes stériles.

Cette hypothèse explique fort bien une remarque, faite depuis longtemps, que le contenu minéral d'une veine est fréquemment influencé par le caractère de la roche qu'elle traverse.

Ainsi dans le Cumberland les veines sont généralement riches quand elles traversent les calcaires, stériles quand elles traversent les schistes ; de même dans le Derbyshire les veines de plomb sont riches dans le calcaire, stériles dans les roches ignées plus ou moins décomposées ; si les minéraux étaient originellement diffus à travers ces roches, on conçoit que l'eau en circulation peut les avoir entraînés et redéposés dans les fissures.

De même la silice, le calcaire et la baryte, qui se trouvent dans les veines, peuvent dériver des minéraux constituants des roches ignées. On serait donc amené à penser que les éléments de nombreux minerais et de leur gangue viennent de la décomposition de ces roches. Sandberger essaya de prouver cette hypothèse par l'étude des roches de la Forêt-Noire : ainsi, lorsque le mica du gneiss contient de faibles proportions de cuivre, cobalt, arsenic, bismuth, les veines contiennent de la smaltine (arsenic de cobalt) et divers minerais de cuivre. Dans d'autres cas, où les micas contiennent de l'argent, de l'arsenic, du bismuth, du cobalt, du nickel et pas de cuivre, les veines contiennent des minerais arsénicaux, de l'argent, du cobalt, du nickel et pas de cuivre.

L'origine primaire des éléments métalliques des silicates analysés par Sandberger est d'ailleurs douteuse et beaucoup d'auteurs les considèrent comme introduits ultérieurement.

Aussi a-t-on fait à cette hypothèse de nombreuses objections. Si le contenu des veines dérivait de la sécrétion latérale des roches avoisinantes, il devrait dépendre de la nature de celles-ci dans une mesure beaucoup plus grande ; or, on peut citer de nombreux exemples où il n'y a aucune relation apparente entre les minerais et les roches qu'ils traversent. Plusieurs systèmes de veines, traversant une même région, peuvent contenir des minerais très différents. D'un autre côté, beaucoup de veines traversent des formations de toutes sortes, ignées, sédimentaires, schisteuses, sans que leur contenu en soit modifié.

Bien plus les minerais et les gangues peuvent être disposés en lits symétriques des deux côtés de la paroi d'une veine dont les murs consistent en roches tout à fait différentes, par exemple, schiste et grauwacke; grès et calcaire.

Théorie de la ségrégation. — Dans cette hypothèse, on admet que le minerai s'est séparé des roches voisines au moment de l'éruption et de la consolidation du magma fondu et qu'il est un élément constituant de la roche où il se trouve.

Les formations métallifères de contact ont, dans beaucoup de cas, cette origine ; elles consistent en matériaux qui ont été extraits du magma fondu et transporté dans la roche voisine par des vapeurs surchauffées ; elles pénètrent les roches en veines et en imprégnation ; elles sont épigénétiques, c'est-à-dire plus récentes que la roche qui les contient; il est possible qu'elles dérivent de la portion encore molle ou mal solidifiée de la masse ignée. Ces formations métallifères doivent probablement leur origine à l'action solfatarienne et appartiendraient donc à la même période d'action plutonique que les roches ignées où elles se trouvent.

Théorie du remplissage « per descensum ». — Des opérations physiques et chimiques ont amené la destruction des roches contenant des minerais. Ces minerais ont été repris et remaniés par les eaux et accumulés par elles dans les fissures ; ainsi se sont formés des dépôts sédimentaires et aqueux de diverses sortes. Ceux-ci ont été, à leur tour, soumis à des actions similaires et de nouvelles accumulations ont été bâties sur leurs ruines.

De plus, des quantités immenses de matériaux sont transportés en solution et ont formé des précipités chimiques là où les conditions étaient favorables.

Le processus de la désintégration et de la décomposition

des roches n'est d'ailleurs pas confiné à la surface de la terre ; mais il se produit à toutes les profondeurs où l'eau peut descendre. Les eaux descendant de la surface jouent souvent un double rôle : elles attaquent les roches, enlevant leurs matériaux solubles ; puis, devenues des solutions saturées, elles peuvent redéposer leur contenu dans les pores et espaces capillaires où elles filtrent.

Le pouvoir dissolvant de l'eau est démontré par les grandes quantités de matériaux apportés à la surface par les sources, par l'existence des cavités qui résultent dans les roches du départ de tous les minéraux solubles et par l'existence des formations minéralisées épigénétiques.

Théorie du remplissage « per ascensum ». — [Dans cette théorie, les matières de remplissage seraient arrivées des régions inférieures, soit à l'état de fusion ignée, soit à l'état gazeux, soit en dissolution dans des eaux minérales ; le remplissage a pu se faire de trois manières :

1º Par injection directe ;

2º Par sublimation ;

3º Par circulation d'eau minérale.

1º *Par injection directe.* — L'injection directe semble avoir été rarement réalisée. L'injection, postérieure à la fracture ou la déterminant, n'a pas créé de gîtes métallifères ayant conservé la structure primitive ; en effet, on ne trouve jamais, dans les filons, de roches fondues ou même de traces de fusion. De plus, les minerais associés, quartz, calcite, fluorine, gypse, formant la gangue caractéristique des filons, n'ont jamais été observés, à l'état naturel dans les filons ou, comme formation artificielle, dans les usines métallurgiques. Si un filon a pris naissance dans ces conditions, la vapeur d'eau n'y a pas été étrangère ; on rentre alors dans le troisième cas.

2º *Par sublimation.* — La sublimation a dû être beaucoup plus fréquente ; mais on ne connaît pas d'exemples qu'elle se soit faite par voie sèche.

3º *Par circulation d'eau minérale.* — Ce remplissage est très complexe. Les substances minérales ont pu venir des régions internes. Elles ont pu être totalement ou partiellement empruntées à la roche ; on a alors des gîtes, dus à la sécrétion latérale, bien différents des gîtes d'origine interne (gîtes d'émanation)].

Il n'est pas nécessaire de supposer que l'eau venant des profondeurs est d'origine météorique ; nous avons même des raisons de croire que l'eau de surface ne pénètre guère au delà de 700 mètres ; l'expérience montre qu'à cette profondeur les mines sont généralement sèches et poussiéreuses.

Quand, à cette profondeur, on rencontre des fissures dans les mines, elles renferment des eaux alcalines chaudes, qui peuvent être d'origine profonde : car toutes les roches ignées contiennent de grandes quantités de vapeur d'eau et de gaz.

Non seulement ces eaux, généralement alcalines, transportent des solutions minérales dérivées du magma fondu, mais, en montant, elles attaquent les roches. Elles passent à travers les fissures ouvertes de toute sorte et s'insinuent dans les crevasses les plus petites, les pores et les capillaires des roches. Ainsi les divers éléments des roches s'altèrent et des substances qui sont pratiquement insolubles à la surface sont entraînées. D'ailleurs ces solutions chaudes, non seulement traversent les fissures, mais pénétrent plus ou moins intimement les roches sous l'influence de la pression et y produisent les phénomènes de remplacement et de dissémination.

Montant de plus en plus haut, les eaux continuent à déposer des matières minérales parce que leur pouvoir dissolvant diminue, au fur et à mesure que la température et la pression diminuent.

Les minerais et leurs gangues ainsi formés ont pu être transportés à de grandes distances et par suite n'ont pas de relations génétiques avec la roche qui les encaisse des deux côtés de la veine. On s'explique ainsi qu'ils ne soient pas influencés par la nature des salbandes.

Résumé. — En réalité à cette action des eaux ascendantes, il faut ajouter celle des eaux descendantes qui tendent à dissoudre les minéraux des roches au voisinage de la surface et qui passent dans les fissures, se mélangent avec les eaux venant d'en bas et modifient la nature des dépôts minéraux.

Les deux théories de l'ascension et de la sécrétion latérale donnent chacune l'explication de tant de phénomènes que l'on doit les accepter toutes deux comme contenant une part de vérité.

D'ailleurs elles ne sont pas contradictoires et peuvent se compléter. On admet généralement que la majeure partie des formations métallifères, autres que celles d'origine sédimentaire et celles dues à la ségrégation magmatique et à l'action pneumatolytique, sont des dépôts d'eaux chaudes montant de la profondeur.

Il est probable que les métaux viennent, soit directement du magma fondu, soit de la ségrégation de diverses sortes de roches, à haute température et sous une grande pression ; ils se sont, par suite, formés à une grande profondeur et ils auraient été transportées vers la surface par des eaux ascendantes.

CHAPITRE XV

INFLUENCE DE LA STRUCTURE GÉOLOGIQUE SUR LA TOPOGRAPHIE

Montagnes. — Montagnes d'accumulation. Montagnes de plissement. Aplanissement d'une chaîne de montagnes. Changement du niveau de base. Montagnes de dislocation. Laccolithes. Érosion dans les montagnes d'origine tectonique. Montagnes subséquentes ou témoins. Escarpements.
Plaines et plateaux. — Plaines. Plaines d'accumulation. Plaines d'érosion. Plateaux. Plateaux d'accumulation. Plateaux d'érosion.
Vallées. — Vallées originelles ou tectoniques. Vallées construites. Vallées de dislocation. Vallées synclinales. Vallées subséquentes ou d'érosion. Rajeunissement d'un réseau hydrographique. Dépressions dues à des affaissements.
Lacs et bassins. — Bassins volcaniques. Bassins de dissolution. Bassins alluviaux. Bassins éoliens. Bassins d'éboulement. Bassins glaciaires.
Lignes de côtes.

On a vu précédemment quelle était l'importance de la dénudation et quel rôle important elle jouait dans la formation des traits topographiques. Ceux-ci dépendent, en effet, beaucoup du caractère lithologique et de la structure géologique des roches sous-jacentes.

Dans les régions qui ont été affectées par les dernières dislocations géologiques, il est certain que les traits principaux du sol sont le résultat direct de ces déformations. Certaines chaînes de montagnes sont simplement des flexures de la croûte terrestre, à peine remaniées par l'érosion.

Par contre, dans les pays où la déformation est de vieille date et où l'érosion a eu le temps de faire son œuvre, il y a rarement coïncidence entre la surface topographique du sol et la structure géologique du sous-sol ; tout au moins cette coïncidence n'est pas toujours directe et évidente.

MONTAGNES

On est ainsi amené à distinguer deux grandes classes de montagnes :

1° Les montagnes qui doivent leur origine au soulèvement des matériaux de la surface terrestre ou aux actions souterraines résultant de la déformation de la croûte terrestre (montagnes *originelles* ou *tectoniques*).

Dans ce groupe, on peut séparer :

a) Les montagnes, dues à des accumulations de matériaux ;

b) Les montagnes, dues à une déformation de la croûte.

2° Les montagnes qui sont simplement le résidu de pays plus anciens ; on peut les appeler *subséquentes* ou montagnes-témoins.

Montagnes d'accumulation. — Dans ce groupe, se rangent surtout les volcans.

Les volcans se trouvent, soit isolés, soit formant des groupes irréguliers ; ils sont souvent distribués le long des lignes de fracture. Leur taille est très variable ; tantôt ils forment de simples monticules, tantôt ils constituent de vastes cônes ; ils se rencontrent, soit dans des régions basses, soit sur les flancs ou sur la crête des chaînes de montagnes.

Leur structure est toujours essentiellement la même ; ils sont formés par l'accumulation de matériaux rejetés, matériaux fluides, puis ultérieurement consolidés, pierres meubles, poussières, cendres, etc. ; en général, on y trouve des couches successives, d'épaisseur variable, divergeant à partir du centre ou des centres des volcans.

Leur forme est variable suivant la nature des matériaux qui les composent. Ainsi un volcan qui rejette des laves très fluides, n'émet généralement pas beaucoup de matériaux meubles ; aussi a-t-il plutôt la forme d'un cône surbaissé ; en effet les laves liquides coulent et se répandent rapidement en dehors, et les matériaux meubles ne forment pas de grandes accumulations dans le voisinage du cratère.

Au contraire, les laves visqueuses ne coulent pas aussi rapidement ; elles tendent à se solidifier à une faible distance du point d'éruption et sont, de plus, accompagnées d'abondantes déjections de produits meubles ; le cône, qui en résultera, aura par suite des parois plus ou moins abruptes.

Aussi, dans le cas de volcans actifs, la forme extérieure traduit-elle la structure géologique ou interne.

Les volcans sont sujets à l'action des agents atmosphériques. Lorsqu'ils sont en activité, ils sont dégradés par la pluie et les torrents qui les découpent profondément ; aux époques d'éruption, ces ravages sont amplement compensés par l'arrivée de nouveaux matériaux émis par le volcan. Mais, lorsque l'activité volcanique cesse, la dégradation agit seule. L'action des agents atmosphériques est favorisée par l'inclinaison relativement forte de la surface et par la nature meuble des matériaux qui constituent les pentes ; il en résulte que les ravins s'approfondissent et s'élargissent rapidement ; les chutes de roches et les éboulis se multiplient ; ainsi minée dans toutes les directions, la montagne perd peu à peu son caractère originel et au bout d'une période plus ou moins prolongée, il ne reste plus que le noyau de roche ignée, le *neck*, qui s'était refroidi et consolidé dans la cheminée d'éruption.

Il arrive ainsi un moment où il n'y a plus aucun rapport entre la structure géologique et la configuration du sol.

Comme autres exemples de montagnes d'accumulation on peut citer les *dunes* dues à l'action du vent, les *moraines* dues à l'action des glaciers ; mais en réalité elles n'atteignent pas des dimensions (1) qui permettent de leur appliquer le mot de montagne.

Le mot *montagne* est d'ailleurs plutôt un mot populaire qu'un terme scientifique et il n'est pas susceptible d'une définition et d'une délimitation précise.

Montagnes de plissement. — Ce type est de beaucoup le plus important. Il est celui de la plupart des plus grandes chaînes du monde; des Alpes, des Pyrénées, des Carpathes, de l'Himalaya, etc.

(1) Les dunes et les moraines dépassent rarement une trentaine de mètres de hauteur, quoiqu'elles puissent atteindre 120 à 200 mètres, et même 300 mètres.

Toutes ces montagnes peuvent différer beaucoup par leur configuration ; mais elles ont une structure géologique bien nette. Elles sont composées essentiellement de couches très

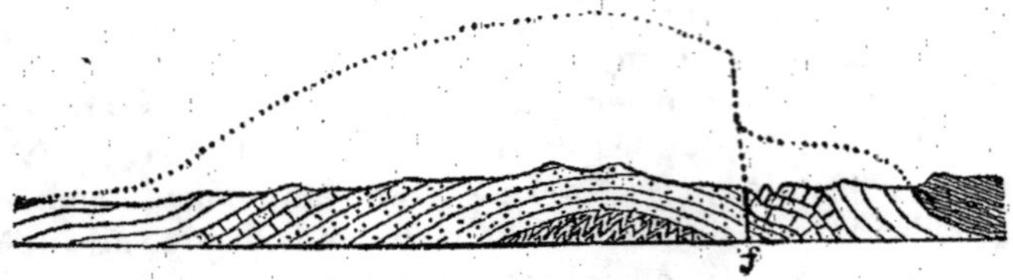

Fig. 127. — Coupe à travers les montagnes de l'Utah.

(Large anticlinal brisé par une faille, *f*).

plissées et sont souvent traversées par des dislocations plus ou moins importantes et par des masses éruptives diverses. Mais le plissement est la structure la plus essentielle et la plus typique.

Le plissement est quelquefois simple ; les roches forment alors un large anticlinal (fig. 127).

A la place du grand anticlinal, on peut avoir une série de

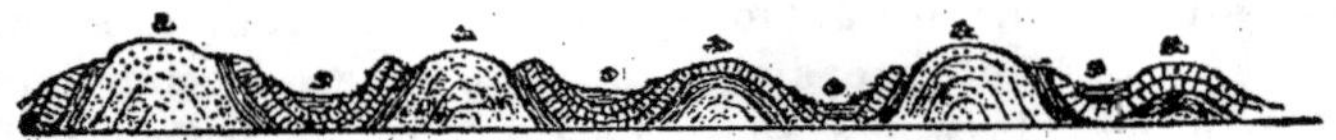

Fig. 128. — Plis symétriques dans le Jura.

a. — Anticlinaux.
s. — Synclinaux.

plis symétriques, formant une série d'ondulations uniformes (fig. 128).

Mais généralement la structure est plus complexe ; les plis ne sont pas ouverts et symétriques, mais comprimés et inclinés sous divers angles et dans certains cas ils sont même couchés et reposent sur leur flanc (fig. 129).

Ce complexe de plis et de failles est généralement accompagné, comme il a été dit, de grandes dislocations de déplacements de couches et souvent de l'apparition de veines, de dykes et de masses irrégulières de matières ignées qui traversent les couches disloquées dans toutes les directions.

Comme il a déjà été dit (voir p. 188, fig. 45 et 46), il est rare que la configuration topographique coïncide avec la struc-

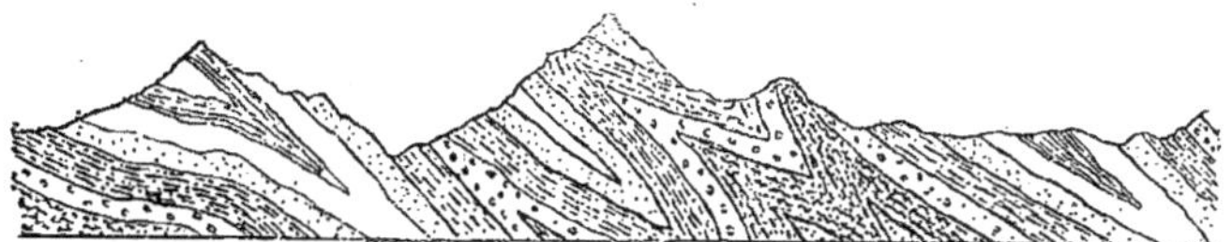

Fig. 129. — Types alpins de plis dissymétriques.

ture géologique. Les chaînes longitudinales et les vallées longitudinales intermédiaires ne correspondent pas d'une façon générale avec les plis des couches. Les montagnes ne coïncident généralement pas avec les anticlinaux, ni les vallées avec les synclinaux.

Il est possible, quand une montagne vient de se former que la forme extérieure de la région soit l'image plus ou moins exacte de la structure interne. Les chaînes peuvent avoir coïncidé avec les anticlinaux et les dépressions avec les synclinaux (fig. 128) ; mais au bout d'un certain temps, la surface

Fig. 130. — Crêtes des Appalaches de Pensylvanie (exemple *d'inversion du relief*).

a. — Anticlinaux ;
s. — Synclinaux.

est très modifiée, on voit partout des traces d'érosion considérable, de grandes masses de roches ont été enlevées et transportées dans les plaines basses ou dans la mer. Il en résulte qu'en beaucoup d'endroits la configuration originelle de la chaîne a été masquée, les crêtes anticlinales ont été remplacées par des vallées et des dépressions, tandis que les synclinaux constituent des hauteurs (fig. 130). C'est ce qu'on appelle l'*inversion du relief*.

La forme qu'une montagne plissée prend sous l'influence de

la dénudation est donc essentiellement déterminée par le caractère des roches et par leur structure stratigraphique et tectonique. Certaines sortes de roches et certains types de structures sont plus facilement érodés que d'autres ; ce sont les roches les plus dures et les structures les plus résistantes qui tendent en fin de compte à constituer les parties en relief des chaînes de montagne.

Lorsque les plis sont comprimés et couchés, la configuration qu'acquièrent en fin de compte les montagnes du type alpin est naturellement un peu différente. Ce sont les affleurements des roches les plus dures qui déterminent la position des escarpements (fig. 131). En réalité la structure de ces monta-

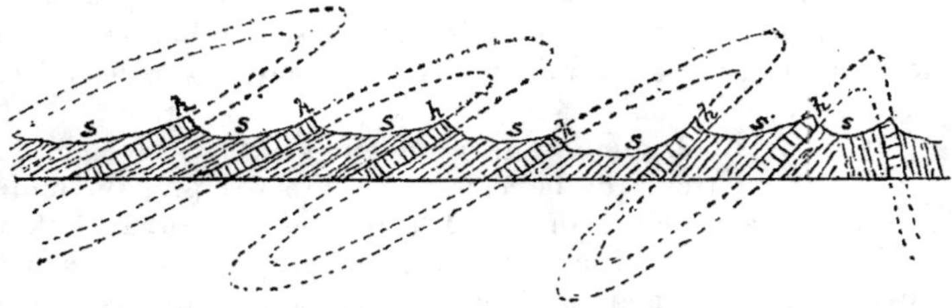

Fig. 131. — Plis dissymétriques déterminant des escarpements, en régions montagneuses.

gnes plissées est très complexe ; car les plis sont généralement compliqués de dislocations de toutes sortes, et souvent d'intrusions abondantes de roches ignées.

Aplanissement d'une chaîne de montagne. — Les montagnes qui ont une grande antiquité géologique arrivent ainsi à être complètement aplanies ; on rencontre alors des plateaux et des plaines qui, malgré leur forme superficielle, ont la structure géologique caractéristique des chaînes plissées. Ainsi aux époques anciennes une très grande chaîne de montagnes s'est étendue dans ce qui constitue à présent les basses plaines de la Belgique. La structure de cette région est très compliquée ; les couches forment une série de plis très comprimés, asymétriques, de telle sorte que des couches plus jeunes se trouvent souvent sous des couches plus anciennes.

Actuellement le sol doucement ondulé ne décèle en rien la présence de cette structure montagneuse ensevelie. Si le niveau relatif de l'Océan et du continent reste invariable pendant un certain temps, la même chose doit arriver à toutes les montagnes.

Les plus jeunes, parmi les chaînes de plissement, sont les Alpes, l'Himalaya, la Cordillère des Andes, les Montagnes Rocheuses. Elles consistent généralement en une série de plis, plus ou moins parallèles qui souvent s'entrecroisent et s'enfoncent l'un sous l'autre, qui courent en ligne droite, ou sont légèrement incurvés.

Souvent une chaîne de montagnes forme sur toute son étendue un système homogène et compact de roches parallèles; d'autres fois, elle se divise et se brise en quelque sorte à son extrémité en une série de chaînes divergentes plus petites. Quelquefois la chaîne entière est nettement recourbée.

Toutes ces caractéristiques des chaînes actuelles de montagnes se retrouvent dans les chaînes anciennes, aujourd'hui dénudées et réduites à l'état de *pénéplaines*.

Changement du niveau de base. — Mais une multitude de faits nous portent à penser que ce niveau n'est pas constant.

Nous savons que certaines chaînes de montagnes, après avoir subi d'énormes dénudations ont été submergées ou partiellement submergées et recouvertes par de nouveaux sédiments, souvent très épais. Puis de nouveaux mouvements de la croûte sont survenus et une nouvelle série de plis se sont formés en dehors et sur les bords de l'ancienne série.

La réélévation de la région montagneuse a inauguré un nouveau cycle d'érosion, puis toute la région a été à nouveau abaissée, submergée et quelquefois à nouveau surélevée.

Les chaînes de montagnes qui sont le résultat d'un seul mouvement de la croûte sont dites *monogénétiques* ; celles qui sont dues à deux ou plusieurs mouvements sont dites *polygénétiques*.

Montagnes de dislocation. — Elles doivent leur origine à des fractures et à des failles, et forment généralement des hauteurs plus ou moins isolées et des masses irrégulières s'élevant brusquement au-dessus des pays environnants (fig. 132). Les géologues allemands leur ont donné le nom de

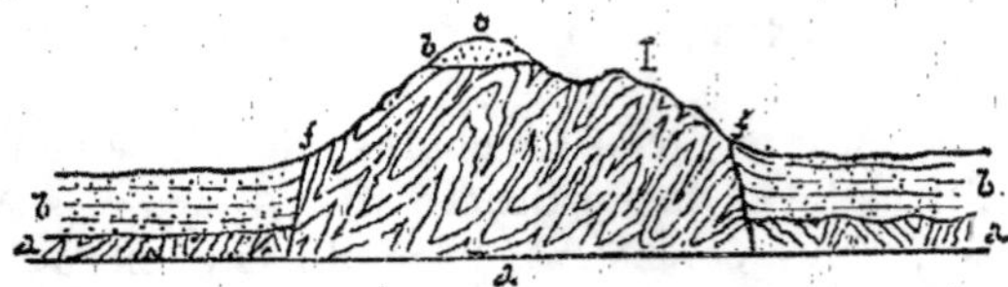

Fig. 132. — Schéma d'un horst.

a. — Roches anciennes ;
b. — Roches sédimentaires plus jeunes ;
c. — Failles.

horst ; les horst sont généralement composés de roches très anciennes séparées des régions basses environnantes par des dislocations verticales.

Ces sortes de montagnes forment quelquefois des séries de chaînes parallèles, séparées les unes des autres, par de grandes dislocations.

On peut citer comme montagnes de ce type la chaîne du

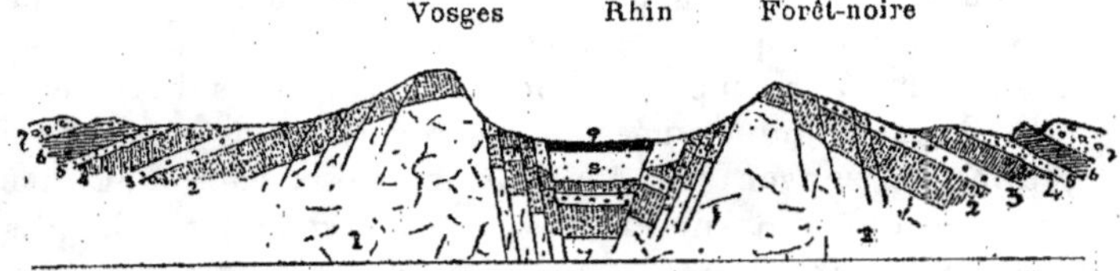

Fig. 133. — Coupe à travers les Vosges et la Forêt-Noire.

1. — Granite ;
2 à 7. — Roches mésozoïques ;
8-9. — Roches tertiaires et quaternaires.

Les escarpements des Vosges et de la Forêt-Noire se font face et sont séparés l'un de l'autre par de longues failles parallèles entre lesquelles se trouve la vallée du Rhin.

grand bassin qui s'étend du nord au sud entre la sierra Nevada et les monts Wasatch, les Vosges et la Forêt-Noire (fig. 133).

Laccolithes. — Comme on l'a vu (p. 232), les laccolithes sont dus au soulèvement de la croûte au-dessus d'une masse de matières ignées.

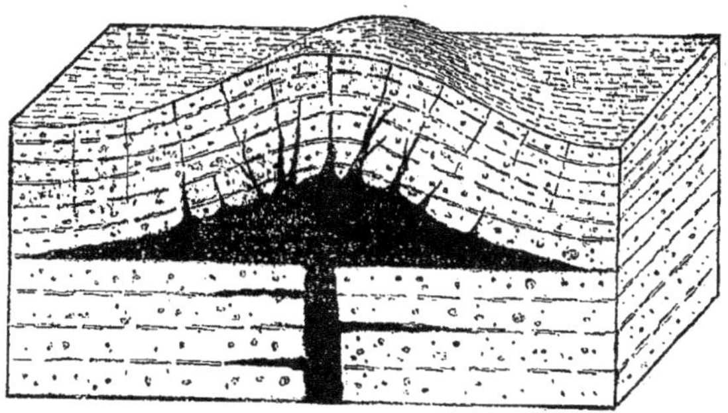

Fig. 134. — Schéma d'un laccolithe.

Des montagnes de cette nature ont dû être autrefois importantes dans les pays où abondent les roches intrusives.

Erosion dans les montagnes d'origine tectonique. — Le soulèvement des montagnes d'origine tectonique a dû se faire graduellement; au fur et à mesure qu'elles s'élevaient lentement, leur surface était attaquée par les agents atmosphériques. Mais l'action de ceux-ci était certainement moins rapide que l'action de surélévation, sans quoi aucune montagne ne pourrait exister.

Cependant, l'action des agents de dénudation est puissante dans les régions montagneuses; elle est surtout effective le long des cours d'eau; ainsi se creusent peu à peu des vallées profondes et larges; des chaînes secondaires sont découpées peu à peu sur les flancs de la chaîne primitive; puis, quand le mouvement de surrection a cessé, l'action de l'érosion continuant à se faire sentir, les montagnes sont réduites de hauteur, les vallées s'élargissent et s'approfondissent, jusqu'à ce que toute la partie montagneuse ait disparu et ait été remplacée par une plaine légèrement ondulée, une *plaine d'érosion*. On connaît plusieurs exemples de plaines de cette sorte, occupant l'emplacement de chaînes de montagnes disparues. On les désigne sous le nom de *pénéplaines*.

Les pénéplaines ainsi formées peuvent se trouver à des altitudes très variables, suivant les mouvements qu'elles ont subis après leur formation.

Les unes ne sont pas à une grande hauteur au-dessus du niveau de la mer comme celle des charbonnages de Belgique ; d'autres se trouvent à une altitude considérable, formant des plateaux élevés.

Au lieu d'être ainsi élevée, la plaine a pu au contraire, être submergée pendant une période plus ou moins longue. Des sédiments ont alors couvert sa surface et ont pu s'accumuler sur une épaisseur de plusieurs milliers de mètres (graviers, sables, boues).

Ultérieurement le mouvement de dépression cessa et fut remplacé par un mouvement opposé, par une élévation générale de la région. La plaine d'érosion, après avoir été ensevelie, peut ainsi atteindre une hauteur de plusieurs milliers de mètres au-dessus du niveau de la mer.

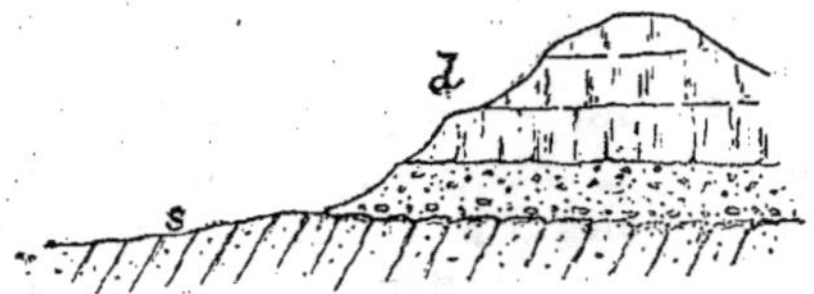

Fig. 135. — Dépôts (*d*) formés à la surface d'une pénéplaine (*s*).

Une coupe transversale montre alors une grande épaisseur de couches horizontales reposant en discordance sur une ancienne pénéplaine d'érosion (fig. 135).

Il est rare d'ailleurs que l'érosion ait pu niveler complètement la montagne ancienne et que la pénéplaine ait eu le temps de devenir une plaine parfaite. On observe souvent à sa surface des dénivellations qui sont les restes des anciennes élévations de terrain ; aussi voit-on quelquefois des couches approximativement horizontales reposer sur la surface irrégulière d'une ancienne plaine d'érosion.

Montagnes subséquentes ou témoins. — On appelle ainsi

les fragments subsistants d'une région élevée, plus étendue. Ils ont été découpés dans un ancien plateau et façonnés à l'état de montagne par le départ graduel des masses qui les entouraient jadis (fig. 136).

Leurs formes dépendent surtout de la nature et de l'arrangement des matériaux où ils ont été creusés.

Souvent ces plateaux représentent les vestiges d'une chaîne

Fig. 136. — Témoin (*o*) détaché par l'érosion d'un escarpement E, dont il faisait primitivement partie.

tectonique disparue. Ils ont l'aspect extérieur d'une plaine ; mais leur structure intérieure, compliquée, est alors celle d'une véritable chaîne de montagnes.

Escarpements. — Les *escarpements* sont dus à l'action de l'érosion (fig. 137). Un coup d'œil, jeté sur la carte géologique

Fig. 137. — Coupe à travers la région du Weald.

La région du Weald est constituée par un anticlinal dénudé ; les escarpements situés au nord et au sud (*Downs*) sont dus à l'action de l'érosion.

de la région du Weald montrerait que tous les points hauts sont constitués par de la craie et que leur altitude est due à la non-érosion de cette roche en ces points.

[On ne doit pas s'imaginer, comme le font souvent à tort des personnes peu au courant des questions de la géologie, que ces escarpements sont dus à des failles ; on les désigne souvent sous le nom de *falaises* ; mais ce mot est impropre ; car il sert à désigner des escarpements dus à l'action des eaux de la mer ; les escarpements, ainsi produits par la seule action de l'érosion, doivent, d'après les règles de la nomenclature géographique internationale, être désignés sous le nom de *cuestas*.]

PLAINES ET PLATEAUX

Plaines. — On désigne sous ce nom des régions plates ou doucement ondulées; elles se trouvent généralement à de faibles altitudes ; mais elles peuvent s'élever peu à peu, d'une façon presque imperceptible et atteindre des altitudes d'un millier de mètres, par exemple ; dans ce cas, on leur donne plutôt le nom de plateau.

Plaines d'accumulation. — Les plaines d'accumulation sont constituées par des couches horizontales, de sorte que leur surface topographique est en relation avec leur structure géologique. Elles peuvent être d'origine lacustre, fluviatile ou marine ou même être dues, comme les plaines côtières, à l'action combinée d'une sédimentation marine et de dépôts d'origine éolienne.

Quand une plaine se trouve à peu près au niveau de base, l'érosion et l'eau courante ont peu d'effet sur elle ; cependant dans certaines conditions, la surface peut être considérablement modifiée par l'action du vent. Par exemple, des deltas ou des plaines côtières bordées par la mer ou par un grand lac sont souvent envahis par le sable des dunes.

Plus une plaine est élevée au-dessus du *niveau de base* (surface de la mer ou d'un grand lac), plus elle est sujette à la dénudation; aussi les plaines élevées ont-elles généralement une surface irrégulière et ondulée. D'ailleurs la forme de la surface dépend beaucoup de la nature des matériaux qui la constituent : une plaine, qui consiste surtout en dépôts imperméables est plus facilement érodée qu'une plaine constituée par des graviers, des sables et autres matériaux meubles. On peut citer comme exemple de plaines d'accumulation, les plaines fluviatiles du Nil, du Danube, du Gange, de l'Amazone, du Mississipi, les steppes de la Russie, la dépression aralo-caspienne, les Toundras de Sibérie, les Pampas de l'Amérique du Sud.

Plaines d'érosion. — Ces plaines se distinguent des plaines d'accumulation parce que leur surface ne coïncide pas nécessairement avec la structure du sol. Il n'y a coïncidence que dans le cas où la plaine résulterait de l'érosion de couches horizontales.

Les plaines d'érosion, ou *pénéplaines*, représentent le stade final du cycle d'érosion, la surface de base vers laquelle tous les vieux pays tendent à être réduits (voir p. 327, fig. 135).

Lorsque les plaines d'érosion se trouvent amenées à des altitudes basses, elles sont couvertes de dépôts et deviennent alors des plaines d'accumulation. Il semble d'ailleurs que la grande majorité de celles-ci sont en réalité des plaines d'érosion préexistantes.

Plateaux. — Ce mot s'applique généralement à des pays plats, élevés, séparés des bas pays environnants par des pentes relativement rapides. Il n'est pas toujours possible de distinguer la plaine du plateau; car le plateau n'est, en somme, qu'une plaine élevée. S'élevant plus haut que la plaine, le plateau est nécessairement soumis à une érosion plus active et plus intense et il est, à âge égal, plus découpé et plus dénudé.

Aussi de tels plateaux tendent-ils à prendre un caractère montagneux, par suite de leur découpure en multiples petites buttes-témoins.

Plateaux d'accumulation. — Ils sont caractérisés par ce fait qu'ils sont constitués par des couches horizontales; leur surface coïncide avec la structure géologique. On peut citer, comme exemples, les plateaux du Colorado, de l'Abyssinie, du Dekkan.

Plateaux d'érosion. — Ils sont dus à l'érosion et leur surface n'a aucun rapport avec la structure géologique.

VALLÉES

Ce sont des dépressions dans lesquelles coulent les rivières et les fleuves. Quelques vallées ne contiennent d'ailleurs pas de rivière, mais sont simplement des dépressions allongées.

La plupart des vallées sont dues à l'érosion et quand elles n'en sont pas le résultat direct, elles ont été profondément modifiées par elle.

Vallées originelles ou tectoniques. — Ce sont celles, très peu nombreuses, qui doivent leur origine à une action autre que celle de l'érosion de l'eau courante.

On peut y distinguer :

a) Les dépressions allongées produites par l'accumulation irrégulière de matériaux à leur surface ;

b) Les dépressions qui sont le résultat d'une déformation de la croûte.

Vallées construites. — Cette classe de vallées est peu importante. Elles sont représentées dans les régions volcaniques par des dépressions qui se trouvent à la surface de divers dépôts volcaniques, et par des creux qui séparent les cônes adjacents des cônes volcaniques principaux, ou les coulées de laves des amas de produits de projection.

On peut également ranger dans cette catégorie les dépressions qui se trouvent entre deux séries de moraines ou de dunes.

Vallées de dislocation. — On peut, au moins théoriquement, distinguer les vallées coïncidant avec une dislocation et les vallées coïncidant avec un synclinal. Mais il arrive souvent qu'une dépression a été déterminée, partie par une fracture, partie par une flexure ; tel est le cas de la vallée du Jourdain.

Les vallées de dislocation s'étendent sur une grande longueur entre deux failles parallèles ; elles peuvent aussi suivre une seule grande dislocation ; elles sont approximativement rectilignes ou quelquefois sinueuses. On peut citer comme exemples : Glen App dans le comté d'Ayr en Écosse, le grand canal calédonien, la vallée du Rhin entre les Vosges et la Forêt-Noire (voir fig. 133, p. 325).

Vallées synclinales. — Les vallées synclinales sont surtout développées dans les régions de montagnes tectoniques récentes où les caractères topographiques coïncident plus ou moins exactement avec la structure géologique du sol. Elles ont généralement la même direction que les montagnes où elles se trouvent. [Cependant, les travaux récents, et en particulier ceux de M. Lugeon, ont montré que dans les Alpes beaucoup de vallées coïncidaient, non pas avec les axes synclinaux principaux, mais avec les synclinaux secondaires et perpendiculaires formés par les abaissements d'axes des synclinaux principaux].

Seules les vallées sèches, quelle que soit d'ailleurs leur origine, restent longtemps dans leur état originel. Cependant, même ces dernières peuvent être érodées, élargies, quelquefois approfondies par l'action du vent dans les régions désertiques ; mais ce cas reste toujours exceptionnel.

Par contre dans les régions exposées à l'action des eaux de ruissellement et des eaux courantes, les vallées, même les plus récentes, vallées de dislocation et vallées synclinales, sont profondément modifiées.

D'ailleurs, les vallées de dislocation sont, en grande partie, l'œuvre de l'érosion ; les failles ont évidemment guidé celle-ci qui a déblayé les terrains les plus meubles ; quand il y a eu plusieurs changements du niveau de base et par suite plusieurs cycles d'érosion, les vallés d'érosion tendent toujours à se reformer aux mêmes emplacements, le long des mêmes lignes faibles.

Les vallées synclinales sont moins persistantes. Quand on trouve une rivière suivant une dépression synclinale, on peut être assuré que cette dépression est d'un âge géologique relativement récent. Car la structure synclinale est plus durable, plus difficile à réduire que la structure anticlinale ; aussi au fur et à mesure que l'érosion fait son œuvre, les anticlinaux tendent à s'abaisser, les lignes de drainage émigrent peu à peu, abandonnent les synclinaux qui restent en saillie et peuvent s'installer sur les anticlinaux, ainsi qu'il a été déjà exposé à plusieurs reprises (fig. 45 et 46, p. 188 ; fig. 128, p. 321).

Vallées subséquentes ou vallées d'érosion. — Les grandes lignes de drainage ont été évidemment déterminées à l'origine par l'inclinaison et l'allure générale de la surface ; mais la formation des vallées, dans leur état actuel, est presque entièrement l'œuvre de l'érosion.

Supposons une région continentale qui vient de s'élever au-dessus du niveau du sol ; on peut supposer que cette surface est doucement ondulée, qu'elle monte graduellement à partir de la côte et que ses points culminants sont des sommets plus ou moins abrupts qui représentent les restes d'une ancienne chaîne de montagnes. Les rivières qui naîtront suivent nécessairement la pente du sol et leur direction est déterminée par la configuration de la surface.

L'érosion tend à faire revivre les inégalités de la pénéplaine antérieure, cachées sous les sédiments. Le pays ondulé prend une surface plus diversifiée où les reliefs sont plus accentués.

D'autre part, les rivières principales tendent à élargir et à approfondir leur cours. Quand elles traversent des roches relativement dures, les vallées sont étroites et forment des ravins et des gorges. Quand elles rencontrent des roches et des structures tendres, elles sont, au contraire, relativement larges.

Le développement graduel de cette surface implique d'ailleurs le développement du système de tributaires, formés par les eaux de surface, se frayant un chemin sur les pentes du pays et convergeant dans les dépressions et les bassins larges des vallées.

Peu à peu, les rivières principales continuent à élargir et à approfondir les vallées ; les tributaires deviennent plus actifs ; les ruisseaux se multiplient dans les régions d'amont.

Enfin, quand le drainage a atteint sa maturité, le bassin d'alimentation d'une grande rivière montre un lacis plus ou moins complexe de tributaires de toutes tailles. Toute la surface du plateau est ainsi découpée de telle façon qu'il est difficile de reconstituer sa configuration primitive.

Cependant l'inclinaison générale de la surface originelle est indiquée par la direction des rivières principales, et elle est indépendante de la structure géologique; les rivières ont, en effet, creusé leur cours à travers les roches dures et tendres, comme si elles ignoraient les obstacles, traversant les collines et les escarpements comme si une faille leur avait préparé le passage ; c'est qu'en réalité tous ces obstacles n'existaient pas quand elle a commencé à couler et qu'une fois son cours adopté, elle a été obligé de le suivre et de continuer à le creuser. En un mot, la formation des rivière, des collines, des escarpements sont choses contemporaines les unes des autres.

Une fois constituée, une vallée typique comprend une région élevée ou torrentielle, une région médiane ou de vallée, une région basse ou de plaine. Dans la région torrentielle, l'érosion est maximum et le dépôt des sédiments minimum. Dans la vallée, l'érosion ne procède pas aussi rapidement et les dépôts se forment çà et là très considérables. Dans les plaines, l'érosion est pratiquement nulle et le dépôt est au maximum.

Au fur et à mesure que l'érosion se produit, la plaine s'agrandit de l'aval vers l'amont et gagne de l'espace sur la vallée ; celle-ci, en même temps, se développe graduellement aux dépens de la région torrentielle, tandis que les torrents entrent toujours plus avant dans la montagne [C'est ce que l'on nomme d'un mot, en disant que l'*érosion est régressive*].

Les cascades et les rapides, qui existent aux stades jeunes de la vie de la vallée, tendent à disparaître et la vallée finit par avoir un cours régulier indépendant de la nature du sous-sol; on dit qu'elle a atteint son *profil d'équilibre*.

Rajeunissement d'un réseau hydrographique. — Cependant, dans une région où le système hydrographique est établi depuis longtemps, il peut se trouver des cascades, des rapides, des gorges ; leur présence prouve que, depuis l'établissement du régime hydrographique, il y a eu un changement du niveau de base et que ce régime hydrographique a été *rajeuni*.

Ces *changements du niveau de base* se sont produits graduellement, si graduellement qu'ils ont souvent une influence faible ou nulle sur le cours des rivières. Les rivières ont continué à creuser leur cours à travers les anticlinaux qui se développaient lentement ; de même les failles ont pu traverser une vallée, sans en modifier le drainage, l'action de l'érosion ayant été égale à celle du déplacement.

Une autre cause du rajeunissement des régimes hydrographiques est l'*action glaciaire* ; on trouve souvent des cascades plus ou moins abondamment développées dans toutes les plaines du nord de l'Europe et du nord de l'Amérique ; or ces pays sont d'une très grande antiquité ; leurs lignes de drainage sont établies depuis longtemps ; mais leur système hydrographique a été dérangé par l'action glaciaire.

Pendant l'époque glaciaire, les cours préglaciaires établis depuis longtemps ont été profondément modifiés. Souvent les petites vallées des plateaux et des plaines ont été comblées ; même les vallées principales ont souvent été remplies de débris. Quand, les conditions glaciaires ayant disparu, les rivières coulèrent à nouveau dans le pays, elles ne purent pas toujours suivre partout les anciennes lignes de drainage ; elles furent quelquefois obligées de les quitter et de se creuser, en tout ou en partie, un nouveau cours. De là la fréquence des cascades dans les pays autrefois couverts par les glaciers.

Dépressions dues à des affaissements. — Dans beaucoup de cas, les dépressions sont le résultat d'un affaissement local de la croûte, qui a pu se produire le long des lignes de failles.

Les grands lacs de la Russie et de l'Amérique du Nord (Onéga, Ladoga, Supérieur, Huron, Michigan, etc.) et la grande dépression aralo-caspienne avec ses nombreux bassins lacustres, plus ou moins desséchés, sont de ce type.

La mer Morte et les lacs de l'Afrique orientale occupent également des dépressions, déterminées par une fracture.

LACS ET BASSINS

Bassins volcaniques. — Les plus typiques marquent l'emplacement des anciens volcans. Beaucoup de lacs, par exemple, occupent des dépressions en forme de coupe dans des cônes volcaniques, ou dans les profondes concavités de la surface produites par des explosions (*cratère d'explosion*). Les *mares* de l'Eifel et les nombreux *cratères-lacs* d'Auvergne et du centre de l'Italie en sont des types bien connus.

D'autres lacs volcaniques (*lacs de barrage*) doivent leur origine à l'obstruction d'une vallée par des fragments rejetés ; Le lac d'Eydat en Auvergne est ainsi barré par une coulée de laves.

Bassins de dissolution. — Ce sont des dépressions de la surface, causées par le dépôt graduel des roches sous-jacentes solubles. Ils sont le résultat de l'action mécanique et chimique des eaux souterraines.

Ces dépressions sont fréquentes dans les régions où la surface est constituée par des calcaires massifs ; elles sont causées par l'affaissement de galeries souterraines, de grottes, etc. Par suite du caractère très fissuré des calcaires, ces dépressions sont rarement occupées par des lacs.

Çà et là cependant, après des pluies importantes, les canaux souterrains ne sont pas susceptibles d'écouler immédiatement toute l'eau et des lacs temporaires peuvent se former ; quelquefois même on trouve des lacs permanents dans ces régions.

Dans beaucoup de cas, ces lacs doivent leur origine à la fermeture des écoulements souterrains par l'accumulation de terre rouge et de débris, ou dans les pays qui ont été récemment couverts de glaciers, par des matériaux étanches déposés par ceux-ci.

Des bassins de dissolution, analogues, se trouvent aussi dans les pays où la surface, sans être constituée elle-même par des matériaux solubles, est supportée à une faible profondeur par des roches contenant des matériaux de cette nature, par exemple du sel gemme et du gypse. Le départ de ceux-ci amène un affaissement plus ou moins rapide de la surface.

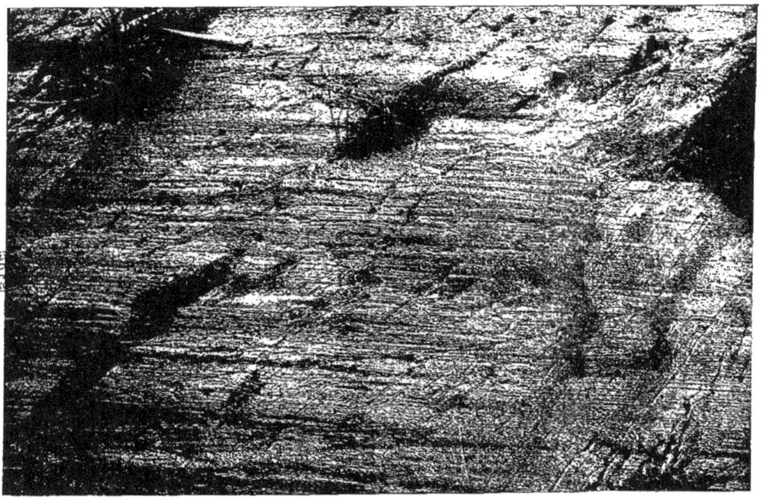

Surface striée par les glaciers, Kilchigan, Islay (Écosse).
Photo du Geological Survey.

Vis-à-vis de la page 330

Vis-à-vis de la page 385.

Région ayant subi l'action glaciaire, Achnashellach, comté de Ross (Écosse).
Photo du Geological Survey.

Fig. 1. — Plages soulevées, près Élie, comté de Fife (Écosse).
Photo du docteur Laurie.

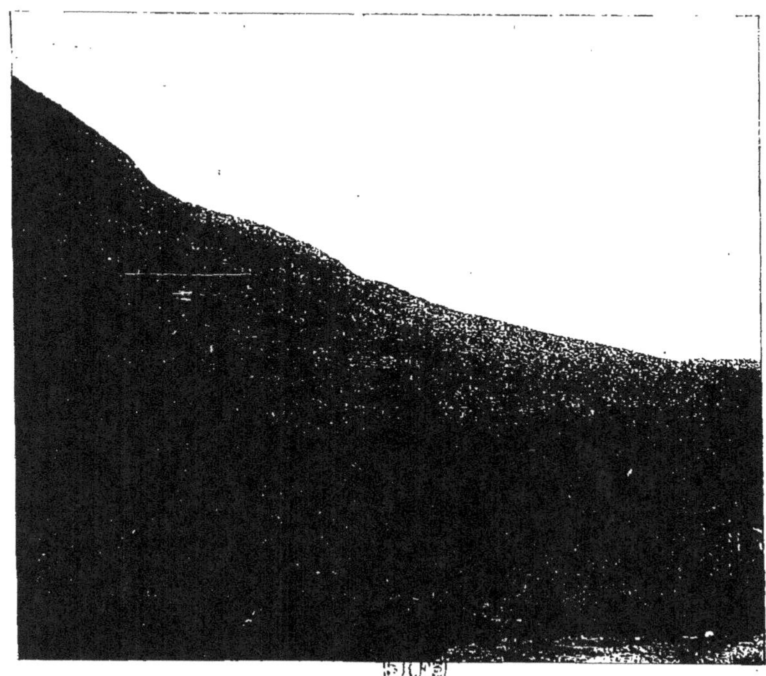

Fig. 2. — Région couverte de mousse, près de Yellow Tomach,
Merrick Hills.
Photo de M. F. J. Lewis.

Vis-à-vis de la page 337.

Bassins alluviaux. — Par suite de l'accumulation irrégulière des sédiments, il arrive assez fréquemment que l'on observe des dépressions peu profondes dans les deltas et autres régionsplates ; aux époques de marées, ils deviennent des lacs, temporaires ou permanents ; tels sont aussi les lits abandonnés par les rivières, les marais occupant les parties les plus profondes de lits desséchés des rivières.

De même, des lacs peuvent se former dans une rivière par suite de l'accumulation disproportionnée des sédiments par la rivière et par ses affluents. La rivière principale, amenant une grande quantité de matériaux, peut surélever graduellement la surface de son lit et l'amener au-dessus de celle de ses affluents ; la partie basse de ceux-ci est alors transformée en lacs de barrage.

Des lacs de barrage se forment de même lorsque les tributaires amènent plus d'alluvions que le fleuve ne peut en charrier ; certains lacs de la Haute-Engadine (Silver-See ; Silvaplana-See) en sont des exemples.

Bassins éoliens. — Ils sont plus intéressants qu'importants et sont naturellement confinés aux régions relativement sèches. Les uns sont dus à l'action érosive du vent ; d'autres sont construits, c'est-à-dire qu'ils constituent des dépressions au milieu des accumulations éoliennes.

Bassins d'éboulements. — Ils sont dus aux éboulis, obstruant le drainage, et sont généralement de faible importance.

Bassins glaciaires. — Ils ont une origine variable ; les uns sont de véritables dépressions, creusées par le glacier ; d'autres sont dus à l'accumulation inégale des produits glaciaires ; d'autres sont des lacs de barrage.

Souvent, les bassins glaciaires sont dus à plusieurs de ces causes à la fois.

Les bassins glaciaires diffèrent de tous les autres bassins parce qu'ils sont totalement indépendants de la structure géologique et du caractère des couches elles-mêmes ; ils sont généralement très nombreux dans les régions couvertes par les glaciers ; on peut même presque dire qu'il n'y a que dans ces régions que l'on trouve des lacs ; en Europe, on ne peut guère citer comme lacs, d'origine non glaciaire, que les petits bassins d'origine volcanique d'Auvergne, de l'Eifel et de l'Italie centrale.

D'ailleurs, à moins qu'ils ne soient très grands, ces lacs glaciaires sont comblés assez rapidement par suite de l'érosion et de la sédimentation, très actives dans ces pays, à la suite du retrait des glaces.

Exceptionnellement, ceux qui se trouvent dans les pays secs où l'érosion et la sédimentation sont minimum, peuvent persister pendant de longues périodes de temps.

Par contre, dans les régions désertiques, le sable poussé par le vent, envahit les lacs salins et alcalins de ces pays et cet envahissement amène leur desséchement rapide.

LIGNES DE COTES

La direction générale des lignes de côtes est évidemment déterminée par la position relative des continents et des grandes dépressions océaniques.

Les continents sont en général de véritables socles continentaux dont une portion peut être submergée.

Quand la ligne de côte est voisine du bord du socle continental, elle est rectiligne et présente rarement d'indentations ; il n'y a que peu ou pas d'îles. Quand, au contraire, la ligne de côte est assez éloignée du bord du socle continental et qu'une partie de celui-ci est immergée, le littoral est très découpé et de nombreuses îles se trouvent dans son voisinage.

L'affaissement d'une partie du continent donne naissance à une côte très découpée comme celles du nord-ouest de l'Europe, de la Grèce et des autres pays méditerranéens, de l'Alaska, etc.

Ainsi, les fjords sont les bassins inférieurs, submergés, d'anciennes vallées de montagne ; les îles côtières sont les portions élevées d'autres traits topographiques affaissés.

CHAPITRE XVI

ÉTUDES SUR LE TERRAIN

Équipement du géologue. — Marteaux, ciseaux et sacs. Loupe. Boussole. Baromètre. Carnet. Cartes topographiques.

Confection des cartes géologiques. — Ce qu'il doit y avoir sur une carte géologique. Cartes géologiques publiées. Tracé des affleurements visibles. Recherche des fossiles. Tracé des gisements masqués. Nature du sol et du sous-sol. Caractères de la végétation. Forme topographique de la surface. Sources. Couches-repères. Débris roulés par les rivières. Mise au point de la carte.

Déductions à tirer de l'examen de la carte. — Forme des affleurements. Couches horizontales. Couches inclinées. Épaississement et amincissement des couches. Discordance. Transgression. Influence de la dureté des roches sur la forme des accidents topographiques. Failles renversées et plis couchés.

Cartes géologiques dans les régions de roches éruptives et de roches cristallines. — Masse de granites. Filons-couches. Necks. Clivage des schistes. Métamorphisme régional. Roches archéennes.

Carte des dépôts superficiels. — Dépôts superficiels. Accumulations glaciaires et fluvio-glaciaires. Argiles à blocaux. Roches moutonnées. Moraines terminales et blocs perchés. Kames et eskers. Terrasses soulevées. Dépôts lacustres. Tourbe.

Cartes et coupes géologiques. Mémoires explicatifs. — Cartes géologiques. Mémoires explicatifs. Coupes géologiques horizontales (profils). Façon de dresser une coupe géologique horizontale. Coupes verticales.

Il est impossible d'arriver à apprendre la géologie par le seul usage des livres et des cartes. La géologie ne s'apprend que sur le terrain et c'est seulement quand on a vu les choses par soi-même que l'on peut lire avec fruit les travaux des autres géologues.

Il est évidemment préférable de connaître d'abord les principaux minéraux, les roches les plus communes, les fossiles les plus caractéristiques ; ces connaissances sont d'ailleurs faciles à acquérir ; mais des travaux géologiques importants ont souvent été faits par des personnes qui possédaient à peine ces données préliminaires.

Il faut donc commencer le plus tôt possible à faire des observations sur le terrain et cela avant même d'avoir acquis une connaissance complète des questions géologiques ; pour se mettre au courant, la meilleure méthode est de s'essayer à construire soi-même une carte géologique d'après ses propres observations.

Il y a peu de recherches plus intéressantes que celle d'une structure géologique. C'est ainsi que l'on acquiert, non seulement une connaissance précise et intime de la région étudiée, mais, de plus, c'est ainsi que l'on apprend à bien connaître les procédés géologiques.

L'importance de la dénudation, le mode de formation des surfaces topographiques, l'origine des dislocations de toute taille de la croûte terrestre, l'importance du métamorphisme des roches, etc., sont des faits qui apparaîtront beaucoup plus nettement s'ils sont basés sur des observations personnelles, même insuffisantes et incomplètes que s'ils sont seulement puisés dans les livres.

Les premiers essais de carte que l'on fera seront nécessairement peu satisfaisants ; mais ils s'amélioreront peu à peu ; on apprendra à lire les cartes topographiques et les cartes géologiques, à interpréter toutes les questions géologiques si facilement que quelques courses rapides dans une région pourront permettre, dans beaucoup de cas, de découvrir les grandes lignes de la structure géologique ; souvent même la seule configuration du sol et par suite le seul aspect d'une bonne carte topographique permettront à un géologue entraîné de se rendre compte des principaux traits de la structure géologique et d'en donner au moins une carte schématique.

L'étude aussi rapide d'une région sera d'ailleurs toujours restreinte aux grandes lignes, et elle laissera évidemment de côté nombre de faits intéressants ; elle ne peut jamais remplacer une étude consciencieuse, détaillée, poursuivie point par point.

ÉQUIPEMENT DU GÉOLOGUE

L'équipement nécessaire au géologue n'est ni compliqué, ni lourd. Les seuls instruments qui lui soient indispensables sont :

Un marteau ; un carnet et un crayon ; une bonne carte topographique.

Il est bon d'y ajouter :

Un sac ; plusieurs ciseaux à froid ; une boussole ; un baromètre ; une loupe de poche ; un appareil photographique ; une bonne jumelle dans les pays accidentés ; une petite bouteille, bien protégée, d'acide chlorhydrique ; un couteau.

Marteau. — Le choix du marteau dépend des géologues ; celui qu'on emploie généralement est figuré plusieurs fois ici (Pl. XIV ; Pl. XXXVIII ; Pl. XLII). Il ne doit pas peser beaucoup plus de 5oo gr. Cependant, quand on compte surtout étudier des roches dures comme le granite, le gneiss, les schistes, etc., il est préférable de prendre un marteau plus lourd.

On apprendra qu'il y a un certain art dans la manière de casser les roches ; il faut frapper à la fois avec force et souplesse, et choisir la place où il faut frapper, suivant la forme de la surface de la roche et suivant sa nature.

Si on désire ramasser des échantillons de roches, un marteau plus lourd encore est souvent nécessaire pour pouvoir détacher des fragments de plus grande taille ; et il sera commode alors d'avoir un second marteau plus petit pour réduire les spécimens à la taille et à la forme voulues.

Ciseaux, sacs, etc. — Un ou plusieurs *ciseaux à froid*, analogues à ceux des maçons, sont souvent utiles pour échantillonner une roche, dégager un fossile ou un minerai.

On les emportera dans un sac en moleskine forte, qui servira à contenir les spécimens de roches et les fossiles. Ceux-ci pourront être emballés, soit dans du papier, par exemple dans de vieux journaux, soit dans de petits sacs spéciaux.

Le géologue sera ainsi assez chargé ; il sera embarrassé dans sa marche ; si son but principal est d'étudier la structure du pays et d'en faire la carte, il sera amené, soit à se faire accompagner d'un porteur, soit à laisser de côté l'échantillonnage des roches.

Dans ce cas, lorsque son travail sera terminé, il pourra consacrer quelques jours à récolter les échantillons qu'il désire conserver et, en même temps, à revoir quelques points douteux.

C'est qu'en effet, les courses géologiques amènent souvent à grimper dans les passes difficiles et à marcher dans des endroits escarpés, il faut donc être aussi léger que possible ; aussi sera-t-il souvent commode d'avoir un vêtement comportant des poches nombreuses et grandes pouvant contenir les petits spécimens de roches que l'on désire ramasser.

Loupe. — La loupe est un instrument très utile, même aux personnes qui ont la meilleure vue, pour diagnostiquer les roches à grain fin ; une loupe à deux grossissements est suffisante pour tous les cas.

Boussole. — La boussole (voir p. 178) sert à mesurer la direction des couches. On l'emploie rarement quand on a une carte topographique à grande échelle sur laquelle, en traçant les affleurements des couches, on peut déterminer cette direction avec beaucoup plus de précision.

Le clinomètre qui accompagne généralement la boussole sert à mesurer l'angle du plongement.

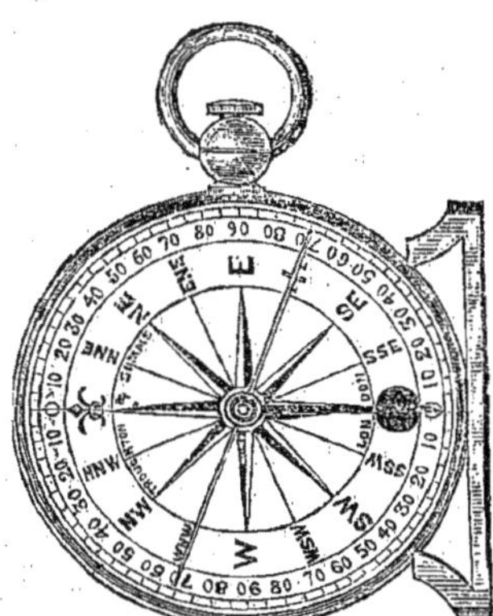

Fig. 138. — Boussole avec clinomètre.

Baromètre. — Le baromètre anéroïde sert à mesurer les altitudes. La pression atmosphérique décroissant au fur et à mesure que l'on s'élève, une même différence d'altitude correspond à une même différence de pression atmosphérique exprimée en centimètres de mercure.

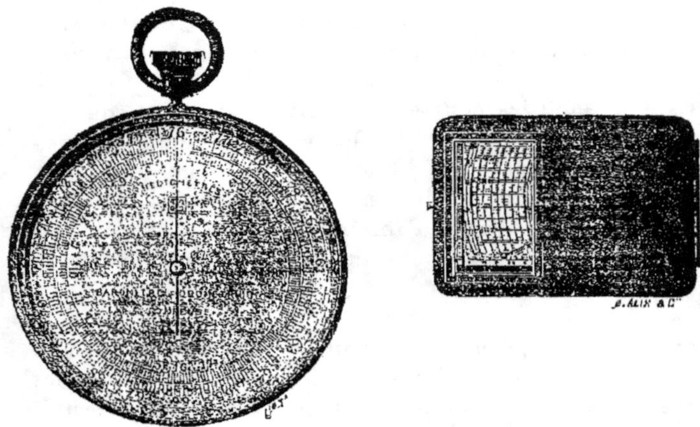

Fig. 139. — Baromètre anéroïde (1).

(à gauche, baromètre ordinaire; à droite, baromètre enregistreur de poche)

[Le baromètre porte une double graduation, en centimètres de mercure et en mètres d'altitude, celle-ci évitant de faire des calculs. La graduation en mètres est mobile, de façon à permettre la remise au zéro, toutes les fois que cela est nécessaire. On ne se contentera jamais de lire l'altitude absolue marquée par le baromètre ; celle-ci peut en effet être affectée d'erreurs, due à des changements souvent considérables dans la pression atmosphérique, etc. On notera avec soin la *différence d'altitude*, observée à quelques heures d'intervalle entre deux points déterminés].

Carnet. — Le carnet ne doit être ni trop petit, ni trop grand ; il doit pouvoir être mis dans la poche ; une taille convenable est 9×15 centimètres, de façon que le carnet, une fois ouvert, puisse être employé pour faire des mesures.

Le papier doit être blanc ou quadrillé ; comme il doit contenir, non seulement des notes et des descriptions, mais aussi des schémas de cartes et de coupes géologiques, le papier quadrillé est commode pour permettre de faire immédiatement des schémas qui soient, au moins approximativement, à l'échelle.

(1) Clichés de la maison Richard.

Il est souvent utile de colorer les cartes et les coupes pour les rendre plus claires ; on peut se servir à cet effet, de *crayons de couleur* ; quelques géologues préfèrent les couleurs à l'eau ; elles ont l'inconvénient de s'abîmer par la pluie.

Les *photographies* rendent de grands services pour illustrer les descriptions ; elles peuvent servir aussi à remettre à l'échelle les coupes schématiques ; elles peuvent même quelquefois les remplacer.

Cartes topographiques. — La plupart des pays civilisés ont de bonnes cartes topographiques ; elles ont des échelles variées. [En France, on se sert généralement de la carte, dite d'état-major, à 1/80.000 et de son agrandissement héliographique à 1/50.000]. En principe, on préférera les cartes à grande échelle où l'on pourra mieux marquer les observations.

Les formes du terrain sont généralement indiquées par des hachures ou par des courbes de niveau ; celles-ci sont particulièrement précieuses parce qu'elles évitent souvent au géologue de déterminer les altitudes des différents points, altitudes qui lui sont souvent nécessaires pour construire les coupes géologiques.

Quand on ne peut se procurer de cartes à grande échelle, il est nécessaire de se contenter de cartes à plus petite échelle dont on redessinera des portions en les agrandissant et en les complétant soi-même au besoin. Ce travail sera indispensable quand la structure géologique est assez compliquée pour qu'on ne puisse pas la représenter, sur une carte à petite échelle, autrement que d'une manière schématique.

Le carnet de tout géologue contiendra donc des cartes de cette nature, montrant le détail des structures complexes qu'il serait impossible de représenter sur des cartes topographiques ordinaires ; ces cartes détaillées serviront plus tard à illustrer et à accompagner la description de la région étudiée.

D'ailleurs dans le cas où les cartes topographiques sont incomplètes et insuffisantes, dans le cas aussi où il n'existe que des cartes d'ensemble forcément schématiques, le géologue doit être prêt à faire lui-même la carte topographique qu'il transformera au fur et à mesure en carte géologique.

Dans beaucoup de colonies, les géologues ont ainsi levé la carte topographique en plus de leurs études spéciales.

Il est donc bon que le géologue apprenne à lever les cartes topographiques, tout au moins d'une façon sommaire.

CONFECTION D'UNE CARTE GÉOLOGIQUE

Ce qu'il doit y avoir sur une carte géologique. — Nous supposons donc que le géologue a à sa disposition une bonne carte topographique ; c'est une condition indispensable, et plus la carte topographique sera précise, plus la carte géologique pourra approcher de la perfection.

L'échelle de la carte doit être suffisamment grande ; car plus elle sera grande, mieux on pourra marquer les détails et préciser la position exacte des données géologiques recueillies.

Pour pouvoir être utilisée dans la pratique, une bonne carte géologique doit indiquer :

a) Les régions occupées par les différents systèmes géologiques et leurs superficies ; les limites de ces différents groupes doivent être délimitées avec soin ;

b) Les couches isolées, ayant un intérêt scientifique ou une importance économique : charbons, calcaires, minerais de fer, etc., la position des pierres à bâtir ; les meilleures sources et les niveaux d'eaux souterraines, le caractère général et la distribution des accumulations superficielles, sol et sous-sol ;

c) Les roches ignées, en distinguant soigneusement les roches effusives et intrusives ;

d) Les failles et toutes les fissures où l'on peut supposer la présence de minerais ;

e) Le plongement doit partout être noté avec soin, ainsi que la direction et la valeur de l'inclinaison des couches.

Une carte, contenant ces données, permettra à tout géologue de se faire une idée de la structure géologique d'une région, même sans l'avoir visitée. Il pourra, en la lisant, mesurer l'épaisseur des différentes couches et déterminer ainsi la profondeur au-dessous de la surface à laquelle on pourra, en un point donné, atteindre un niveau géologique intéressant par les minerais qu'il contient ou les eaux souterraines qu'il renferme. On pourra ensuite chercher à les atteindre au moyen de sondages. Toutes les cartes géologiques, détaillées à grande échelle, sont susceptibles d'être utilisées de la sorte.

Cartes géologiques publiées. — Les cartes publiées par les services géologiques sont généralement à une échelle voisine du 1/100.000; [en France, elles sont à l'échelle de 1/80.000 (1)]; à cette échelle elles représentent les grands traits de la géologie, la distribution des divers systèmes géologiques et de leurs plus grandes subdivisions, les plus importantes des roches ignées, les principales lignes de dislocation, la position des gîtes de minerais. Ces cartes détaillées sont généralement accompagnées d'une description où l'on trouve l'exposé des faits qui n'ont pas pu être marqués sur la carte.

En dehors de ces cartes détaillées, les services géologiques publient généralement des cartes à plus petite échelle servant de cartes d'ensemble ; elles sont la réduction des cartes à grande échelle, et servent à montrer quelle est la distribution des principales sortes de roches.

Les mêmes cartes à petite échelle accompagnent souvent la description de régions inconnues ou mal connues et n'ont pas alors d'autre but que d'illustrer le travail préliminaire de géologues explorateurs ; elles n'ont dans ce cas aucune prétention à l'exactitude dans les détails.

D'ailleurs la géologie d'une région est souvent mieux exprimée par des coupes horizontales ou verticales que par des cartes, des coupes horizontales ou profils représentent à la fois l'allure de la surface topographique et la structure géologique (voir p. 383). Les coupes verticales montrent avec le plus grand détail possible la succession des groupes de couches les plus importantes, en particulier de ceux où se trouvent intercalés des matériaux intéressants (charbon, minerai de fer, etc.).

(1) [Ces cartes sont en vente à Paris chez Baudry, rue des Saints-Pères (prix 6 fr. la feuille). La plupart des feuilles de la France sont actuellement parues. Plusieurs sont épuisées ; quelques-unes ont été rééditées ou sont sur le point de l'être].

Tracé des affleurements visibles. — Les points, où les affleurements des roches sont le plus visible, se trouvent généralement le long des côtes, sur les bords des rivières, dans les tranchées et accotements des routes et des chemins de fer, dans les carrières et autres exploitations.

Aussi vaut-il mieux étudier d'abord les régions qui, d'après leur situation et leur topographie paraissent pouvoir se prêter le mieux aux observations.

Quand ce sont les roches sédimentaires qui dominent, on notera sur la carte, la direction, l'angle de plongement et la nature des couches, on indiquera d'une façon spéciale les gisements de matériaux utiles, calcaires, charbon, minerais de fer ; sur les cartes à grande échelle, on peut çà et là inscrire des notes sur la carte elle-même ; mais on est amené à le faire au moyen d'abréviations, de signes et de symboles. Il est bon, en pratique, d'adopter ceux qui sont le plus généralement adoptés (p. 348-349).

On notera de plus, sur le carnet, des descriptions détaillées de toutes les couches observées.

Recherches des fossiles. — On recherchera toujours les fossiles avec soin ; cette recherche sera particulièrement attentive dans les sables argileux et les argiles à grains fins dans lesquelles se trouvent des matériaux utiles, comme du charbon, du minerai de fer, des calcaires. Si une couche paraît caractérisée par la présence de certains fossiles spéciaux, on en fera la remarque sur le carnet ; car la présence d'une couche fossilifère peut être d'un grand secours pour établir l'âge des sédiments où se trouvent certains dépôts. Cet âge établi, on pourra, en d'autres points où affleurent des dépôts d'un autre âge, savoir s'il est possible de retrouver au moyen de sondages ceux que l'on cherche et l'on pourra déterminer à quelle profondeur on a chance de les rencontrer.

D'ailleurs, toute couche ou série de couches remarquable par son caractère lithologique doit être distinguée des couches avoisinantes. Il est souvent possible de séparer ainsi dans une grande succeession de dépôts sédimentaires des groupes secondaires caractérisés par des fossiles particuliers, par leur composition ou leur structure.

Principales abréviations et principaux signes utilisés pour la confection des cartes géologiques

Signes ayant rapport à certains points particulièrement intéressants

⊤	Gîtes de fossiles.		Puits de mine abandonné
⌣	Carrière à ciel ouvert.		Sondage.
⌒	Carrière souterraine, galerie de mine.	⚲	Source.
	Puits de mine.		Tuilerie.
			Four à chaux.

Abréviations ayant rapport à certaines sortes de roches

β	Basalte.	ε	Diabases et diorites.
π	Porphyre.	ζ	Gneiss.
γ	Granite, granulite, microgranulite.	Q	Quartz.

Signes ayant rapport aux matériaux utiles

	Houille.		Argiles réfractaires.
	Oxydes de manganèse.	◇	Moellons.
	Barytine.		Pierres de taille.
	Fluorine.		Pavés.
	Galène argentifère.		Sables.
	Pyrite.		Graviers.
	Minerais de fer.		Marbre.

◯ Roches moutonnées (non striées).

Roches moutonnées, striées ; la direction de la marche du glacier non apparente.

Roches moutonnées, striées, montrant la direction de la marche du glacier.

Surface plane, striée.

Surface plane striée, où la direction de la marche du glacier est visible.

Signes ayant rapport aux contours et aux observations géologiques

Contour géologique déterminé.

Contour géologique fictif.

Failles visibles.

Failles masquées.

Direction de la schistosité ou de la stratification et du plongement.

Ligne anticlinale.

Ligne synclinale.

Limite de concessions.

Couches horizontales.

Couches verticales (la ligne la plus longue indiquant le plongement).

Couches contournées.

Plongement général de lits ondulés.

Couches ondulées.

(1) Ces signes sont surtout employés sur les cartes géologiques anglaises.

Tracés des affleurements masqués. — Après avoir examiné avec soin toutes les roches que l'on peut voir en affleurement, on constatera qu'il existe des espaces, souvent considérables où aucune roche n'affleure à la surface et où la carte géologique reste en blanc. Le substratum est alors caché par un sol et un sous-sol épais, par des accumulations superficielles de diverses sortes, comme de l'argile, du sable, des graviers, de la tourbe. Heureusement il est souvent possible de tracer les lignes d'affleurement, même lorsque les roches elles-mêmes ne sont pas visibles ; en effet, comme on va le voir, leur présence se décèle de différentes manières.

Nature du sol et du sous-sol. — Dans les régions qui ne sont pas couvertes par d'épaisses accumulations de transport, sables et graviers, ou par des dépôts glaciaires, comme l'argile à blocaux, la nature du sol est généralement en relation avec celle des roches sous-jacentes ; on y trouve des fragments plus ou moins abondants, que l'on voit facilement lorsque le sol a été récemment labouré.

Lorsque le sol est couvert de végétation, les déjections des vers, les terres rejetées par les taupes, les lapins, etc., peuvent donner d'utiles indications. C'est ainsi qu'un sol sableux rouge, contenant des fragments de grès rouge, indique la présence de grès rouges sous-jacents. Des sols tenaces, très argileux, avec peu ou pas de pierres passent en profondeur à des marnes ou à des argiles. Des pierres approximativement rectangulaires, dont quelques-unes peuvent être striées, se trouvant dans un sol argileux tenace, font soupçonner la présence d'argile à blocaux. Un sol chargé de nombreuses pierres arrondies, roulées, recouvre, soit un dépôt superficiel de graviers, soit un conglomérat décomposé. Si ces pierres subangulaires ou arrondies sont formées de différentes sortes de roches, elles dérivent de dépôts superficiels sous-jacents, ou indiquent en profondeur la présence d'un conglomérat désagrégé, dont on a généralement pu voir un gisement ailleurs, dans des coupes naturelles ou artificielles. La roche dont proviennent les fragments épais sur la surface du sol ne se trouve pas nécessairement immédiatement sous la surface ;

tous les matériaux rocheux désagrégés tendent en effet à
descendre peu à peu (fig. 140).

En traçant leurs limites, les géologues devront donc tenir

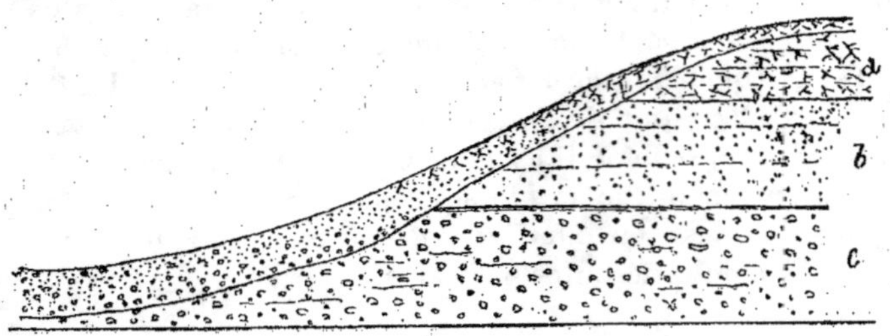

Fig. 140. — Relation de la nature du sol avec celle des couches
sous-jacentes.

    a. — Argile rouge ;
    b. — Grès ;
    c. — Conglomérat grossier.

Le sol qui recouvre la couche *a* est rouge et argileux ; il tend à descendre le long de la pente et à recouvrir l'affleurement des couches *b*.

Le sol, qui recouvre la couche *b*, est un mélange de parties argileuses
provenant de *a*, et de grès provenant de *b* ; ces grès deviennent peu à peu
plus importants et la couleur rouge s'atténue graduellement.

Les pierres provenant du conglomérat *c* sont confinées au sol reposant
sur l'affleurement de ce conglomérat.

compte de ce fait ; en remontant la pente, la présence des
pierres arrondies indiquera la présence du conglomérat *c*
aussi longtemps qu'il en trouvera une ou deux. A la jonction
des couches *c* et *b*, on ne trouvera plus aucun élément roulé ;
mais on trouvera des fragments de sables jusqu'à la limite de
la couche *c* ; ces données permettront de tracer approximativement les limites.

La couleur du sol est généralement due aux roches dont il
provient ; mais celle des roches fraîches diffère beaucoup de
celle de leurs débris désagrégés. Beaucoup de sols sont bruns
ou rouges par suite de la présence d'oxydes de fer, et dérivent
de roches qui n'ont pas cette couleur. Aussi beaucoup de
roches ignées basiques d'un bleu-sombre ou de couleur
noire donnent des sols jaunâtres ou rouge-brun ; des argiles
bleues ou grises donnent des sols rouges ou jaunes ; des
calcaires impurs, bleus ou gris, donnent des sols jaunes ou

bruns. Par contre la couleur du sol formé par les roches sédimentaires ne diffère pas beaucoup de la couleur de ces roches
elles-mêmes.

Caractère de la végétation. — Le caractère de la végétation donne souvent, sur la nature du sol et le caractère des
roches sous-jacentes, des indications qu'il ne faut pas négliger. Certaines plantes préfèrent une sorte de sol à une autre
et les botanistes sont capables de dresser des cartes où certaines parties d'une région sont caractérisées par le développement de certaines catégories de plantes, ou par l'absence
d'autres. Comme la distribution de ces associations végétales
dépend surtout des caractères physiques et chimiques du
sol, elles ont une grande importance pour le géologue.

Les sols pauvres en carbonate de calcium montrent un
assemblage de plantes différentes de celles poussant sur un sol
riche en calcaire. Il y a certaines espèces, comme la bruyère
commune, le genêt, qui redoutent les sols calcaires, tandis
que d'autres, comme plusieurs crucifères, le coquelicot, leur
sont particulières.

Les sols sableux et poreux, les sols constitués par une
argile tenace ou par un loehm lâche, les sols salins, sont tous
caractérisés par un groupe de plantes distinctes.

On a même prétendu que certains végétaux étaient caractéristiques des affleurements de minerais de zinc.

En l'absence d'affleurement, l'association des plantes peut
donc donner des renseignements utiles pour le tracé des
limites géologiques ; mais il faudra les utiliser avec circons-
pection ; en effet les limites, ainsi suggérées par les caractères
de la végétation, ne coïncident pas toujours, même approximativement, avec la ligne que le géologue recherche Les sols
tendent, en effet, à descendre et quoique cette descente ne
soit pas très importante, un sol calcaire peut ariver à recouvrir des roches d'une autre nature, par exemple des grès
quartzeux ; un sol aride peut arriver à recouvrir des roches,
qui naturellement donneraient par décomposition des sols
fertiles.

Néanmoins l'observateur, suffisamment botaniste, aura fréquemment l'occasion d'utiliser ces faits.

Fig. 1. — Tourbe. Tourbières des marais de Bresles (Oise).
Cliché J. et B. Braun.

Fig. 2. — Calcaire grossier surmonté par des alluvions anciennes de la Marne
Joinville-le-Pont (Seine).
Cliché J. et B. Braun

Vis-à-vis de la page 352.

Fig. 1. — Surface ondulée des grès de Fontainebleau. Orsay (Seine-et-Oise).
Cliché J. et B. Braun.

Fig. 2. — Exploitation de grès de Fontainebleau. Orsay (Seine-et-Oise).
Cliché J. et B. Braun.

Vis-à-vis de la page 353.

Forme topographique de la surface. — La forme topographique de la surface permet souvent aussi de tracer la limite de deux formations ; en effet, la surface topographique est déterminée, en grande partie, par la nature des roches sous-jacentes et par leur structure géologique (voir chap. XV, p. 319 à 339)

Les roches diffèrent beaucoup par leur dureté ; elles sont plus ou moins facilement altérées par les agents atmosphériques. Aussi dans les régions qui ont été longtemps exposées à la dénudation, les roches qui ont été moins désagrégées tendent à rester en saillie ; au contraire les plus tendres sont déprimées. C'est d'ailleurs un fait bien connu que les collines et les montagnes sont souvent constituées par des roches relativement plus dures et plus résistantes que celles qui se trouvent dans les dépressions ; mais ce n'est pas toujours le cas, quelquefois même, c'est le contraire qui arrive.

La présence des collines est alors en relation avec la structure géologique, avec la disposition des roches ; certaines structures, certaines dispositions permettent aux roches de mieux résister que d'autres.

Ainsi une série de couches ayant la même consistance for-

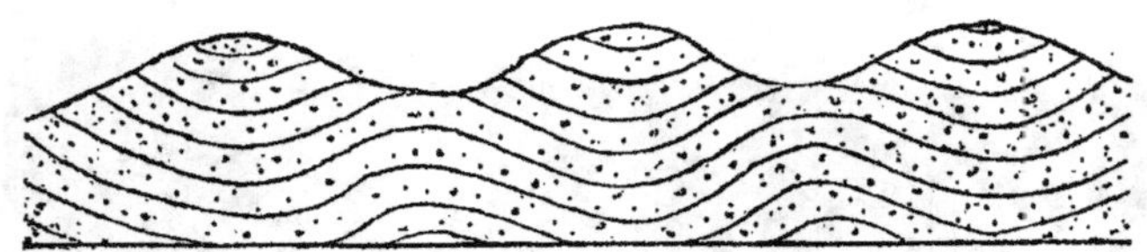

Fig. 141. — Surface du sol dans des grès doucement inclinés.

La position des collines est déterminée par la présence des synclinaux ; les parties anticlinales plus faibles ont été plus facilement enlevées (exemple d'*inversion du relief*).

ment des collines en certains endroits et constituent alors des dépressions (fig. 141).

Mais la plupart du temps, quand le sous-sol est constitué par des alternances de roches tendres et de roches dures, les roches dures restent en saillie. Aussi, même lorsque la roche est cachée par la végétation ou le sol, sa nature se manifeste par des caractères topographiques (fig. 142).

Par contre, dans les régions couvertes d'accumulations

superficielles ou de dépôts glaciaires épais, la configuration du sol est absolument indépendante de la nature du sous-sol et celle-ci ne se révèle à aucun indice.

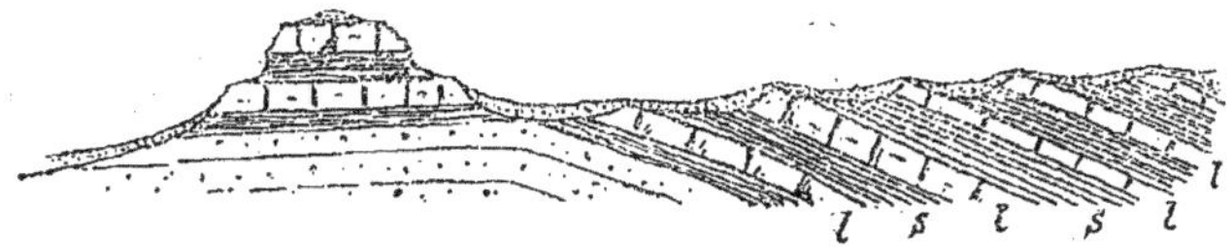

Fig. 142. — Les formes topographiques sont influencées par la structure géologique.

A droite, on a une série de calcaires (l) et d'argiles (s) ; leurs affleurements ne sont pas visibles. La position des calcaires plus durs est seulement indiquée par le relief des formes topographiques.

A gauche, les couches sont horizontales, le différence de dureté des roches influe de même sur la topographie ; elle détermine une structure en terrasses où les pentes douces correspondent aux roches tendres et les degrés abrupts aux roches dures.

Sources. — Les sources aident aussi beaucoup à tracer les limites géologiques.

Quand des couches imperméables, marnes, argiles, sont intercalées dans des couches perméables, les eaux du sous-sol tendent à venir à la surface le long de la ligne de jonction, entre les couches perméables et imperméables ; elles donnent naissance à des sources et déterminent des parties marécageuses. Si elles se trouvent en grand nombre dans une direction déterminée, elles indiquent nécessairement la limite de deux terrains.

Quand les eaux sont chargées d'une grande quantité de matières minérales, carbonate de calcium ou oxyde de fer, il se forme aux abords des sources des dépôts de travertins calcaires et de fer des marais qui jalonnent ainsi la limite des couches perméables et imperméables (sur les sources, voir chap. XVIII).

Couches-repères. — Lorsque l'on a affaire à des couches fort épaisses, gardant sur toute leur épaisseur le même facies ou des facies très analogues, il est fort utile de noter et de marquer sur la carte certaines couches spéciales qui servent de repères ; de plus, si l'on sait que ces couches-repères se trouvent à une certaine distance au-dessous ou au-dessus d'une couche de charbon, de calcaire ou toute autre que l'on désire marquer, l'apparition de cette couche-repère dans une vallée permettra d'être fixé sur la position de la couche que l'on cherche, de savoir par exemple à quelle profondeur elle est cachée sous les alluvions.

C'est pourquoi le géologue n'apporte jamais trop de soin à acquérir une connaissance approfondie, non seulement des lits particuliers, dont il cherche à tracer les affleurements, mais aussi des caractères divers des groupes de couches avec lesquels ces couches se trouvent interstratifiées.

Une connaissance détaillée de toutes les roches qui affleurent dans une région permet de déterminer l'horizon géologique des affleurements isolés de roches et par suite de tracer les limites avec une grande exactitude, même là où le sol est caché par des dépôts superficiels.

Débris roulés par les rivières. — Lorsque le caractère d'une roche ne peut permettre d'établir sa position géologique, il faut examiner avec soin les débris roulés par les rivières.

Si par exemple, on rencontre des fragments d'une roche, d'un calcaire déjà observé *in situ* autre part dans la même région, on les notera avec soin et on continuera à remonter la vallée. Les fragments de calcaires deviendront de plus en plus nombreux, ils seront de moins en moins arrondis et pourront atteindre une grande taille.

Si, en quelques points, on cesse de trouver ces calcaires, on en déduira que le calcaire doit être en place non loin de là. Dans ce cas, on vérifiera cette hypothèse par une étude approfondie des éléments angulaires analogues que l'on peut rencontrer dans les vallées adjacentes.

Mise au point de la carte. — Après avoir utilisé toutes ces données directes et indirectes, il restera probablement sur la carte des régions sur lesquelles on ne possèdera aucune donnée, permettant de tracer des limites.

Ainsi de la tourbe ou des alluvions peuvent masquer de grands espaces. Si la carte est à grande échelle, on arrêtera brusquement les lignes là où elles sont masquées par de l'alluvion ou de la tourbe et on marquera celle-ci d'une couleur spéciale (fig. 143, *x*).

Sur les cartes à petite échelle, il est souvent désirable dans beaucoup de cas de tracer la ligne à travers la région couverte d'alluvions et de tourbes, surtout si le gisement est important ou d'une certaine valeur. On peut le faire après s'être assuré qu'il n'y a pas d'interruption dans la continuité des strates, ni de cassure dans le voisinage.

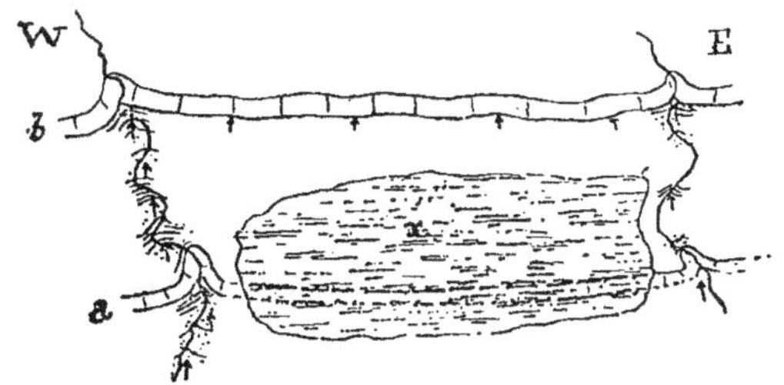

Fig. 143. — Gisements cachés par des dépôts superficiels.

a, *b*. — Affleurements de calcaire ;
x. — Dépôts superficiels (tourbe, par exemple).

L'affleurement de calcaire *b* a été suivi sans interruption de l'est à l'ouest ; d'autre part, on a pu s'assurer dans les ravins W et E qu'il y a continuité évidente des couches entre le banc *a* et le banc *b*. Il n'y a pas de doute, en ce cas, que le banc *a* ne se continue à travers la région où il est masqué par de la tourbe *x*.

Toutes les fois que l'on déduira la place d'un gisement, sans en avoir de preuves directes, on indiquera les limites de ce gisement par des lignes interrompues au lieu de lignes continues. Celle-ci signifieraient, en effet, que le gisement est visible, que les roches peuvent être vues *in situ*, tandis que les lignes interrompues indiquent seulement la position à laquelle le géologue pense que le gisement doit se trouver.

DÉDUCTIONS A TIRER DE L'EXAMEN DE LA CARTE

Forme des affleurements. — Ainsi que cela a été exposé précédemment (p. 181 et 182, fig. 31 à 34), la forme et la direction d'un affleurement varie naturellement avec la configuration du sol et avec la direction et l'angle du plongement.

Les affleurements les plus sinueux se trouvent dans les couches horizontales.

Des couches faiblement inclinées présentent aussi des affleurements très sinueux.

Des couches très inclinées ou presque verticales, ont généralement des affleurements très réguliers, se poursuivant en ligne droite sur de longues distances.

Couches horizontales. — Quand un plateau ondulé est constitué par des couches horizontales et qu'il est traversé dans différentes directions par de nombreuses vallées, les affleurements suivent nécessairement toutes les ondulations des courbes de niveau de la surface du sol (fig. 31, p. 181). La largeur de l'affleurement est d'ailleurs déterminée par la configuration topographique (fig. 35, p. 183).

Ainsi sous une pente forte, un affleurement de strates de quelques mètres d'épaisseur est marqué sur la carte par une bande relativement mince, tandis que la même couche affleurant au sommet d'une colline sera représentée par la surface entière d'un banc qui aura la forme d'une large tache colorée sur la carte.

Couches inclinées. — L'affleurement de couches inclinées varie en direction avec la pente du sol. Il est influencé aussi par l'angle du plongement ; mais l'influence de la pente du sol devient de moins en moins marquée quand le plongement augmente.

La largeur d'un affleurement déterminé varie de même avec le degré de la pente ; les lits qui plongent sous un angle faible déterminent un affleurement assez large ; les mêmes lits plongeant sous un angle élevé ont un gisement relativement peu large.

Ainsi l'affleurement d'un lit d'épaisseur uniforme apparaîtra plus ou moins large ou étroit, suivant que le plongement augmente ou diminue.

Mesure de l'épaisseur des couches. — Quand les couches sont horizontales, leur épaisseur ne peut être mesurée que lorsque ces couches sont visibles dans des affleurements, comme les falaises de la mer, les vallées des rivières.

Si on connaît la hauteur au-dessus du niveau de la mer de la partie inférieure et de la partie supérieure d'une grande série de couches horizontales, on a par différence l'épaisseur des couches. C'est pour des mesures de cette sorte que le baromètre est fort utile.

De même dans le cas de couches verticales, il est évident qu'une ligne exactement perpendiculaire à la direction de l'affleurement donne l'épaisseur entre deux points déterminés.

Quand les couches sont inclinées, la largeur de leur affleurement est nécessairement plus grande que l'épaisseur des bancs.

Mais, en connaissant la valeur de l'inclinaison, on peut, par un calcul très facile ou au moyen d'un graphique très aisé à construire, mesurer l'épaisseur réelle des couches.

On a supposé, dans le cas représenté (fig. 144) que le plon-

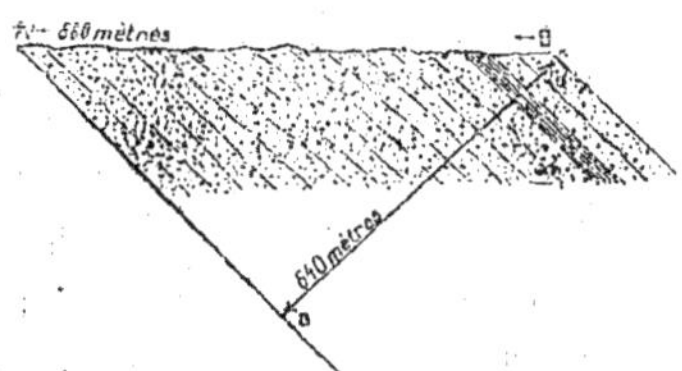

Fig. 144. — Mesure de l'épaisseur des couches inclinées.

Les couches AB plongent de 45°. La section est à une échelle telle que la largeur de l'affleurement entre A et B est de 880 mètres.

Une ligne A*a* représente l'inclinaison exacte des couches ; une ligne perpendiculaire, *ab*, mesure l'épaisseur de la série (640 mètres).

gement des couches est le même en A et en B ; ce n'est pas toujours le cas ; la plupart du temps, le plongement varie suivant les points ; on est alors amené à prendre la moyenne des valeurs observées.

Maclaren a donné une règle empirique et approchée pour la mesure de l'épaisseur d'un gisement. *L'épaisseur est le 1/12 de l'épaisseur apparente pour chaque 5° d'inclinaison.*

Epaisseur apparente telle que AB (de la fig. 144).	Plongement.	Épaisseur réelle.
	5°	100 m.
1.200 m.	10°	200 m.
	15°	300 m.
	20°	400 m.

Cette règle n'est qu'approximative ; elle n'est plus du tout correcte quand le plongement dépasse 45°.

Épaississement et amincissement des couches. — Quand toutes les limites sont tracées, tous les affleurements mar-

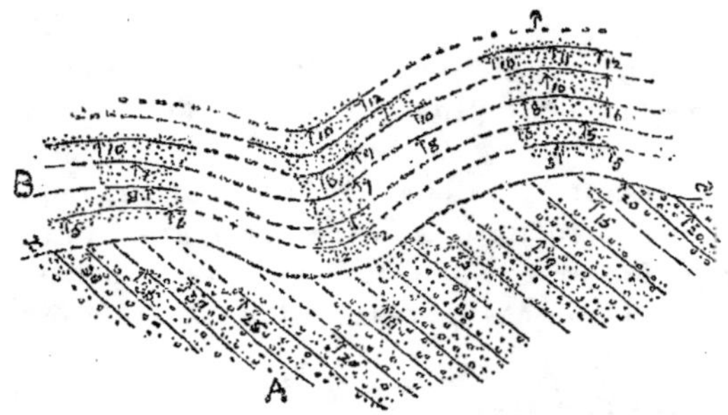

Fig. 145. — Carte géologique d'une région où les couches sont discordantes.

Les lignes continues indiquent les affleurements et les limites visibles.
Les lignes discontinues indiquent les affleurements et les limites supposés.
Le grisé représente les points où les roches sont visibles à la surface.
On voit deux séries de couches inclinées dans des directions différentes, il semble qu'elles plongent les unes contre les autres.
Il est évident que la série A ne peut pas appartenir à la série B ; il n'y a pas la place en ax pour que les couches A se recourbent et plongent sous les couches B.
La jonction entre les deux séries doit donc être discordante, si elle n'est pas due à une faille.

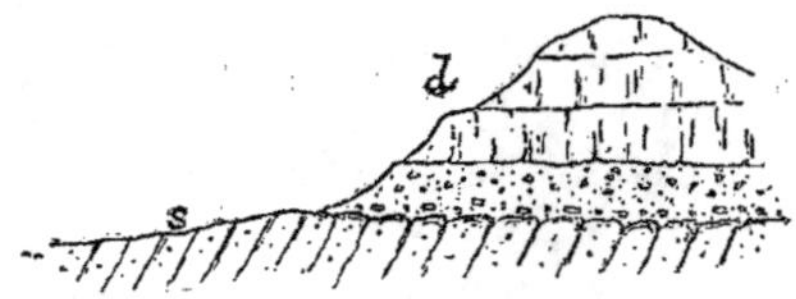

Fig. 146. — Schéma d'une discordance angulaire.

23.

qués, quand la succession des couches est établie d'une façon
nette, on trouve souvent que l'intervalle entre les affleurements de deux lits donnés varie suivant les points ; en d'autres
termes, la couche intermédiaire paraît s'amincir ou s'épais-
sir suivant la direction dans laquelle on suit le gisement.

Cet amincissement et cet épaississement apparent peuvent
quelquefois s'expliquer par les irrégularités de la surface ou
par les variations de l'angle du plongement. Mais quand on
s'est assuré qu'ils ne sont pas dus à ces causes, il faut en
conclure que l'on a affaire à des épaississements et à des amincissements réels de la couche intermédiaire.

Discordances. — On peut souvent découvrir sur la carte
géologique des discordances dont on n'a pas pu relever la
trace sur le terrain (fig. 145) ; mais dans ce cas, il faut s'astreindre à chercher à nouveau les preuves de ces discordances par de nouvelles observations sur place (voir ch. VII,
p. 163, 164).

Transgressions. — La transgression ne se voit guère sur

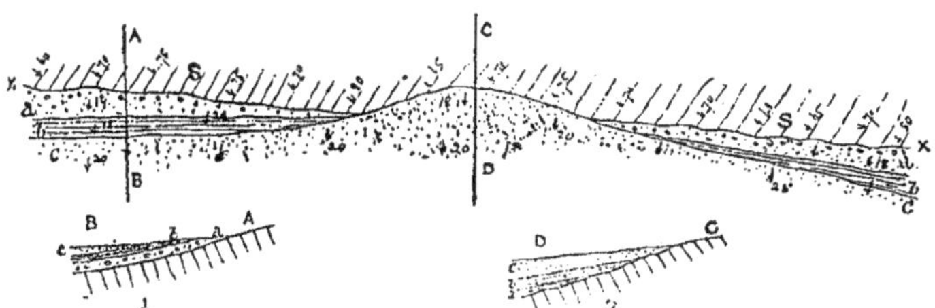

Fig. 147. — Carte géologique d'une région où existe une discordance
et une transgression.

S. — Silurien ;
xx. — Discordance ;
a,b,c. — Couches plus jeunes transgressives les unes sur les autres et
sur le Silurien.

1. — Coupe suivant AB ;
2. — Coupe suivant CD ;

La structure transgressive n'est pas visible dans la région traversée par
la coupe AB. Là il n'y a aucune apparence de transgression ; mais quand
on suit les affleurements jusqu'en *CD*, le banc *b* est progressivement transgressif sur le banc *a* et il est lui-même dépassé par le banc gréseux *C* qui
arrive à reposer directement et en discordance sur les couches très redressées *S, S.*

une carte, si elle n'est pas accompagnée d'une discordance
nette. Cependant, quand la carte est à une échelle suffisante,
on peut se rendre compte du caractère transgressif d'une
couche (fig. 147).

Failles normales. — On observe souvent des failles dans
des coupes naturelles ; mais elles sont en général de peu
d'importance et déterminent un faible déplacement. On peut
quelquefois rencontrer les grandes dislocations d'une région
faillée dans les tranchées de chemins de fer et dans d'autres
excavations ; mais elles sont rarement observables dans les
affleurements naturels.

La raison en est simple : ces failles sont généralement associées à des roches très brisées ; aussi, lorsque celles-ci sont
exposées à la dénudation, elles se décomposent et leurs produits de décomposition masquent la faille.

De plus ces produits de décomposition sont souvent enlevés
par les agents atmosphériques et une dépression peut se former le long de la ligne de dislocation, dépression qui est
ultérieurement remplie par des alluvions et des produits de
décomposition.

Il ne faudrait pas croire cependant que les failles déterminent toujours une dépression de cette sorte ; la plupart du
temps les inégalités de la surface qui ont été causées par la
faille ont été depuis longtemps aplanies et la topographie ne
manifeste en rien l'existence de la faille.

De même, beaucoup d'accidents topographiques doivent
leur origine, non pas à des failles, mais à la différence de
dureté des roches qui la composent.

Quand on fait la carte des couches des deux côtés de la faille
présumée, on constate que les deux séries de roches sont poussées l'une sur l'autre ; les affleurements de l'une des séries,
quelquefois des deux, sont coupés comme à l'emporte-pièce.
La détermination de la dénivellation du rejet est rarement
difficile quand il s'agit d'une faille suffisamment importante
(fig. 148).

Si l'âge relatif des couches des deux côtés de la dislocation
est connu, comme c'est généralement le cas, on constate que les

roches les plus jeunes se trouvent du côté abaissé. Quand les
failles traversent une même série de roches et ne sont visibles
nulle part dans les coupes, on détermine le sens de la dénivellation d'après l'effet produit sur les affleurements (chapitre XI, p. 212-213).

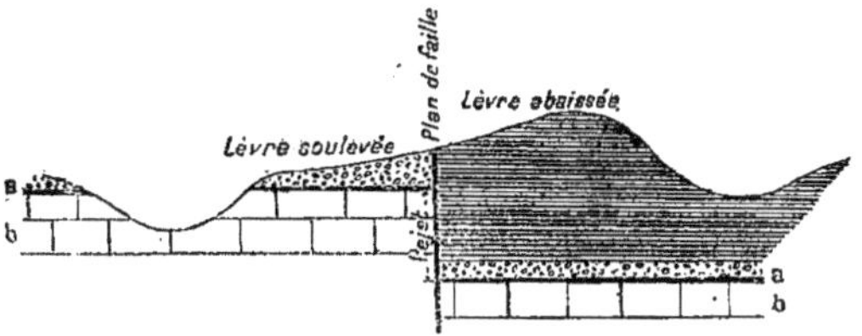

Fig. 148. — Couches faillées butant les unes contre les autres.
On sait, par l'étude que l'on a déjà faite de la région, quelle épaisseur
de couches sépare normalement les couches de droite de celle de gauche.
Cette épaisseur mesure la valeur du rejet.

**Influence de la dureté des roches sur la forme des acci-
dents topographiques.** — Un changement soudain dans la
forme du sol est due, dans la plupart des cas, à un changement brusque dans les caractères pétrographiques ou dans la
structure géologique des roches, à l'affleurement de cou-

Fig. 149. — Roches dures déterminant un escarpement.
b. — Basalte ;
S. — Grès et argiles.

ches relativement dures au milieu de couches moins dures
(fig. 149).

Dans beaucoup de cas, les niveaux inférieurs sont composés de roches désagrégeables ou relativement tendres ; les
niveaux supérieurs indiquent la présence de roches plus
dures ou de structure plus compacte, capables de mieux
résister à l'action destructive des agents atmosphériques.

De même, quand une série épaisse de couches relativement
dures est surmontée par des couches tendres, les premières

tendent à former une ligne de hauteurs (fig. 150); mais celles-ci sont généralement moins abruptes que dans le cas précédent (fig. 149).

Dans les deux cas, les lignes de hauteurs produites par ces
affleurements sont, soit très sinueuses, soit relativement

Fig. 150. — Affleurement de couches inclinées.

L'affleurement des couches dures détermine une ligne de hauteur.

droites, suivant que les couches sont inclinées d'une façon
douce ou abrupte.

Si un escarpement est dû à l'affleurement d'une roche,
comme un calcaire, il s'étend généralement sur une très
grande distance. S'il est déterminé par un filon-couche ou un
conglomérat épais, son extension latérale sera limitée.

Comme les failles font souvent buter les unes contre les
autres des roches dures et des roches tendres, elles déterminent souvent par ce fait seul des formes topographiques qui
permettent quelquefois de les déceler.

Dans ce cas, la ligne séparant la région haute de la région
basse sera rectiligne ou très légèrement sinueuse, et la plus
ou moins grande abondance des sources indiquera la position
de la ligne de fracture. Bien entendu, on ne se contentera
pas de cette indication et on cherchera à trouver des preuves
directes de l'existence de la faille (voir chap. XI, p. 205-222).

Failles renversées et plis couchés. — Quand les couches,
affectées par ces accidents, ont un âge connu, il n'est pas difficile de les mettre en évidence.

Ainsi, lorsque des roches carbonifères plongent régulièrement sous des couches dévoniennes, il est évident que l'inter-
version de l'ordre stratigraphique est due à une faille renversée, à des plis couchés ou à des nappes.

Si l'inversion est le résultat d'un pli seul, les deux séries de couches qui se trouvent sur le flanc renversé d'un pli très asymétrique ou couché sont tournées sens dessus dessous.

Mais si l'inversion est due à une faille, l'ordre des couches dans une même série n'est pas interverti ; les diverses couches du Carbonifère se suivent régulièrement ; il en est de même des couches du Dévonien.

Mais comme les failles renversées sont souvent le résultat de plis couchés, il arrive souvent que l'on observe une struc·trure résultant de la combinaison des structures des plis couchés et des failles renversées.

Les plis et les failles de cette espèce sont généralement développés dans les régions qui ont été soumises à une grande déformation, région dont la structure géologique est toujours très difficile à déterminer. Seuls des géologues exercés peuvent en aborder l'étude ; ce sont même des géologues, spécialisés dans cette science des plis et des failles, que l'on appelle la *tectonique*.

CARTES GÉOLOGIQUES DANS LES RÉGIONS DE ROCHES ÉRUPTIVES ET CRISTALLINES

La carte des roches éruptives se fait de la même façon que celle des couches sédimentaires.

Les affleurements de roches effusives ne sont pas plus difficiles à suivre que ceux de calcaires ou de toute autre roche stratifiée. La limite des bosses intrusives, filons-couches, dykes, est plus irrégulière et en l'absence de coupes naturelles est souvent délicate à tracer ; mais ces roches sont généralement plus résistantes que les couches qu'elles traversent ; elles tendent à faire saillie en surface et à déterminer certains traits de la topographie. Aussi est-on plutôt gêné par l'abondance des faits à marquer que par la rareté des affleurements ; souvent le nombre de filons est trop grand pour le marquer sur les cartes et on est obligé de schématiser leur disposition.

Masses granitiques. — Dans le cas de masses de granite, la limite du granite et des roches adjacentes est très irrégulière ; car des veines de toutes dimensions pénètrent en tous sens les sédiments avoisinants. Là encore, étant donné l'échelle des cartes dont on dispose, il faudra souvent généraliser et se borner à montrer l'allure de la masse granitique, allure circulaire, elliptique ou irrégulière. On schématisera également la disposition des principales veines et apophyses. Cependant toutes les fois que l'une d'elles sera visible en affleurement, on la marquera sur la carte-minute.

Autant que possible, on notera la nature des roches métamorphisées qui entourent le granite.

Les divers états de métamorphismes passent si graduellement de l'un à l'autre qu'il est souvent tout à fait impossible de tracer la limite séparant les diverses roches métamorphiques les unes des autres.

Cependant, on peut le faire quelquefois, surtout quand les roches originelles inaltérées diffèrent beaucoup de caractère et ont été transformées en roches cristallines ou subcristallines, qui contrastent très nettement entre elles.

Il y a beaucoup d'autres observations que l'on trouvera à faire sur le terrain et qu'il est impossible d'indiquer sur une carte, mais qu'il faut consigner dans le carnet.

Filons-couches. — Ils ne sont généralement pas difficiles à tracer. Même lorsque les limites avec les roches voisines ne sont pas visibles, le caractère intrusif des filons-couches est souvent indiqué par la manière dont ils paraissent passer d'une couche à une autre.

L'absence de tufs stratifiés accompagnant ces roches ignées sera également caractéristique de leur nature intrusive.

Dykes. — Ils sont plus faciles à reconnaître sur le terrain que les filons-couches et peuvent également être suivis sans difficulté. Leur présence est souvent révélée par des lignes de sources qui viennent au jour sur le côté du dyke où les couches sont inclinées (voir aussi chap. XII, p. 223-250, sur les dykes, filons-couches et necks ou cheminées d'éruption).

Necks. — Quand on voit un neck (cheminée d'éruption), soit en plan, soit en coupe, on est immédiatement frappé par son caractère général qui tranche à côté de celui des roches voisines.

Cependant, dans le cas où le contact avec ces couches voisines n'est pas visible, on pourrait confondre un neck avec

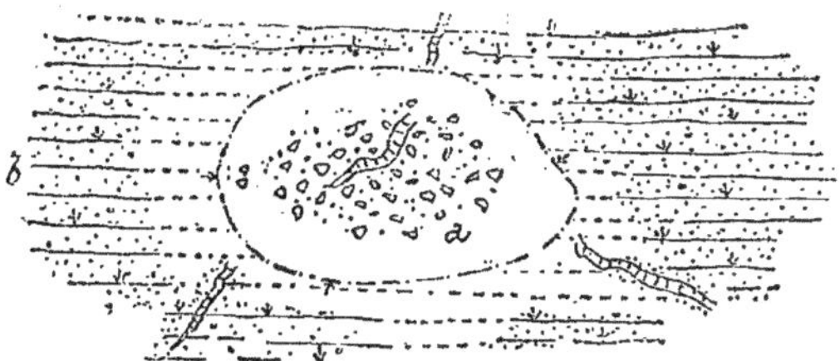

Fig. 151. — Plan d'un neck.

Les lignes continues se rapportent aux roches que l'on peut observer en affleurement. Les lignes interrompues représentent des limites hypothétiques.

a. — Tufs et conglomérats.

b. — Couches sédimentaires, plongeant dans le sens indiqué par les flèches.

Des dykes de roches éruptives traversent aussi bien les couches *a* que les couches *b*.

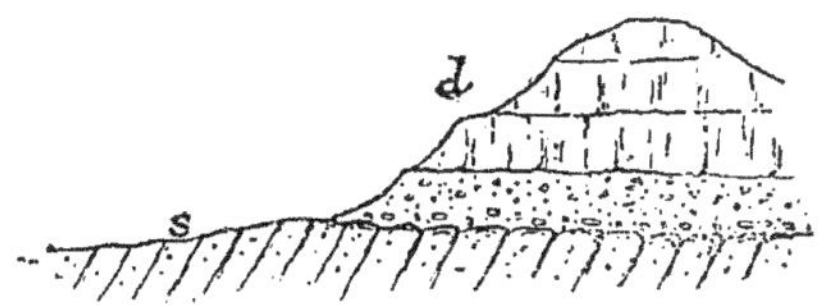

Fig. 152. — Témoins de sédiments *d* en discordance sur des couches plus anciennes *s* redressées.

un témoin. Les données acquises par le terrain (fig. 151) sont quelquefois assez incomplètes pour que l'on puisse admettre, dans certains cas, que les tufs et les conglomérats, tels que *a*, reposent en discordance sur les couches *b* comme dans la fig. 152.

On aura des raisons de croire que les couches *a* représentent un neck :

1º Lorsque les tufs ne sont pas stratifiés ou lorsque celles de ses couches qui sont formées d'éléments grossiers plongent vers le centre du neck ;

2° Lorsque les dykes de roches cristallines qui traversent ces tufs se retrouvent à une faible distance dans les roches environnantes ;

3° Lorsque ces couches environnantes sont plus ou moins disloquées au voisinage des tufs et présentent des traces de durcissement dues à l'action de la chaleur ;

4° Lorsque les tufs contiennent des éléments arrachés aux roches sous-jacentes.

Lorsque les necks sont constitués par des roches cristallines et que l'on ne voit pas leur contact avec les roches sous-jacentes, il peut y avoir également doute sur la question de savoir si l'on a affaire à un neck ou à une butte-témoin. Les fissures de retrait, qui sont comme l'on sait (p. 200) perpendiculaires aux surfaces de refroidissement, peuvent quelquefois éclairer le problème ; dans le cas de couches horizontales, ces fissures sont verticales ; dans le cas d'un neck, où la surface de refroidissement est verticale, elles sont horizontales ; mais ce sont là toujours des observations délicates. Il vaut mieux essayer d'arriver à voir le contact en quelque point.

Clivage des schistes. — Cette structure se rencontre dans les roches qui ont été comprimées, comme les schistes et les ardoises ; dans ce cas, les plans primitifs de stratification sont généralement mal visibles, ils sont plus ou moins masqués par les plans de clivage qui sont sans rapport de direction avec eux ; ce sont ces derniers que l'on observe le plus généralement.

Les plans de stratification originelle sont plus difficiles à mettre en évidence ; ils peuvent être indiqués par des variations dans la teinte et la structure des schistes ; souvent des lits de grauwacke, de quartzite et autres roches moins clivables sont interstratifiés avec les schistes et leur présence permet de voir la véritable stratification. Parfois, d'ailleurs, dans une série de couches plissées le clivage ne s'observe que dans les roches argileuses et. comme ce clivage traverse souvent les plans de stratification originelle à angle droit, le contact entre les roches clivées et non clivées ressemble à une discordance (fig. 153).

En faisant la carte, le plus grand danger est de confondre

le clivage et la stratification. Il est nécessaire d'ailleurs de noter toujours la direction de l'inclinaison et du plongement des plans de clivage, même quand la stratification est obscure

Fig. 153. — Clivage et stratification.

Cette figure montre que le clivage indiqué par de nombreuses lignes noires, minces, parallèles, est sans aucun rapport avec la stratification. mise en évidence par la présence d'un lit de conglomérat, intercalé au milieu des schistes. Il semble y avoir une discordance entre les couches argileuses clivées et le conglomérat, non clivé, dont on voit la stratification originelle.

ou cachée. La direction du clivage coïncide, en effet, plus ou moins exactement avec les axes des plis ; sa connaissance peut donc aider à connaître la structure d'une région compliquée.

Métamorphisme régional. — Dans les régions où le métamorphisme régional est développé, la structure géologique est généralement très compliquée et très obscure ; il faut pour l'étudier un géologue qui soit déjà très exercé et qui ait une connaissance approfondie de la pétrographie.

En général, le métamorphisme régional est en relation avec les déformations subies par la croûte terrestre ; la contrée où on l'observe a dû subir des poussées énergiques ayant pu donner naissance à des plis renversés et à des nappes.

En faisant la carte d'une région où s'observent de tels phénomènes, il est très important de tracer les axes des principaux plis et la position de tous les grands plans de charriage. Il faut le faire sans se préoccuper tout d'abord des questions purement théoriques, relatives aux changements physiques et minéralogiques que les roches ont subis.

Ce n'est que peu à peu, au fur et à mesure des observations sur le terrain que l'on arrivera à se rendre compte non seulement du caractère originel des roches, mais aussi des modifications successives qu'elles ont pu subir.

CARTE GÉOLOGIQUE SCHÉMATIQUE REPRÉSENTANT LES FAITS OBSERVÉS SUR LE TERRAIN

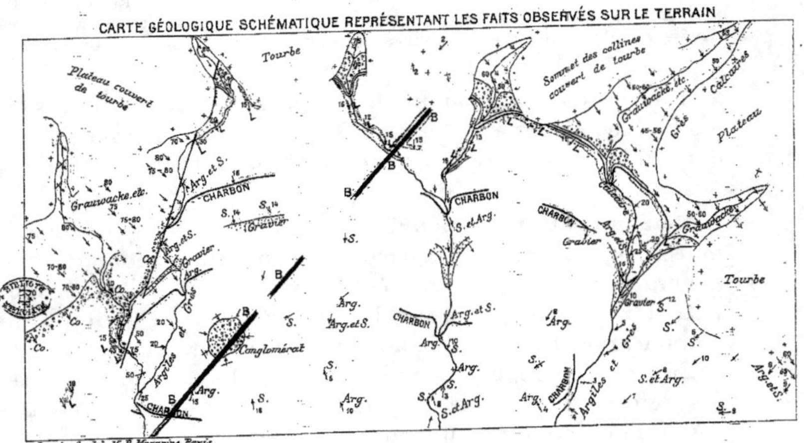

Tourbe
Plateau couvert de tourbe
Grauwacke, etc.
Arg. et S.
CHARBON
S.
Gravier
Co.
Arg. et S.
Gravier
Arg.
B
B
Conglomérat
Arg.
CHARBON
Sommet des collines couvert de tourbe
Grauwacke, etc.
Grès
Calcaires
Plateau
CHARBON
S. et Arg.
CHARBON
Gravier
Arg.
Grauwacke
Tourbe
Gravier
S.
Arg.
Arg. et S.
CHARBON
Arg.
Arg.
S. et Arg.
Arg.
S. et
Argiles et Grès
CHARBON
S. et Arg.
Arg. et S.
S.
S. et Arg.

Lespinasse, del. 35 R. Mazarine, Paris.

CARTE GÉOLOGIQUE DE LA MÊME RÉGION, COMPLÉTÉE ET MISE AU POINT 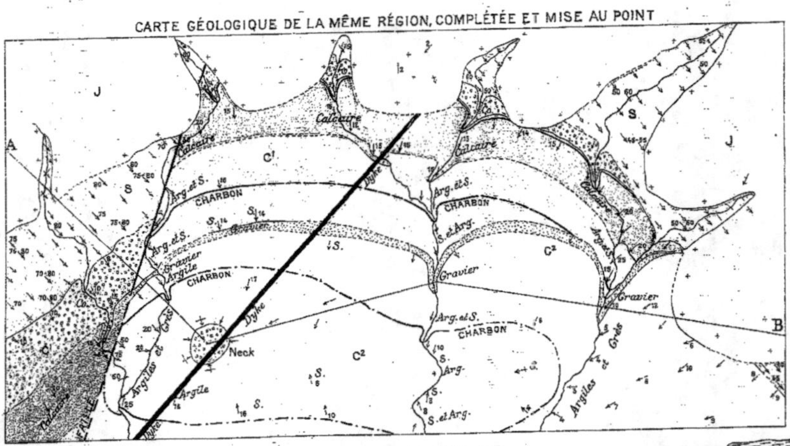
J
Calcaire
Calcaire
C¹
S
Arg. et S.
CHARBON
Arg. et S.
Gravier
Argile
CHARBON
Dyke
Neck
Argile
Argile
S.
S.
Arg. et S.
CHARBON
S. et Arg.
Arg.
S. et Arg.
C²
Gravier
S. et Arg.
C²
Gravier
Argiles et Grès
J
S
A
B
SECTION SUIVANT LA LIGNE A-B 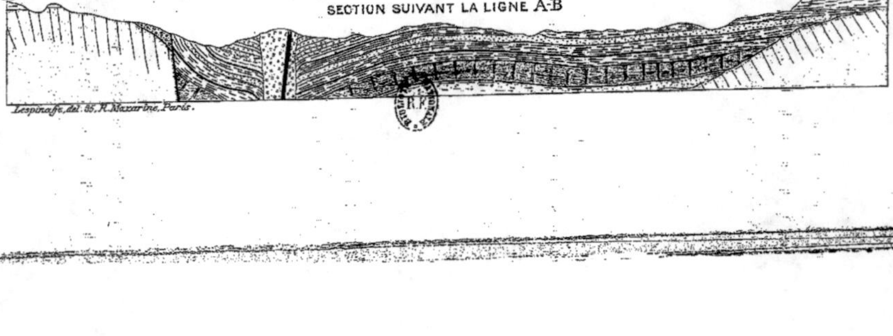
A
B
Pl. LXI.
Lespinasse, del. 85, R. Mazarine, Paris.

On constatera que la position des plis est jalonnée par les affleurements de zones, plus ou moins résistantes, de différentes sortes de schistes ayant approximativement la même direction. Ces bandes représentent la direction générale des couches.

Il faut aussi apporter une attention spéciale à la présence de certains minéraux qui peuvent quelquefois servir à établir l'ordre stratigraphique comme on utilise les fossiles dans les couches sédimentaires inaltérées. Des couches et des bandes de minerais se trouvent fréquemment en connection avec certains schistes, et dans certaines régions, comme la Norvège, on peut les suivre sur de grandes surfaces. Comme ces roches métallifères sont toujours associées à la même sorte de schiste, il est évident qu'elles sont véritablement stratifiées et qu'elles indiquent un horizon géologique déterminé. Les calcaires cristallins et les dolomies interstratifiés dans certains schistes, peuvent de même être suivis sur de longues distances. Lorsque ces bancs de calcaires accompagnés des mêmes schistes réapparaissent à des niveaux différents, on peut souvent en conclure que ces gisements successifs sont le résultat de plissement.

Il arrive souvent en traversant une région de roches schisteuses de rencontrer des points où ces roches sont moins métamorphisées. On les reconnaît facilement à leur caractère clastique ; ce sont des conglomérats schisteux, des roches quartzeuses, des phyllites, des grauwackes, des calcaires. On doit les suivre avec soin dans le sens de leur direction pour voir les changements qu'elles subissent en approchant des régions très métamorphisées. Les bandes successives de schistes distincts que l'on a pu tracer dans cette région, peuvent généralement se raccorder avec des lits particuliers qui affleurent dans la région inaltérée ; dans ce cas il n'y a aucun doute que ces schistes ne soient des couches sédimentaires métamorphisées. Si la direction de leur foliation coïncide avec le plongement des bandes, on peut en déduire que la schistosité s'est développée le long des plans de stratification originelle.

Il faut aussi étudier les relations des roches éruptives avec les schistes qu'elles traversent. Si elles sont plus anciennes que le métamorphisme, elles ont subi elles-mêmes quelques modifications et peuvent être très plissées comme les schistes.

Si, au contraire, elles sont plus récentes elles ne sont pas métamorphisées.

Il arrive quelquefois que l'on rencontre des masses ignées plus anciennes que le métamorphisme et qui ont cependant une apparence normale. Mais, quand on les suit sur une certaine distance, elles montrent en quelques points des traces de froissement et passent à des schistes ou à des gneiss quand on approche de la région d'extrême métamorphisme.

Des failles normales et renversées peuvent se trouver dans les roches schisteuses; mais il faut surtout s'attendre à y trouver de grands plans de glissement. Les affleurements de ces plans de glissement suivent généralement la direction des couches. Ils sont difficiles à mettre en évidence à moins qu'ils ne se montrent sur une grande échelle. Mais si l'on peut étudier la structure géologique d'ensemble de la région et si les schistes montrent une succession plus ou moins définie, une carte faite avec soin révélera toutes les failles de quelque importance, absolument comme dans le cas de roches sédimentaires.

Quelquefois ces failles donnent naissance à des saillies de la surface, que l'on peut suivre dans une direction déterminée à travers la montagne.

C'est que généralement les plans de glissement sont rendus visibles par l'érosion parce qu'ils mettent en contact des roches de nature différente résistant inégalement à l'érosion. Dans le cas où des roches dures sont ainsi amenées à reposer sur des roches tendres, l'érosion produit un escarpement comme dans le cas de l'intercalation de lits durs dans une série de couches tendres. De plus, les eaux courantes ont souvent creusé des ravins profonds le long des plans de glissement (Pl. XLVII).

La présence d'un important plan de glissement est aussi révélée par le caractère fissuré des roches avoisinantes qui constituent même souvent de véritables breccias.

Le métamorphisme produit par de grands déplacements de roches est encore plus net. Les roches clastiques sont rendues cristallines et schisteuses, et la foliation s'étend jusqu'à une certaine distance de l'accident. Les roches cristallines, éruptives, massives, peuvent de même être feuilletées et brisées. les roches gneissiques et schisteuses anciennes sont modifiées aussi ; de nouveaux plans de foliation s'y développent, faisant un angle quelconque avec les anciens. De plus, le système de plans de glissement dans les schistes d'une région à structure très compliquée, est souvent traversé par un système de failles normales qui déplace les plans de glissement comme s'ils étaient des affleurements. Ces failles sont mises en évidence et suivies par les procédés ordinaires.

Roches archéennes. — Il est encore plus difficile de marquer sur la carte les phénomènes compliqués présentés par les anciennes roches gneissiques grossièrement zonées qui semblent, dans certains cas, constituer les plus anciens sédiments connus. Les essais faits pour étudier le *complexe archéen* sont restés infructueux. Les successions que l'on avait observées en certains points ne se retrouvent pas ailleurs.

Il n'est d'ailleurs pas certain que ces roches soient toutes d'âge antérieur au Cambrien ; elles peuvent représenter des sédiments métamorphiques des premiers âges paléozoïques, traversés dans toutes les directions par des masses éruptives. On ne peut démontrer leur âge précambrien que lorsqu'elles sont recouvertes par des sédiments cambriens.

CARTE DES DÉPOTS SUPERFICIELS

Dépôts superficiels. — Les roches solides sont souvent masquées par des couches de matériaux meubles : gravier, sable, argile. Ces accumulations sont confinées aux vallées et dépressions ou bien elles recouvrent des régions basses considérables. Elles sont d'origine diverse, marine, fluviatile, lacustre, terrestre ; les unes appartiennent au Tertiaire ancien ; les autres à des époques plus récentes ; beaucoup sont encore en voie de formation.

Il est difficile de faire la carte de tels dépôts, car on en voit rarement des affleurements nets ; sur les pentes, les contacts ne se voient guère et sont masqués par des sables, des limons, etc., éboulés des parties supérieures.

Il est quelquefois nécessaire alors d'employer de petites sondes pour déterminer aussi exactement que possible la position du gisement masqué (fig. 154).

En général, dans le Tertiaire, des coupes naturelles sont

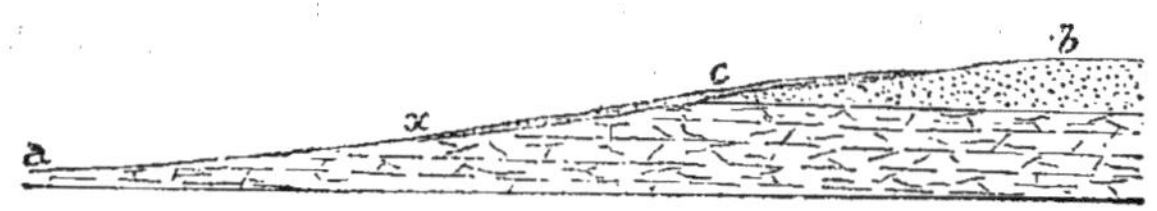

Fig. 154. — Affleurement masqué par les produits de surface.

a. — Argile ;
b. — Sable.

La surface, entre x et b, ne montre que du sable, tandis qu'entre a et x, elle est constituée directement par de l'argile.

On a raison de penser que le sable en x et jusqu'à une certaine distance sur la pente, n'est pas *en place*, mais qu'il est *remanié* ; on sonde à travers le sable jusqu'à ce que la sonde touche l'argile en un point tel que c. A moins que le sable sur la pente ne soit fort épais, on peut ainsi déterminer avec beaucoup d'approximation la position des affleurements.

rares ; les meilleures se trouvent sur le bord de la mer et dans les tranchées et excavations artificielles. Souvent d'ailleurs, le géologue a recours aux résultats des forages et des sondages profonds pour déterminer la succession des couches et la position probable des affleurements. Il aura aussi des renseignements précieux en étudiant avec soin les divers sols, le caractère de la végétation, la forme du sol.

Le gravier, par exemple, très poreux, absorbe rapidement la pluie et est par suite moins attaquable par les eaux courantes.

L'argile tend à former des pays secs avec une surface plus ou moins ondulée ; elle est puissamment attaquée et érodée par les agents atmosphériques.

Les sables épais donnent naissance à un sol sec, l'argile forme des plaines basses ou des plateaux, découpés dans toutes les directions par les eaux courantes.

Mais dans les régions cultivées depuis longtemps, le sol a été souvent tellement transformé qu'il est difficile de dire quelle est la nature des dépôts sous-jacents. De même dans ce cas les associations végétales ne peuvent guère être prises comme guides. Ces difficultés se présentent surtout quand on a affaire à des affleurements de dépôts relativement minces.

Quand la série est épaisse et couvre de grandes surfaces, la nature du sol et le caractère de la végétation permettent de tracer les limites avec assez de confiance.

Accumulations glaciaires et fluvio-glaciaires. — Elles sont surtout développées en Angleterre et sous les latitudes correspondantes de l'Europe et de l'Amérique du Nord. Elles y occupent de grandes surfaces dans les vallées et les plateaux, masquant les roches solides sous-jacentes.

Argile à blocaux. — C'est une masse non stratifiée, amorphe (voir page 107). Une de ses particularités les plus saillantes est de contenir de nombreux blocs. Ils sont très frais, non décomposés, généralement obtus et subangulaires, quelquefois polis et striés sur leurs faces En ce qui concerne la striation, on notera surtout son caractère et ses relations avec la disposition, la nature des blocs. Généralement les pierres allongées sont plus distinctement striées en longueur, tandis que celles qui sont aussi larges que longues sont striées également de tous les côtés. De même, les roches compactes finement grenues, calcaires, argiles, minerais de fer, ont généralement un plus beau poli que les graviers à gros grains et les grès.

On notera toute trace d'arrangement des blocs ; ainsi quelquefois des lignes de blocs grands et petits traversent la surface d'un affleurement dans l'argile à blocaux.

On examinera avec soin l'argile graveleuse elle-même. On en emportera une partie que l'on séchera et que l'on émiettera pour étudier à la loupe les éléments les plus gros ; ce sont simplement de petits blocs, anguleux ou subanguleux, souvent striés, pas du tout décomposés.

L'*argile* sera ensuite lavée et passée au crible ; on utilise des cribles de finesses différentes ; on élimine toutes les parties graveleuses et il ne reste que les résidus très fins. En les examinant au microscope, on constate qu'à part la taille, ils sont identiques à ceux que l'on a examiné à la loupe et qu'ils sont constitués par de la matière minérale inaltérée. Par décantation de l'eau résiduelle, on a un précipité mécanique très fin qui a encore le même caractère ; cette proportion d'argile vraie est insignifiante, elle atteint à peine un dixième ou un huitième.

On pense que cette argile à blocaux est la *moraine de fond* d'énormes glaciers et qu'elle est due à l'action triturante de la glace en mouvement. Ce mode de formation explique pourquoi elle est constituée par des matériaux frais, inaltérés.

La surface topographique d'un sol, formé par des produits glaciaires, ne présente en général aucun trait saillant, elle n'est constituée que par de douces ondulations qui n'ont aucune direction déterminée. Mais dans certains cas, la surface est moins monotone, elle a un aspect ridé et est constituée par une série de bandes parallèles (*drumlins*), plus ou moins longues, alternant avec des dépressions. On déterminera avec soin la direction de ces bandes. Dans beaucoup de cas elles sont contemporaines du dépôt de l'argile à blocaux et dues peut-être à des torrents sous-glaciaires mais souvent ces bandes sont simplement le résultat de l'érosion inégale de la surface ondulée de l'argile à blocaux.

La couleur de l'argile à blocaux et la nature des blocs qu'elle contient doit être notée. La couleur est généralement celle de la roche dominant dans la région ; elle est, par suite, locale. Les fragments les plus abondants sont aussi empruntés aux roches du pays ; mais ils sont mélangés à beaucoup d'autres venant de beaucoup plus loin. On notera le pourcentage des différentes sortes de roches et on essaiera de se rendre compte de leur origine, ce qui est en général assez difficile ; on se servira à cet effet de la carte géologique de la région et des collections publiques. La détermination de cette origine permettra d'avoir la direction générale suivie par l'ancien glacier.

Des lits lenticulaires et des séries, quelquefois épaisses, de graviers sans fossiles, de sable, d'argiles feuilletées, s'intercalent quelquefois dans l'argile à blocaux ; ces dépôts sont généralement plus ou moins confus ; ils sont dus à l'action de l'eau sous-glaciaire. L'argile à blocaux qui se trouve immédiatement au-dessous est fraîche et inaltérée, ce qui indique qu'elle n'a jamais été soumise à l'action oxydante de l'atmosphère.

Par contre, çà et là, les dépôts stratifiés de gravier, de sable, de limon, de tourbe, etc., sont mélangés avec l'argile à blocaux supérieure et recouverts par elle. Sous ces lits, l'argile à blocaux, est décolorée jusqu'à une certaine profondeur ce qui montre qu'elle a été soumise pendant quelque temps à l'action de l'atmosphère et des eaux superficielles ; ces dépôts superficiels sont souvent des restes d'une ancienne surface continentale ; on en déduit que le dépôt de l'argile à blocaux a été interrompu et s'est fait pendant plusieurs périodes.

Cette hypothèse est confirmée par le fait de l'intercalation de dépôts marins dans l'argile à blocaux.

Il faut aussi étudier la relation de l'argile à blocaux avec les roches immédiatement sous-jacentes ; celles-ci sont souvent si brisées et comprimées qu'il est difficile de dire où commence l'argile à blocaux. Dans d'autres cas, la roche sous-jacente est au contraire polie et striée. Il faut noter la direction des stries ; car c'est précisément la direction du glacier au point d'observation.

Il faut noter qu'il est quelquefois délicat, lorsqu'on manque d'habitude, de distinguer des *stries glaciaires* (pl. LV) des *stries tectoniques* (pl. XLV).

Ces dernières sont généralement confinées à des surfaces planes et couvertes de matières minérales ; les stries sont rigoureusement parallèles ; quand la surface présente des dépressions, celles-ci ne sont pas striées.

Au contraire, les stries glaciaires se trouvent sur des surfaces plates, concaves, convexes ou ondulées. Les polissages et les stries ne sont pas confinés aux protubérances de la surface ; on les trouve aussi dans les dépressions et les petites fossettes de la roche. Quoique grossièrement parallèles, les stries glaciaires ne sont pas aussi rectilignes que les stries tectoniques ; elles se croisent souvent à angle droit : dans cas, elles contournent doucement les protubérances, comme si celles-ci avaient causé une légère déviation de la masse de glace.

Les stries peuvent être très fines comme si elles avaient

été faites par l'aiguille d'un graveur; elles peuvent aussi être très grossières, il y a tous les intermédiaires entre ces deux sortes de stries et on peut les voir sur les bords d'une même roche.

Roches moutonnées. — Les surfaces polies se trouvent non seulement sous l'argile glaciaire, mais on les voit aussi sur les collines et les mamelons dont l'argile glaciaire a été enlevée par la dénudation et même en beaucoup de points où il est probable que l'argile à blocaux ne s'est jamais déposée et où la masse de glace seule a agi.

On prendra note de l'aspect spécial de ces collines et montagnes de paysage glaciaire (pl. LVI).

Les pays qui ont été soumis à une glaciation énergique ont généralement une topographie très spéciale. Les mamelons sont adoucis et arrondis vers le côté où la glace s'écoulait ; l'autre côté, protégé par sa position, a gardé une certaine rudesse originelle. Toutes les pentes ont une surface mamelonnée et la surface arrondie des roches est souvent striée.

Les traces glaciaires sont quelquefois fraîches et très reconnaissables ; elles sont d'autres fois très fugitives.

Lorsqu'elles ont disparu, les lignes mamelonnées de la masse rocheuse et la présence des blocs striés sont des données qui permettent de conclure à la présence ancienne de la glace. C'est ainsi que l'on a pu montrer l'existence de glaciers primaires en plusieurs points du globe (Le Cap, Australie, etc.)

Moraines terminales. Blocs perchés. — On trouve souvent, au débouché des vallées, des collines constituées par des blocs anguleux et des débris terreux, s'élevant jusqu'à une altitude considérable ; elles forment quelquefois de véritables remparts, des amphithéâtres, ou de longues crêtes.

Le caractère de ces dépôts, la forme et la position des mamelons est comparable à tous égards aux phénomènes similaires que l'on observe dans les vallées glaciaires des régions alpines. Il n'y a pas de doute que ce soient les *moraines terminales* d'anciens glaciers.

Les collines basses et les lignes de débris morainiques qui

se poursuivent dans les vallées, le long des versants, correspondent aux *moraines latérales*.

Les *blocs perchés* sont des blocs erratiques, amenés par les anciens glaciers et échoués successivement au fur et à mesure que la masse de glace fondait.

Kames et eskers. — L'argile à blocaux est souvent couverte de graviers et de sables sur de grandes étendues. Ils forment des surfaces doucement ondulées ou constituent de longues crêtes irrégulièrement recourbées, des sortes de remparts et de crêtes (*kames*).

Les longues crêtes courbes (*eskers*) sont composées surtout de graviers, quelquefois très grossiers, avec des blocs plus ou moins nombreux. Ils ont été amenés par des eaux torrentielles

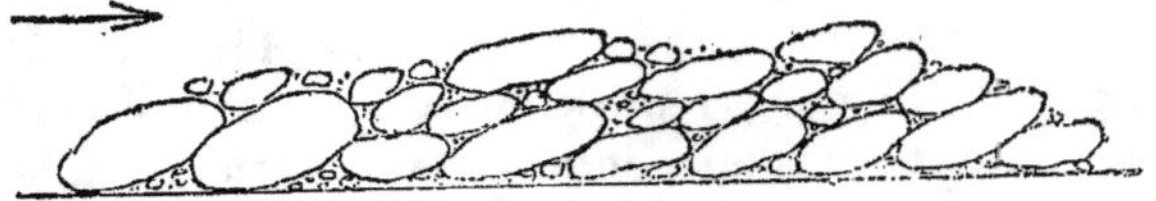

Fig. 155. — Gros graviers disséminés dans une masse argileuse
et graveleuse.

La flèche indique le sens du courant.

et quand on peut voir de bonnes coupes à travers un *esker*, les pierres montrent généralement une disposition entrecroisée analogue à celle que l'on peut observer dans les pierres et les graviers des rivières (fig. 155).

Beaucoup de géologues pensent que ces *eskers* occupent l'emplacement de torrents sous-glaciaires, surtout abondants au moment du retrait des glaciers.

Terrasses soulevées. — Ce sont des terrasses qui se trouvent à divers niveaux au-dessus de la mer (pl. LVII, 1). Elles consistent en graviers et sables avec des coquilles marines roulées et brisées ; sur le bord des estuaires, elles forment souvent de larges régions plates, composées surtout d'éléments fins (sable, argile). Sur les côtes plus exposées, ce sont plutôt des platesformes, creusées par la mer dans la roche.

Beaucoup de terrasses soulevées sont bordées par des

falaises, au pied desquelles se trouvent souvent des grottes creusées par la mer.

Quand on peut suivre ces terrasses en amont, on constate souvent qu'elles se confondent avec les terrasses de graviers fluviatiles ordinaires ; lorsqu'on les suit dans l'intérieur celles-ci passent elles-mêmes à des graviers fluvio-glaciaires et à des moraines terminales.

Presque toutes les larges vallées actuelles montrent ainsi d'anciennes terrasses, de graviers, sables, etc., à différents niveaux au-dessus de la rivière actuelle. Ces niveaux marquent l'endroit où la rivière coulait précédemment. Elles sont très développées dans les vallées qui ont été plus ou moins abondamment recouvertes par des dépôts glaciaires ou fluvioglaciaires ainsi que dans les régions où les roches ont subi longtemps l'action fluviatile.

En Ecosse, où les roches sont toutes relativement dures, les vieilles terrasses ne se trouvent jamais que dans les vallées préglaciaires ; dans ces vallées, les terrasses sont très visibles, les rivières coulent dans de larges vallées ouvertes. Aussitôt qu'une rivière quitte sa vallée préglaciaire, pour passer dans des roches plus anciennes, le caractère de la vallée change ; au lieu d'être large avec des terrasses, elle se transforme en ravin étroit.

Dépôts lacustres. — Les traces d'anciens lacs se trouvent toujours dans des dépressions et forment généralement des plaines basses cultivées en prairies. Leur bord est généralement bien défini.

On observera toutes les coupes où ces anciens dépôts lacustres sont visibles. Souvent la surface est occupée par de la tourbe plus ou moins épaisse en lits interstratifiés avec du sable. La tourbe peut être entièrement formée par des plantes qui poussent dans le voisinage. Mais des plantes boréales peuvent se trouver à la base de la tourbe ou dans les argiles qui se trouvent immédiatement au-dessous; on trouve d'ailleurs quelquefois aussi des traces d'animaux boréaux dans ces dépôts. Ces faits prouveraient que ces dépôts lacustres anciens datent de la période glaciaire.

D'autres sont d'âge post-glaciaires ; ils ont souvent fourni des fossiles intéressants : *Bos primigenius*, *Bos longifrons*, sans compter les restes d'hommes préhistoriques. On y trouve aussi des coquilles d'eau douce formant des lits entiers.

Tourbe. — Elle couvre souvent des régions considérables, dans des terres basses ou de hauts plateaux et quelquefois à flanc de montagne, sur des pentes relativement fortes. Il est nécessaire de marquer avec soin ces tourbières sur la carte.

Beaucoup de dépôts tourbeux contiennent les troncs des arbres dont les racines sont dans un ancien sol et qui par suite se trouvent *in situ*. Des coupes dans certaines tourbières ont révélé la présence de plusieurs forêts superposées. En Scandinavie, Danemark, Allemagne, on a signalé le même fait et d'après la nature de la flore, on a pu étudier les variations de climat. On est arrivé à ce résultat que les tourbières, montrant plusieurs restes de forêts superposés, appartenaient à une période pendant laquelle il y a eu plusieurs alternances très marquées de climat. Les tourbières sont le produit de conditions humides et froides, tandis que les lits de forêts indiquent un climat sec et tempéré.

CARTES ET COUPES GÉOLOGIQUES. MÉMOIRES EXPLICATIFS

Cartes géologiques. — La manière de faire une carte géologique a été exposée précédemment.

Les planches ci-contre (pl. LX et LXI) montrent comment on termine une carte géologique après avoir recueilli de nombreuses données sur le terrain.

La planche LX représente les affleurements visibles, tels qu'ils ont été vus par le géologue ; ces affleurements sont indiqués par des lignes continues et discontinues ; les régions colorées sur cette planche indiquent l'extension des roches visibles en surface.

La planche LXI représente la même région ; les tracés ont été complétés au moyen de toutes les données directes et indirectes (voir p. 35o et suivantes) qui peuvent aider à faire ces tracés ; ces données sont de valeur inégale. Il en résulte qu'il y a des points où les tracés comportent une certitude telle qu'on peut les tracer en lignes continues ; en d'autres points, l'approximation est beaucoup plus faible ; on l'exprime en traçant des lignes discontinues.

Trois systèmes géologiques sont représentés sur les cartes (Pl. LX et LXI) :

J. — Jurassique ;
C. — Carbonifère ;
S. — Silurien.

Nous supposerons que chacun de ces étages a fourni des fossiles caractéristiques.

D'ailleurs même en l'absence de fossiles, il n'est pas difficile, d'après la carte, de se rendre compte de l'existence de trois séries de couches et même de déterminer leur âge relatif.

Il est manifeste que la série J repose en discordance sur la série C et que de même celle-ci est discordante sur la série S. Une autre discordance moins importante se trouve dans la série carbonifère où le groupe supérieur C_2 recouvre graduellement les affleurements du groupe inférieur C_1 ; il y a dans ce cas à la fois transgression et discordance.

La coupe qui accompagne la carte est prise suivant la ligne AB et donne une idée de la structure géologique de la région représentée.

Mémoires explicatifs. — Un mémoire explicatif doit accompagner toute carte géologique ; il y a, en effet, un grand nombre de faits que l'on ne peut pas marquer sur la carte et qu'il est intéressant de mentionner.

Dans ce mémoire, on esquissera les principaux traits physiques de la région, puis on donnera un résumé de leur distribution générale, des différents systèmes et de leurs relations. Puis viendra une description particulière de chacun d'eux, en commençant par les plus anciens.

On donnera des détails sur les failles et sur les roches éruptives.

On insistera sur les faits sur lesquels on s'appuie, soit pour déterminer l'âge d'une roche, soit pour tracer les limites des divisions.

On portera surtout l'attention sur la recherche des fossiles ; ce n'est que grâce à eux que l'on peut arriver à écrire
l'histoire géologique du globe. La plupart de ces fossiles
appartiennent à des genres et même à des espèces déjà connues et décrites par les paléontologistes. On pourra, en s'appuyant à la fois sur ces données paléontologiques et sur des
données lithologiques, arriver à reconstituer les conditions de
dépôt des différentes sortes de sédiments.

La reconstitution de ces dépôts, la répartition de terres et
de mers évanouies depuis longtemps, le repeuplement du globe
par les types de la vie passée, le plissement graduel de la
terre, doivent intéresser le géologue. Dans une seule carrière,
on peut souvent voir des faits qui permettent de reconstituer
de nombreux épisodes géologiques quand on sait les interpréter.

Coupes géologiques. — Il est nécessaire de dresser deux
ou trois profils horizontaux ou coupes pour mieux comprendre
la structure de la région. Avec une carte soigneusement cons-
truite on peut presque se dispenser de ces coupes parce que
quiconque sait lire une carte, saura construire ces profils dans
n'importe quelle direction. Mais en réalité il y a peu de
cartes qui soient à une échelle assez grande pour montrer
tous les faits nécessaires ; aussi plus la carte est petite et
synthétique, plus il est nécessaire d'avoir de bonnes coupes
explicatives.

Ainsi qu'il a été dit précédemment, il y a deux sortes de
coupes géologiques :

1° Les coupes géologiques horizontales (profils) ;
2° Les coupes géologiques verticales.

Coupes géologiques horizontales (profils). — Elles ont pour
but de montrer à la fois la forme du sol et la structure géologique de la région traversée. Il faut autant que possible la
faire *à l'échelle*, c'est-à-dire avec les échelles verticales et horizontales identiques ; en effet, si l'échelle verticale est exa-
gérée, les lignes destinées à montrer la structure géologique
seront déformées (comparer les fig. 156, 157).

On est d'ailleurs toujours disposé à exagérer les pentes ;

même des artistes expérimentés le font, quand ils peignent
dans les montagnes ; le géologue qui ne s'habitue pas à

Fig. 156. -   Coupe géologique faite à l'échelle (les échelles horizontales
et verticales sont identiques).

entraîner sa vue en faisant souvent des coupes à l'échelle
n'échappera pas à cette faute commune.

On commencera donc par faire des coupes seulement topographiques (et non géologiques) dans toutes les directions à travers les sommets représentés sur une carte à grande échelle. On
sera surpris de voir combien la plupart des hauteurs parais-

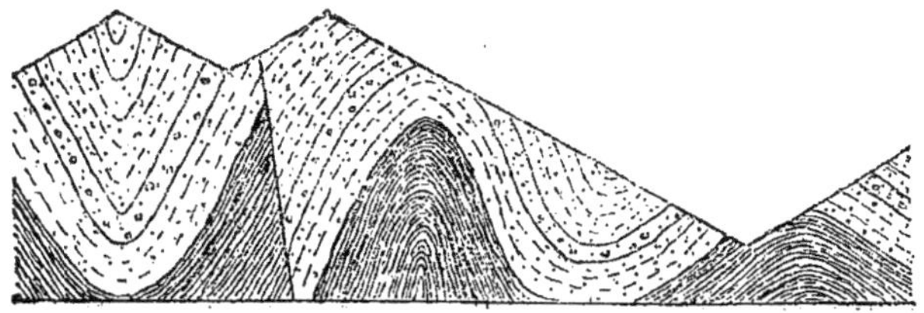

Fig. 157. — Coupe géologique à travers la même région que la figure 156.
L'échelle des hauteurs (verticales) est trois fois plus grande que l'échelle
des longueurs (horizontales).

La figure 156 qui est à l'échelle montre la forme de la surface actuelle
et le plongement vrai des couches. Dans la figure 157 on a la même coupe
avec l'échelle verticale trois fois plus grande que l'échelle horizontale.
Aussi, non seulement les caractères de la surface topographique sont considérablement exagérés ; mais la structure géologique est également défor-
mée, l'inclinaison des couches étant beaucoup plus grande sur la coupe
que dans la réalité. Ce n'est qu'en faisant les coupes avec soin pour montrer la forme actuelle du sol que l'on arrive à montrer la relation intime
entre la surface du sol et la structure géologique.

sent insignifiantes quand on les met à l'échelle et combien
toutes les ondulations de la surface sont douces, même dans
les régions montagneuses.

De même, on reconnaîtra que les bassins profonds occupés
par les grands lacs, paraissent très petits quand ils sont repré-

sentés à l'échelle. Le Loch Nevs, par exemple, a 260 mètres de profondeur ; mais il a environ 40 kilomètres de longeur, sa longueur est 152 fois plus grande que sa profondeur.

D'ailleurs il n'est pas toujours possible de construire une coupe géologique *à l'échelle*. Si la région est très étendue, 100 kilomètres par exemple, il est évident qu'il faut généraliser la topographie et la géologie mais dans ce cas il est important d'indiquer clairement les relations des principaux éléments topographiques avec la structure géologique. Cette remarque s'applique d'ailleurs à toutes les coupes schématiques.

D'autre part, si les hauteurs du pays sont assez faibles pour être à peine perceptibles sur des coupes *à l'échelle*, il est souvent nécessaire de les exagérer pour montrer leur relation avec la structure ; mais l'exagération des hauteurs ne doit jamais être trop grande pour ne pas amener trop de déformation.

En faisant une coupe géologique, on aura soin de la faire autant que possible à angle droit de la direction des couches. Si les couches sont inclinées dans la même direction dans toute la région, la section sera nécessairement une ligne droite. Mais si la direction varie d'un point à l'autre, la section sera faite suivant une ligne sinueuse ou en zigzag (1).

La planche LVI montre comment il faut changer souvent la direction d'une coupe si on veut y montrer une vue d'ensemble sur la structure géologique de toute une région. Cette coupe est schématique, et par suite elle n'est pas à l'échelle ; mais elle montre les traits caractéristiques de la surface et leur relation avec la structure.

Façon de dresser une coupe géologique horizontale. — Pour faire une coupe à l'échelle on trace sur la carte une ligne dans la direction où l'on veut faire la coupe. Puis sur une autre feuille de papier, on trace une ligne représentant le niveau de la mer. On mène ensuite des verticales correspondant aux divers points du pays, traversé par la coupe dont on connaît l'altitude.

(1) [Beaucoup de géologues estiment au contraire qu'une coupe géologique doit être faite dans une direction rectiligne]. ·

Quand les extrémités de ces lignes sont réunies, on a la forme topographique du sol. Comme il est désirable de reproduire les traits topographiques en grand détail, l'observateur se promènera avec sa coupe à la main et modifiera son tracé pour y faire apparaître les petites irrégularités qui ne se voient pas sur la carte topographique, mais qui peuvent avoir un intérêt géologique.

Dans les régions où il n'existe pas de cartes topographiques, ou dans celles où la carte existante ne donne qu'un petit nombre de cotes d'altitudes, le géologue doit faire lui-même le nivellement, s'il désire ensuite dessiner une section à l'échelle vraie. Dans ce cas il doit choisir une ligne de base, soit le niveau de la mer, soit la surface d'un lac, soit le fond d'une vallée, soit une ligne imaginaire tracée à une certaine distance au-dessous de la surface.

Suivant les cas et suivant l'approximation qu'il veut atteindre, il déterminera les cotes d'altitudes par les méthodes ordinaires de nivellement, soit simplement et plus ordinairement au moyen du baromètre.

Cette ligne obtenue, on y ajoute les plongements de couches

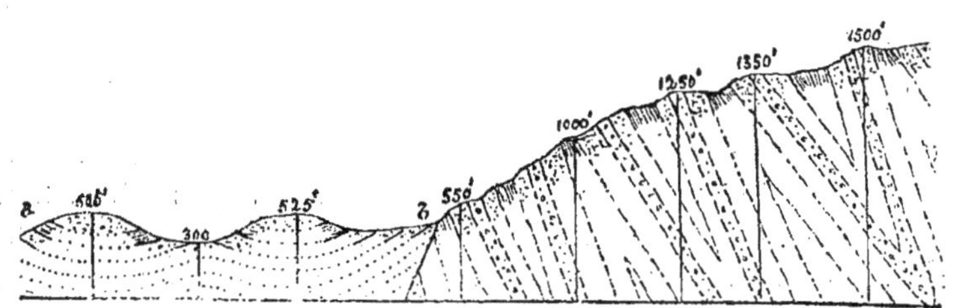

Fig. 158. — Manière de dresser une coupe géologique horizontale.

et tous les détails que montre la carte le long de la ligne suivie par la coupe. Il est probable que la coupe traverse des endroits où aucun affleurement n'est visible, mais si la structure a été bien étudiée, on n'aura aucune difficulté à remplir les blancs d'après les observations faites dans le voisinage sur le même niveau géologique.

Lorsque tous ces faits ont été ainsi reportés sur la coupe, on en arrive à la question de savoir de combien les plonge-

Fig. 1. — Exploitation des marnes vertes par gradins successifs.
(Sannoisien). Bagneux (Seine).

Cliché J. et B Braun.

Fig. 2. — Ondulations des couches de marnes vertes (Sannoisien),
par suite de la dissolution des masses de gypse sous-jacentes
Fresnes-les-Rungis (Seine).

Cliché J. et B. Braun.

Vis-à-vis de la page 384.

Fig. 1. — Masses de gypse (Ludien) Noisy-le-Sec (Seine).
Cliché J. et B. Braun.

Fig. 2. — Poches de dissolution dans le calcaire grossier
(Lutétien). Ivry-sur-Seine (Seine).

Vis-à-vis de la page 384.

Fig. 1. — Exploitation de calcaire grossier (Lutétien),
à Saint-Waast-les-Mello (Oise).

On voit à la base les couches de calcaire grossier moyen, exploitées pour pierres
de taille, au sommet, les couches du calcaire grossier supérieur, dans lequel
des excavations ont été remblayées.

Cliché J. et B. Braun.

Fig. 2. — Exploitation de calcaire grossier (Lutétien) au sommet, et
d'argile plastique (Sparnacien) à la base. Vanves (Seine).

Cette photographie montre la superposition directe du calcaire grossier sur
l'argile plastique, sans intercalation d'Ypresien, par suite de la *transgression*
du Lutétien sur le Sparnacien dans cette région.

Cliché J. et B. Braun.

Vis-à-vis de la page 385.

ments vus en surface se prolongent en profondeur. Cela dépend naturellement de la structure géologique.

Ainsi (fig. 158), les couches entre *a* et *b* sont plissées d'une façon symétrique. On a donc raison de continuer les affleurements des couches synclinales sous le même angle qu'elles ont à la surface et de diminuer ensuite l'inclinaison de façon que les lits deviennent horizontaux au centre *du synclinal*.

Si les plis des couches, au lieu de rester ouverts comme dans la région *ab*, deviennent comprimés comme dans la région *bc*, les flancs des axes anticlinaux et synclinaux se coupent sous un angle plus petit et il faut prolonger les flancs du synclinal jusqu'à une distance assez grande, pour que l'axe soit atteint.

Coupes verticales. — Elles ont pour but de montrer toutes les couches empilées les unes sur les autres, dans l'ordre même où elles se présentent. Quand il n'y a pas de discordances, on néglige généralement la pente des couches et les lits sont représentés en couches horizontales.

Ces coupes ont pour but de montrer en détail la succession des couches dans un charbonnage ou dans une région où il y a des lits d'une certaine importance économique ; dans ce cas elles sont faites à une grande échelle.

Il est nécessaire d'apporter dans la construction de ces coupes une grande précision ; il faut noter, en particulier, l'épaisseur des différentes couches en s'aidant des données relevées dans les puits, les sondages, etc.

En comparant plusieurs sections verticales d'une région déterminée, en particulier d'un charbonnage, on peut voir d'un coup d'œil comment une même série de couches se transforme d'un point à un autre.

Des coupes de ce genre à une échelle plus petite sont souvent construites par les géologues pour comparer la succession des couches de même âge dans deux pays différents.

C'est, en somme, une méthode graphique destinée à montrer comment les mêmes formations varient de caractère en passant d'une région à une autre.

TABLEAU

DE LA

CLASSIFICATION DES ÉTAGES GÉOLOGIQUES

avec les noms les plus usuellement employés

QUATERNAIRE	ACTUEL		Période actuelle. Période des métaux. Période néolithique.
	PLÉISTOCÈNE OU PALÉOLITHIQUE		Magdalénien (ép. du Renne). Moustiérien (ép. du Mammouth). Chelléen (ép. de l'Hippopotame).
CŒNOZOIQUE (Tertiaire)		PLIOCÈNE	Sicilien. Astien. Plaisancien.
		MIOCÈNE	Pontien. Sarmatien. Tortonien. Helvétien. Burdigalien. Aquitanien.
	NUMMULITIQUE	OLIGOCÈNE	Stampien ou Rupélien. Sannoisien.
		ÉOCÈNE	Ludien. Bartonien. Lutétien. Yprésien ou Cuisien. Sparnacien. Thanétien.

MÉSOZOIQUE (Secondaire)		**CRÉTACÉ**	Danien. Sénonien { Aturien. Emschérien. Turonien. Cénomanien. Albien. Aptien. Barrémien. Néocomien { Hauterivien. Valanginien.
	JURASSIQUE *(lato sensu)*	**OOLITHIQUE** **ou JURASSIQUE** *stricto sensu*	Aquilonien Portlandien. Kiméridgien. Séquanien. Rauracien. Argovien. Oxfordien. Callovien. Bathonien. Bajocien.
		LIAS	Aalénien. Toarcien. Charmouthien. Sinémurien. Hettangien. Rhétien.
		TRIAS	Norien. Carnien. Ladinien. Virglorien. Werfénien.
PALÉOZOIQUE (Primaire)		**PERMIEN**	Thuringien (fac. lagunaire). Sénonien. Artinskien (fac. lag. : Autunien).
		CARBONIFÈRE	Ouralien (fac. lag. : Stéphanien). Moscovien (fac. lag. : Westphalien). Dinantien.
		DÉVONIEN	Famennien. Frasnien. Givétien. Eifélien. Coblentzien. Gédinnien.
		SILURIEN	Gothlandien. Ordovicien.
		CAMBRIEN	Potsdamien. Acadien. Géorgien.
ARCHÉOZOIQUE		**ALGONKIEN** **LAURENTIEN**	

CHAPITRE XVII

RECHERCHES DE MATÉRIAUX UTILES

Il n'y a peut-être pas une science qui ait autant d'applications pratiques que la géologie.

Elle guide le prospecteur et le mineur dans la recherche et
l'extraction des matières utiles et elle est la base de la science
de l'exploitation des mines.

Ce n'est point seulement à la recherche et à l'extraction des
minéraux situés en profondeur que les données de la géologie sont applicables ; elles sont de la même utilité en ce qui
concerne les matériaux de construction, les sables, les argiles,
la chaux, les ciments, le plâtre ; en effet, en raison même de
la continuité des assises géologiques, lorsqu'une couche
exploitable est reconnue en un ou plusieurs endroits, il y a
de grandes probabilités qu'elle se prolonge à une distance
plus ou moins grande et la géologie fournit, à cet égard, des
indications extrêmement précises.

L'ingénieur ne doit plus faire un projet de chemin de fer,

canal, route ou pont sans avoir consulté minutieusement les cartes géologiques et tous les autres documents de même nature qu'il aura pu se procurer et qui malheureusement sont toujours extrêmement rares. Aussi, dans la plupart des cas, aura-t-il intérêt à consulter un géologue professionnel.

L'architecte ou l'industriel, non seulement pour la recherche des matériaux qui lui sont nécessaires, mais encore pour l'établissement de ses fondations, doit posséder aussi exactement que possible la connaissance du sol. S'il descend trop profondément dans le sous-sol compact et bien en place, il fera inutilement de grandes dépenses ; s'il arrête ses fouilles avant d'avoir atteint ce sous-sol, il risque de voir sa construction glisser et bientôt menacer ruine.

La géologie explique le mode de formation des sources et indique les précautions à prendre pour les capter convenablement et à ce point de vue, elle a des relations avec la science de l'Hygiène publique.

Enfin, quand elle étudie le mode de formation des sols et l'influence du sous-sol sur la nature des terres végétales, elle est la base de la science agronomique.

Il n'y a pas lieu d'examiner ici toutes les applications de la géologie. On en étudiera seulement quelques-unes.

RECHERCHE DE LA HOUILLE

On prendra d'abord comme exemple le problème de la recherche de la houille.

Dans les régions où la structure géologique est bien connue et où on possède de bonnes cartes géologiques, il n'y a aucune difficulté à lire et à interpréter ces documents.

Il n'en sera pas de même dans un pays où la géologie est peu ou mal connue. Dans ce cas, le premier soin devra être de s'assurer de l'âge des couches sédimentaires qui affleurent dans le pays et pour cela d'y rechercher des fossiles.

Age des couches de charbon. — Le charbon se trouve dans divers systèmes géologiques.

Dans toute l'Europe et dans le nord de l'Amérique, les

charbons exploitables se trouvent dans le système carbonifère. En Australie, dans l'Inde, le sud de l'Afrique, en Virginie et dans la Caroline du Nord (Etats-Unis), le charbon exploitable se trouve dans des niveaux un peu plus récents, datant de la fin du Paléozoïque ou du commencement du Mésozoïque.

On rencontre aussi, mais plus rarement, du charbon ayant une assez grande valeur économique dans des couches plus récentes (Jurassique, Crétacé).

Enfin, certaines couches tertiaires contiennent parfois des lignites, comme dans le nord de l'Allemagne, l'Italie, la région de Washington aux Etats-Unis.

Les fossiles permettent de déterminer l'horizon géologique des couches. S'ils prouvent qu'on est en présence de couches antérieures au carboniférien, il y a peu d'espoir de trouver du charbon exploitable.

La preuve que les roches sont carbonifères ou d'âge plus récent sera, au contraire, un indice favorable.

Caractères généraux des couches. — On s'efforcera alors de déterminer les caractères généraux des strates. La série peut comprendre des calcaires marins, épais, des argiles et des grès, qui les accompagnent ; si ces derniers ne contiennent, comme fossiles, que des Céphalopodes et des Brachiopodes, avec peu ou pas de traces de plantes, il y a de faibles probabilités de découvrir des couches de charbon exploitables.

Cependant, l'apparition de quelques bancs calcaires minces, d'origine marine, ne sera pas, à elle seule, un mauvais présage, car on connaît des cas où des couches de ce genre se trouvent dans des groupes contenant des lits charbonneux.

Au contraire, si les couches consistent en alternances rapides de grès et d'argiles, noires ou sombres, de couches d'argiles et de filets ferrugineux, cette succession doit être considérée comme favorable.

Si ces alternances contiennent des lits avec des restes de plantes bien conservées, des grès montrant des bandes ou de minces lentilles de matières charbonneuses, des argiles chargées de débris de racines, les chances de rencontrer du charbon augmentent beaucoup.

Mais on devra se rappeler que la présence d'argiles noires n'est pas, par elle-même, une indication certaine de la présence du charbon ; c'est en effet ce qui se présente dans beaucoup de systèmes géologiques et en particulier dans les couches anciennes du Paléozoïque, qui ne contiennent aucune couche de charbon.

Étude des affleurements. — Lorsqu'on aura rencontré une succession de couches analogues à celles qui ont fourni du charbon dans d'autres régions du globe, il faudra examiner tous les affleurements et toutes les coupes naturelles dans l'espoir d'y apercevoir des traces de gisements de matières combustibles ; cet espoir peut d'ailleurs ne pas se réaliser ; car, par suite des altérations subies, les affleurements peuvent manquer de netteté et les couches intéressantes peuvent être masquées sous des débris de couches situées au-dessus.

Il faudra aussi faire des recherches dans les alluvions des vallées où l'on peut quelquefois découvrir des fragments roulés de charbon ; on recherchera alors leur gisement en place, *in situ*, comme il a été indiqué précédemment (voir p. 355).

Les gisements de charbon peuvent aussi être décelés par la présence de sols et de sous-sols de couleur noire.

Quand on aura ainsi réuni des indices probants sur la présence de couches charbonneuses, on procédera à quelques recherches pour se rendre compte de l'épaisseur de la couche et de la qualité du charbon.

Enfin, il faudra se rendre compte si les charbons constituent des horizons définis à travers toute la région ou si, au contraire, ils forment simplement des lentilles discontinues, de faible étendue, disposées irrégulièrement.

Une étude soigneuse des coupes naturelles visibles, permettra souvent d'élucider la question.

Fréquemment, enfin, avant d'abandonner toute recherche, il faudra explorer le fond par quelques sondages. [Ceux-ci devront être faits après l'exploration géologique ; faits avant, ils risqueraient de donner, d'une façon incomplète, des renseignements que l'étude géologique de la région aurait donnés plus complets ; faits après et sur des emplacements indiqués par les géologues, ils serviront à élucider des problèmes insolubles par toute autre méthode].

Il est possible, par exemple, que des couches que l'on voit en surface s'épaississent en profondeur, mais si les couches sont ondulées et reviennent de place en place à la surface en montrant chaque fois une couche de charbon mince et peu importante, on peut en déduire que la série ne vaut guère une étude plus approfondie.

Si, au contraire, ces bancs sont importants, le sondage sera utile pour vérifier en quelques points leur allure en profondeur.

De même, si les roches sont plus ou moins recouvertes par des dépôts superficiels ou par des sédiments reposant sur elles en discordance, ou si, de toute autre façon, elles ne sont pas visibles ni accessibles dans des coupes naturelles, le sondage peut être indispensable.

La présence de minces couches de charbon, et même la simple présence de nombreux débris de plantes généralement associés aux couches charbonneuses, indiquant le dépôt des couches dans des eaux peu profondes sont des conditions suffisantes pour justifier un sondage d'essai. La présence fréquente de couches avec petites racines, avec ou sans couches de houille, suggère l'hypothèse que la série puisse contenir en un point des couches plus ou moins importantes de charbon.

Caractères des charbons. — Le caractère du charbon peut varier beaucoup ; dans une même couche il peut, suivant les points, être plus ou moins bitumineux ; ces différences sont dues à des différences dans la nature des débris des plantes dans le dépôt originel. Ainsi certains végétaux sont plus résineux que d'autres et les couches formées en grande partie par ces plantes donneront un charbon très bitumineux; tels sont les cônes et les aiguilles des pins, les spores et le pollen des cryptogames vasculaires qui sont très résineux, il en est de même de l'écorce, des feuilles et de la matière ligneuse de certains arbres.

Résumé. — Il résulte de ce qui précède que toute couche de charbon exploitable peut devenir quelquefois inconstante (intercalations lenticulaires, épaississements et amincissements irréguliers) ; mais inversement, des couches exploitables peuvent atteindre une épaisseur très considérable et s'étendre sur de grandes surface ; il est donc très important, une fois l'étude géologique faite et donnant des résultats favorables, de déterminer la direction dans laquelle l'épaississement est susceptible de se produire et ensuite de reconnaître l'allure de la formation au moyen de sondages.

Théories sur la formation de la houille. — Il y a sur la formation de la houille deux théories principales.

Théorie de la formation sur place ou de l'autochtonie. — [Dans des marécages terrestres ou dans des lagunes littorales, à l'ombre des gigantesques cryptogames de l'époque se développait une puissante végétation.

De temps à autre, un affaissement du sol interrompait le développement de la végétation, jusqu'à ce que la dépression fût comblée à nouveau par des sédiments détritiques, grès et schistes. Puis les plantes s'y installaient à nouveau et ce processus, maintes fois répété sur le même point, déterminait à la longue la superposition d'un grand nombre de couches à éléments végétaux, transformés en houille.

Ces couches étaient séparées les unes des autres, par des schistes, des grès, des poudingues, quelquefois par des couches fossilifères, attestant un retour de l'eau salée. On connaît ainsi sept de ces intercalations marines dans la houille du nord de la France.

On invoque à l'appui de cette théorie :

1° La *nature du mur* des couches de houille qui a toujours le caractère d'un ancien sol ;

2° La présence de rhizomes de *stigmaria* sur ce mur et l'absence de ces rhizomes dans le reste de la formation ;

3° La présence de troncs d'arbres debout avec leurs racines. Il est vrai que les partisans de l'autre théorie prétendent que ces troncs ne sont pas en place et qu'il y a souvent à leur base des sédiments détritiques apportés (par exemple des feuilles) qui séparent ces troncs du mur].

Théorie de la formation par transport ou de l'allotochnie.
— [Dans cette théorie, d'immenses forêts continentales
auraient été périodiquement ravagées par des inondations et
transportées par de grands fleuves, soit dans la mer, soit dans
des lacs. Cette théorie est due aux observations et aux expériences de M. Grand'Eury et de M. Fayol, elle s'appliquerait
surtout aux houilles du Plateau Central.

Les arguments invoqués en faveur de cette théorie sont surtout les suivants :

1° Dans la houille du Plateau Central, les débris végétaux
sont posés à plat les uns sur les autres, comme s'ils s'étaient
amassés sur un plan horizontal. Ces débris sont des fragments
de troncs, d'écorces, de tiges, de rameaux, des lambeaux de
feuilles ;

2° Les plantes qui ont formé le charbon seraient des végétaux non aquatiques, mais sans doute des espèces des terres
basses et facilement inondées ;

3° Les couches de houille ne sont pas parallèles aux couches de schistes et de grès ; ces couches pénètrent même
partiellement dans la couche de houille qui manque de *toit*
caractérisé. Ils la traversent même parfois complètement (*banc
noir* gréseux de Commentry). Enfin la *grande couche* de Commentry, par exemple, se divise en veines distinctes dont l'écartement va croissant (fig. 159).

M. Fayol pense donc que des terrains chargés de graviers,

Fig. 159. — Bifurcation de la grande couche de Commentry.

de vase et de débris végétaux débouchaient dans l'eau tranquille d'un lac où les matériaux se séparaient suivant leurs
densités ; la couche de houille n'a donc pas rigoureusement
le même âge suivant les points ; chacune de ses parties cor-

respond à une bande gréseuse ou schisteuse ; elle est au même titre que ces bandes le tribut de crues consécutives.

Ceci expliquerait les variations de qualité que l'on observe dans une même couche].

RECHERCHE DES MINERAIS

Des minerais stratifiés se trouvent souvent intercalés dans les roches sédimentaires ; leur étude se fait par les mêmes méthodes (voir chap. XVI, p. 318).

La découverte des minerais en veines et en formations irrégulières n'est pas aussi facile ; elle a souvent été due au hasard et elle est presque toujours l'œuvre des prospecteurs. Ceux des prospecteurs qui réussissent le mieux sont ceux qui consciemment ou inconsciemment emploient les méthodes de recherches de la géologie et qui, de plus, se confinent à l'étude des formations métallifères d'une région déterminée ; ils se familiarisent avec cette région et apprennent à reconnaître les apparences multiples qui se présentent à la surface : la coloration du sol et du sous-sol, les caractères fugitifs des chapeaux de fer.

Régions à prospecter. — La géologie peut indiquer les régions qu'il est inutile de prospecter et celles au contraire où les recherches risquent d'être infructueuses ; elle leur évite ainsi des pertes de temps et d'argent considérables.

On peut dire qu'en général les gisements métallifères se trouvent plus souvent dans les régions de roches anciennes que dans celles de roches récentes.

Ce n'est qu'exceptionnellement qu'on rencontre des veines importantes dans le cénozoïque et le mésozoïque ; dans ce cas, elles se trouvent surtout au voisinage des masses éruptives.

Cette localisation des veines métallifères dans les terrains relativement anciens tient à l'origine plus ou moins profonde des veines métallifères ; celles-ci n'affleurent à la surface qu'à la faveur d'importantes dénudations qui ont enlevé des milliers de mètres de couches.

Les veines métallifères importantes sont également abondantes dans les régions très faillées, fracturées et disloquées ; la présence de nombreux batholithes et dykes de roches éruptives y est plutôt un signe favorable.

Indices sur la présence des veines. — Quand on a affaire à des régions de l'une ou l'autre de ces sortes, il faut tout d'abord se laisser guider dans ses investigations par les principes posés pour la confection d'une carte géologique. Il faut noter tout changement dans la forme du sol ; une crête courant dans une direction déterminée peut être due à la présence d'une veine plus dure ; de même une dépression peut indiquer l'existence de matériaux moins résistants.

Lorsque la présence d'une veine n'est manifestée par aucun caractère topographique, elle peut être décelée par la couleur plus ou moins prononcée du sol ; celle-ci est due à la décomposition des minéraux que contient la veine ; ainsi la couleur jaune ou rouge d'une terre est souvent liée à la présence d'oxyde de fer qui se trouve en abondance dans la plupart des chapeaux de fer ; les couleurs vertes sont dues à des minerais de cuivre, de nickel ou de chrome ; les couleurs bleues, vertes et rouges, bariolées, à des minerais de cuivre. Les minerais de plomb sont caractérisés par les teintes jaunes ou vertes, les minerais de manganèse par les couleurs noires ; les quartz aurifères sont souvent caverneux et souillés par suite du départ des pyrites.

Une veine peut aussi être décelée par la présence de sources venant à la surface le long d'une ligne déterminée ; car le filon forme souvent une sorte de digue souterraine ; celle-ci arrête les eaux qui descendent en profondeur le long des plans de stratification des roches et les force à remonter à la surface.

« Chaque filon a son eau propre », dit un vieux dicton de mineur.

Ces sources contiennent souvent des matières minérales en solution et donnent naissance à des tufs superficiels de limonite, etc. Si les eaux contiennent des éléments délétères venant par exemple de la décomposition de pyrites arsénicales de fer, elles auront un effet néfaste sur les plantes et la veine sera décelée par la pauvreté de la végétation dans son voisinage immédiat.

[Les plantes qui croissent sur le terrain peuvent aussi donner certaines indications. Une variété de violette est caractéristique des affleurements de calamine. Une papilionacée, semblable à l'indigo, *Amorpha canescens*, croît en Amérique sur les calcaires contenant des couches de galène, etc., etc.

De plus, comme les amas de minerais se trouvent souvent le long des lignes de rejet et par suite le long des limites de deux sortes de roches, entièrement différentes, l'étude des plantes différentes qui poussent sur chaque roche pourra être un indice utile].

Débris de minéraux dans le cours des ruisseaux et à la surface des plateaux. — Des preuves beaucoup plus certaines du voisinage des filons minéralisés sont les découvertes de matières roulées provenant des filons. Elles se rencontrent, soit sur les versants des collines, soit dans les galets des ruisseaux et des rivières.

Il s'agit d'ailleurs, bien entendu, non seulement du minerai lui-même, mais de sa gangue et aussi des minéraux qui lui sont généralement associés (p. 297).

A la suite de découvertes de ce genre, on remontera soigneusement le cours de la rivière et, lorsqu'on aura découvert le gisement approximatif de la roche en place, on fera faire des tranchées ou des puits de recherche pour s'assurer de son emplacement et de sa nature exacte.

L'étude des vallées est souvent plus favorable, tout au moins pour les premières recherches ; mais il ne faut pas négliger celle de la surface du sol entre deux vallées, surtout dans les régions montagneuses. Comme elles ont été longtemps soumises à l'action des agents atmosphériques, on trouve çà et là, disséminés, des fragments angulaires des roches qui constituent ou accompagnent la veine métallifère. On pourra ainsi, par une étude soigneuse, arriver à localiser le gisement de celle-ci.

Importance de la tectonique de la région. — Ces recherches seront évidemment très facilitées si l'on est déjà renseigné sur la direction dominante des filons de la région. Il est donc nécessaire de faire des observations soigneuses sur la direction et le pendage de toutes les fentes stériles afin de pouvoir en déduire une règle générale sur l'allure des filons.

A cet égard, un prospecteur connaissant bien le pays et familier avec les grands traits de la structure géologique aura quelquefois plus de chances de découvrir les gisements qu'un géologue, même très exercé qui est souvent peu familier avec les diverses indications, souvent très minimes, qui se révèlent à l'œil exercé d'un mineur. Par contre, le prospecteur dont l'expérience a été acquise dans une région déterminée sera souvent désorienté quand il commencera à prospecter une région nouvelle. Il aura tendance à supposer que la région minière qu'il va exploiter est du même type que celles qu'il a déjà étudiées ; il voudra par exemple retrouver des directions filoniennes, identiques, même si la structure géologique n'apporte aucun fondement à cette hypothèse. Il fera souvent des assimilations analogues pour les chapeaux de fer. Or, les apparences présentées par les veines et les minerais d'une région déterminée ne sont pas nécessairement caractéristiques de ceux d'une autre région.

Enfin, la connaissance technique exacte de la région a une grande importance, (chap. XIV, formations métallifères, p. 270). Il faudra donc essayer de s'en rendre compte en s'aidant de tous les documents possibles.

Comme il a été dit, les veines et les formations métallifères se rencontrent quelquefois dans les roches mésozoïques et même cénozoïques ; mais elles se trouvent surtout au voisinage de massifs de roches ignées (andésites, rhyolithes) dans les régions volcaniques qui ont subi une érosion considérable ; elles se rencontrent plus fréquemment encore aux zones de contact ; le prospecteur doit donc s'efforcer de tracer la ligne de jonction entre les masses intrusives et les roches qu'elles traversent. Par suite du métamorphisme que ces roches ont subi, les couches ont été souvent plus ou moins dérangées, éclatées, mises en morceaux et souvent très silicifiées. De l'or natif et différents minerais d'argent, d'antimoine, de mercure, imprègnent fréquemment les roches ainsi silicifiées, dans lesquelles ils se trouvent disséminés. La grande traînée volcanique qui borde le Pacifique dans l'Amérique du Nord et du Sud et les régions volcaniques du Japon

et des autres îles de la partie ouest du Pacifique sont souvent
remarquables par leurs formations métallifères, la plupart
d'entre elles sont d'âge mésozoïque récent ou même cénozoïque.

Alluvions. — [La manière d'opérer change un peu quand il
s'agit d'alluvions.

Dans la recherche de l'or, du platine, de la cassitérite, etc.,
on se sert de la *batée*. On lave, dans les lits des ruisseaux, les
parties sableuses. On choisit de préférence les sables de couleur foncée, parce qu'ils sont riches en fer et notamment
ceux qui ont été retenus entre des galets, parce qu'ils ont
plus de chance de contenir des matériaux lourds.

On notera, au cours de ces batées, la présence des minéraux
qui accompagnent généralement les minerais cherchés ; la
chromite est le satellite du platine, le cinabre celui de l'or, la
topaze et la tourmaline celui de l'étain.

On étudiera aussi les différents niveaux d'alluvions, au
moyen de sondages ou de trous.

Les vallées, dans lesquelles on aura trouvé des alluvions,
devront être remontées pour retrouver les gisements en place.

Quand les alluvions récentes sont métallifères, il faudra
rechercher si les alluvions anciennes qui forment souvent des
terrasses étagées au-dessus de la vallée ne sont pas également
susceptibles de contenir du minerai. Dans quelques cas, on
pourra étudier aussi les alluvions très anciennes qui ont été
conservées sous des manteaux basaltiques].

Teneur des minerais. — [La teneur des minerais s'exprime
généralement en pourcentage. La teneur des minerais d'or
s'exprime en grammes par tonne de 1.000 kilog. quand il s'agit
de minerais filoniens, en grammes par mètres cubes quand il
s'agit de minerais alluvionnaires, susceptibles d'être exploités
par dragages].

ART DE L'INGÉNIEUR

Tranchées. — Dans la construction des routes, chemins de
fer et canaux, il faut se rendre compte de la constitution des

roches à traverser, avant de faire aucune estimation sur le prix de revient. Lorsque ces roches, elles-mêmes ne sont pas visibles, l'ingénieur fait généralement des puits ou des sondages peu profonds et base son estimation sur les résultats ainsi obtenus. Ces résultats sont souvent suffisants pour le but poursuivi ; mais, dans d'autres cas, il sont insuffisants et peuvent même induire en erreur. Dans le cas de tranchées profondes, et dans celui du creusement d'un tunnel par exemple, il faut autre chose qu'une connaissance des roches qui constituent le sous-sol immédiat.

Avant d'entreprendre des travaux de cette sorte, l'ingénieur doit faire une sérieuse étude de la structure géologique, car la nature et le caractère des roches de la surface peut n'avoir aucun rapport avec la nature et la structure des roches à une faible profondeur. Dans les opérations de ce genre il est de la plus haute importance de déterminer :

1° Le caractère lithologique des roches à traverser ;
2° L'allure géologique des couches.

C'est qu'en effet le coût de l'excavation dépendra tout d'abord de la dureté des roches et ensuite de la facilité avec laquelle on pourra les extraire, facilité qui est déterminée par la nature des diaclases.

L'ingénieur a de plus à se rendre compte si une roche une fois entamée est capable de résister à l'action de l'atmosphère. Dans ce problème la question de la structure géologique intervient dans une large mesure ; en effet, une même roche peut être suffisamment résistante quand elle est en couches horizontales et tout à fait ébouleuse quand elle est en couches inclinées.

Il faudra aussi envisager la façon dont cette roche se comporte vis-à-vis des eaux souterraines.

Une roche très perméable entamée par une tranchée suinte si abondamment par ses pores et ses diaclases qu'elle se délite complètement quand elle est exposée à l'air.

Tranchées dans des couches horizontales. — Lorsque des roches dures, homogènes, traversées par un petit nombre de diaclases sont disposées horizontalement, elles sont généralement susceptibles de se soutenir par elles-mêmes, et les bords de la tranchée se maintiendront verticaux.

De telles roches ne sont perméables que sur une étendue limitée ; elles ne déterminent que peu ou pas de suintements d'eau : aussi même lorsque l'on à affaire à une série de lits épais séparés par des couches d'argiles imperméables, les venues d'eau sont peu abondantes.

Lorsque les roches entamées sont composées d'une série de lits très poreux et bien stratifiés avec intercalation d'argiles imperméables, on peut s'attendre à avoir des sources et des suintements. De plus, même lorsque l'eau ne filtre pas à travers la tranchée, les lits, possédant des caractères variables, s'attaquent inégalement sous l'action des intempéries ; les roches les plus tendres s'écroulent et les lits plus durs qui les surmontent prennent leur place. Dans ces conditions, il est nécessaire d'établir des soutènements dans la tranchée ou de disposer la pente des parois des tranchées sous un angle tel que le glissement ne soit pas possible ; lorsque ces couches donneront naissance à d'importantes venues d'eau, on sera obligé de faire un revêtement de maçonnerie imperméable, en ménageant de temps en temps des orifices pour permettre à l'eau de s'échapper.

Tranchées dans des couches inclinées. — Quand les lits plongent à partir de la tranchée (fig. 160, *a*) les parois de celle-ci se maintiennent approximativement verticales, même lorsque l'on a affaire à une série de couches alternativement perméables et imperméables. En effet, les eaux, que ces bancs peuvent contenir, ont une tendance à s'échapper vers la profondeur le long des plans de stratification.

Par contre, du côté opposé de l'excavation (fig. 160, *b*), les couches plongent vers la tranchée et par suite occupent une position très instable.

Le cas se présente surtout lorsqu'il s'agit de couches consistant en lits alternativement perméables et imperméables, des sources viendront au jour, des éboulements et des affaissements auront lieu ; il est nécessaire dans ce cas de donner aux parois une pente assez faible et de maçonner la tranchée en laissant des orifices pour l'écoulement des eaux.

Des tranchées dans des roches ignées, massives, se tiennent

généralement avec des faces verticales ou presque, mais il faut
étudier avec soin les caractères des diaclases et voir s'il n'y a
pas des venues d'eaux possibles qui détermineraient des éboulements et des dislocations de la masse.

L'action générale du froid n'est pas non plus négligeable.

Les roches schisteuses se conduisent généralement de la
même façon que les roches sédimentaires ; mais leur stabilité

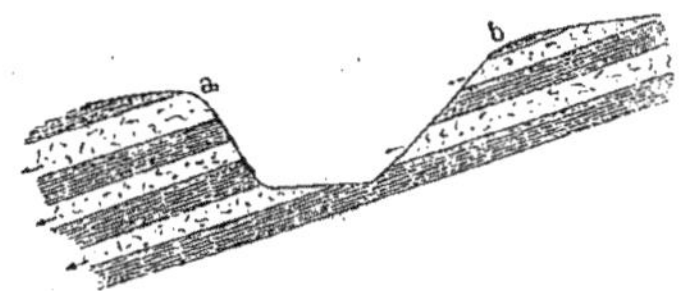

Fig, 160. — Tranchée dans des couches inclinées constituées
par des alternances d'argiles et de sables.

Venues d'eau :
a. — Côté non ébouleux ;
b. — Côté ébouleux.

est souvent affectée par leur caractère pétrographique très
variable et par les joints très irréguliers qui les traversent. Il
en résulte que les uns sont capables de laisser filtrer l'eau
tandis que d'autres sont plus ou moins imperméables. La stabilité de ces roches dépend aussi dans une certaine mesure
de la nature de leur schistosité ; les roches très schisteuses
où le clivage joue le même rôle que la stratification dans les
roches sédimentaires ordinaires, se comporteront comme
elles. Par contre, lorsque les schistes sont très disloqués et
contournés, les couches ont une individualité moins nette et
les glissements se produisent beaucoup moins facilement ;
aussi ces roches peuvent-elles souvent être traitées comme des
masses de roches ignées très fracturées.

Tranchées dans des roches meubles. — Les parois des
tranchées creusées dans des roches meubles ne se tiendront
jamais verticalement, si ce n'est dans les pays sans pluie ou
presque sans pluie. Dans les conditions ordinaires, il faudra
étudier la pente à donner à la tranchée ; l'angle de cette pente

variera avec la roche et l'allure géologique des couches. Si ces roches meubles plongent dans une direction déterminée, elles se tiendront toujours mieux d'un côté de la tranchée que de l'autre ; c'est le même problème que celui exposé précédemment (fig. 160) ; les glissements auront toujours lieu sur le côté indiqué.

Tunnels. — S'il est dangereux d'entreprendre d'importantes tranchées sans avoir au préalable examiné la structure géologique, il serait blâmable, avant de percer un tunnel important, de ne pas étudier toutes les données concernant les roches que le tunnel traversera et leur disposition.

Dans le cas de roches stratifiées horizontales, aucune difficulté ne se présentera. Le tunnel sera creusé en suivant l'un des plans de stratification. On devra seulement déterminer

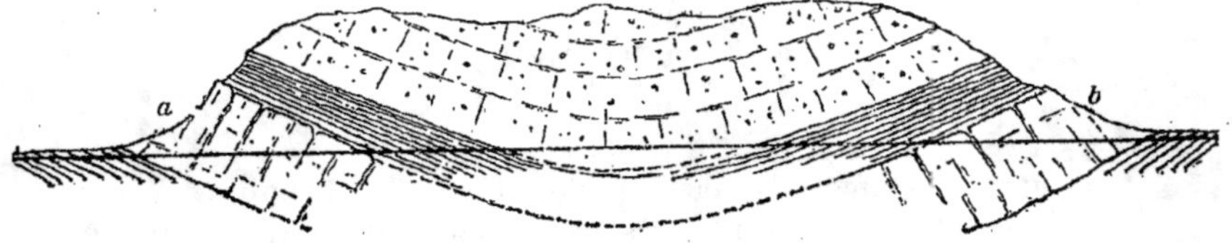

Fig. 161. — Schéma d'un tunnel, pratiqué à travers des roches présentant une disposition synclinale.

Des puits et des sondages peu profonds, creusés à la surface montrent que les roches en *a*, *b*. aux deux extrémités du futur tunnel, sont de nature convenable ; le sommet de la montagne est constitué par des matériaux analogues. On aura donc tendance à penser que toute la montagne est constituée de la même façon que le tunnel sera facile et peu coûteux à construire.

On voit qu'il n'en est rien ; les roches solides (*a*, *b*) ne se continuent que jusqu'à une faible distance horizontale de l'orifice ; il leur succède des argiles qui seront beaucoup plus difficiles à traverser et qui de plus amèneront des venues d'eau, rendant le travail beaucoup plus long et plus coûteux.

L'étude géologique attentive des affleurements aurait permis de déceler la structure synclinale de la montagne et tout au moins de prévoir ces ennuis. De plus, elle aurait permis probablement d'envisager un autre tracé, peut-être très voisin, ne présentant pas ces inconvénients.

celle des couches dans laquelle le travail sera le plus facile et où l'on sera le moins incommodé par les venues d'eau. A cet égard, les renseignements fournis par les géologues sur l'allure des nappes d'eau souterraines (voir p. 410), peuvent être très précieux.

Mais, si les roches ne sont pas horizontales, le seul examen même attentif, des roches qui affleurent aux deux extrémités du tunnel peut décevoir complètement les ingénieurs qui ont négligé de s'assurer de la structure géologique du pays.

L'histoire des opérations de l'ingénieur dans tous les pays du monde est rempli d'exemples et d'avertissements sur le danger qu'il y a à creuser des tunnels sans avoir préalablement étudié à fond la structure géologique.

Fréquemment cette connaissance aurait pu éviter aux ingénieurs de grandes difficultés et diminuer considérablement les frais en leur suggérant une légère déviation de la ligne ou une modification de la pente. Même lorsque ces déviations et modifications sont impossibles, la connaissance préalable des difficultés à vaincre aidera beaucoup l'ingénieur à les surmonter et à établir son devis.

Fondations. — Les architectes et ingénieurs doivent naturellement tenir compte de la nature des fondations sur lesquelles ils se proposent de bâtir des bâtiments importants.

Des puits de recherche permettront de connaître la constitution du sol sous-jacent ; mais ils ne donneront aucun renseignement sur la structure géologique. Or, dans le cas de bâtiments très lourds, il est absolument nécessaire que l'on s'assure de cette dernière avec soin. En effet, quelque solide que le sous-sol semble être, toutes les hypothèses faites sur sa solidité sont susceptibles d'erreur, si on ne connaît pas sa relation avec les roches qui se trouvent immédiatement au-dessous.

Ainsi, envisageons le cas de grès solides, supportés par une argile imperméable, susceptible de constituer un plan de glissement. On édifiera sans crainte un bâtiment considérable sur les grès solides et cependant, sous son poids, le bâtiment et les grès qui le supportent pourront glisser le long des plans de stratification. Dans ce cas, l'inclinaison de ces plans et l'importance des eaux qui peuvent s'infiltrer au contact de l'argile dans le plan de glissement jouent un rôle considérable ; et ce sont là des données qui relèvent essentiellement de la géologie.

Des matériaux meubles font généralement de mauvaises fondations ; l'étude stratigraphique du sol permet souvent de recommander la recherche à une profondeur très minime d'une masse calcaire plus résistante, sur laquelle les fondations pourront être assises avec sécurité.

Des argiles tenaces homogènes ayant une épaisseur suffisante sont généralement utilisables. Des alluvions ou des dépôts superficiels de toute sorte sont en règle générale, peu satisfaisants, et dans le cas où on voudra y bâtir des bâtiments importants, il faudra ou aller chercher le sous-sol, en place, en profondeur, ou créer un fonds artificiel de béton.

Les argiles à blocaux forment souvent des fondations convenables ; mais on ne doit s'y fier que dans une certaine mesure. Elles contiennent fréquemment des lits de graviers et de sables aquifères ; l'eau, s'échappant en surface, tend à miner la masse supérieure et détermine ainsi l'effondrement des fondations. Avant de bâtir sur un sol de ce genre, il est nécessaire de s'assurer par des sondages qu'il n'y a pas de bancs aquifères dans le sous-sol immédiat.

CHAPITRE XVIII

RECHERCHES D'EAUX

Eaux superficielles. — Lacs. Réservoirs. Rivières. Galeries filtrantes. Citernes.

Eaux de profondeur. — Niveau hydrostatique. Nappes libres. Nappes captives. Influence des diaclases. Sources le long des failles. Influence des synclinaux. Sources de surface et sources de profondeur. Sources réelles et sources géologiques. Circulation d'eaux souterraines. Sources dans les roches éruptives ignées.

Recherche et captation des eaux. — Recherche des émergences. Étude hydrogéologique d'une région. Captage des sources. Renforcement des nappes. Galeries captantes. Protection des sources.

Puits. — Puits ordinaires. Précautions hygiéniques à prendre sur l'emplacement et l'aménagement des puits. Puits artésiens. Données géologiques à étudier avant de procéder à la recherche d'eaux artésiennes.

Drainage.

Relation des décès avec la structure géologique.

Les sources superficielles et profondes ne représentent qu'une fraction plus ou moins forte des eaux pluviales tombant à la surface du sol. Ces eaux, après avoir ruisselé à la surface, s'infiltrent dès qu'elles trouvent une couche perméable et descendent jusqu'à ce qu'elles arrivent à une couche imperméable qui les retient en formant une nappe souterraine, plus ou moins continue. Au bout d'un certain trajet, l'eau gagne la surface du sol et forme une source.

On conçoit donc que le nombre et l'importance des sources d'une région dépendent de la quantité de précipitations atmosphériques, de l'aspect physique, et des conditions géologiques du pays où cette eau est tombée. Si le pays est perméable, l'eau s'est infiltrée immédiatement et une grande fraction des précipitations atmosphériques a été ainsi enfouie. Au contraire, si le pays est imperméable, l'eau a ruisselé, a formé des ruisseaux et des rivières et une grande quantité s'est échappée vers la mer.

Mais les sources sont encore plus influencées par la constitution géologique souterraine des pays où elles viennent au jour ; car c'est cette constitution géologique souterraine qui détermine la réapparition des eaux tombées en surface.

Cinq moyens différents de s'alimenter en eau potable peuvent, selon les cas, être employés par les municipalités. Trois sont naturels, les *sources*, les *cours d'eau*, et les *lacs* ; deux sont artificiels, les *puits* et les *citernes*.

EAUX SUPERFICIELLES

Lacs. — [Les savants ne sont pas d'accord sur la valeur des eaux des lacs ; de très grandes villes (Glascow, Genève, Zurich), boivent l'eau de leurs lacs, mais après filtrage préalable].

Le caractère de l'eau d'un lac dépend naturellement de celle de son aire d'alimentation et de la constitution du sol dans la région.

Si les roches dans lesquelles se fait le drainage sont calcaires, l'eau sera *dure* ; si les roches ignées et schisteuses dominent, l'eau sera assez douce.

Plus le lac est profond et grand, plus son eau est pure et froide.

L'eau des étangs et des lacs reçoit les contaminations entraînées par les eaux de ruissellement ; elle en reçoit d'autres sur ses bords, venant des habitations qui y sont installées.

Mais, dans les grands lacs de montagne, ces chances de contamination sont minimes ; de plus, l'épuration se fait d'elle-même dans les lacs de grande étendue et les eaux qu'on prend à une certaine distance des rives présentent un caractère de potabilité suffisante.

Réservoirs. — En Amérique et en Egypte surtout, on a, en barrant des rivières, créé de grands lacs artificiels, constituant d'énormes réservoirs d'eau. En France, on en a construit également un certain nombre, destinés surtout à fournir de l'eau pour la navigation des canaux et des rivières, ou de la force motrice pour la production d'énergie électrique.

La construction des réservoirs est un travail d'ingénieurs ; mais, comme toutes les entreprises de ce genre, elle doit être conduite avec une connaissance entière des conditions géologiques qui règnent dans la région. Il faut choisir pour le barrer, le ou les ruisseaux dont les eaux sont les plus pures et qui coulent dans des régions peu cultivées, peu habitées, destinées par leur nature à ne pas devenir de grands centres de population, créant des chances de pollution.

On étudiera avec soin, le caractère des roches qui se trouvent dans l'aire d'alimentation ; car il peut s'y trouver des éléments qui altèrent le caractère de l'eau. Généralement des analyses chimiques de l'eau de la rivière, faites à toutes les époques de l'année, détermineront la valeur de cette eau. [Si un élément nuisible s'y trouve, on cherchera son gisement en place et on pourra essayer d'empêcher les eaux qui tombent sur sa surface d'affleurement de prendre part à l'alimentation du réservoir].

Il faudra choisir ensuite l'emplacement du réservoir. C'est à ce moment surtout que la connaissance géologique du sol sera utile. Il faudra étudier avec soin les roches affleurant à l'emplacement proposé et au besoin confirmer les indications fournies par l'étude géologique, au moyen de sondages judicieusement placés. Des roches poreuses et diaclasées, constitueront un substratum défavorable et il faudra chercher un emplacement meilleur.

On peut citer, comme roches à éviter particulièrement, certaines roches ignées, les calcaires marneux, les argiles fissiles. Dans le cas où des raisons impérieuses obligeraient à s'installer sur ces roches, l'ingénieur devra prendre des précautions spéciales qui augmenteront beaucoup le prix de revient de l'entreprise.

Les conditions les meilleures sont fournies par des roches inclinées dans le même sens que la vallée ; car alors les eaux s'écouleront le long des plans de stratification et ne réappa-

raîtront à la surface qu'après un parcours souterrain plus ou
moins long.

Lorsque le fond de la vallée est couvert d'épais dépôts d'alluvions, il faut pour connaître la nature du sol et du sous-sol
faire l'étude géologique des environs et quelquefois effectuer
des sondages.

Quand il est constitué par de l'argile dure, homogène, celle-ci
forme le substratum le meilleur que l'on puisse trouver, à
condition qu'elle ne renferme à proximité de la surface aucun
lit aquifère, ce dont on s'assurera au moyen de sondages.
Dans ce cas, l'existence de lits aquifères serait une source de
dangers considérables ; car ces lits détermineraient des glissements du substratum, et par suite le crevassement et l'éboulement de la digue.

Rivières. — Certaines villes puisent leurs eaux dans les
rivières sur le bord desquelles elles sont bâties.

Ces cours d'eau sont toujours plus ou moins contaminés par
les pollutions qu'y déversent leurs berges ou qu'y attire le
drainage souterrain ; ils s'épurent cependant progressivement
d'eux-mêmes après chaque traversée de centre habité. Peu à
peu, les eaux se clarifient, une boue nauséabonde se dépose
sur les graviers du lit de la rivière et s'amasse le long de ses
bords. Sous l'action du soleil et de l'air, les matières organiques se décomposent, les eaux redeviennent claires et limpides. Malgré cela, elles restent toujours suspectes et elles ne
doivent être utilisées pour l'alimentation et même pour
l'usage domestique qu'après un sérieux examen microbiolo-
gique.

Il est donc de toute nécessité de faire la captation d'eau en
amont de la ville et même le plus possible dans les régions
hautes de la rivière. L'eau sera alors amenée, soit dans des
canaux à découvert, soit de préférence dans des tuyaux
étanches. Mais d'une façon générale, l'eau des cours d'eau ne
peut être utilisée que s'il existe une installation très sérieuse
de filtration et d'épuration.

Galeries filtrantes. — [On capte souvent l'eau des rivières,
non pas dans la rivière elle-même, mais dans les graviers de

la rive, de manière à obtenir une eau exempte d'impureté et
des troubles de la rivière. Dans certains cas, on capte ainsi
l'eau de la rivière qui filtre à travers une tranche de terrains
graveleux ; dans d'autres, on recueille l'eau provenant des
nappes souterraines voisines et alimentées par le déversement
des nappes de coteaux.

La constitution de la nappe des alluvions dépend essentiellement de la nature géologique des coteaux ; s'ils sont imperméables, il n'y a pas d'eau qui vienne rejoindre souterrainement le talweg ; s'ils sont perméables, alors que le fond de la
vallée est imperméable, il s'y forme un déversement plus ou
moins important.

On exécute alors dans les alluvions de la rivière, soit des
galeries filtrantes, soit des *puits filtrants*.

Leur exécution doit donc nécessairement être précédée de
l'étude géologique des côteaux et des pentes environnantes].

Citernes. — [L'eau de pluie, recueillie dans les citernes,
est en principe bonne, à condition que les citernes soient
étanches et saines ; il faut aussi assurer la propreté des toits
et des gouttières ; on peut aussi, ce qui est coûteux, mais
recommandable, approprier d'assez larges surfaces, rocheuses
ou maçonnées, à la réception exclusive des eaux, comme
on l'a fait, aux Baux près d'Arles-en-Provence, à Gibraltar, etc.]

EAUX DE PROFONDEUR

[Ainsi qu'il a été dit, l'eau, après avoir plus ou moins ruisselé à la surface, s'enfonce dans le sol dès qu'elle trouve une
zone perméable et s'arrête dès qu'elle arrive à une couche
imperméable].

Niveau hydrostatique.— [Cette couche imperméable donne
naissance à une nappe d'eau qui est la première que l'on rencontre à partir de la surface. On l'appelle souvent *nappe phréatique* (fig. 162). Cette nappe ne coïncide pas toujours avec la
couche imperméable ; elle monte à un niveau variable sui-

vant les points ; on l'appelle le *niveau hydrostatique* ou *niveau piézométrique*. Ce niveau est déterminé par la quantité d'eau

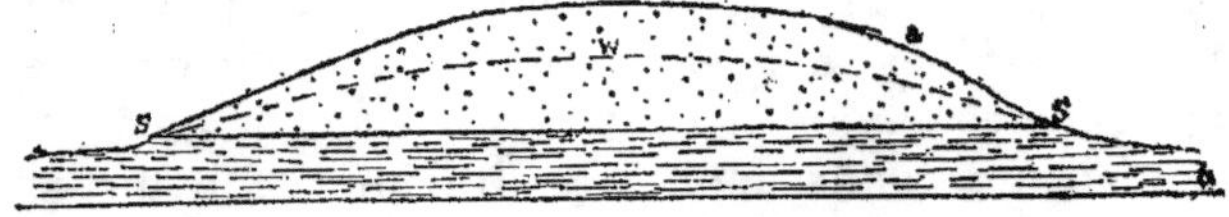

Fig. 162. — Montée de l'eau dans les dépôts superficiels.

a. — Sables et graviers ;
b. — Argile imperméable.
w. — Niveau piézométrique.

L'eau tombant à la surface de *a* est graduellement absorbée et s'enfonce peu à peu jusqu'à ce que les couches soient saturées jusqu'à une certaine limite *w*, lorsque la résistance due au frottement interne est compensée par la pression hydrostatique.

L'eau est alors forcée de couler le long de la surface de l'argile sous-jacente et s'échappe au jour en *ss* où une ligne de suintements marque la limite entre les lits perméables et imperméables.

Mais s'il y a des irrégularités dans la surface de l'argile, l'eau sort sous la forme de sources définies.

tombée, par la configuration de la surface, par les conditions géologiques].

Nappes libres. — [Les eaux s'étant infiltrées ont pu aussi s'enfoncer dans le sol avec la couche imperméable qui les a arrêtées ; elles reposent alors sur une couche imperméable

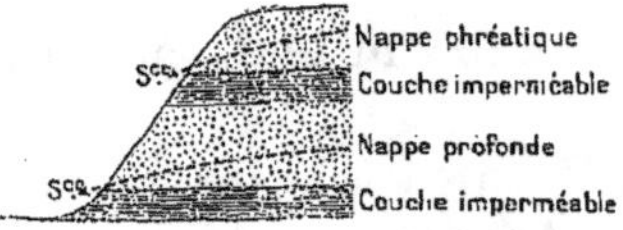

Fig. 163. — Nappes libres.

Nappe profonde et nappe phréatique, s'élevant librement jusqu'à leur niveau piézométrique (indiqué en trait discontinu).

plus profonde et constituent une *nappe profonde* (fig. 163). Dans cette nappe, comme dans la nappe phréatique, l'eau s'élève dans les couches perméables jusqu'à un certain niveau hydrostatique ou piézométrique.

Nous avons supposé que l'eau s'élève dans la couche perméable jusqu'au niveau piézométrique sans en être empêchée par rien. Dans ce cas, ont dit que la *nappe est libre*. L'intersection de ces nappes avec la surface du sol donne lieu à des sources (1)].

Ces sources sont abondantes dans les couches horizontales, ayant des caractères divers, tantôt perméables tantôt imperméables; car chaque couche perméable contient une

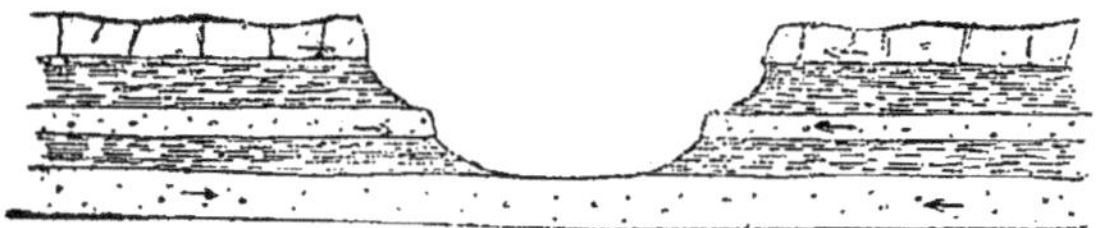

Fig. 164. — Coupe montrant l'existence de plusieurs niveaux d'eau dans des couches horizontales sur les flancs d'une vallée.

réserve d'eau qui s'écoule quand les lits sont coupés sur les flancs des collines et dans les vallées (fig. 163, 164, 165, 166).

Lorsque les couches sont inclinées, les eaux s'écoulent sous l'influence combinée de la pesanteur et de la pression hydrostatique. Quand ces couches sont traversées par une vallée,

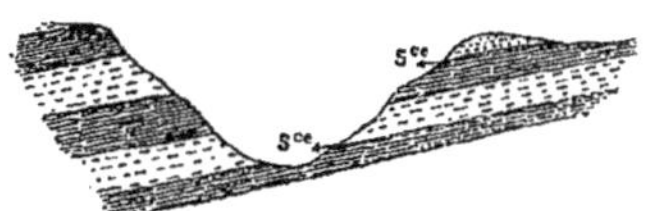

Fig. 165. — Vallée creusée dans des couches plongeant régulièrement. Il n'y a des sources que sur l'un des flancs de la vallée.

ayant la même inclinaison que les couches, l'eau souterraine tend à se décharger seulement d'un côté, c'est-à-dire du côté où les couches entamées par la vallée plongent vers elle (fig. 165).

(1) [On appelle généralement *sources* tout « écoulement d'eau qui sort de terre » ; les travaux récents sur la transmission des maladies microbiennes par l'eau, les études de M. Martel et de ses collaborateurs sur les abîmes et cavités souterraines où les eaux peuvent s'accumuler et circuler ont amené à modifier cette définition et à la restreindre.

On appelle désormais *émergence* toute sortie ou venue d'eau naturelle et on les partage en *vraies sources*, pures et potables, et en *fausses sources*, ces dernières n'étant la plupart du temps que des réapparitions d'eaux qui ont été englouties dans le sol en amont].

Les vallées synclinales sont rares, surtout dans les régions
où la dénudation est très avancée, mais quand elles sont

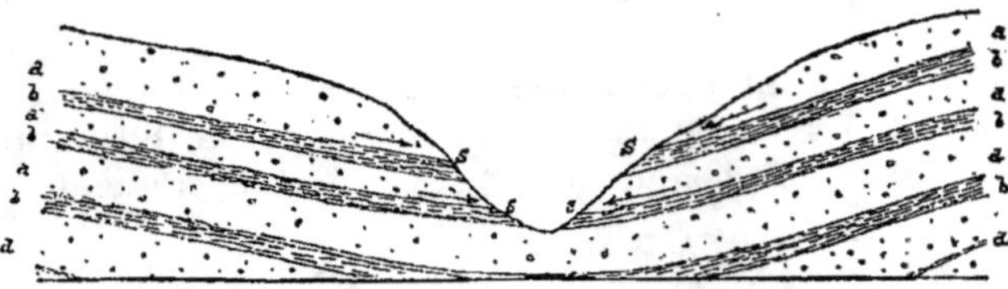

Fig. 166. — Vallée synclinale, avec sources sur les deux flancs
de la vallée.

creusées dans des couches aquifères et imperméables, les
sources se produisent des deux côtés de la vallée (fig. 166).

Quand une vallée coïncide avec un anticlinal, la structure
géologique est tout à fait défavorable pour la mise au jour

Fig. 167. — Vallée anticlinale, sans sources sur aucun flanc de la vallée.

des eaux souterraines, l'eau s'enfonce dans la direction des
couches (fig. 167) et par suite elle s'éloigne de la vallée.

Nappes captives. — [L'eau peut être maintenue sous pression par une couche imperméable qui ne lui permet pas de

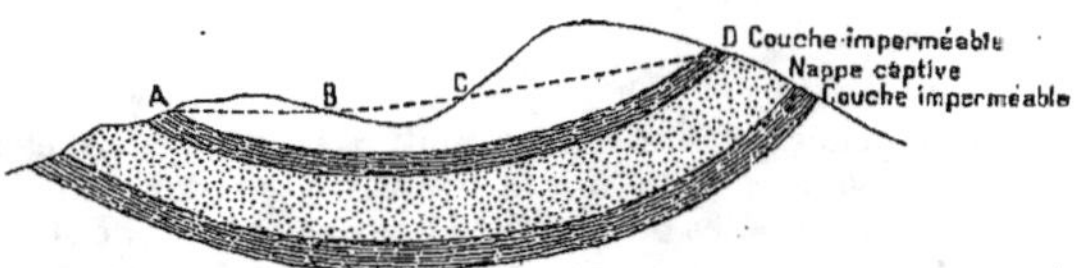

Fig. 168. — Nappe captive entre deux couches imperméables.

[Si la couche imperméable est percée en un point, l'eau captive s'élèvera
jusqu'au niveau piézométrique (en traits discontinus). Elle sera *ascen-
dante* pour les puits creusés entre *A* et *B* et entre *C* et *D*, *jaillissante* pour
ceux creusés entre *B* et *C*].

s'élever jusqu'au niveau piézométrique qu'elle atteindrait si elle était libre, on dit alors que la nappe est *captive*.

Dans ce cas, dès que l'on a percé la couche imperméable qui retenait l'eau, celle-ci monte jusqu'à la hauteur du niveau piézométrique ; si celui-ci est au-dessous du niveau du sol, on a des *eaux ascendantes,* s'il est au-dessus de ce niveau, on a des *eaux jaillissantes* ou *eaux artésiennes,* susceptibles de jaillir au-dessus de la surface du sol].

Influence des diaclases. — Nous avons, dans tout ce qui précède, supposé que l'eau circule le long des plans de stratification ; mais il ne faut pas oublier que les couches sédimentaires sont traversées par les diaclases et que celles-ci influent beaucoup sur la circulation des eaux ; elle leur permet, soit de s'élever plus ou moins haut dans les couches où elles se trouvent, soit quelquefois de passer d'une nappe dans l'autre.

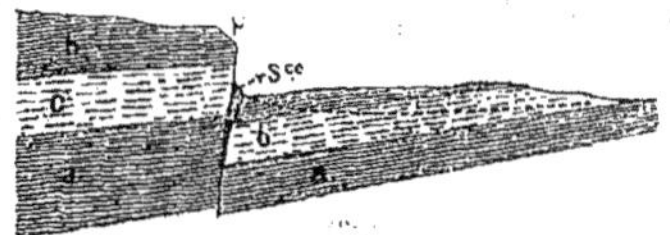

Fig. 169. — Relèvement des eaux par une faille.

Ainsi, quand la sécheresse empêche l'alimentation en amont et que la décharge des sources commence à diminuer, l'eau cherche à passer à travers les diaclases d'un lit poreux à un autre.

Ainsi les sources alimentées par les lits profonds continuent généralement à couler longtemps après celles qui sont alimentées par les lits superficiels.

Sources le long des failles. — Les failles importantes déterminent souvent des sources ou des lignes de sources ; car elles mettent en contact des roches perméables et imperméables (fig. 169 et 170).

Les failles déterminent même l'existence d'une ligne de sources quand les couches sont perméables des deux côtés de la faille ; en effet la faille est souvent remplie d'argile et forme par cela même une sorte de mur imperméable ; en même temps, de chaque côté de ce mur, les roches perméables fissurées permettent l'ascension facile des eaux (fig. 171).

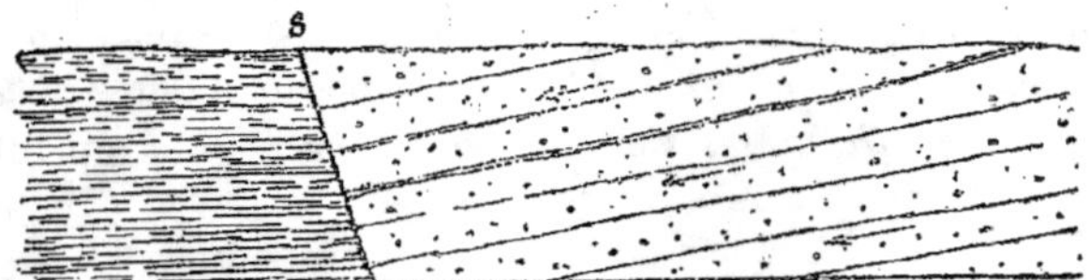

Fig. 170. — Faille mettant en contact des roches perméables et imperméables et déterminant une ligne de sources.

Quand une série de couches plongent sur un angle assez faible et viennent buter par faille contre des couches plus ou moins imperméables, il se produit des sources assez importantes comme S.

D'ailleurs, même lorsque les conditions ne paraissent pas favorables, des dislocations considérables amènent généralement la formation de sources ; en effet, il est rare qu'une faille,

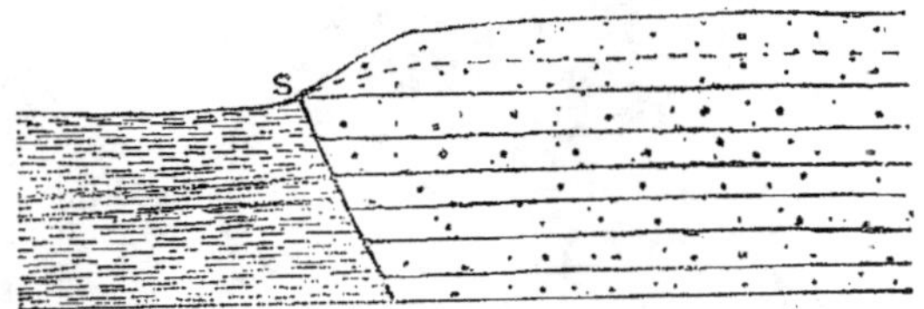

Fig. 171. — Faille mettant en contact deux groupes perméables et déterminant quand même une ligne de sources.

affectant une très grande épaisseur de couches ne coupe pas un lit aquifère dont l'eau se trouve sous une pression suffisante pour monter à la surface (fig. 169).

On voit ainsi qu'une connaissance approfondie des failles d'une région peut avoir une grande importance au point de vue de l'hydrographie souterraine.

Influence des synclinaux. — [On conçoit que si les couches formant un système aquifère sont plissées et forment une série d'anticlinaux et de synclinaux, l'eau a une tendance à s'accumuler dans les synclinaux (fig. 172) où l'on pourra ainsi trouver de véritables réserves. Au contraire, sur l'emplacement des anticlinaux les chances de trouver de l'eau, dans la couche aquifère, sont minimes.

Aussi dans l'étude hydrogéologique d'une région, est-il de

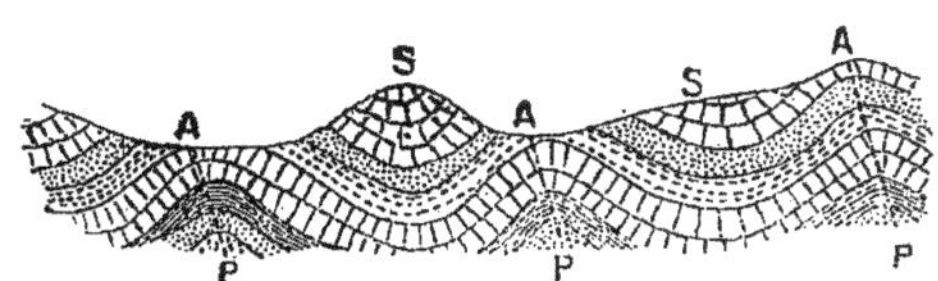

Fig. 172. — Anticlinaux et synclinaux.

A. — Anticlinaux ;
S. — Synclinaux ;
a. — Couche aquifère.

toute nécessité d'étudier tout d'abord et d'une façon approfondie la tectonique jusque dans ses plus petits détails. L'hydrologue y a encore plus d'intérêt que le géologue.

Ce raisonnement est encore plus vrai, s'il s'agit d'une cuvette ou d'un brachysynclinal qui, au point de vue hydrologique, constituent dans beaucoup de cas de véritables réser-

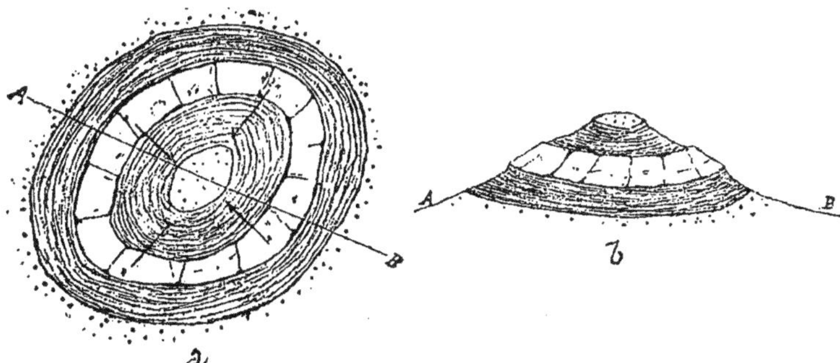

Fig. 173 et 174. — Cuvette.

La figure de gauche représente la carte géologique de la région occupée par le dôme ; les couches successives, de plus en plus anciennes, au fur et à mesure qu'on va vers le centre, affleurent suivant des sortes d'ellipses plus ou moins régulières.

La figure de droite représente une coupe menée suivant AB dans cette région.

voirs naturels, où l'on peut aller rechercher l'eau soit au moyen de puits, soit au moyen de galeries (p. 425).

Sources de surface et sources profondes. — Les sources sont généralement divisées en *sources de surface* et *sources profondes*.

Une source dont la température varie avec les saisons, chaude en été, froide en hiver et coulant plus ou moins abondamment, suivant que la quantité de pluie est plus ou moins grande, est certainement une *source de surface* dont les eaux ne viennent pas de très loin.

Entre les sources temporaires de ce type et les sources pérennes dont le débit reste pratiquement constant et dont la température ne varie pas avec les saisons, il y a toutes les gradations. Celles-ci sont des *sources profondes*, c'est-à-dire dont l'eau vient d'une profondeur assez grande.

Sources réelles et sources géologiques. — [Par suite de la présence des éboulis et des alluvions, les sources ne se trouvent pas toujours au point où elles devraient se trouver, si

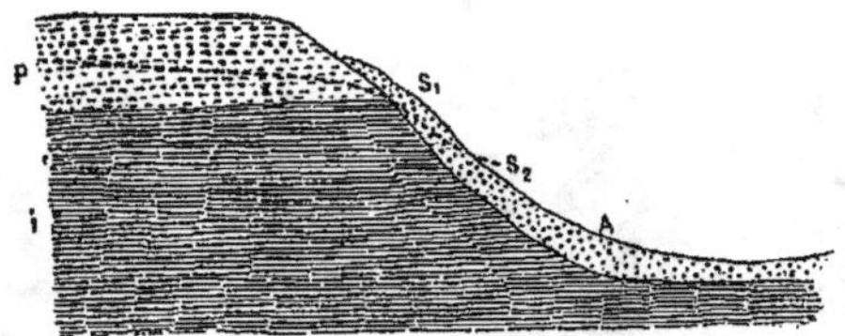

Fig. 175. — Source géologique et source réelle.

S₁. — Source géologique;
S₂. — Source réelle ;
i. — Terrain imperméable;
p. — Terrain perméable;
A. — Eboulis.

[La source réelle est souvent différente de la source géologique ; c'est cette dernière qu'il faut aller chercher quand on veut faire une captation d'eau dans des conditions hygiéniques].

l'on ne considérait que les raisons géologiques pures (fig. 175). L'eau effectue sous les éboulis et les alluvions un trajet assez

27

considérable et peut aller former la source réelle, S_2, assez loin de la source géologique S_1. Pendant ce trajet, les eaux risquent d'autant plus de se polluer qu'elles se trouvent à une faible profondeur et que les habitations humaines se rencontrent surtout sur le flanc des vallées.

Aussi, quand on effectue une captation d'eau potable, faut-il « supprimer ou tout au moins protéger le trajet des sources « sous les éboulis et les alluvions et remonter autant que possible les captations jusqu'au niveau des sources géologiques, c'est-à-dire jusqu'aux affleurements des terrains bien « en place » (Imbeaux)].

Circulation d'eaux souterraines. — [L'expression de *nappes d'eau* ne doit s'appliquer qu'aux terrains meubles, fragmentaires, où il y a réellement imbibition de toute la masse, grâce à son peu de cohésion et au rapprochement extrême des interstices.

Mais, à côté de ces nappes d'eau, il y a dans certaines roches et en particulier dans les terrains fissurés comme les calcaires, une véritable circulation d'eaux souterraines, se faisant dans une série de *réseaux*, de *poches*, de *courants*, ainsi que les explorations de M. Martel ont pu l'établir d'une façon empirique. C'est ainsi que la célèbre fontaine de Vaucluse n'est pas une source, au sens exact du mot, mais le débouché d'un fleuve souterrain.

L'hydrologie souterraine des terrains fissurés peut se résumer dans la formule suivante, due à M. Martel :

« Les eaux d'infiltration sont absorbées par les pertes, abîmes, fissures du sol, emmagasinées dans les cavernes, et « rendues par les *résurgences*. »

Les dépressions fermées, si caractéristiques des pays calcaires, sont de simples points d'absorption, d'anciens lacs ou étangs à écoulement souterrain, colmatés par les apports extérieurs.

Les eaux circulent ensuite dans de véritables canaux souterrains ; ces canaux sont agrandis par l'action chimique et mécanique des eaux courantes, jusqu'à ce que de véritables tunnels soient creusés, donnant passage à des torrents et à des rivières.

Ces cours d'eaux souterrains diffèrent surtout des rivières
superficielles par la nature des obstacles qui s'y trouvent :
1º les rétrécissements de galeries, parfois réduites à quelques
centimètres de largeur ; 2º les éboulements intérieurs formant
des barrages complets que les eaux doivent traverser ou con-
tourner ; 3º les abaissements de plafonds qui déterminent la
formation de *siphons*.

Les eaux arrêtées ainsi dans les cavernes par ces obstacles,
s'accumulent en amont lors des crues et y forment les réserves des fontaines où le cours d'eau vient au jour. Ces réser-

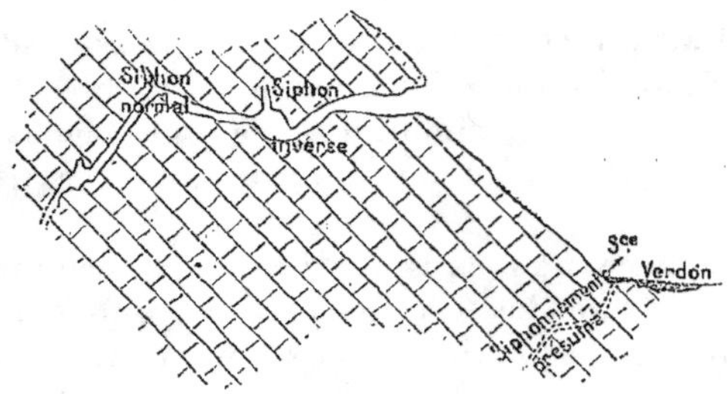

Fig. 176. — Coupe d'un siphon d'émergence du Garruby (Gard),
d'après M. Martel.

voirs souterrains peuvent avoir un débouché normal, coulant
à peu près en toute saison ; ils peuvent avoir des *trop-pleins*
qui forment des *résurgences temporaires* à côté des *résurgences
pérennes*.

Un autre fait, sur lequel il faut insister, c'est que, grâce à
ce siphonage, les résurgences des calcaires peuvent ramener
les eaux d'un niveau inférieur à celui où elles sourdent. Ainsi
peut-on expliquer la naissance, souvent à de grandes profondeurs, de résurgences sous-fluviales, sous-lacustres et même
sous-marines.

Malheureusement, ces rivières souterraines ont toujours
une tendance à descendre en profondeur, en utilisant toutes
les diaclases et les fissures qu'elles rencontrent ; « il s'établit
« une fuite progressive des eaux dans le sous-sol des régions
« calcaires ».

Il en résulte que les pays où elles se trouvent sont voués à un desséchement lent et progressif, contre lequel l'action de l'homme peut seule lutter en allant rechercher l'eau en profondeur au moyen de puits].

Sources dans les roches ignées. — Les sources ne sont pas moins caractéristiques des roches éruptives massives que des bancs sédimentaires; mais, tandis que dans ces dernières elles sont déterminées surtout par les couches perméables et sui-

Fig. 177. — Drainage des eaux par les fissures dans une roche ignée.

vent par suite une direction déterminée, dans les roches éruptives elles sont déterminées par les fissures; comme celles-ci varient de largeur et de direction, qu'elles sont nombreuses en certains endroits et absentes en d'autres, on ne peut jamais prévoir avec certitude les points où les sources apparaîtront à la surface. L'eau, tombant sur une masse de granite, passe dans une série de nombreuses diaclases et, après un parcours souterrain relativement court, s'échappe à la surface.

Mais il peut aussi arriver que les eaux s'infiltrent et qu'elles pénètrent à une grande profondeur, bien au-dessous du niveau des vallées du voisinage. A cette profondeur, elles peuvent être empêchées de passer, par suite de la fermeture des diaclases où elles circulent. Elles y sont alors soumises à une grande pression hydrostatique et sont forcées de remonter à la surface par des fissures analogues à celles par lesquelles elles sont descendues.

Ainsi naissent des sources profondes qui peuvent avoir une température supérieure à celles de la région d'émergence, température que les eaux ont acquises dans les régions profondes où elles ont circulé.

Le drainage souterrain des roches schisteuses est généralement aussi difficile à déterminer que celui des roches éruptives ; exceptionnellement quand les schistes sont très bien stratifiés et qu'ils contiennent des lits plus imperméables que les autres, les sources ont une tendance à se trouver sur leur affleurement.

Mais, en général, étant donnés les nombreux plis et les

Fig. 178. — Source au contact de roches ignées et de roches schisteuses
(L'eau provient des roches ignées).

L'eau de pluie s'enfonce à travers la masse éruptive très fracturée et elle s'y accumule. L'eau ne peut pas s'échapper latéralement parce que les couches imperméables *b* leur forment une sorte de digue. Elle continue à s'accumuler jusqu'à ce qu'elle atteigne le point où la ligne de jonction vient à la surface.

Là, sous l'influence de la pression hydrostatique, elle s'écoule en formant des sources plus ou moins importantes ou une ligne de sources.

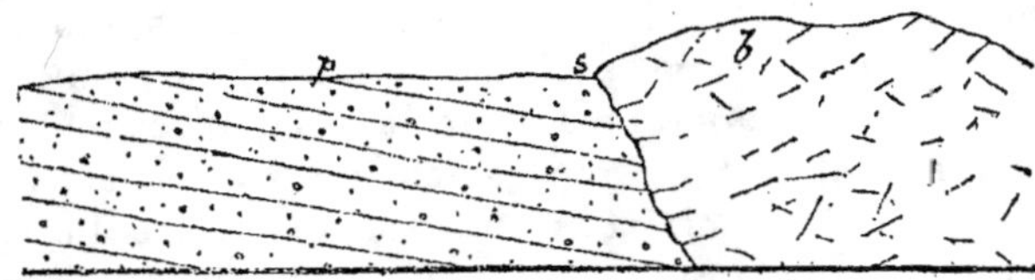

Fig. 179. — Sources au contact de roches sédimentaires et de roches ignées
(L'eau provient des roches sédimentaires).

Les couches sédimentaires *p* consistent en alternances de roches perméables et imperméables, plongeant vers la masse ignée *b*, constituée, par exemple, par des basaltes. L'eau s'enfonce dans les bancs poreux des couches sédimentaires ; elle est arrêtée par le basalte et monte à la surface le long de la ligne de jonction, déterminant ainsi la source *s*.

diaclases irrégulières qui les affectent, il est impossible de déterminer la direction du drainage souterrain dans les roches schisteuses.

Mais un grand nombre de sources importantes apparaissent
sur la ligne de jonction entre la masse intrusive et les roches
qu'elle traverse. L'eau peut provenir, tantôt de l'une, tantôt
de l'autre, tantôt des deux.

Les sources sont souvent aussi associées aux intrusions
verticales en forme de muraille (dykes, voir p. 241). Quand les

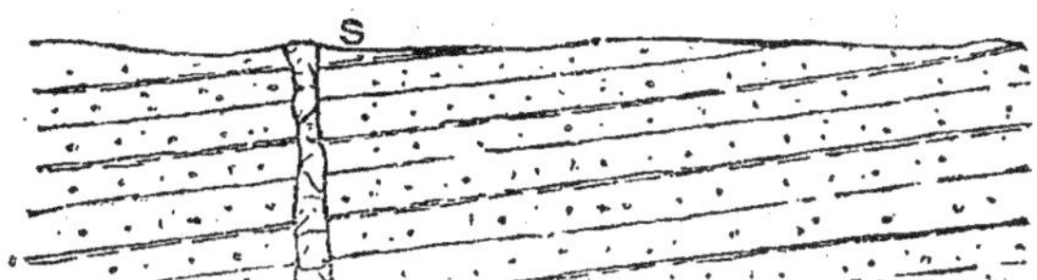

Fig. 180. — Dyke au milieu de roches sédimentaires.

Ce dyke arrête le drainage des eaux et détermine une série de sources,
telles que S.

dykes coupent des roches inclinées, dans la direction de leur
horizontale, ils constituent naturellement une digue souterraine qui arrête le cours des eaux souterraines, les force à
remonter à la surface et détermine des sources (fig. 180).

RECHERCHE ET CAPTATION DES EAUX

Recherche des émergences. — [C'est toujours une besogne
fort délicate que de se livrer à la détermination d'un bon
emplacement de captage; en dehors des cas où l'émergence se
manifeste et s'impose d'elle-même, il faut se livrer à des investigations minutieuses et à l'étude de certains signes extérieurs
qu'une longue habitude seule fait reconnaître.

Aussi la grande supériorité des personnes qui font de nombreuses recherches d'eaux souterraines est-elle de voir immédiatement ces signes extérieurs, grâce auxquels elles pré-
voient les endroits où on peut trouver de l'eau.

Parmi ces signes extérieurs on peut citer :

1° *Bruits et bruissements souterrains.* — Les courants souterrains dans les sols fissurés produisent quelquefois des
bruissements ; ils sont dus généralement, soit à des chutes

d'eaux souterraines, soit à de forts courants d'air. Leur absence ne doit donc pas être considérée comme une preuve probable d'insuccès, pas plus que leur présence ne permet d'escompter un succès certain.

Pour les percevoir, le matin ou le soir, on creuse un trou en terre, on fabrique avec du papier un entonnoir dont on pose la grande base sur le sol et dont on introduit la petite ouverture dans l'oreille. On a utilisé aussi, mais avec moins de succès, le stéthoscope (instrument qui sert aux médecins pour l'auscultation de leurs malades) et le microphone ;

2° *Fonte plus rapide de la neige en des endroits humides.* — La température des eaux souterraines étant généralement celle de la moyenne du lieu considéré, les courants souterrains sont, en hiver, une source supplémentaire de chaleur pour le sol. Il faudra bien entendu se rendre compte si la fonte plus rapide des neiges n'est pas due à une autre cause (exposition au soleil, aux vents chauds ; absence d'arbres, etc.) ;

3° *Buées matinales et vols d'insectes.* — Ces buées se voient surtout bien le matin ; elles sont opaques et restent à la surface du sol. Elles attirent les insectes et les moucherons ;

4° *Végétation des terrains humides.* — Certaines plantes, très amateurs d'eau, caractérisent les terrains humides et peuvent faire prévoir la présence d'une nappe d'eau peu profonde. Parmi ces plantes, on peut citer la cardamine, les carex, les joncs, la colchique, la menthe, les roseaux, les aulnes, les saules, les peupliers, etc.

En réalité, dès qu'il s'agit de nappes un peu profondes, ces signes extérieurs sont en défaut et l'étude géologique de la région peut seule donner des renseignements précis sur l'emplacement probable des lignes de sources.

Le calcul du débit est également une opération assez complexe ; il arrive souvent d'ailleurs qu'il soit peu constant, qu'il varie d'une saison à une autre et qu'il baisse après la découverte.

Pour que l'utilisation d'une source puisse être autorisée, il importe tout d'abord que l'émergence soit en amont, c'est-à-dire placée plus haut que les agglomérations humaines de toutes sortes, dont les résidus et les infiltrations pourraient souiller toute émergence située en aval. Cette considération est d'ailleurs utile à un autre point de vue pour pouvoir amener l'eau par simple gravité dans le pays à desservir.

Autant que possible, on tâchera d'établir le captage à la lisière ou même à l'intérieur des bois, qui en principe sont favorables à l'alimentation et à l'assainissement des eaux souterraines].

Étude hydro-géologique d'une région (1). — [La détermination complète des accumulations d'eau qui se trouvent dans le sol d'une région est un problème difficile et complexe ; pour le résoudre, il faudrait connaître non seulement la nature et la situation respectives des couches géologiques, mais encore leur topographie souterraine, les plis, les failles, les dislocations qui les affectent. Or, si dans beaucoup de pays, on connaît assez bien la constitution géologique, on connaît beaucoup moins bien généralement la structure géologique, c'est-à-dire la tectonique de détail.

Pour l'étude d'une région, l'hydro-géologie a trois procédés principaux :

1° L'étude et la reconnaissance des sources ; on examine avec soin l'emplacement et le niveau de chaque source ; on détermine sa provenance géologique et s'il y a lieu sa déviation par rapport à son gisement originel. Enfin, on cherche à connaître son régime, ce qui ne peut se faire qu'en suivant la source par une série de jaugeages pendant plusieurs saisons et même plusieurs années ;

2° L'étude des puits, forages, sondages et mines de la région. Un puits ordinaire, atteignant la première nappe (*nappe phréatique*) doit, s'il est bien fait, renseigner à la fois sur le niveau de la couche imperméable et sur le niveau hydrostatique de la nappe qu'elle supporte ; on étudiera les variations de ce niveau qui est susceptible de se modifier au cours des diverses saisons de l'année. Les forages (artésiens ou non), les sondages, les données fournies par l'exploitation des mines, révéleront les niveaux d'eaux profonds et donneront sur eux des renseignements plus ou moins complets et d'autant plus importants qu'ils sont plus rares ;

(1) En partie, d'après M. Imbeaux.

3° On peut tirer un secours sérieux de l'étude chimique des eaux, pour distinguer celles qui appartiennent à deux nappes différentes ; car chaque nappe a pour ainsi dire sa *composition normale* ;

4° L'étude géologique des régions environnantes ou l'examen d'une bonne carte géologique, si l'on en possède une, permet de se rendre compte des niveaux d'eau qui peuvent se trouver en profondeur. C'est un élément de recherche très important.

En particulier, l'étude de la tectonique de détail a un très haut intérêt et une carte donnant en courbes de niveau l'allure souterraine d'une couche déterminée est extrêmement précieuse (1) ;

5° Enfin, quand on est en possession de toutes ces données, l'exécution de galeries de recherches, de forages, de sondages, placés en des points convenablement choisis, apporteront des renseignements qui manquent complètement ; ils compléteront et préciseront ceux que l'on possède déjà.

En matière de puits artésiens, les forages de recherche réalisent la tentative même de captation ; mais, en outre, leurs résultats sont très précieux pour permettre d'apprécier les chances de réussite d'autres forages voisins].

Captage des sources. — [La question du *captage* est presque toujours laissée de côté ; lorsqu'il s'agit d'utiliser une source, on se borne à prendre l'eau telle qu'elle sort du sol ; lorsqu'on a bien nettoyé le bassin de la source et lorsqu'on l'a entouré d'un pavillon fermé, on croit avoir pris toutes les précautions possibles. En réalité, l'eau ainsi prise est recueillie, elle n'est pas captée.

Le *captage* d'une source d'eau potable a pour but essentiel de la mettre à l'abri de toutes les contaminations pouvant se produire au voisinage du point d'émergence, et spécialement dans le trajet que l'eau effectue entre le gisement géologique de la nappe et la surface du sol. Il faut donc obtenir de l'eau provenant uniquement de la nappe souterraine, sans la laisser se mélanger, ni avec les eaux de ruissellement en cas de

(1) Une carte de ce genre a été donnée par M. Dollfus pour la craie du bassin de Paris (*Bull. Serv. Carte géologique de France*, 1896).

grande pluie, ni avec les eaux suspectes de nappes plus rapprochées de la surface (voir fig. 181).

Toute source reconnue bonne pour l'alimentation doit être captée dans son gisement géologique, c'est-à-dire le plus pro-

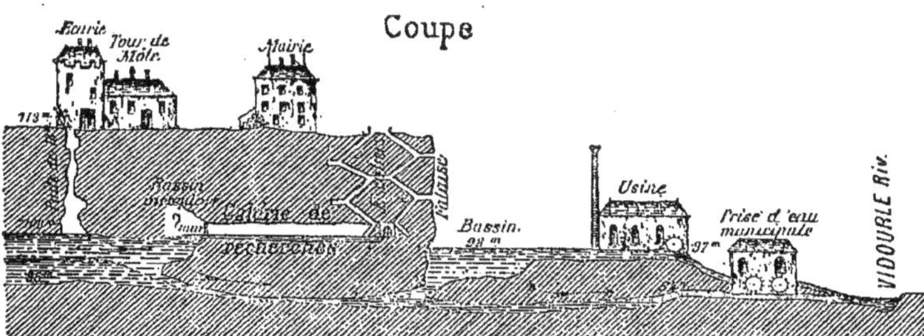

Fig. 181. — Exemple d'une alimentation en eau suspecte.

L'eau d'alimentation est en communication avec les eaux de ruissellement et avec les eaux de l'usine par un puits absorbant. Elle doit être impitoyablement rejetée.

D'après A. Martel. *L'évolution souterraine* (1).

fondément possible dans la couche même du terrain où elle circule souterrainement avant de se diriger vers la surface (fig. 175) ; il est insuffisant de prendre l'eau dans la terre végétale ou dans les éboulis ; on doit imposer aux entrepreneurs de conduire leurs fouilles jusqu'à la roche en place.

Un réservoir sera établi, couvert et fermé ; l'eau ne doit pas être recueillie dans ce bassin, mais seulement à sa sortie, de façon à ce que les vases ne puissent pas contaminer l'eau du bassin.

Si le captage se trouve à une certaine distance de l'agglomération à desservir, une canalisation devient nécessaire ; elle doit être couverte, de façon à ne pas être exposée à recueillir toutes sortes de souillures dans un trajet à ciel ouvert ; la canalisation doit être faite en tuyaux, très bien joints pour éviter les pertes et les infiltrations, reposant sur un lit bétonné pour éviter qu'ils ne se dissocient par suite des tassements du sol ; il convient d'enfouir ces tuyaux de un à deux mètres

(1) Cliché communiqué par MM. Flammarion, éditeurs, avec l'aimable autorisation de M. Martel.

pour diminuer autant que possible l'influence des écarts de température.

De plus ces captages peuvent souvent s'effectuer à peu de frais au moyen de forages tubés.

La simple application de ces principes a permis, tout récemment, d'utiliser pour l'alimentation publique certaines sources jaillissant au milieu de marais tourbeux, à travers une épaisseur considérable d'alluvions, et se trouvant dans des conditions si défavorables que le comité consultatif d'hygiène avait cru devoir proposer de les écarter (Léon Janet)].

Renforcement des nappes. — [Il arrive parfois que l'on renforce artificiellement une nappe, c'est-à-dire que l'on augmente la proportion des eaux infiltrées.

On l'a fait souvent pour les eaux de rivière, pompées dans les alluvions, au moyen de *galeries filtrantes* (p. 409). Dans ce cas, on dispose, par exemple, un canal d'infiltration dans le voisinage de la galerie filtrante.

On a aussi proposé d'envoyer de l'eau de Seine et de l'eau de l'Oise à la surface des sables de Fontainebleau et de les recueillir à la base de ceux-ci, grâce à la couche des marnes à huîtres sous-jacentes qui constituent dès à présent un niveau d'eau excellent, mais très peu important].

Galeries captantes. — [Ce procédé va chercher l'eau dans

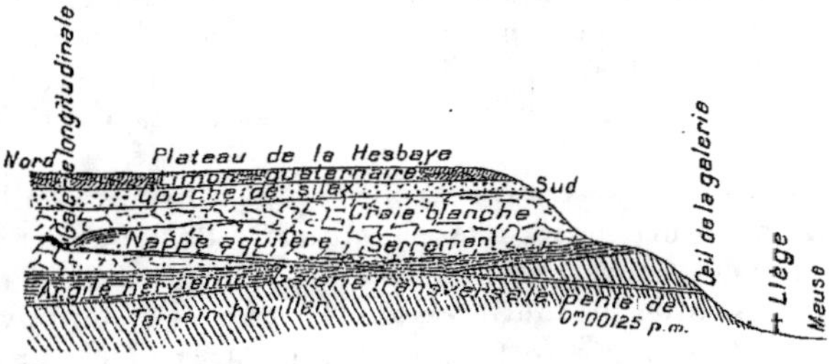

Fig. 182. — Galerie captante du plateau de la Hesbaye, à Liège d'après Imbeaux (1), *L'alimentation en eau et l'assainissement des villes.*

son gisement en place. Il doit avoir la préférence sur les puits et sondages dans le cas où ceux-ci ne pourraient réussir que

(1) Cliché obligeamment communiqué par M. Imbeaux.

s'ils étaient très multipliés. Ainsi, dans les calcaires fissurés, il n'y a pas de nappes à proprement parler, mais une série de filets coulant dans des fissures assez espacées l'une de l'autre. Il est clair qu'un sondage risque de tomber entre deux fissures dans le roc compact et ne rien trouver, tandis qu'une galerie recoupant transversalement tous les filets collectera toute l'eau sur son trajet. Quand il s'agit de captations importantes, on peut d'ailleurs combiner les deux procédés, puits et galeries ; du fond du puits on peut faire partir des galeries dans telle ou telle direction pour aller chercher l'eau qu'on suppose passer dans un synclinal voisin ou qu'on rencontre dans des fissures successives.

L'étude d'un projet de galeries souterraines pour une captation importante est une affaire très délicate].

Protection des sources. — [La *protection* d'une source d'eau potable est une œuvre extrêmement complexe. Elle consiste à éviter la contamination de l'eau de la nappe au point où celle-ci quitte son gisement géologique pour gagner la surface du sol.

Elle nécessite, pour le géologue, des études plus longues et plus difficiles.

La première question à résoudre est la détermination du *périmètre d'alimentation* de la source, c'est-à-dire de la zone dans laquelle s'infiltre et coule l'eau destinée à former la source.

Lorsque la nappe souterraine se trouve dans une couche sableuse, la filtration qu'elle subit, pendant le parcours qu'elle effectue dans la nappe elle-même, est suffisante, d'après toutes les expériences entreprises à ce sujet, pour qu'il soit possible de négliger complètement cette question du périmètre d'alimentation et de se borner à éviter les contaminations immédiatement voisines du point où l'eau quitte un gisement géologique pour gagner la surface du sol.

Il est établi maintenant que les terrains ne filtrent l'eau que lorsqu'ils sont sablonneux ou du moins très fragmentaires ; en général, les terrains compacts, très crevassés et fissurés, ne sont pas filtrants et ne donnent pas de vraies sources.

D'après ces nouvelles données scientifiques, les eaux véritablement saines et potables sont beaucoup plus rares qu'on ne le croit d'ordinaire ; leur distinction d'avec les eaux suspectes ne peut se faire qu'à la suite d'une étude géologique des terrains environnants ; c'est pourquoi le ministre de l'Intérieur a en 1900 prescrit préalablement à tout captage d'eau, des enquêtes spéciales confiées d'une part aux collaborateurs du service de la carte géologique de la France, de l'autre à des bactériologistes attitrés à cet effet.

Ces savants ont pour mission de contrôler le *périmètre d'alimentation* de la source ; en particulier toute eau risque d'être contaminée de loin par les introductions de liquides suspects excrémentitiels, jus de fumiers, eaux usées de toutes natures ; il est donc nécessaire de savoir si la nature géologique du sol, formant le bassin d'alimentation de l'émergence rend les infiltrations aisées ou difficiles et de reconnaître quels sont les points dangereux.

Les anciens puits à eau potable doivent être particulièrement examinés à cet égard ; car on se laisse facilement entraîner à les transformer en dépotoirs ou en fosses d'aisance ; on contamine ainsi, non seulement leur propre eau, mais aussi celle de toute une contrée. L'idéal serait de les supprimer complètement ; il faut tout au moins protéger leur orifice à l'aide d'une maçonnerie imperméable, cimenter leur margelle, entourer le sol environnant d'une pave à joints cimentés et à pente dirigée vers l'extérieur ; dans les agglomérations rurales, en particulier, les puits drainent souvent une bonne partie des fumiers et des fosses à purin et contaminent ainsi souvent toutes les eaux souterraines (d'après Martel et Thierry)].

PUITS

Puits ordinaires. — Depuis les temps les plus reculés, l'homme a recherché l'eau. Le *puits ordinaire* est simplement un trou allant au-dessous du niveau hydrostatique, dans lequel la circulation des roches environnantes a lieu. On imitait la nature ; on produisait ainsi des sources plus ou moins pérennes.

L'eau est très généralement distribuée à la surface de la terre ; mais toutes les roches ne l'absorbent pas également et la profondeur du niveau hydrostatique au-dessous de la surface est très variable.

Avant de creuser un puits, il faut d'abord examiner si les

conditions géologiques sont favorables. Si les roches sont très fissurées et perméables, les chances sont médiocres. Si elles sont moins fissurées il y a quelque espoir d'atteindre le niveau hydrostatique à une faible profondeur.

D'ailleurs tout dépend beaucoup des conditions climatériques de la région ; car la position du niveau hydrostatique varie avec la quantité de pluie tombée.

Les dépôts superficiels contiennent souvent de grandes quantités d'eau, provenant, soit directement de l'eau de pluie, soit de sources naturelles, soit d'infiltrations d'eaux de rivière.

Les alluvions récentes des rivières, les anciennes terrasses, constituées par des matériaux analogues, étagées souvent à divers niveaux sur le bord des vallées, contiennent d'abondantes réserves d'eau.

L'eau des alluvions récentes provient de l'infiltration des rivières voisines. L'eau des alluvions anciennes, d'autre part, dérive généralement des pentes des vallées, et est par suite très superficielle ; mais elle provient quelquefois de véritables sources, émergeant dans ces dépôts ou sous ces dépôts. Les puits ordinaires, forés dans toutes ces formations superficielles, donnent souvent une quantité suffisante d'eau potable ; mais on ne doit pas toujours les utiliser en toute confiance. Près des villes et des villages, et même au voisinage d'habitations isolées, leurs eaux sont sujettes à la contamination ; les impuretés les atteignent facilement, surtout dans les saisons humides. Les puits, atteignant une ancienne terrasse de rivière, renferment de l'eau excellente, surtout quand l'origine de l'eau est une source se déchargeant dans ces dépôts. Cependant, quand dans les périodes de crue la rivière adjacente s'élève au niveau de la haute terrasse, les graviers sont rapidement saturés et les impuretés peuvent être entraînées dans les puits. Ceux-ci se trouvent alors contaminés et peuvent déterminer des épidémies, des fièvres typhoïdes, etc., parmi les populations qui les utilisent.

Dans certaines régions couvertes de dépôts meubles et épais de graviers, sables et argiles, il est souvent difficile ou pratiquement impossible de creuser des puits ordinaires pour l'alimentation locale. Dans ce cas on a recours aux *puits forés*. Ceux-ci sont faits en enfonçant un puissant tuyau de fer pointu percé sur sa paroi de trous pour l'admission de l'eau. Non seulement ce tuyau peut être enfoncé à une profondeur beaucoup plus considérable que celle atteinte par les puits ordinaires ; mais l'eau obtenue est protégée des impuretés provenant de la surface. Dans les régions très habitées, les puits forés eux-mêmes peuvent se polluer ; car le tuyau soumis à l'action corrosive des liquides corrompus venant de la surface peut permettre l'admission des impuretés.

Précautions hygiéniques à prendre pour l'emplacement et l'aménagement des puits. — [Les puits peuvent être divisés en trois catégories :

1º *Puits superficiels* qui vont chercher à quelques mètres seulement de profondeur la *nappe phréatique* des terrains d'alluvions qui tapissent le fond de toutes les vallées ;

2º *Puits profonds* qui descendent à plusieurs dizaines de mètres quelquefois même jusqu'à 200 mètres pour aller chercher soit des nappes, soit des réseaux de fissures aquifères, soit de véritables rivières souterraines dans des couches géologiques, loin de la surface du sol ;

3º *Puits artésiens* qui vont chercher à des profondeurs analogues, quelquefois même plus bas, jusqu'à plus de 800 mètres des couches d'eau emprisonnées sous pression entre des tranches de terrains imperméables et pouvant, une fois atteintes par le forage, remonter plus ou moins haut dans le puits et souvent même jaillir en jets d'eau au dehors.

Les puits superficiels, s'alimentant à la première nappe (*nappe phréatique*), sont souvent si peu profonds, si rapprochés du sol, que les contaminations y arrivent très aisément ; il est préférable généralement d'aller chercher une seconde nappe, plus profonde et mieux protégée. Dans le cas où la nappe phréatique est assez profonde pour qu'on ne puisse pratiquement aller atteindre une seconde nappe, force est de l'utiliser avec certaines précautions.

MM. Martel et Henry recommandent à ce sujet, entre autres précautions :

1º De supprimer tous les puits creusés au milieu ou à côté des maisons, fermes, etc., si les infiltrations des fosses et fumiers sont inévitables dans ces puits ;

2⁰ De pratiquer le forage à 100 ou 200 mètres au moins de toute construction ;

3⁰ De créer autour des forages un *périmètre de protection effectif*, c'est-à-dire acquis, en pleine propriété, d'au moins 25 mètres de rayon.

Les puits ordinaires ne doivent pas être creusés n'importe où ; les dernières recherches souterraines ont montré qu'il n'existait pas, pour un niveau aquifère déterminé, de véritables *nappes* continues, mais des séries de fissures aquifères : on n'est donc pas toujours *sûr* de tomber sur l'eau désirée.

Les puits artésiens, au contraire, dont l'eau est, par définition, isolée entre deux couches de terrain, peuvent, en principe, être creusés à peu près n'importe où ; on prendra soin seulement de les protéger contre toute infiltration.

Quel que soit le système de puits adopté, l'orifice en doit toujours être fermé ; on ne doit jamais permettre de puiser à l'aide de récipients individuels qui risquent toujours d'être malpropres ; il faut installer une pompe sur chaque puits ou tout au moins un seau fixe qui sert à remplir les récipients de chacun].

Puits artésiens. — Il a déjà été fait allusion (p. 431) aux puits artésiens qui vont chercher l'eau dans une couche perméable où elle se trouve sous une pression suffisante pour atteindre la surface.

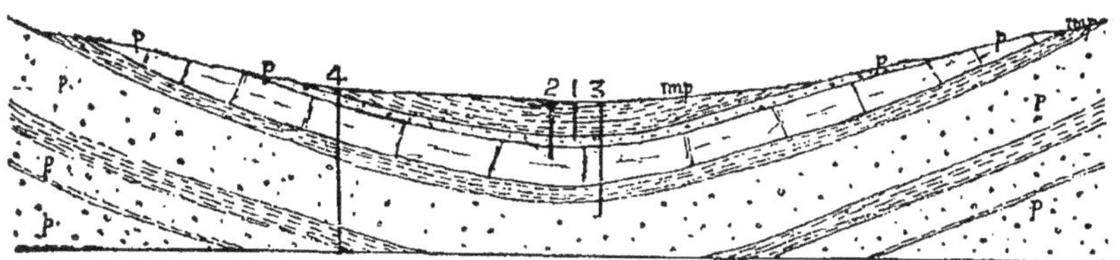

Fig. 183. — Schéma géologique d'une région où l'on creuse des puits artésiens et des puits ordinaires.

On peut supposer que la coupe ci-jointe (fig. 183) est faite à travers une région considérable, grande par exemple comme le bassin de Paris. Les couches perméables *p* et imperméables *imp.* alternent ; et l'ensemble de ces couches a une disposition générale en cuvette, en synclinal.

L'eau de pluie tombant sur les affleurements des couches à la périphérie du bassin s'infiltre dans les couches perméables et s'y trouve bientôt emprisonnée entre deux couches imperméables ; elle y subit une certaine pression hydrostatique qui dépend de la différence d'altitude entre le point où elle se trouve et l'affleurement de la couche, et qui dépend aussi des frottements qu'elle subit dans son parcours souterrain.

Un sondage, tel que *1*, fait à travers les couches de la partie supérieure et atteignant la première couche captive donne une eau qui montera à peu près au niveau du sol, comme on peut s'en rendre compte par l'examen de la figure.

Le sondage *2* atteint des couches plus profondes ; il fournira une source plus importante.

Les sondages *3* et *4* vont atteindre des nappes captives, plus profondes encore et où l'eau se trouve sous une pression beaucoup plus considérable, étant donnée l'altitude beaucoup plus grande des affleurements des couches qui les emprisonnent. Ils donneront donc des eaux jaillissantes.

Les conditions qui viennent d'être exposées, sont d'ailleurs un peu idéales ; les couches, telles que *imp.*, ne sont pas toujours rigoureusement imperméables ; il y a souvent des dia-

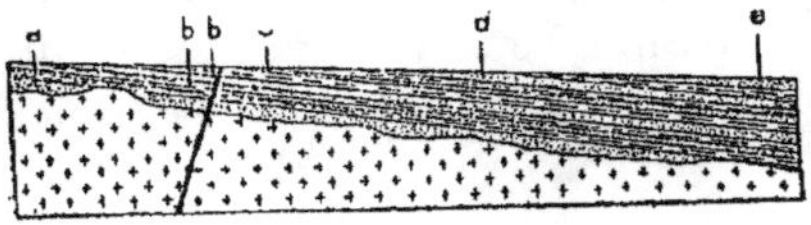

Fig. 184. — Coupe dans une série de couches susceptibles de fournir des eaux artésiennes.

a. — Couche aquifère, arrêtée par des couches discordantes.
b. — Couche aquifère, arrêtée par un dyke.
(d'après *Bull. of the Geol. Survey* U. S. A.).

clases et des failles qui traversent tous les lits d'une série géologique et qui, permettant la communication des différentes nappes, peuvent amener la diminution de la pression hydrostatique. Par suite l'eau du puits artésien jaillira généralement moins haut qu'on ne l'avait prévu.

Il ne faut pas supposer d'ailleurs que la disposition des couches en bassin est essentielle pour la formation des puits artésiens. Une série de couches perméables et imperméables plongeant continuellement dans la même direction sur une distance considérable contient des réserves d'eau abondantes ; celles-ci, dans certaines conditions, peuvent être atteintes par un sondage.

D'autre part une couche perméable diaclasée, ou une série de couches, intercalées entre deux couches imperméables, par exemple à la suite d'un changement de faciès de ces couches, peuvent s'amincir peu à peu dans la direction du plongement et former ainsi une sorte de réservoir d'eau (fig. 185).

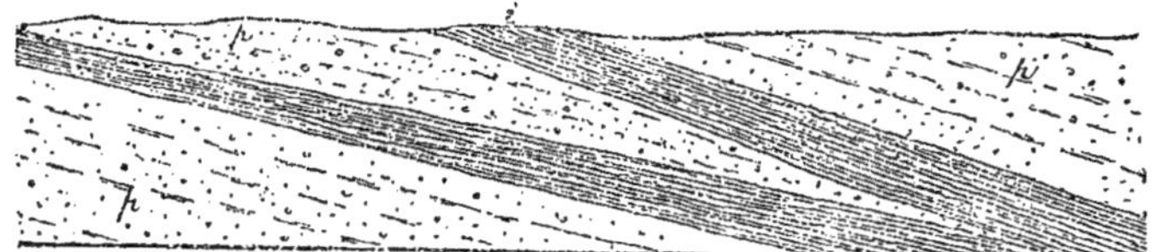

Fig. 185. — Couches aquifères se terminant en biseau en profondeur et y formant un réservoir d'eau.

i. — Couches imperméables.
p. — Couches perméables.

La descente de l'eau le long des plans de stratification sera interrompue non seulement par l'amincissement des bancs, mais par toutes les barrières dont on a parlé, failles, dykes, etc.

En l'absence de toute digue souterraine, l'eau descendante peut être arrêtée à une grande profondeur par l'accroissement de la température ; la tension de la vapeur surchauffée y contrebalance la pression hydrostatique ; les eaux emprisonnées tendent alors à remonter à la surface le long des diaclases et autres lignes faibles.

Données géologiques à étudier avant de procéder à la recherche d'eaux artésiennes. — I. On se rendra compte tout d'abord de la nature des diverses roches et groupes de roches qui peuvent constituer le sous-sol, en s'attachant surtout aux séries qui contiennent des lits perméables, intercalés entre des lits imperméables. Les couches aquifères, les plus propices, sont le sable, le gravier, les grès, les conglomérats, les calcaires fissurés, etc.

Lorsque les roches affleurant dans la région sont uniquement des grès, des calcaires fissurés, les chances d'obtenir des eaux artésiennes sont très diminuées. Cependant, même dans ce cas, il peut y avoir des lits à grain fin ou relativement imperméables. De plus, une étude approfondie des régions voisines peut montrer que les lits perméables reposent en dehors de la région considérée sur des bancs imperméables, ou qu'ils y sont interrompus par des failles, des dykes, etc., de sorte qu'à une profondeur assez faible ils ne sont pas aussi dépourvus d'eau que l'examen des environs immédiats le laisserait supposer.

II. On mesurera avec soin l'épaisseur de toutes ces couches de façon à pouvoir préciser la position des lits aquifères dans la série des sédiments géologiques.

III. Il est très important de déterminer la valeur de l'angle du plongement des couches ; grâce à cette donnée et aux pré-

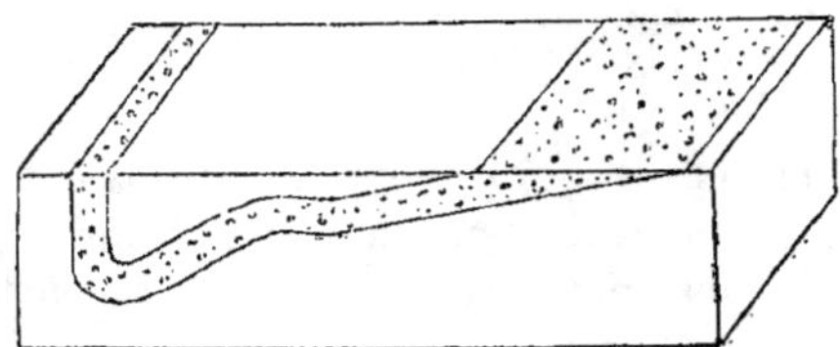

Fig. 186. — Influence de l'inclinaison des couches sur la largeur d'affleurement.

L'affleurement superficiel et par suite la quantité d'eau absorbée sont plus considérables dans le cas de couches inclinées que dans le cas de couches verticales.

cédentes, on pourra estimer à quelle profondeur au-dessous de la surface, on peut, en un point déterminé, rencontrer les couches aquifères.

On remarquera d'ailleurs que l'inclinaison des couches ne doit pas être trop grande ; en effet des couches fortement inclinées ont, comme il a été expliqué, des zones d'affleurement peu étendues et par suite absorbent une moindre quantité de pluie que des couches faiblement inclinées (fig. 186).

De plus, si le plongement des couches est considérable, celles-ci descendront très vite à une profondeur très grande où il ne sera plus possible pratiquement d'aller les chercher au moyen d'un forage.

IV. Si le caractère des couches et leur inclinaison sont favorables, il faut s'assurer si la région n'est pas traversée par des failles, des dykes, etc., qui servent de digues souterraines et dont la position influencera beaucoup le choix de l'emplacement d'un puits artésien.

V. Il sera enfin nécessaire d'étudier avec soin la région d'infiltration des eaux. Certains lits peuvent contenir des éléments délétères qui affectent la qualité de l'eau tandis qu'à d'autres niveaux il peut y avoir des couches aquifères ayant un caractère plus satisfaisant. Dans ce cas, on aura avantage à pousser le sondage jusqu'à un niveau légèrement inférieur pour avoir des eaux de meilleure qualité.

DRAINAGE

Quand on trace le plan de drainage d'une ville ou d'un champ, il faut considérer, non seulement la pente du terrain, et la facilité avec laquelle s'écouleront les eaux, mais aussi les structures géologiques.

En effet, les couches peuvent plonger dans une direction autre que la surface ; dans ce cas, on peut toujours craindre que les liquides pollués puissent s'échapper le long des plans de stratification, et empoisonner les eaux souterraines des pays avoisinants.

Quand des dangers de cet ordre seront probables et que des raisons d'ordre sanitaire ou financier ne permettraient pas de les éviter, il sera nécessaire que tous les puits ordinaires soient fermés dans le voisinage.

Ainsi des pays plats, au voisinage des grandes villes, sont souvent utilisés comme champ d'*épandage* ; c'est souvent au préjudice des populations rurales isolées, qui s'alimentent en eau au moyen de puits ordinaires.

Il faut alors s'inquiéter préalablement de ce qui arrivera à la suite de l'infiltration des eaux dans les roches.

On peut citer des cas où, faute d'avoir négligé cette précaution, on a eu des résultats désastreux. Ainsi certaines villes avaient choisi des champs bas pour l'épandage. Leur sous-sol n'était pas aussi imperméable qu'on l'avait pensé ; de plus il se trouvait sur le flanc d'un axe anticlinal. Le résultat était inévitable ; au bout d'un an, le sous-sol était saturé, l'infiltration se produisit dans les couches sous-jacentes et le liquide corrompu se fit jour à travers les plans de stratification, empoisonnant toutes les sources et les puits des environs, déterminant en aval de la ville une épidémie de fièvre typhoïde.

Dans les villages et les districts ruraux où il n'y a pas de réseaux d'égouts, les mares sont souvent exposées à toutes les pollutions ; quand elles sont creusées dans un banc épais d'argile et qu'elles peuvent communiquer avec un niveau aquifère dans des graviers et des sables sous-jacents, cette pollution peut avoir des conséquences très graves. C'est une menace permanente pour le voisinage et au bout d'un certain temps, les sources et les puits de la région sont contaminés.

Ce mode primitif de drainage n'est admissible que dans les régions neuves où la population est très clairsemée. Dans les régions peuplées qui s'alimentent en eau au moyen de sources et de puits, on ne doit pas le tolérer sans s'inquiéter avec soin des conditions géologiques.

Dans un pays froid et humide, ou même marécageux, le drainage est presque inutile, étant donnée la basse altitude. Très souvent c'est la présence d'une couche imperméable, à une faible profondeur, à 5o centimètres, par exemple, de la surface, qui empêche l'eau de s'écouler. En brisant cette couche, l'eau superficielle s'infiltrera dans les couches poreuses sous-jacentes et le pays sera amélioré.

RELATION DES DÉCÈS AVEC LA STRUCTURE GÉOLOGIQUE

On a souvent essayé de montrer par des statistiques que certains décès sont en relation plus ou moins intime avec divers systèmes géologiques. Ces relations sont dues plutôt aux conditions physiques régnant dans les régions où ces décès se produisent. Elles ne sont donc pas directes, mais indirectes.

Dans beaucoup de cas, les causes immédiates de la distribution des décès sont :

a) L'alimentation en eau ;

b) Les conditions physiques, en particulier celles qui déterminent la force et la direction du vent.

Beaucoup de décès proviennent de l'usage d'eaux contaminées. Beaucoup d'eaux, en effet, sont polluées par l'infiltration ou contiennent un excès de matières inorganiques (calcaire, magnésie, oxyde de fer, etc.). D'autres fois, au contraire, il y a trop peu de matières minérales, par exemple quand l'eau provient de la fonte des neiges et des glaces.

D'autres régions sont malsaines parce que le sol est mal drainé ; les marécages, les sols froids favorisent les décès ; ainsi, dans une même région, les maisons bâties sur la roche sont plus saines que celles bâties dans le voisinage d'un bas-fond marécageux.

Si l'on est sûr que les habitants de certaines régions géologiques sont plus sujets à la mortalité que ceux d'une autre région où les roches sont différentes, ce n'est pas parce que les roches elles-mêmes ont une influence directe sur la vie humaine ; dans beaucoup de cas, le mauvais état sanitaire est dû à un drainage insuffisant, à une alimentation en eau mauvaise, ou à des conditions topographiques qui ne protègent pas suffisamment contre le vent violent.

CHAPITRE XIX

SOLS ET SOUS-SOLS ; LEUR APPLICATION AGRICOLE

Formation du sol par décomposition du sous-sol. — Désintégration
des roches. Insolation. Déflation. Action de la pluie. Action du froid.
Action des plantes et des animaux. Action des agents atmosphériques. —
Terre végétale, sol arable et sous-sol. — Terre végétale. Sol superficiel. Principales propriétés du sol. Sous-sol. Relations de la géologie
et de l'agriculture.
Sols en place. — Sols de granite. Sols de diorite. Sols de basalte. Sols de
roches métamorphiques. Sols sablonneux. Sols argileux. Sols marneux. Sols calcaires.
Sols de transport. — Sols d'origine glaciaire. Sols alluviaux. Sols éoliens.

FORMATION DU SOL PAR DÉCOMPOSITION DU SOUS-SOL

Désintégration des roches. — On a défini précédemment
(p. 98) le sous-sol, comme un agrégat inconsolidé, hétérogène,
de matériaux désagrégés empruntés aux roches sous-jacentes ;
la composition du sol est la même en y ajoutant des matières
organiques.

Tous deux résultent de l'action des divers agents épigénétiques et sont par suite des *roches dérivées*.

On connaît ces dépôts superficiels dans tous les points du
globe ; leur nature varie seulement suivant les conditions
dans lesquelles ils ont été formés et suivant la nature de la
roche dont ils dérivent.

Dans certaines régions, ils consistent en détritus anguleux
ou subanguleux ; en d'autres ce sont surtout du sable ou de
l'argile.

Sous les latitudes élevées et dans les régions montagneuses,
le sol est généralement très pierreux ; dans les basses latitu-

des et les plaines basses, les régions doucement ondulées, les éléments sont plus fins.

Dans beaucoup de pays d'ailleurs, le sol arable se compose essentiellement de sable quartzeux insoluble et d'argile, en proportion toujours variable ; il y a une teneur élevée en matière organique, et en éléments plus ou moins solubles, oxydes de fer, magnésie, chaux, soude, potasse, etc.

nso lation. — Parmi les divers agents qui désagrègent les roches et forment le sol, se trouvent d'abord les changements de température.

La surface des roches est chauffée pendant le jour et pendant l'été, refroidie pendant la nuit et l'hiver. Elles se dilatent et se contractent donc alternativement ; ce processus amène leur décomposition ; car les différents minéraux constituants résistent inégalement aux tensions qu'ils subissent ainsi. Les roches, qui sont les plus susceptibles de se décomposer par suite de cette action, sont celles qui sont composées de minéraux de couleur, de densité, d'expansibilité différentes, comme le granite, le gneiss, la diorite, etc ; mais cette action se fait sentir même sur des roches homogènes.

Dans nos pays où il n'y a pas de grands changements diurnes de température, cette cause n'est pas très appréciable et elle est masquée par l'action d'agents plus puissants. Mais dans les déserts rocheux des régions tropicales et subtropicales, privés de végétation et de pluies, les effets produits par les alternances de chaud et de froid, par l'*insolation*, sont très marqués.

Les roches sont craquelées jusqu'à plusieurs mètres de profondeur, la surface se désagrège et se pulvérise rapidement.

Déflation. — Le vent emporte ensuite ces matériaux meubles, laissant les surfaces fraîches exposées aux mêmes agents destructeurs. De plus, le sable et la poussière, emportés par le vent, servent à user et à éroder les roches contre lesquelles ils sont projetés.

C'est ainsi qu'ont été minés des falaises et des escarpements en surplomb ; de temps à autre, des masses tombent sur le sol ; la même action d'usure s'exerce à nouveau sur leur base et elles tendent à prendre l'aspect de blocs irréguliers supportés par un piédestal.

La *déflation* ou action de transport par le vent se produit sans cesse et tend à abaisser graduellement toute la surface d'une région sans pluie, les matériaux meubles étant entraînés loin de leur lieu d'origine sur les bords du désert.

Action de la pluie. — Dans les régions tempérées, l'insolation et la déflation jouent un rôle restreint dans la désintégration des roches et le transport des matériaux meubles. Les agents les plus actifs, mis en œuvre pour réduire les roches à la condition de sable et d'argile, sont la pluie et le froid. La pluie contient toujours de l'oxygène et de l'acide carbonique, empruntés à l'atmosphère ; après avoir atteint le sol, l'eau de pluie dissout de beaucoup plus grandes quantités de ces gaz, en décomposant les matières animales et végétales dont le sol est plus ou moins imprégné.

Elle est alors capable d'attaquer certains minéraux des roches ; les roches solubles, comme les calcaires, sont graduellement dissoutes ; d'autres sortes de roches sont décomposées.

Dans les régions calcaires, on peut démontrer que plusieurs centaines de mètres ont été quelquefois enlevées ainsi graduellement, par dissolution, de la surface du pays. La grande profondeur atteinte çà et là par des argiles rouges, produits de décomposition, atteste de même l'activité chimique de l'eau de pluie.

Cette action est particulièrement remarquable dans les latitudes chaudes, tropicales et subtropicales, où les roches feldspathiques sont souvent décomposées jusqu'à près d'une centaine de mètres de profondeur.

Dans les régions tempérées et boréales, la quantité de terre rouge est rarement aussi grande.

Cette épaisseur plus grande de la croûte rocheuse dans les latitudes méridionales est probablement due à la présence dans l'eau d'une quantité plus grande d'acide, provenant d'une végétation plus abondante. Il est probable qu'elle est liée aussi à l'action chimique de la pluie, facilitée par la température élevée de ces régions. Il y a d'ailleurs une autre raison au faible développement des roches rouges dans les contrées septentrionales : c'est que ces régions ont été soumises, à une époque géologique relativement récente à des conditions glaciaires.

Des surfaces considérables de l'Europe tempérée et du nord de l'Amérique, par exemple, ont été recouvertes par de vastes champs de glace, analogues à ceux qui couvrent actuellement le Groenland et les Terres antarctiques.

Dans les latitudes plus méridionales, ces produits de décomposition ont échappé à l'abrasion et à la dénudation glaciaires et il n'est pas étonnant qu'ils atteignent une aussi grande épaisseur.

Les matériaux décomposés, que l'on rencontre dans le Nord de l'Europe et de l'Amérique ont été formés, en grande partie, après le départ des glaciers, tandis que dans les pays du Midi, les roches ont été décomposées sans interruption depuis que ces pays sont émergés.

Action du froid. — L'action décomposante de la pluie dans les pays tempérés et froids est aidée beaucoup par l'action du froid. Il en est de même dans les régions élevées des pays méridionaux.

La pluie rend poreuses les parties superficielles des roches et les rend ainsi plus sensibles à l'action du froid ; car le froid, par les pores et les fissures baillantes, pénètre plus facilement que les eaux météoriques. Dans le sol et le sous-sol, l'eau gèle dans les pores interstitiels, dans les petites fissures des roches ; elle fait ainsi éclater les grains et particules ; après le dégel, les matériaux ainsi rendus meubles sont susceptibles d'être entraînés par la pluie, par la neige fondue, éventuellement par le vent.

C'est le même procédé qui, s'exerçant sur une grande échelle, amène l'ouverture des diaclases et des plans de stratification.

Cette action du froid se voit bien dans les régions arctiques et dans les pays élevés où les roches solides sont souvent ensevelies sous leurs propres ruines.

Ces fragments meubles, angulaires, sont craquelés et pulvérisés par le froid jusqu'à ce qu'ils soient susceptibles d'être entraînés par la pluie, le vent ou la neige fondue.

La roche solide est aussi mise à nu et exposée à une nouvelle action de décomposition ; puis le travail d'éclatement, de désintégration, continue.

Action des plantes et des animaux. — Les acides provenant de la décomposition des matières organiques sont de puissants réactifs chimiques ; sans eux la pluie aurait un pouvoir beaucoup moins grand.

Les plantes vivantes, elles-mêmes, attaquent les roches et, grâce aux acides de leurs racines, dissolvent les matières minérales dont elles ont besoin. Puis les racines pénètrent dans les plans naturels de division des roches et les forcent à se séparer ; en permettant ainsi une circulation plus aisée des eaux, elles préparent une désagrégation plus rapide.

On peut mentionner aussi le rôle des animaux fouisseurs qui facilitent beaucoup le travail de décomposition des roches. Les vers de terre, par exemple, en triturant les particules pierreuses du sol, réduisent leurs dimensions. Dans les sols que la pluie a laissés intacts depuis longtemps, on trouve rarement des pierres de quelque taille. Cela est dû surtout à ce que les vers apportent à la surface les parties fines du dessous que la pluie et le vent emporteront ensuite.

Des couches plus ou moins considérables de sol fin se forment ainsi et recouvrent graduellement les pierres qui se trouvent à la surface.

Il faut se rappeler d'ailleurs que le transport de la poussière par le vent est un facteur important de la formation du sol fin dans beaucoup de régions et que l'ensevelissement graduel des anciens monuments de toutes sortes est probablement dû dans beaucoup de cas à l'apport graduel des matériaux par le vent.

Action des agents atmosphériques. — Ces divers agents sont souvent si intimement associés dans leur action qu'il est souvent difficile ou même impossible de déterminer quel est celui qui a joué le principal rôle.

La décomposition des roches est due, partie à un processus

chimique, partie à un processus mécanique, et le résultat ultime de l'action superficielle est de séparer les minéraux et les roches en parties solubles et insolubles.

Les éléments qui résistent à la dissolution, sont finalement réduits par l'action mécanique en particules fines qui sont transportées par l'eau courante et charriées par le vent.

Les minéraux les plus durs, et en particulier le quartz, survivent longtemps aux masses rocheuses dans lesquelles ils se trouvaient en grande partie et continuent à jouer un rôle dans la constitution des roches sédimentaires.

Ainsi il est intéressant de se demander d'où vient un caillou de quartz recueilli dans les graviers du bord de la mer, par exemple en Ecosse. Originairement, il faisait partie d'une veine de quartz dans les roches métamorphiques des hauts pays d'Ecosse. Détaché, à l'époque du Vieux Grès Rouge (époque primaire), il fut roulé dans quelque cours d'eau torrentiel et a atteint le littoral d'une grande mer intérieure d'alors.

Avec beaucoup d'autres blocs analogues et de pierres de natures différentes, il a contribué ainsi à former les grands conglomérats de la base du Vieux Grès Rouge dans le centre de l'Ecosse.

Puis la région ayant été abandonnée par la mer, les conglomérats qu'elle avait déposés ont formé la surface du sol et ont subi l'action de l'érosion ; ils ont été décomposés. Le quartz a été mis à nouveau en liberté et il a été soumis à l'action des vagues sur le bord d'un lac de l'époque carbonifère.

Diminué de grandeur par ces triturations, mais restant inaltéré, il a été englobé dans un des nombreux conglomérats de cette époque.

Ce que fut son histoire pendant les longues périodes qui se sont succédées jusqu'à la fin du Tertiaire, nous ne pouvons pas le dire. Peut-être a-t-il été *perdu*, pendant toute cette période, dans les lits carbonifères ; ou bien peut-être a-t-il été emporté peu après et a-t-il constitué un galet roulé sur le bord de quelque mer ou de quelque rivière. Peut-être a-t-il été englobé dans la moraine ou l'argile à blocaux de la grande masse de glace qui a jadis couvert toute l'Ecosse. L'argile à blocaux a été démolie par la mer et le grain de quartz, redevenu libre, renouvelle son voyage le long des côtes marines ; ce qui en subsistera continuera à vivre, longtemps peut-être, des destinées géologiques analogues.

Mais le quartz est un minéral exceptionnel, à côté duquel la grande majorité des éléments des roches est éphémère.

Parmi les silicates complexes, auquel le quartz est associé dans les roches ignées et métamorphiques, il en est peu qui résistent aussi longtemps à la désagrégation. Cependant, quelquefois, ils gardent leur individualité et ils entrent plus ou moins abondamment dans la composition des roches dérivées. Ainsi, l'arkose est une roche qui dérive immédiatement de la décomposition du granite et qui consiste en quartz, feldspath et mica, remaniés par l'action des eaux : le quartz peut être plus ou moins roulé par l'eau ; le feldspath et le mica sont, de plus, décomposés chimiquement ; néanmoins chaque minéral y a gardé son individualité.

Certains des éléments accessoires des roches cristallines, comme le zircon, le rutile, la magnétite, survivent aussi à la dissolution des roches-mères et peuvent se trouver mélangés avec des grains roulés de sables et de graviers quartzeux ; mais ils ne peuvent supporter les vicissitudes auxquelles résistent les grains de quartz ; ils perdent peu à peu leur individualité et se transforment.

La décomposition des roches par les agents atmosphériques consiste donc essentiellement dans la transformation de composés complexes, et par suite instables, en composés plus simples et plus stables. Les éléments solubles sont entraînés par l'eau ; mais le sol, formé au-dessus de ces roches, est rarement complètement dépourvu de matières solubles ; en effet, les sédiments retiennent une assez grande proportion de matière soluble, le processus de décomposition des divers éléments de la roche-mère, n'étant pas toujours complet.

Ceux des dépôts sédimentaires, qui dérivent directement de la décomposition des roches ignées, contiennent souvent une proportion plus ou moins grande de débris inaltérés de la roche-mère.

Mais beaucoup de roches sédimentaires sont composées de matériaux insolubles ; la seule partie soluble est alors le ciment, introduit ultérieurement par les eaux de circulation. Constamment exposées à l'action des agents atmosphériques, remaniées sans cesse par l'eau et le vent, les roches sédimentaires peuvent quelquefois former des lits de sables quartzeux purs ou d'argile fine.

TERRE VÉGÉTALE, SOL ARABLE ET SOUS-SOL

[Le sol est la couche de l'écorce terrestre qui fournit aux végétaux le support où ils sont fixés, le milieu nécessaire au développement de leurs racines et les réserves alimentaires utiles à leur existence.

On peut distinguer dans le sol : la *terre végétale*, partie superficielle et le *sol arable* où pénètrent les instruments aratoires ; au-dessous se trouve le *sous-sol* constitué par les couches en place qu'étudie plus spécialement le géologue.

Lorsque le sol arable a été formé sur place par la décomposition du sous-sol, il est dit *sol autochtone* ; il y a dans ce cas tous les degrés de transition entre la terre végétale finement désagrégée et le sous-sol non divisé ; celui-ci est toujours plus compact, moins aéré, moins perméable ; il contient moins de matière organique et plus de chaux.

Si le sol arable ne provient pas de la décomposition du sous-sol sur lequel il repose, il est dit *sol hétérochtone*. Dans ce cas, ou bien il provient de la décomposition de roches situées ailleurs et a été transporté là où il est actuellement ; ou bien il résulte de la désagrégation de couches-témoins peu épaisses qui reposaient sur le sous-sol actuel. Comme ces témoins peuvent être plus ou moins épais, on conçoit que l'on trouve toutes les transitions entre les sols autochtones et les sols hétérochtones].

Terre végétale. — On appelle *terre végétale* une couche meuble, superficielle, propre à la germination des plantes et à l'entretien de leur vie ; elle a une épaisseur variable, pouvant avoir jusqu'à 3 m. 5o. La présence de matière organique lui donne généralement une couleur noire. Son grain est variable et son caractère dépend de celui du sol et du sous-sol.

Sol superficiel. — C'est une accumulation terreuse de caractère et d'épaisseur très variables ; mais généralement à grain
fin et à couleur plus claire que la terre végétale. Des fragments du sous-sol rocheux y sont généralement plus ou moins
abondamment disséminés et sont très nombreux vers la base
où ils ont souvent un aspect roulé. Le sous-sol proprement
dit ne contient pas de matière organique.

Comme le sol superficiel consiste essentiellement en minéraux désagrégés, ses caractères sont très variables et la proportion de matières solubles qu'il contient est, tantôt considérable, tantôt minime.

Le caractère du sol dépend aussi de celui des roches sous-
jacentes et une bonne carte géologique jette beaucoup de
lumière sur la distribution des sols ; elle doit servir de base
à toute carte agronomique.

Cependant, d'autres facteurs influent sur cette distribution,
et si l'on n'en tient pas compte, une carte géologique est trom-
peuse. Les couleurs qu'elle comporte, se réfèrent souvent
seulement aux roches solides intactes ; or celles-ci peuvent ne
pas affleurer à la surface ; elles sont souvent ensevelies sous
des dépôts superficiels de gravier, sable, argile, tourbe.

De vastes régions peuvent ainsi être représentées sur la
carte par des calcaires, des grès, des argiles, etc., sans qu'aucun de ces dépôts affleure à la surface ; ils ne sont visibles
que sur le bord des rivières, dans les tranchées des routes et
sont partout ailleurs masqués par des dépôts superficiels.

Le caractère du sol dépend alors de celui des dépôts superficiels et non pas de celui du sous-sol.

La configuration topographique influe également sur la distribution des sols ; les matériaux meubles, décomposés, tendent à descendre toujours plus bas sous l'influence des alternances de chaud et de froid, de la pluie, du ruissellement, etc.
Aussi les sols qui résultent de la décomposition d'un terrain
déterminé tendent-ils à venir recouvrir ceux qui proviennent
de l'altération des terrains sous-jacents (fig. 187).

Enfin les caractères d'un sol peuvent être profondément
influencés par l'action du vent. Dans le centre de la France,
le vent soufflant de l'Est et Sud-Est se charge de poussière
fine, due à la décomposition des roches volcaniques du mont

Dore et du Cantal ; cette poussière contient de nombreux éléments fertilisants, potasse et acide phosphorique ; elle augmente beaucoup la fertilité de la Limagne ; on a estimé que chaque hectare y recevait 1.000 kilogr. de poussière par an.

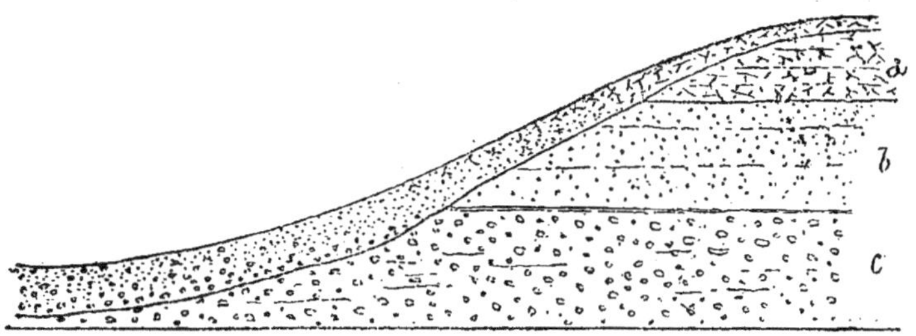

Fig. 187. — Relations du sol et du sous-sol

Le sol qui recouvre la couche *a* est rouge, argileux et provient de sa décomposition ; il tend à descendre le long de la pente, à recouvrir l'affleurement des couches *b* et à se mélanger avec le sol provenant de *b*.

Aussi le sol, qui recouvre la couche *b*, est-il un mélange de parties argileuses provenant de *a*, et de grès provenant de *b* ; ces grès deviennent peu à peu plus importants et la couleur rouge s'atténue graduellement.

Enfin, sur l'emplacement du conglomérat *c*, on trouve des sables et des grès provenant de *b* et des galets provenant de *c*.

Le vent produit souvent une action inverse, une action de dénudation.

Le plateau du Karst, entre la Carniole et l'Istrie, est pratiquement dépourvu de sol ; les vents puissants, qui y soufflent, balayent tout ce qui n'est pas protégé par les forêts ou par la configuration du sol.

De même les montagnes de Provence sont dénudées par le mistral.

Principales propriétés du sol. — [Les principales propriétés du sol sont :

sa *pesanteur* ; celle-ci peut dépendre de sa composition et de son degré de tassement ;

sa *ténacité* ; c'est la résistance qu'une terre offre à la pénétration des instruments aratoires ;

sa *cohésion* ; les *terres légères* sont généralement composées de particules indépendantes les unes des autres, n'ayant donc aucune cohésion. Dans d'autres terres, ces éléments sont, au contraire, étroitement unis ; on a alors des *terres liantes*, ou des *terres compactes* ;

son *adhérence* ; c'est la force avec laquelle le sol s'attache aux instruments de culture ;

sa *perméabilité* ;

son *hygroscopicité*, qui est la propriété qu'a une terre de retenir l'eau qu'elle a imbibée].

Sous-sol. — Le sol passe insensiblement au sous-sol, puis à la roche fraîche. La partie supérieure de celle-ci est souvent fissurée et remplie de matières terreuses.

Le caractère de la terre végétale et du sol dépend beaucoup de celui du sous-sol rocheux.

Si celui-ci contient beaucoup de matériaux insolubles (grès siliceux, quartzites, argiles, etc.), le sol diffère peu du sous-sol ; il consiste simplement en matériaux désagrégés, ne différant guère par leur constitution chimique de celle des matériaux du sous-sol ; il est alors assez maigre.

Un sous-sol granitique est, au contraire, décomposé plus ou moins profondément. Les fragments de roches, contenus dans la terre végétale et dans le sol, sont très altérés et ce dernier atteint quelquefois une épaisseur de plusieurs mètres. Comme la décomposition se poursuit constamment, on peut dire que le sol gagne toujours sur le sous-sol rocheux, comme la terre végétale s'accroît aux dépens du sol. Mais l'ensemble de la terre végétale et du sol ne s'épaissit pas indéfiniment ; car l'action de la pluie et du vent, balayant la surface, en enlève peu à peu les parties les plus fines.

Cette même raison fait que les matériaux les plus gros se concentrent dans le sol et que celui-ci tend ainsi à prendre une structure plus grossière.

Dans un pays plat et couvert d'une végétation abondante, le sol s'use peu ; mais les vers apportent constamment les matériaux fins à la surface et la terre végétale devient ainsi plus fine que le sol proprement dit.

L'usure du sol augmente naturellement avec la pente ; elle est plus rapide dans les régions stériles que dans les pays couverts de végétation ; mais, comme il n'existe guère de pays absolument plat, on peut dire que l'usure du sol se fait d'une façon constante et plus ou moins rapide, suivant les points. Les matériaux désagrégés sont continuellement enlevés et finissent par aboutir aux rivières ; la surface du pays s'abaisse ainsi peu à peu.

Une autre preuve de l'efficacité de cette action est la rencontre, à la surface des plateaux, de fragments de roches, provenant de formations épaisses qui se sont jadis étendues sur le pays et qui ont maintenant disparu.

On peut démontrer ainsi en certains points que la surface du sol a été abaissée d'une centaine de mètres par exemple.

Relations de la géologie et de l'agriculture. — [La nature géologique du sous-sol a une grande importance au point de vue agricole.

Tout d'abord, la nature perméable ou imperméable des terrains joue un rôle considérable au point de vue de la répartition de l'humidité dans la terre végétale.

Ensuite, à moins que la terre végétale ne soit exceptionnellement épaisse, il s'y mêle des fragments du sous-sol et ceux-ci modifient sa composition minéralogique et chimique, ainsi que ses caractères physiques.

Une terre végétale reposant sur un sous-sol argileux ne ressemblera pas du tout à une terre végétale reposant sur un sous-sol sableux ; aussi est-il très important pour un agriculteur de connaître la nature du sous-sol et c'est la géologie seule qui peut lui donner cette connaissance.

D'ailleurs des engrais et des amendements, employés en quantité suffisante, peuvent renverser toutes les classifications agrologiques ; mais on ne doit pas perdre de vue que le fonds de l'alimentation des plantes est le sol et que les amendements et les engrais ne doivent être regardés que comme des adjuvants, dont l'action n'est que provisoire ; de plus, on doit toujours tenir compte de la position topographique, du climat, et surtout de la quantité de pluie qui tombe annuellement.

Aussi la constitution géologique du sol n'est-elle que l'un des facteurs dont doive tenir compte l'agriculteur ; mais c'est un facteur important ; car c'est sa connaissance qui doit guider la mise en œuvre de tous les autres].

SOLS EN PLACE

Sols de granites. — Le sous-sol couvrant le granite consiste dans un agrégat de fragments de toutes tailles, grossièrement arrondis ou subangulaires dans lequel les feldspaths sont plus ou moins kaolinisés ; ces fragments se trouvent dans une terre argileuse, graveleuse, généralement rouge, brune ou jaunâtre, dans laquelle sont disséminées des paillettes de mica blanc.

La terre végétale ne diffère pas essentiellement du sol ; c'est une argile graveleuse, quelquefois même pierreuse, contenant en moins grande quantité des éléments solubles et peu ou pas de paillettes de mica.

Comme les granites ont un caractère variable, les sols ne sont pas uniformes. Les variétés grossières donnent nécessairement des sols plus pierreux que les variétés à grain fin, et les argiles qui en résultent diffèrent beaucoup par la proportion des éléments solubles.

Les granites contiennent souvent de la hornblende et une quantité notable d'apatite ; les sols qui en dérivent sont plus chargés en potasse, en chaux et en acide phosphorique.

[Mais, en général, la caractéristique des sols de granite est leur pauvreté en chaux ; les pays granitiques ne peuvent voir leur agriculture prospérer qu'à la condition d'y faire des chaulages considérables. Par contre, leurs terres renferment habituellement une proportion notable de silicates alcalins dont la présence est favorable à certaines cultures, en particulier aux prairies et aux arbres. Parmi les espèces les plus caractéristiques des sols granitiques, on peut citer, dans nos régions, le chêne, le hêtre et surtout le châtaignier.

Lorsque les produits de décomposition du granite sont épais et suffisamment argileux, que le sol est assez incliné pour que les eaux y aient un écoulement facile, ces sols peuvent jouir d'une véritable fertilité ; mais en dehors de ces cas exceptionnels, les terrains granitiques sont peu productifs].

La nature de ces sols dépend beaucoup des conditions topographiques. Dans les régions basses qui n'ont pas été soumises à l'action glaciaire, le granite est souvent décomposé à de grandes profondeurs ; il donne un sol susceptible d'une culture intense. Dans les régions qui ont été soumises à l'action glaciaire, les produits de décomposition ont été enlevés ; la roche a été mise à nu et elle constitue des collines où les conditions ne sont pas favorables à la formation d'un sol persistant. La pluie, le vent, la neige fondue, etc., y empêchent l'accumulation des matériaux de décomposition. Les pentes des collines sont couvertes de graviers plus ou moins grossiers ; l'argile s'accumule çà et là dans les fonds où les matériaux solides ont pour la plupart disparu.

Le granite peut être considéré comme le type des roches feldspathiques acides. Les sols de *porphyre quartzifère* et de *rhyolithes* ont le même caractère : ce sont des argiles contenant une plus ou moins forte teneur en sables quartzeux, et souvent une proportion notable de potasse, de magnésie et de chaux. Mais, comme dans le cas du granite, le caractère du sol varie beaucoup avec les conditions topographiques et climatériques.

En résumé le sol est, suivant les circonstances, une argile finement sableuse, ou un mélange de sables, graviers et fragments rocheux.

Sols de diorites.— [Les *diorites* donnent des terres plus fertiles, par suite de la richesse en chaux de leur feldspath (oligoclase). Dans quelques points de la Bretagne, on utilise même les terres dioritiques pour les mélanger aux terres granitiques et on leur donne le nom de *marne*, nom tout à fait impropre d'ailleurs].

Ces sols sont des limons plutôt que des argiles ; ils sont souvent très fertiles par suite de la richesse des diorites en chaux, provenant des feldspaths plagioclases et aussi des éléments ferromagnésiens.

D'autres roches comme la *syénite*, le *trachyte*, les *phonolithes*, donnent des sous-sols plus riches en potasse qu'en chaux.

Sols de basaltes. — Cette roche se décompose jusqu'à une certaine profondeur d'une façon si intense qu'elle peut souvent être travaillée à la pioche. Le sol qui en résulte est un limon sombre, constitué surtout par de l'argile, du sable fin, des oxydes de fer, et une proportion variable de carbonates de calcium, de potassium, de magnésium, avec des traces d'acide phosphorique qui dérivent sans aucun doute de la décomposition des apatites, minéraux accessoires communs dans les basaltes. Lorsque les conditions topographiques sont favorables, les basaltes donnent naissance à des sols riches.

En résumé, la décomposition des roches ignées donne en général d'excellents sols, souvent assez argileux pour être appelés sols argileux, d'autres fois des limons fins, tous susceptibles de culture intense dans des conditions favorables.

La couleur du sol est plus ou moins sombre suivant que la roche-mère est plus ou moins riche en oxydes de fer. Les sols les plus fertiles sont ceux fournis par les roches basiques (basaltes) et par les roches neutres (diorites, porphyrites).

Sols des roches métamorphiques. — La décomposition de certaines roches métamorphiques donne des sols aussi profonds et aussi bons que ceux des roches ignées. Mais beaucoup de schistes donnent des roches stériles et maigres.

[D'une façon générale, les terres sont légères, pauvres, propres seulement à la culture du seigle, de l'avoine, du sarrasin, de la pomme de terre. Les bons effets du chaulage y sont quelquefois extraordinaires].

Sol de gneiss. — Cette roche est constituée par les mêmes éléments que le granite. Elle se décompose généralement de la même manière; le sol qui en résulte est analogue : une argile graveleuse, qui suivant les conditions physiques peut être fertile ou infertile.

Dans les pays élevés, le sol est un amas de gravier et de pierres ou une argile peu épaisse, dont les éléments solubles ont également disparu.

Dans des conditions plus favorables, d'altitude et de climat, la même roche peut être couverte d'un sol profond et fertile.

Sols de micaschistes. — Ces roches donnent souvent des sols limoneux ; quand les conditions sont favorables, ceux-ci sont très estimés des agriculteurs. Même dans les pays élevés, forestiers, ils sont supérieurs aux sols de granite et de gneiss.

Sols d'amphibolites. — Ces roches donnent des sols limoneux tout à fait analogues aux sols dioritiques et basaltiques ; mais elles se trouvent généralement dans les régions montagneuses, défavorables à la culture.

Il y a un grand nombre d'autres roches métamorphiques qui, d'après leur composition minéralogique, ne peuvent pas donner des sols fertiles.

Sols de schistes. — Les schistes donnent généralement un sol argileux, froid et stérile. Cependant quelquefois, grâce à la présence d'éléments feldspathiques et micacés, le sol est de meilleure qualité.

Sols de quartzites.—D'autres roches très peu favorables sont les quartzites ; elles donnent un sol mince qui consiste surtout en silex et en grains rocheux, reliés par un sable maigre et ferrugineux.

Sols de serpentine. — La serpentine n'est pas plus favorable ; elle donne un sol remarquable par son infertilité.

Entre ces sols stériles et les sols fertiles, qui dans les conditions favorables se forment sur les gneiss, les micaschistes et les amphibolites, il y a des sols intermédiaires qui se forment par exemple sur le marbre, la granulite, les chloritoschistes. Ces sols varient beaucoup de caractère ; car la composition minéralogique des roches elles-mêmes n'est pas uniforme.

Le sol qui couvre le *marbre* est généralement une argile, colorée en brun, rouge ou jaune par de l'oxyde de fer. Il contient peu ou pas de carbonate de calcium. Le marbre d'ailleurs est souvent chargé de minéraux de contact, comme les amphiboles et les micas, dont la décomposition fournit des carbonates de calcium et de magnésium.

Les sols formés sur les *chloritoschistes* sont généralement des argiles minces, graveleuses, gris-sombre, relativement infertiles, quoique pas autant que les sols dérivés de la serpentine, des quartzites ou des schistes.

Sols sablonneux. —Ces sols sont essentiellement quartzeux et tendent à donner des terres légères qui sont souvent trop perméables. Cependant, quand ils contiennent une certaine proportion d'argile, ils fournissent des terres limoneuses d'excellente qualité.

Les grès donnent naissance à des sols de nature variable suivant la composition du grès et suivant celle de son ciment.

Certains grès blancs consistent presque uniquement en grains de quartz et ne doivent leur dureté qu'à la compression qu'ils ont subie. Ils donnent un sol sableux, incapable d'être labouré.

Les grès à ciment calcaire ou argileux déterminent des sols moins stériles. Certaines variétés de grès, provenant de la décomposition des roches ignées, contiennent une certaine quantité de feldspaths, de micas, etc., plus ou moins altérés ; mais le sol, et surtout les terres végétales qui en résultent en contiennent beaucoup moins. Ces minéraux ont été décomposés et leurs alcalis mis en liberté et devenus solubles, peuvent être utilisés par les plantes.

Certains grès contiennent une grande quantité d'argiles ; ils donnent des sols limoneux ou même argileux.

Il en est de même des grauwackes ; leurs sols sont généralement froids, argileux, imperméables ; de plus, comme ces roches se rencontrent généralement dans les pays montagneux, leurs sols sont rarement cultivables ; il n'en est pas de même dans les régions basses où des sols, ayant cette origine, peuvent être cultivés avec succès, après un sérieux drainage préalable ; de plus, les grauwackes contiennent souvent des éléments feldspathiques dont la décomposition détermine dans la terre la présence d'alcalis.

[D'une façon générale, la présence de sable fin dans le sol est d'une grande utilité et la ténuité du sable joue un rôle important à considérer. La proportion de sable décide souvent de la possibilité de certaines cultures, toutes les autres conditions étant égales d'ailleurs.

Mais la pauvreté en éléments fertilisants des sols exclusivement sablonneux les rend généralement stériles. Ils sont perméables et s'échauffent rapidement, aussi les végétaux y sont-ils exposés à souffrir de la sécheresse.

Par contre, par suite de leur faible ténacité, ces sols sont faciles à travailler en tout temps.

Les engrais chimiques ont une grande efficacité sur ces terres ; les engrais azotés organiques ont l'avantage de leur apporter l'humus qui y fait souvent défaut.

On préfère y employer des phosphates précipités; car les superphosphates très solubles risquent d'être entraînés avant leur utilisation par la plante. Les sels potassiques jouent un rôle efficace ; ils augmentent l'hygroscopicité de ces sols toujours secs.

On améliore ces sols par des labours profonds qui régularisent la circulation de l'eau, par des amendements argileux, par le marnage, etc.

Lorsque ces terres sont stériles, on y effectue des boisements de pins].

Sols argileux. — Leur caractère peut être assez variable. Certaines argiles contiennent beaucoup de sable et le sol qui résulte de leur décomposition est un limon.

Les roches purement argileuses tendent en général à donner des sols argileux imperméables, qui sont rarement labourés, sur lesquels on établit plutôt des pâturages, souvent très beaux.

D'autres consistent presque entièrement en éléments finement triturés, où le quartz prédomine ; les éléments solubles manquent par suite dans le sol, et celui-ci est généralement infertile.

[De tous les éléments du sol, l'argile est celui qui offre la plus grande ténacité ; il suffit qu'une terre en renferme 0,45 à 0,50 pour qu'elle soit dite *terre forte* ; les terres légères n'en contiennent que 0,15 à 0,20.

La présence d'une certaine quantité d'argile dans un sol paraît une condition indispensable pour qu'il soit fertile. Cela tient à ce que cette substance est la seule qui possède la propriété de se combiner avec l'humus et en général avec l'engrais et d'empêcher ainsi leur déperdition.

Les labours doivent y être faits par des temps propices, car l'abondance des pluies empêche la marche des animaux de trait et détermine la formation de gros blocs compacts. Par contre la chaleur durcit et crevasse les terres argileuses.

L'imperméabilité de ces sols les empêche de s'échauffer rapidement ; ce sont des *terres fraîches* où la végétation est généralement tardive.

On remédie à ces défauts par le drainage, le chaulage, le marnage, l'apport de sable.

Le fumier de ferme s'y décompose lentement et il peut y être mis en très grande quantité, car la déperdition des sels ammoniacaux n'est guère à craindre. Les sels de potasse impurs ne sont pas très indiqués ; ils augmenteraient encore l'humidité du sol. Les superphosphates y ont un effet assez net].

Sols marneux. — Le mot de *marne* est trompeur ; il est appliqué souvent à des terrains très variables ; ainsi on appelle marnes des couches du Vieux grès rouge qui ne contiennent pas de carbonate de chaux et qui sont des argiles avec une certaine quantité de sable ; elles donnent naissance à des limons qui supportent un sol très fertile.

[On a vu que le nom de marne était dans certains pays granitiques appliqué à des sols dioritiques. Dans beaucoup de ces cas, le mot marne est employé par les agriculteurs dans le sens général d'amendement].

Le mot de *marne* s'applique, en réalité à des argiles chargées d'une certaine proportion de calcaire ; elles donnent des sols excellents.

[La marne a la propriété caractéristique de se déliter plus ou moins complètement sous l'influence des agents atmosphériques ; la meilleure au point de vue agricole est celle qui donne la poussière la plus ténue. Elle sert à amender deux sortes de terres, celles qui sont trop sablonneuses et celles qui sont trop argileuses].

Sols calcaires. — Un calcaire absolument pur est incapable de donner un sol.

Mais presque tous les calcaires contiennent une certaine quantité d'impuretés comme du sable et de l'argile ; les sols qui en dérivent sont des limons ou des argiles ; ils sont généralement jaunes, rouges ou bruns ; leur couleur est due à une quantité variable d'oxyde de fer ; ils varient depuis des argiles imperméables jusqu'à des limons très calcaires. La fameuse *terra rossa* du sud de l'Europe en est un exemple bien connu.

La plupart des calcaires sont traversés par des diaclases,

élargies par l'action des eaux ; aussi une grande partie de la terre rouge formée à la surface est-elle lavée par la pluie ou la neige fondue et entraînée dans ces fissures ouvertes.

Dans ces régions, les sols sont naturellement plus épais dans la vallée ; ils sont peu abondants ou manquent même complètement sur les pentes raides des collines ou sur leur sommet.

En certains points, d'ailleurs, les sommets sont couverts d'une couche de silex, résidu de la décalcification des calcaires sous-jacents.

Les régions calcaires quand elles sont à une altitude relativement élevée ont une surface très rocheuse où l'on trouve disséminé çà et là un sol argileux ou limoneux.

[Le carbonate de chaux pulvérulent a des propriétés remarquables qu'il communique au sol ; il absorbe jusqu'à 85 o/o d'eau et ne la perd que lentement ; cette matière a la propriété d'absorber les engrais ; mais elle ne les conserve pas ; au contraire, elle les fait disparaître en favorisant la production du carbonate d'ammoniaque. Mêlée à l'argile, elle en diminue la ténacité et l'imperméabilité. Si l'on ajoute ou si l'on mélange une proportion convenable de sable, on a ordinairement un bon sol.

Les engrais potassiques exercent sur la fertilité des sols calcaires une action très grande et on peut même arriver à y créer ainsi des prairies artificielles].

SOLS DE TRANSPORT

Les *sols de transport* ou *hétérochtones* sont ceux qui ne doivent pas leur origine à la décomposition directe de terrains sous-jacents ; ils résultent de l'apport de débris glaciaires, alluviaux ou éoliens, venant d'une distance plus ou moins grande.

Sols d'origine glaciaire. — Ils se trouvent à la surface des dépôts glaciaires constitués surtout par des argiles à blocaux, de nature variable suivant les points (voir pp. 107, 373).

Comme il a été dit, l'argile à blocaux consiste en matériaux inaltérés et diffère à cet égard des argiles sédimentaires. Elle est généralement imperméable et le sol qu'elle forme est, par suite, généralement peu épais ; ses éléments sont peu décomposés. Les changements les plus nets sont dus à l'oxydation partielle des éléments ferrugineux ; une argile à blocaux, bleue, passe graduellement à une argile jaunâtre ou brunâtre, épaisse de 0,60 à 0,90 centimètres surmontée par quelques centimètres d'un sol argileux, plus ou moins pierreux et tenace. La couleur et la composition de l'argile à blocaux est déterminée dans une large mesure par la nature des roches sur lesquelles elle repose ou près desquelles elle se trouve.

Ainsi, dans les régions où le grès rouge domine, l'argile à blocaux est rougeâtre et plus ou moins arénacée ; là où elle repose sur des roches carbonifères (grès peu colorés, argiles noires, minerais de fer, charbon, calcaire), l'argile à blocaux est bleu-gris et est souvent très tenace. Sur la craie, c'est une marne sale, gris-blanchâtre.

Les sols produits par l'argile à blocaux, sont donc très inégaux de caractère et de valeur. Les argiles foncées à couleur de plomb, qu'on rencontre dans beaucoup de contrées carbonifères, donnent un sol ingrat, constitué par une argile mince, froide, glissante en temps humide, dure et fendillée par temps sec. En d'autres endroits, l'argile à blocaux est plus utilisable par la culture à cause des nombreux débris de grès, calcaires et de roches ignées qu'elle contient.

Les sols d'argiles à blocaux rouges et bruns sont les meilleurs. Ils consistent surtout en sables rouges pulvérisés et forment des limons forts.

L'argile à blocaux calcaire donne un sol dont les éléments calcaires ont souvent presque complètement disparu.

Le traitement agricole des sols est un sujet qui n'est guère du domaine des géologues. Ils peuvent cependant attirer l'attention sur le danger qu'il y a à faire des labours profonds dans les sols d'argile à blocaux. L'argile non remuée consiste surtout en matériaux inaltérés et joue en somme le rôle d'un sous-sol ordinaire ; il n'y a donc aucun intérêt à la ramener à la surface du sol. Par suite de son caractère imperméable, l'ensemble du sol et de la terre végétale au-dessus d'elle a souvent plus de 30 à 60 centimètres d'épaisseur ; cependant, dans les régions où l'argile est plus gréseuse, elle est un peu plus perméable et elle est couverte d'un sol plus épais.

Souvent d'ailleurs ces sols plus épais ne dérivent pas uniquement de l'argile à blocaux sur laquelle ils se trouvent ; ils proviennent en grande partie du ruissellement sur les pentes adjacentes. Cela est démontré, non seulement par leur épaisseur inusitée, mais aussi par ce fait qu'ils contiennent peu de pierres, tandis que les sols plus minces du voisinage sont remplis de pierres et se terminent quelquefois à leur base par une couche épaisse de blocs.

Des dépôts, consistant généralement en fines argiles, généralement feuilletés, se trouvent dans les îles des régions maritimes où ils atteignent rarement plus de 40 mètres au-dessus du niveau de la mer.

Ils sont surtout développés dans les bas niveaux des vallées d'Ecosse. Ils contiennent souvent des coquilles de mollusques boréaux ; on y trouve çà et là des pierres isolées et exceptionnellement d'assez nombreux blocs erratiques de toute taille. Ces argiles sont d'origine marine et ont été déposées à une époque où régnait un climat boréal. Quand on les examine avec soin et qu'on les lave, on les trouve composées de petits débris de roches et de minéraux, qui sont frais et inaltérés comme les éléments analogues de l'argile à blocaux. De véritables argiles s'y trouvent cependant plus abondamment que dans les véritables argiles à blocaux.

Ces argiles sans pierres paraissent avoir la même origine que les argiles à blocaux et être le résultat de l'action glaciaire.

Les sols qui en résultent sont particulièrement tenaces, sauf quand de minces bancs de sable sont intercalés à leur partie supérieure. Des labours profonds y sont aussi peu indiqués que dans la véritable argile à blocaux.

Sols alluviaux. — Ils sont constitués par les matériaux désagrégés et usés qui ont été transportés et étalés par l'eau ; ils se sont déposés dans des eaux douces, dans les estuaires ou même dans la mer. Ils ont un caractère très variable.

Les dépôts les plus grossiers consistent en graviers roulés et sont généralement stériles par suite de la rapidité avec laquelle l'eau y est absorbée et entraîne toute terre formée à la surface. Çà et là cependant quand les interstices entre les pierres sont bien remplies de graviers et de sable, il se forme un sol légèrement poreux. Le quartz est l'élément dominant de ces sables; or des sables purement quartzeux ne peuvent donner un bon sol.

Beaucoup de sables contiennent d'ailleurs une moins grande teneur en quartz et forment des sols limoneux d'excellente qualité.

Il y a tous les intermédiaires entre ces accumulations grossières et les fins dépôts de boue et de sable.

Des limons, capables d'une culture intense, on passe aux argiles ; beaucoup sont très tenaces, quoiqu'elles le soient généralement moins que les argiles glaciaires. Les argiles alluviales et les boues contiennent souvent beaucoup de matières organiques et sont fréquemment riches en sels minéraux solubles.

Il faut citer aussi les dépôts fluvio-glaciaires. Leurs matériaux sont plus ou moins altérés et désagrégés par suite de leur transport. Leur nature très perméable permet de plus le passage facile de la pluie, et, avec le temps, les dépôts fluvioglaciaires acquièrent le même caractère que les dépôts ordinaires des rivières.

En résumé la distinction principale entre les formations alluviales et les sols glaciaires est que les unes sont composées de matériaux altérés, les autres de matériaux inaltérés ; les unes sont de véritables *sols*; les autres sont plutôt des *sous-sols*.

Sols éoliens. — Les plus importantes accumulations éoliennes sont les *dunes* de sables des régions maritimes et de quelques régions continentales ; comme leur élément dominant est le quartz, elles ne forment guère un sol véritable.

Cependant certaines plantes peuvent y vivre et arrivent à relier les grains entre eux, de sorte qu'un peu d'humus s'y accumule et constitue un sol peu épais.

Par contre, la poussière fine, apportée par le vent des régions desséchées et distribuée sur les pays voisins, non seulement aide à la fertilité des sols, mais souvent, dans certaines conditions, elle s'accumule sur des étendues suffisantes pour cacher tout le sous-sol originel sur de vastes étendues.

La poussière du désert a contribué à la fertilité de la vallée du Nil ; d'après von Richthofen, le lœss qui couvre d'énormes surfaces en Chine est un véritable dépôt de poussière, accumulée par les vents soufflant des régions desséchées du centre de l'Asie.

En Europe, on trouve des formations analogues dans les vallées du Rhin et dans les bas-pays traversés par le Danube. Les couches de *terre noire*, des grandes plaines du sud de la Russie seraient aussi des variétés de lœss. L'origine du lœss d'Europe a été beaucoup discutée ; on pense en général qu'il est surtout d'origine glaciaire et fluvio-glaciaire ou qu'il provient du remaniement de dépôts de cette nature.

Cette conclusion est confirmée par ce fait que les fossiles trouvés dans le lœss appartiennent à une faune de steppes : gerboise, marmotte à poche, lièvre sans queue, petit rat musqué et beaucoup d'autres formes qui sont encore communes de nos jours dans les steppes de l'est de la Russie et de l'ouest de la Sibérie.

Le lœss est un fin limon calcaire, mélange de petites particules de quartz et d'argile ; la teneur en carbonate de calcium est variable, atteignant souvent et dépassant même quelquefois 3o o/o. Sa couleur, rouge ou jaunâtre est due à la présence d'oxyde de fer ; il contient généralement de petites quantités de magnésie, de potasse, de soude, d'acide phosphorique. Le lœss forme un sol excellent et les régions qu'il couvre sont renommées pour leur fertilité.

LISTE DES FIGURES DANS LE TEXTE

TABLE DES PLANCHES

INDEX ALPHABÉTIQUE

TABLE DES MATIÈRES

CHAPITRE III. — ROCHES IGNÉES, 59

CHAPITRE IV. — ROCHES SÉDIMENTAIRES, 96

CHAPITRE XIII. — ALTÉRATION ET MÉTAMORPHISME, 251

CHAPITRE XIV. — FORMATIONS MÉTALLIFÈRES, 270

CHAPITRE XV. — INFLUENCE DE LA STRUCTURE GÉOLOGIQUE SUR LA TOPOGRAPHIE, 318

CHAPITRE XVI. — ÉTUDES SUR LE TERRAIN, 339

CHAPITRE XIX. — SOLS ET SOUS-SOLS; LEUR APPLICATION AGRICOLE, 439